"十四五"职业教育国家规划教材

"十三五"职业教育国家规划教材

高等职业技术教育机电类专业系列教材

机械制图与识图

主　编　刘国杰　陈　亮　史　磊

副主编　张凤营　李自强　张伟强

参　编　韩宇平　李　然

机械工业出版社

本书共10章，分别为制图基本知识、投影基础及基本体三视图、组合体、零件图基本知识、轴套类零件图绘制与识读、轮盘类零件图绘制与识读、叉架类零件图绘制与识读、箱体类零件图绘制与识读、标准件与常用件、装配图。

本书可作为高职高专院校、技师学院的机电类专业的教材，也可作为成人教育和职工培训教材。

为方便教学，本书配有电子课件、模拟试卷及教学视频、动画等，凡选用本书作为教材的学校，均可来电索取。咨询电话：010-88379375；电子邮箱：cmpgaozhi@sina.com。

图书在版编目（CIP）数据

机械制图与识图/刘国杰，陈亮，史磊主编．—北京：机械工业出版社，2019.9（2024.10重印）
高等职业技术教育机电类专业系列教材
ISBN 978-7-111-63651-9

Ⅰ．①机… Ⅱ．①刘… ②陈… ③史… Ⅲ．①机械制图-高等职业教育-教材 ②机械图-识图-高等职业教育-教材 Ⅳ．① TH126

中国版本图书馆CIP数据核字（2019）第192492号

机械工业出版社（北京市百万庄大街22号 邮政编码100037）
策划编辑：王宗锋 责任编辑：王宗锋
责任校对：杜雨霏 封面设计：严娅萍
责任印制：张 博
北京建宏印刷有限公司印刷
2024年10月第1版第13次印刷
184mm×260mm · 14.25印张 · 346千字
标准书号：ISBN 978-7-111-63651-9
定价：48.00元

电话服务
客服电话：010-88361066
010-88379833
010-68326294

网络服务
机 工 官 网：www.cmpbook.com
机 工 官 博：weibo.com/cmp1952
金 书 网：www.golden-book.com
机工教育服务网：www.cmpedu.com

关于“十四五”职业教育
国家规划教材的出版说明

为贯彻落实《中共中央关于认真学习宣传贯彻党的二十大精神的决定》《习近平新时代中国特色社会主义思想进课程教材指南》《职业院校教材管理办法》等文件精神，机械工业出版社与教材编写团队一道，认真执行思政内容进教材、进课堂、进头脑要求，尊重教育规律，遵循学科特点，对教材内容进行了更新，着力落实以下要求：

1. 提升教材铸魂育人功能，培育、践行社会主义核心价值观，教育引导学生树立共产主义远大理想和中国特色社会主义共同理想，坚定“四个自信”，厚植爱国主义情怀，把爱国情、强国志、报国行自觉融入建设社会主义现代化强国、实现中华民族伟大复兴的奋斗之中。同时，弘扬中华优秀传统文化，深入开展宪法法治教育。

2. 注重科学思维方法训练和科学伦理教育，培养学生探索未知、追求真理、勇攀科学高峰的责任感和使命感；强化学生工程伦理教育，培养学生精益求精的大国工匠精神，激发学生科技报国的家国情怀和使命担当。加快构建中国特色哲学社会科学学科体系、学术体系、话语体系。帮助学生了解相关专业和行业领域的国家战略、法律法规和相关政策，引导学生深入社会实践、关注现实问题，培育学生经世济民、诚信服务、德法兼修的职业素养。

3. 教育引导学生深刻理解并自觉实践各行业的职业精神、职业规范，增强职业责任感，培养遵纪守法、爱岗敬业、无私奉献、诚实守信、公道办事、开拓创新的职业品格和行为习惯。

在此基础上，及时更新教材知识内容，体现产业发展的新技术、新工艺、新规范、新标准。加强教材数字化建设，丰富配套资源，形成可听、可视、可练、可互动的融媒体教材。

教材建设需要各方的共同努力，也欢迎相关教材使用院校的师生及时反馈意见和建议，我们将认真组织力量进行研究，在后续重印及再版时吸纳改进，不断推动高质量教材出版。

机械工业出版社

前　言

本书依据高等职业院校机械制图课程教学基本要求，汲取企业优秀专家的建议和一线优秀教师的教学经验，结合企业相关岗位的任职要求及所需的知识、技能编写而成。与本书配套的《机械制图与识图习题集》同时出版。

本书具有如下特点：

1. 本书列举了大量实例，在掌握必要的机械制图基础知识的前提下，让学生在实例中学习。通过读图和绘图的实际练习，真正掌握读图、绘图方法。

2. 本书配套有教学视频，充分运用先进的多媒体技术，给学生更多的图形认知，增强感性认识，并籍此进行将空间物体表达成平面图形，再由平面图形想象空间物体的反复训练，掌握空间物体和平面图形的转化规律，逐步培养空间想象能力。

3. 本书根据职业教育的特点，本着够用、实用为主的原则选取内容，尽量做到文字简洁，图文并茂，通俗易懂，重点突出，典型实用。本书有配套的习题集，习题集附有标准答案，方便学生巩固所学知识。

4. 本书充分挖掘蕴含在专业知识中的育人元素，坚持价值引领、能力达成与知识传授相结合，将思政教育深度融入机械制图与识图课程教学全过程，培养学生树立精益求精的大国工匠精神和爱岗敬业、诚实守信的职业道德观。

5. 本书采用了现行制图国家标准，能促使学生养成严格遵守国家制图标准的好习惯。

6. 依据本书，本书编写团队建设了“30 天学会机械制图”课程，被评为河北省职业教育精品在线课程。课程网址：https://mooc.icve.com.cn/course.html? cid = 30TTS633143。

本书由刘国杰、陈亮、史磊任主编，张凤营、李自强、张伟强任副主编，参加编写的还有韩宇平、李然。

由于编者水平有限，书中难免有错误和不妥之处，恳请读者批评指正。

编　者

二维码索引

序号	名称	图形	页码	序号	名称	图形	页码
1	标题栏		4	12	零件图的内容		83
2	字体		5	13	合理选择标注尺寸应注意的问题		86
3	图线		6	14	轴类零件		103
4	尺寸的排列与布置		10	15	套类零件		104
5	绘图铅笔		14	16	认识轮盘类零件		120
6	等分圆周		15	17	叉架类零件的特点及分类		134
7	点的三面投影与直角坐标		26	18	叉架类零件图的特点		135
8	棱柱的三视图		31	19	螺栓装配图的画法		168
9	圆柱的三视图		34	20	销联接		172
10	形体分析法		41	21	滚动轴承的结构类型及代号		174
11	局部视图		69	22	常见的装配工艺结构		185

目　录

前　言

二维码索引

绪论 …… 1

第 1 章　制图基本知识 …… 2

1.1　机械制图国家标准 …… 2

1.2　尺寸注法 …… 8

1.3　绘图工具及使用 …… 13

1.4　简单平面图形绘制 …… 14

本章小结 …… 18

第 2 章　投影基础及基本体三视图 …… 21

2.1　投影法 …… 21

2.2　平面立体的三视图 …… 30

2.3　曲面立体的三视图 …… 34

本章小结 …… 37

第 3 章　组合体 …… 39

3.1　组合体三视图的绘制 …… 39

3.2　组合体表面交线 …… 47

3.3　组合体三视图的识读 …… 59

本章小结 …… 66

第 4 章　零件图基本知识 …… 67

4.1　零件的基本表达方法 …… 67

4.2　零件图的尺寸标注与常见的工艺结构 …… 81

4.3　零件的技术要求 …… 93

本章小结 …… 101

第 5 章　轴套类零件图绘制与识读 …… 103

5.1　轴套类零件图识读 …… 103

5.2　轴类零件图绘制 …… 106

5.3　轴套类零件图识读举例 …… 110

本章小结 …… 118

第 6 章　轮盘类零件图绘制与识读 …… 119

6.1　轮盘类零件图识读 …… 119

6.2　端盖和直齿圆柱齿轮零件图绘制 …… 125

6.3　轮盘类零件图识读举例 …… 130

本章小结 …… 132

第 7 章　叉架类零件图绘制与识读 …… 134

7.1　叉架类零件图识读 …… 134

7.2　底座及支架零件图绘制 …… 136

7.3　叉架类零件图识读举例 …… 140

本章小结 …… 145

第 8 章　箱体类零件图绘制与识读 …… 147

8.1　箱体类零件图识读 …… 147

8.2　泵体零件图绘制 …… 152

8.3　箱体类零件图识读举例 …… 155

本章小结 …… 159

第 9 章　标准件与常用件 …… 161

9.1　认识螺纹及螺纹紧固件 …… 161

9.2　键和销 …… 170

9.3　滚动轴承和弹簧 …… 173

本章小结 …… 179

第 10 章　装配图 …… 181

10.1　装配图的基本知识 …… 181

10.2　装配图识读 …… 189

本章小结 …… 201

附录 …… 202

附录 A　螺纹 …… 202

附录 B　常用标准件 …… 205

附录 C　极限与配合 …… 213

参考文献 …… 220

绪 论

1. 本课程的性质及研究对象

本课程是机电一体化技术及相关专业的一门专业必修课。通过本课程的学习，学生能够掌握阅读和绘制机械图样的基本知识、基本方法，具备一定的识图能力、空间想象能力和思维能力以及绘图技能，培养创新精神和实践能力，并为提高学生全面素质、形成综合职业能力和继续学习打下基础。

本课程以机械工程图样为研究对象，主要研究如何运用正投影基本原理并依据国家标准，绘制和阅读机械工程图样。

2. 本课程的任务

1）能够正确运用绘图工具及绘图仪器，会查阅和使用国家标准，学会绘制平面图形。

2）能够运用三视图投影规律熟练绘制和识读组合体三视图。

3）能够按照规定画法正确绘制标准件、常用件，具备查询使用机械设计手册的能力。

4）能够绘制和识读典型零件图，并能根据零件图了解零件加工、装配和维修方法。

5）具备识读中等复杂程度装配图的能力。

6）具备测绘机械零部件的能力。

3. 本课程的学习方法

1）本课程配有相应的视频教程，在学习教材的同时，还可以通过相应的视频、动画、三维仿真进行深入学习。除了通过听课和复习，掌握基本理论、基本知识和基本方法以外，还配有与工厂实际工作任务一致的拓展资源，完成一系列的制图作业，进行将空间物体表达成平面图形，再由平面图形想象出空间物体的反复训练，掌握空间物体和平面图形的转化规律，逐步培养空间想象能力。

2）在读图和画图的实践过程中，要注意逐步熟悉和掌握《技术制图》《机械制图》国家标准及其他有关规定。在学习中应注意养成认真负责、耐心细致、一丝不苟的优良作风，做到“三多”“二勤”“一善”，即：多看、多想、多画，勤问、勤改，善于总结。通过反复实践，提高识图和制图技能。

第1章　制图基本知识

本章学习目标

了解国家标准的相关规定，掌握标注的基本规则、内容及规定画法，了解绘图工具及其使用方法，能够绘制简单的平面图形。

形成注重国家标准的观念和意识，并必备严格执行标准的决心。

1.1　机械制图国家标准

知识目标：

1. 了解国家标准的相关规定。
2. 能够认识图纸幅面。
3. 掌握比例、字体、图线的相关规定。

技能目标：

1. 学会查阅使用制图相关国家标准。
2. 学会选取图幅和比例及按标准绘制各种图线。

机械图样是设计和制造机械过程中的重要资料，是交流技术思想的语言。因此，对图样的画法、尺寸注法等都必须做出统一的规定。我国对此制定了一系列的国家标准（简称国标），代号GB/T。《技术制图》和《机械制图》系列国家标准规定了有关生产和设计部门共同遵守的制图基本标准。本节主要学习关于图纸幅面、比例、字体、图线的基本规定。

1.1.1　图纸幅面（GB/T 14689—2008）

图纸幅面是指图纸宽度与长度组成的图面。图框是指在图纸上绘图范围的界限。图纸幅面及图框尺寸要采用国家标准规定的幅面尺寸，通常用 $B \times L$ 表示，其中，B 表示图纸的短边；L 表示图纸的长边。

图纸幅面及图框尺寸见表1-1。

表1-1　图纸幅面及图框尺寸　（单位：mm）

<table>
<tr><th rowspan="2">幅面代号</th><th>幅面尺寸</th><th colspan="3">周边尺寸</th></tr>
<tr><th>$B \times L$</th><th>a</th><th>c</th><th>e</th></tr>
<tr><td>A0</td><td>841×1189</td><td rowspan="5">25</td><td rowspan="3">10</td><td rowspan="2">20</td></tr>
<tr><td>A1</td><td>594×841</td></tr>
<tr><td>A2</td><td>420×594</td><td rowspan="3">10</td></tr>
<tr><td>A3</td><td>297×420</td><td rowspan="2">5</td></tr>
<tr><td>A4</td><td>210×297</td></tr>
</table>

图纸基本幅面如图 1-1 所示。必要时，允许选用加长幅面，加长幅面的尺寸必须由基本幅面的短边成整数倍增加得到。

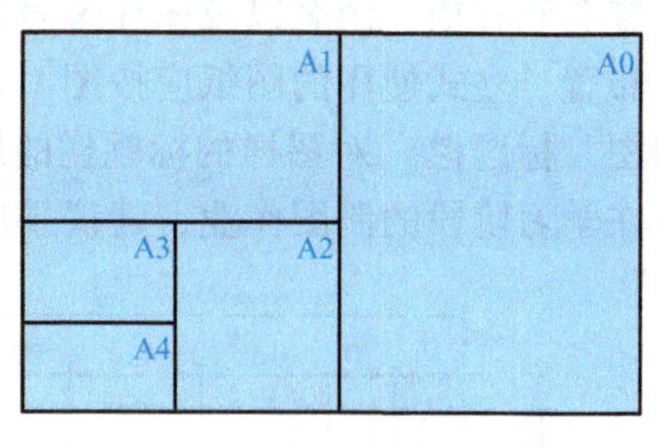

图 1-1　图纸基本幅面

图纸的使用方式有两种：横式和立式。图纸以短边作垂直边称为横式（X 型），如图 1-2a、图 1-3a 所示；以短边作水平边称为立式（Y 型），如图 1-2b、图 1-3b所示。A4 图纸一般立式使用；A0 ~ A3 图纸一般宜横式使用，必要时，也可立式使用。

在图纸上必须用粗实线画出图框。图框是图纸上限定绘图区域的线框。图框有两种格式：不留装订边和留装订边。同一产品的所有图样只能采用同一种格式。留装订边的图纸，其图框格式如图 1-2a、b 所示；不留装订边的图纸，其图框格式如图 1-3a、b 所示。不留装订边的图纸，其留边宽度相同（均为 e）；留装订边的图纸，其装订边宽度（a）一律为 25mm，其他三边一致（均为 c）。

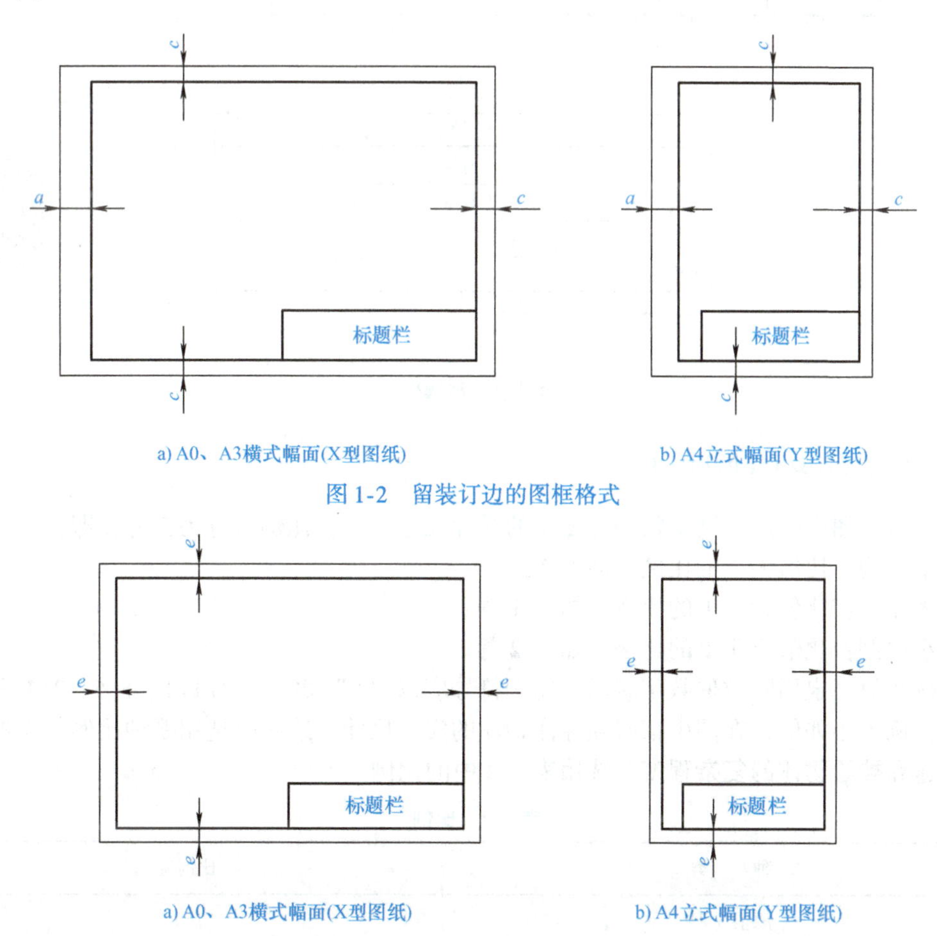

a) A0、A3横式幅面(X型图纸)　　b) A4立式幅面(Y型图纸)

图 1-2　留装订边的图框格式

a) A0、A3横式幅面(X型图纸)　　b) A4立式幅面(Y型图纸)

图 1-3　不留装订边的图框格式

1.1.2　标题栏（GB/T 10609. 1—2008）

图样标题栏位于图框的右下角，是用来填写设计单位（含设计人、绘图人、审批人）

的签名和日期、图名以及图样编号等内容的。横式使用的图纸应按图 1-2a、图 1-3a 的形式布置。立式使用的图纸应按图 1-2b、图 1-3b 的形式布置。GB/T 10609.1—2008《技术制图 标题栏》对图样的标题栏的尺寸、格式、内容都有规定，如图 1-4a 所示。对于学生在学习阶段的制图作业，建议采用图 1-4b 所示的标题栏。

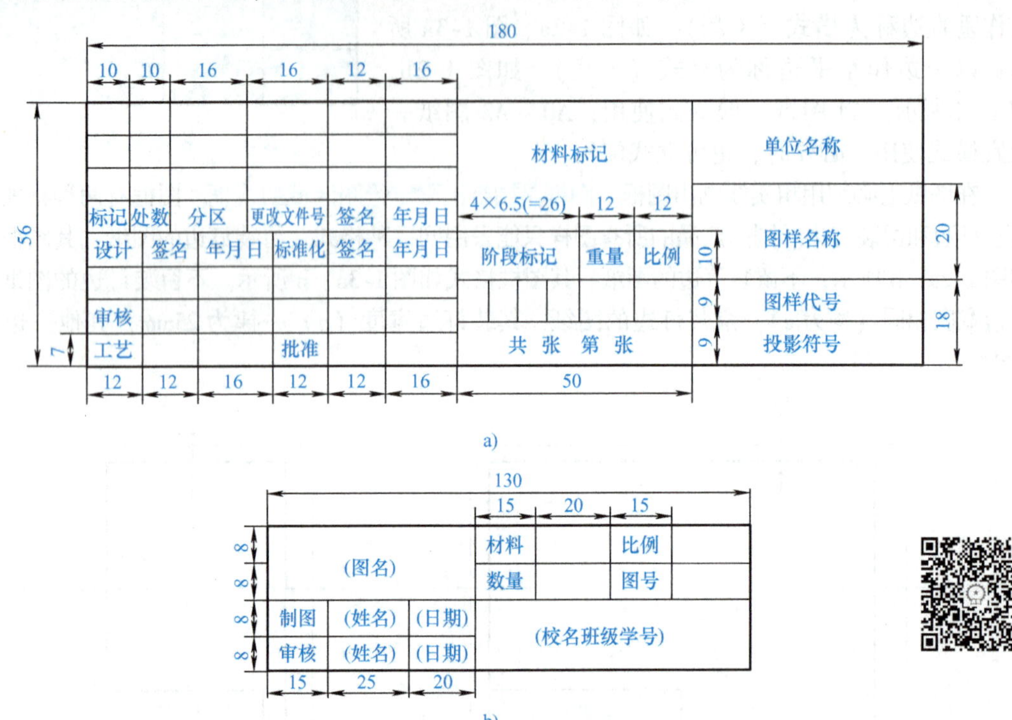

图 1-4 标题栏

1.1.3 比例（GB/T 14690—1993）

比例是指图中图形与其实物相应要素的线性尺寸之比。比例可分为三种，即：

原值比例：比值为 1 的比例，即 1∶1；

放大比例：比值大于 1 的比例，如 2∶1 等；

缩小比例：比值小于 1 的比例，如 1∶2 等。

比例数值规定用阿拉伯数字表示，比例符号应以“：”表示，如 1∶1、1∶5、2∶1 等。无论图的比例大小如何，在图中都必须标注物体的实际尺寸。绘图时选用哪种比例，应根据图样的用途和被绘物体的复杂程度，选用表 1-2 中的比例。

表 1-2 比例

种　　类	比例值
原值比例	1∶1
放大比例	2∶1　4∶1　5∶1　10∶1
缩小比例	1∶1.5　1∶2　1∶2.5　1∶3　1∶4　1∶5

1.1.4　字体（GB/T 14691—1993）

字体是图中文字、字母数字的书写形式。工程图样上所书写的汉字、阿拉伯数字、拉丁字母以及罗马数字等，必须做到：笔画清晰，字体端正，排列整齐，间隔均匀。汉字、数字以及字母等字体的大小以字号来表示，字号就是字体高度 h。字体高度的公称尺寸系列为：1.8mm、2.5mm、3.5mm、5mm、7mm、10mm、14mm、20mm，字体的高宽比为$\sqrt{2}$:1；字距为字体高度的 1/4，行距约为字体高度的 1/3，汉字的字体高度应不小于 3.5mm。

1. 汉字

图样中的汉字采用国家公布的简化字，并采用长仿宋体书写。长仿宋体汉字的书写要领是：横平竖直，起落有锋，结构匀称，填满方格。图 1-5 是长仿宋体汉字字例。

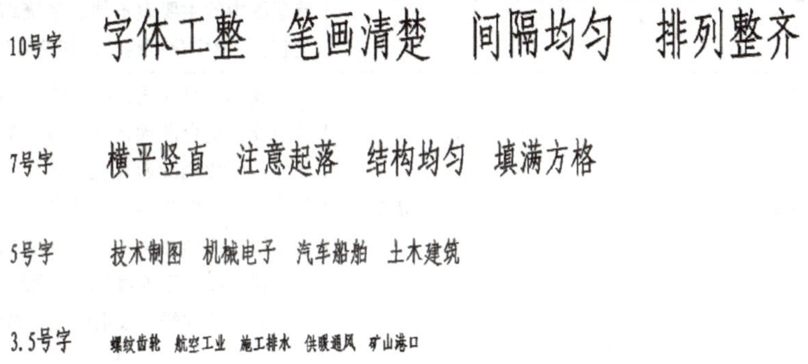

10号字　字体工整　笔画清楚　间隔均匀　排列整齐

7号字　横平竖直　注意起落　结构均匀　填满方格

5号字　技术制图　机械电子　汽车船舶　土木建筑

3.5号字　螺纹齿轮　航空工业　施工排水　供暖通风　矿山港口

图 1-5　长仿宋体汉字字例

2. 字母和数字

在图样中，字母和数字分为直体字和斜体字两种。斜体字的字头向右倾斜并与水平线成 75°，小写字母应为大写字母高 h 的 7/10，当拉丁字母单独用作代号时，不能使用 I、O 及 Z 三个字母，以免同阿拉伯数字混淆。拉丁字母、阿拉伯数字以及罗马数字字例如图 1-6 所示。

ABCDEFGHIJKLMNOPQR
STUVWXYZ
abcdefghijklmnopqrst
uvwxyz
0123456789
I II III IV V VI VII
VIII IX X XI XII

a) 直体

ABCDEFGHIJKLMNOPQRST
UVWXYZ
abcdefghijklmnopqrst
uvwxyz
0123456789
I II III IV V VI VII
VIII IX X XI XII

b) 斜体

图 1-6　拉丁字母、阿拉伯数字与罗马数字字例

1.1.5 图线

图线是图中所采用各种型式的线。工程图要用图线绘制，工程图的图线线型有实线、虚线、点画线、双点画线以及波浪线等。每种线型（除折断线、波浪线外）又有粗、细两种不同的线宽，见表1-3。每个图样，应根据复杂程度与比例大小，先确定粗线宽。常见图线的宽度 b 的值为：0.13mm、0.18mm、0.25mm、0.35mm、0.5mm、0.7mm、1.0mm、1.4mm、2.0mm。先确定粗线的宽度，若粗线的宽度为 b，则细线的宽度为 $0.5b$。在同一张图纸内，相同比例的各图样的同种线型应选用相同的线宽。

表1-3 图线的名称、线型、线宽及一般应用

名称	线型	线宽	一般应用
粗实线	d	d	可见棱边线、可见轮廓线、相贯线、螺纹牙顶线、螺纹长度终止线、齿顶圆（线）、表格图和流程图中的主要表示线、系统结构线（金属结构工程）、模样分型线、剖切符号用线
细实线		$d/2$	过渡线、尺寸线、尺寸界线、指引线和基准线、剖面线、重合断面的轮廓线、短中心线、螺纹牙底线、尺寸线的起止线、表示平面的对角线、零件成形前的弯折线、范围线及分界线、重复要素表示线、锥形结构的基面位置线、叠片结构位置线、辅助线、不连续同一表面连线、成规律分布的相同要素连线、投射线、网格线
细虚线	$12d$ $3d$	$d/2$	不可见棱边线、不可见轮廓线
细点画线	$6d$ $24d$	$d/2$	轴线、对称中心线、分度圆（线）、孔系分布的中心线、剖切线
波浪线		$d/2$	断裂处边界线、视图与剖视图的分界线①
双折线	$(7.5d)$ $14d$ $30°$	$d/2$	
粗虚线		d	允许表面处理的表示线
粗点画线		d	限定范围表示线
细双点画线	$9d$ $24d$	$d/2$	相邻辅助零件的轮廓线、可动零件的极限位置的轮廓线、重心线、成形前轮廓线、剖切面前的结构轮廓线、轨迹线、毛坯图中制成品的轮廓线、特定区域线、延伸公差带表示线、工艺用结构的轮廓线、中断线

① 在一张图样上一般采用一种线型，即采用波浪线或双折线。

在绘图时应注意：

1）相互平行的图线其间隙不宜小于其中粗实线的宽度，且不宜小于0.7mm，其间隙过小时可夸大画出。

2）虚线、点画线以及双点画线的线段长度和间隔宜各自相等，如图1-7所示。

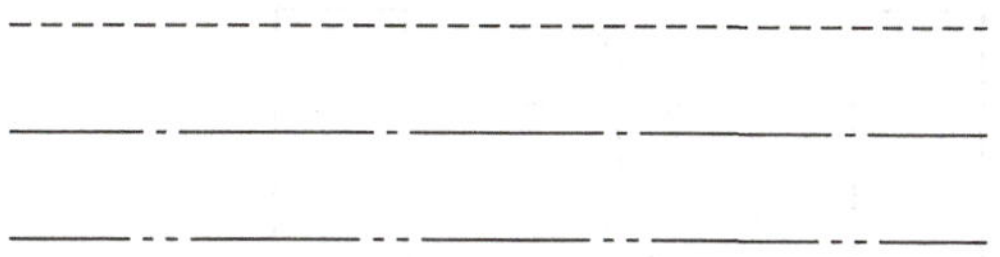

图1-7　虚线、点画线以及双点画线的线段长度和间隔

3）点画线和双点画线的两端，不应是点，应该是线段；点画线与点画线交接或点画线与其他图线交接时，应是线段交接，如图1-8a所示。

4）当点画线和双点画线在较小图形中绘制有困难时，可用细实线代替。如图1-8b所示。

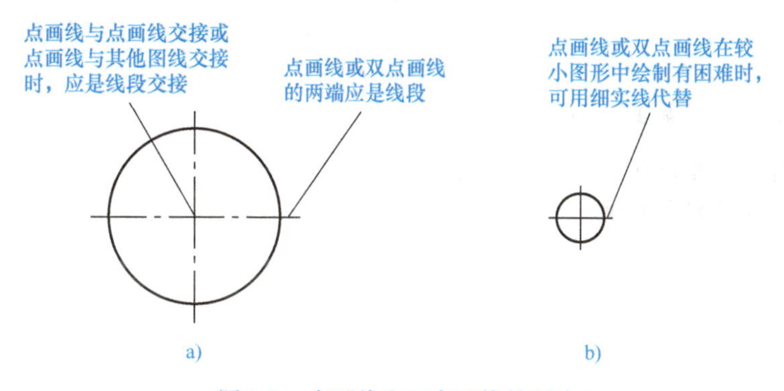

图1-8　点画线和双点画线的画法

5）虚线与虚线交接或虚线与其他图线交接时，应是线段交接。虚线为实线的延长线时，不得与实线连接，应留有空隙，如图1-9所示。

6）双折线的两端要分别超出图形轮廓线，如图1-10所示；波浪线要画到图形轮廓线为止，不要超出图形轮廓线，如图1-11所示。

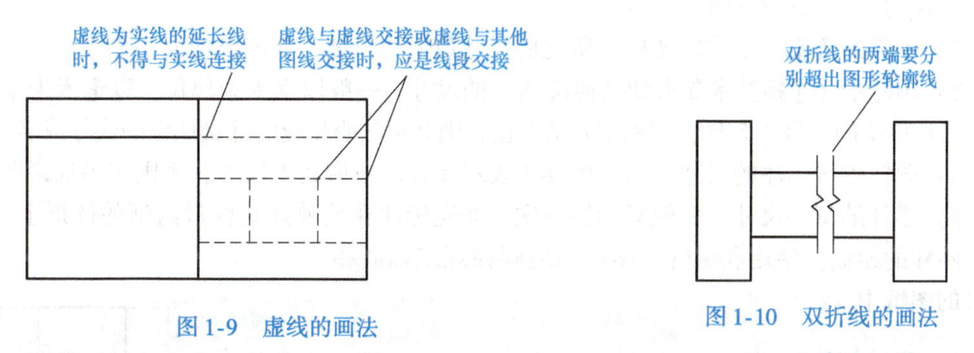

图1-9　虚线的画法

图1-10　双折线的画法

7）图线不得与文字、数字以及符号重叠、混淆。不可避免时，可将图线断开并书写在图线断开处，以保证文字等的清晰，如图1-12所示。

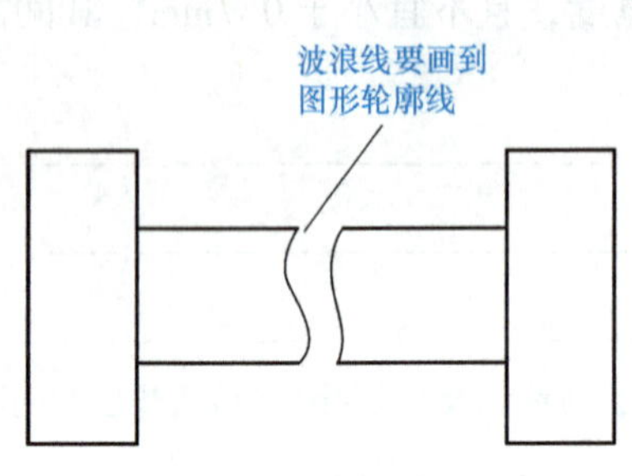

图 1-11　波浪线的画法

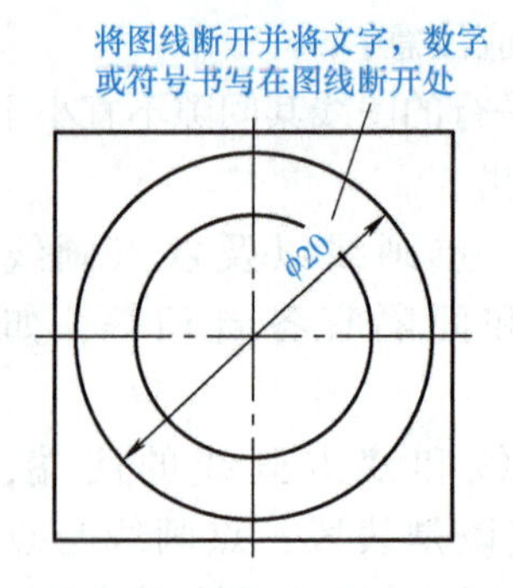

图 1-12　图线不得与文字、数字以及符号重叠

1.2　尺寸注法

知识目标：

1. 掌握标注尺寸的基本规则。
2. 掌握常用的尺寸注法。
3. 了解尺寸的排列与布置。

技能目标：

能够熟练运用尺寸注法标注尺寸。

在机械制图中，图样只能表示物体的形状，不能确定它的大小，因此，图样中必须标注尺寸来确定其大小。国家标准对尺寸注法有一系列的规定，我们必须正确、完整、清晰、合理地标注尺寸。本节我们来学习标注尺寸的初步知识。

1.2.1　标注尺寸的基本规则

尺寸是用特定长度或角度单位表示的数值，并在技术图样上用图线符号和技术要求表示出来。标注尺寸的基本规则如下：

1）零件的真实大小应以图样上所注的尺寸数值为依据，与图形的大小无关。

2）图样中（包括技术要求和其他说明）的尺寸，一般以毫米为单位。以毫米为单位时，不注计量单位的代号或名称，如采用其他单位，则必须注明相应的计量单位的代号或名称。

3）图样中所标注的尺寸，为该图样所表示零件的最后完工尺寸，否则应另加说明。

4）零件的每一尺寸，一般只标注一次，并应标注在反映该结构最清晰的图形上。为了便于图样的绘制、使用和保管，图样均应画在规定幅面和格式的图纸中。

1.2.2　尺寸标注的内容

完整的尺寸标注包含下列三个要素：尺寸界线、尺寸线和尺寸数字，具体如图 1-13 所示。

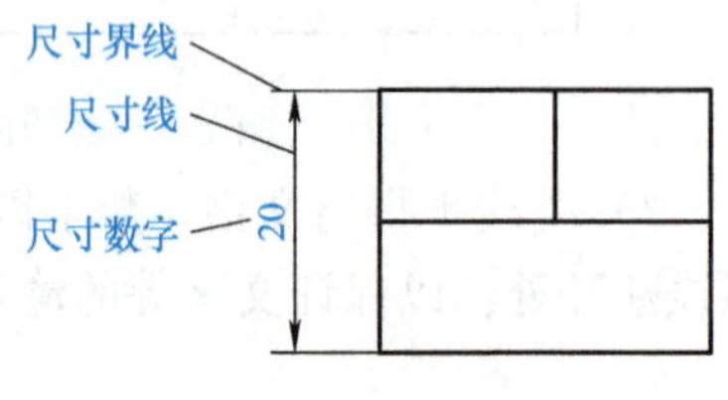

图 1-13　尺寸的组成

1. 尺寸界线

尺寸界线应用细实线绘制，一般应与尺寸线垂直，并超出尺寸线 2～3mm。必要时允许与尺寸线成适当的角度，如图 1-14b 中的尺寸 ϕ20mm。

作用：表示所注尺寸的范围。

尺寸界线由图形的轮廓线、轴线或对称中心线处引出，也可利用轮廓线、轴线或对称中心线作尺寸界线。

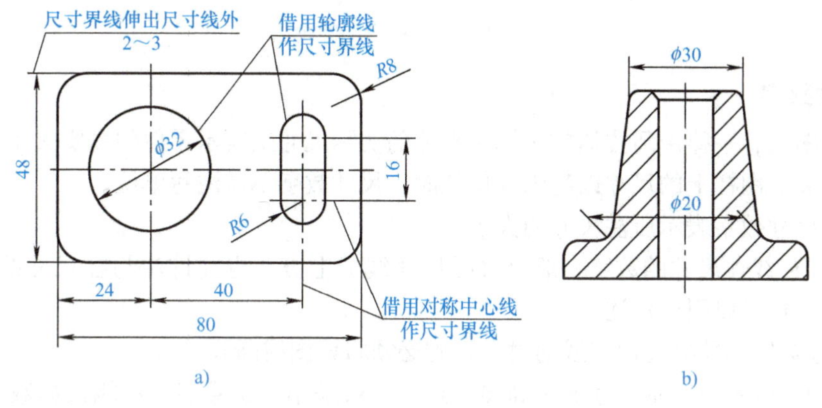

图 1-14 尺寸界线示例

2. 尺寸线

尺寸线应用细实线绘制，并应与所标注的线段平行，且不得超出尺寸界线，依次排列整齐。如图 1-15 所示。其他任何图线均不得用作尺寸线。

作用：表示所注尺寸的方向。

尺寸线不能用其他图线代替，不得与其他图线重合或画在其延长线上，并应尽量避免尺寸线之间及尺寸线与尺寸界线相交。

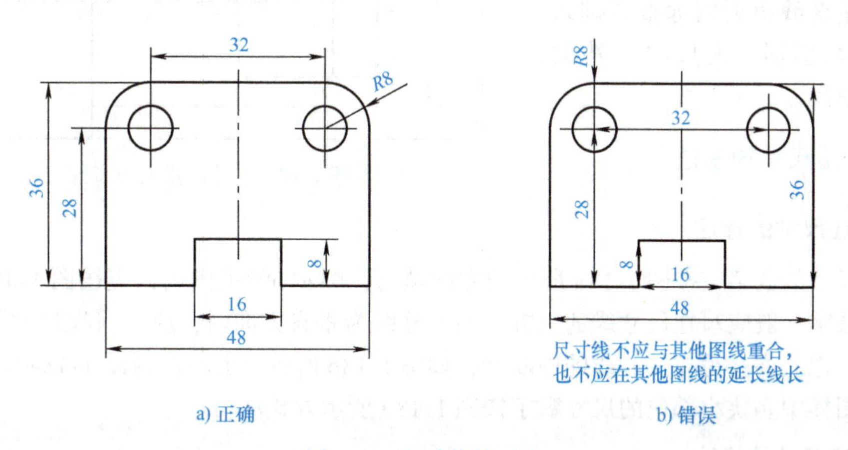

图 1-15 尺寸线的画法

尺寸线与尺寸界线的相交点是尺寸线终端。尺寸线终端一般为箭头。箭头的宽度为粗实线的宽度 d，长度大于等于 $6d$，如图 1-16a 所示。当尺寸线太短，没有足够的位置画箭头时，允许将箭头画在尺寸线外边；标注连续的小尺寸时可用圆点或细斜短线代替箭头，如

图 1-16b所示。细斜短线的方向和画法如图 1-16c 所示。

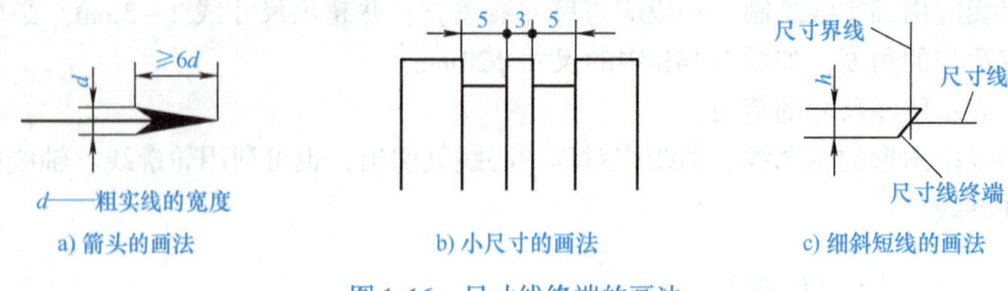

a) 箭头的画法　b) 小尺寸的画法　c) 细斜短线的画法

图 1-16　尺寸线终端的画法

3. 尺寸数字

在机械图上，一律用阿拉伯数字标注形体的实际尺寸来表示零件的真实大小，与绘图所用的比例无关。图样上的尺寸以毫米为单位时，尺寸数字不需注写单位。

作用：尺寸数字表示所注尺寸的大小。

强调：1）线性尺寸的数字一般应写在尺寸线的上方，也允许注写在尺寸线的中断处；位置不够时，也可以引出标注。

2）尺寸数字不能被任何图线通过，否则必须将该图线断开。

3）在同一张图上基本尺寸的字高要一致，一般采用 3. 5 号字，不能根据数值的大小而改变。

1. 2. 3　尺寸的排列与布置

尺寸宜标注在图样轮廓线以外，不宜与图线、文字及符号等相交。平行排列的尺寸线的间距应保持一致，互相平行的尺寸线，应从被标注的图样轮廓线由近向远整齐排列，小尺寸应在里面，大尺寸在外面，如图 1-17 所示。

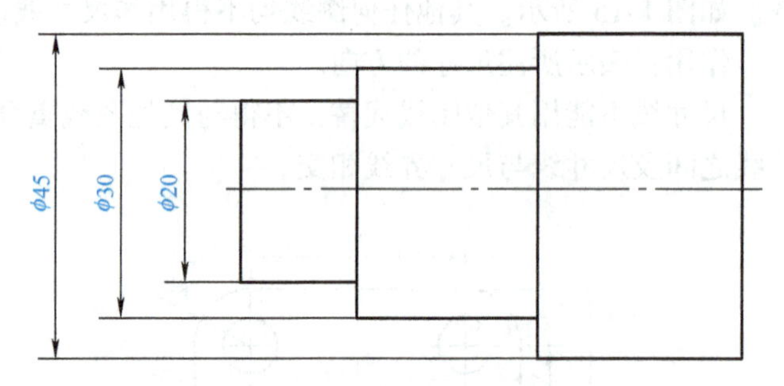

图 1-17　尺寸的排列与布置

1. 2. 4　常用尺寸的注法

1. 线性尺寸的标注

线性尺寸的数字应按图 1-18a 所示的方向填写，图示 30°范围内，应按图 1-18b 形式标注。尺寸数字一般应写在尺寸线的上方，当尺寸线为垂直方向时，应注写在尺寸线的左方，字头朝左；也允许注写在尺寸线的中断处，如图 1-18c 所示，但不应与图 1-18a 所示方式出现在同一图样中。狭小部位的尺寸数字按图 1-18d 所示方式注写。

2. 角度尺寸的标注

角度的尺寸界线应沿径向引出，尺寸线是以角的顶点为圆心画出的圆弧线。角度的数字应水平书写，一般注写在尺寸线的中断处，必要时也可写在尺寸线的上方或外侧。角度较小时也可以用指引线引出标注。角度尺寸必须注出单位，如图 1-19 所示。

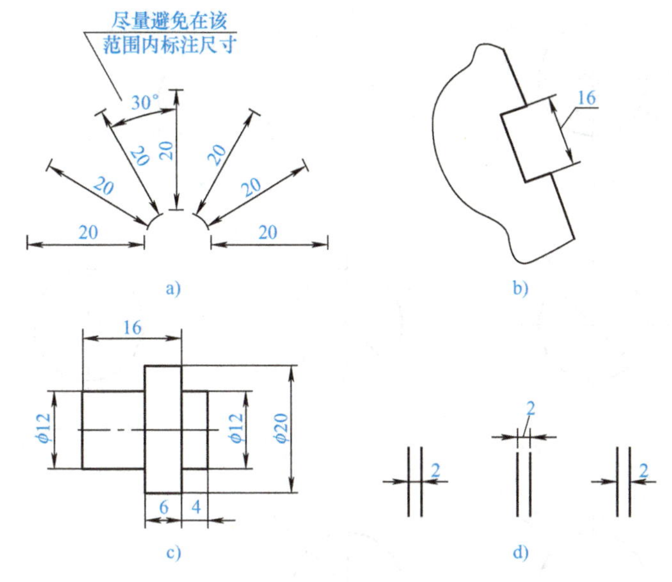

图 1-18　线性尺寸标注示例

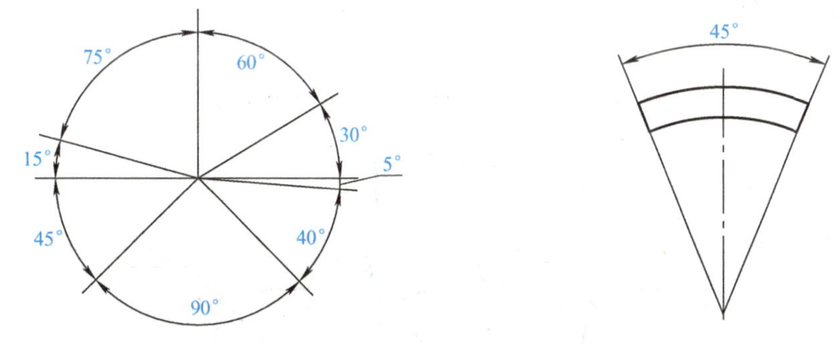

图 1-19　角度尺寸标注示例

3. 圆和圆弧尺寸的标注

标注圆及圆弧的尺寸时，一般可将轮廓线作为尺寸界线，尺寸线或其延长线要通过圆心。大于半圆的圆弧标注直径，在尺寸数字前加注“ϕ”，小于和等于半圆的圆弧标注半径，在尺寸数字前加注“R”。没有足够的空位时，尺寸数字也可写在尺寸界线的外侧或引出标注。圆和圆弧尺寸的标注如图 1-20 所示。

4. 球体尺寸的标注

圆球在尺寸数字前加注“$S\phi$”，半球在尺寸数字前加注符号“SR”。标注如图 1-21 所示。

5. 弧长、弦长尺寸的标注

(1) 弧长尺寸的标注　标注圆弧的弧长时，尺寸线应以与该圆弧同心的圆弧线表示，尺寸界线应垂直于该圆弧的弦，起止符号应以箭头表示，弧长数字的左方应加注圆弧符号“⌒”，如图 1-22a 所示。

(2) 弦长尺寸的标注　标注圆弧的弦长时，尺寸线应以平行于该弦的直线表示，尺寸界线应垂直于该弦，如图 1-22b 所示。

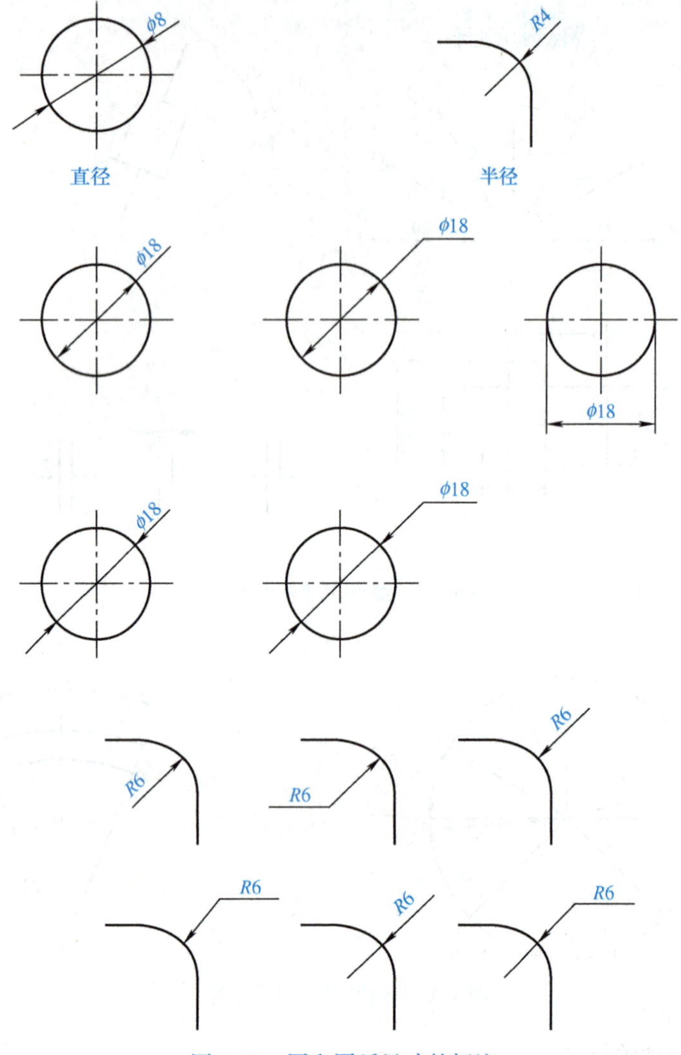

图 1-20　圆和圆弧尺寸的标注

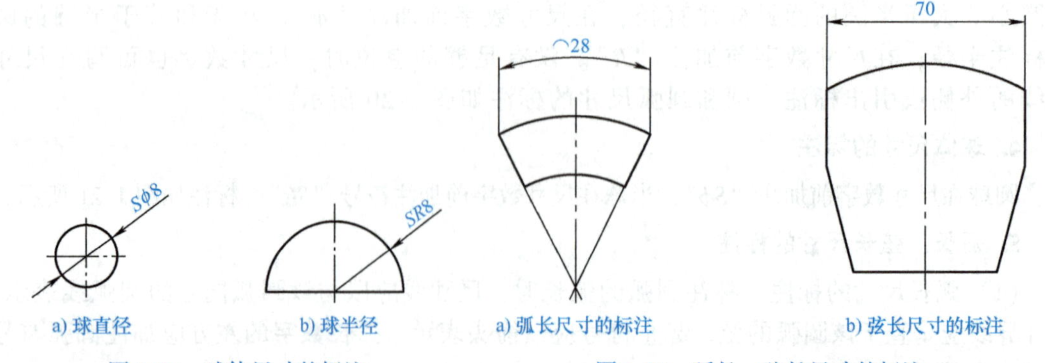

图 1-21　球体尺寸的标注

图 1-22　弧长、弦长尺寸的标注

1.3　绘图工具及使用

知识目标：

1. 了解绘图工具及其使用方法。
2. 掌握基本作图方法。
3. 掌握平面图形的画法。

技能目标：

1. 认识并熟练使用绘图工具。
2. 学会基本作图方法。
3. 学会平面图形的画法。

用铅笔、图板、丁字尺、三角板、圆规等绘图仪器和工具来绘制图样时，称为尺规作图。为了提高绘图质量，提高绘图速度，必须注意正确、熟练地使用绘图工具和采用正确的绘图方法。

1. 图板、丁字尺、三角板

（1）图板　图板形状为矩形，分为A0、A1、A2，一般用胶合板制成，用作画图时的垫板，要求表面平坦光洁；又因它的左边用作导边，所以左边必须光滑、平直。图纸在图板上的固定如图1-23所示。

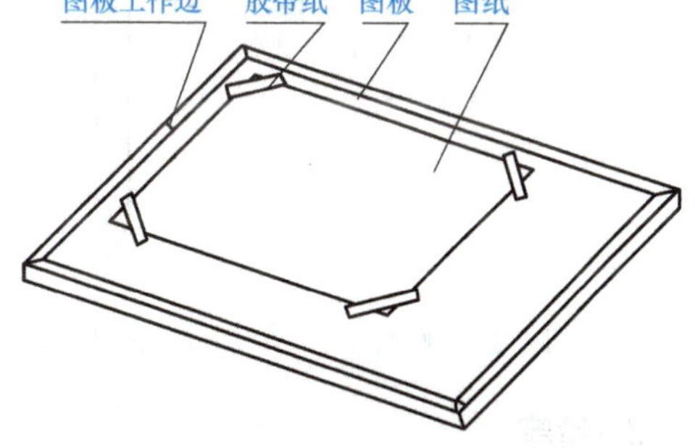

图1-23　图板与图纸的固定

（2）丁字尺　丁字尺是画水平线的长尺，一般是用有机玻璃制成。丁字尺由尺头和尺身两部分垂直相交构成丁字形，画图时，应使尺头靠着图板左侧的导边。画水平线必须自左向右画，如图1－24和图1－25所示。

图1-24　图板和丁字尺

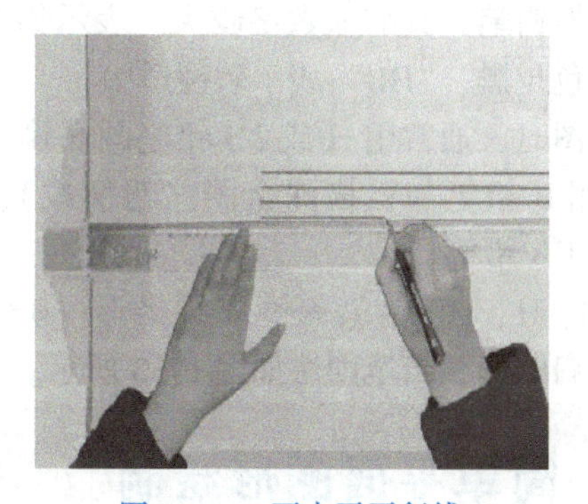
图1－25　画水平平行线

（3）三角板　一副三角板有两块，一块是45°三角板，另一块是30°和60°三角板，一般用透明有机玻璃制成。除了直接用它们来画直线外，也可配合丁字尺画铅垂线和其他斜线。用一块三角板能画与水平线成30°、45°、60°的倾斜线。用两块三角板能画与水平线成15°、75°、

105°和165°的斜线，如图1-26所示。

2. 圆规和分规

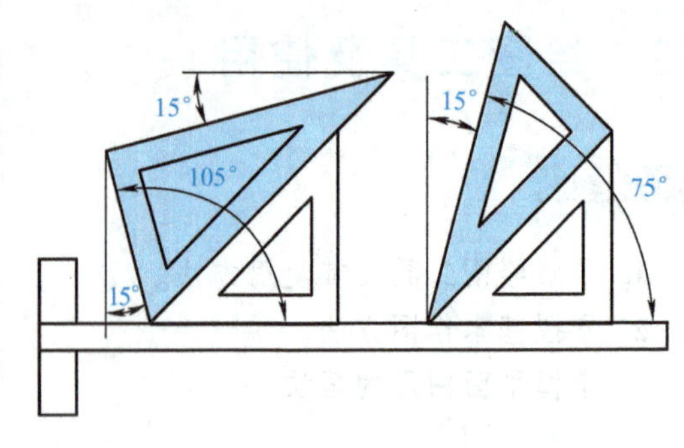

图1-26 用两块三角板配合画斜线

（1）圆规 圆规用来画圆和圆弧。圆规的一个脚上装有钢针，称为针脚，用来定圆心；另一个脚可装铅芯，称为笔脚。

在使用前应先调整针脚，使针尖略长于铅芯，如图1-27所示。笔脚上的铅芯应削成楔形，以便画出粗细均匀的圆弧。

画图时圆规向前进方向稍微倾斜；画较大的圆时，应使圆规两脚都与纸面垂直。

（2）分规 分规用来等分和量取线段。分规两脚的针尖并拢后应能对齐，如图1-28所示。分规使用如图1-29所示。

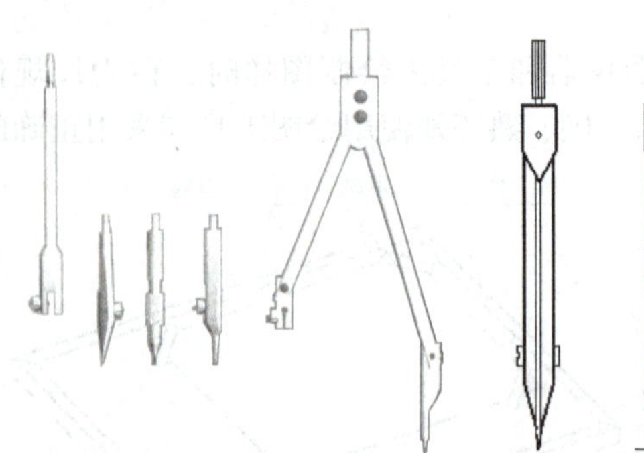
图1-27 圆规组件

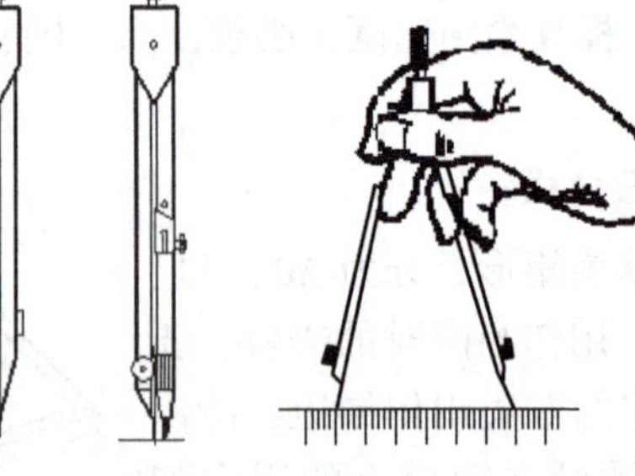
图1-28 分规

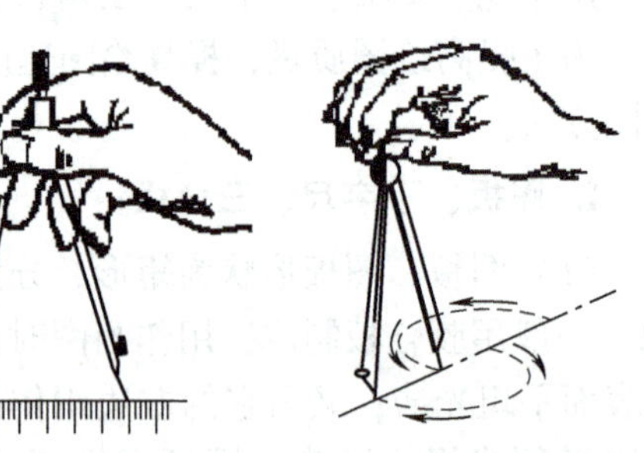
图1-29 分规使用

3. 铅笔

绘图铅笔的铅芯用标号“H”和“B”来表示其软硬程度，“H”表示硬性铅笔，其前面数字越大，表示铅芯越硬而铅色越淡：“B”表示软性铅笔，其前面数字越大，表示铅芯越软而铅色越黑，“HB”表示软硬适中。

画图时，通常用H或2H铅笔画底稿（细线），用B铅笔加粗描深全图（粗实线）；写字时用HB铅笔。

2H、H、HB铅笔修磨成圆锥形；B铅笔修磨成扁铲形。铅笔削法如图1-30所示。

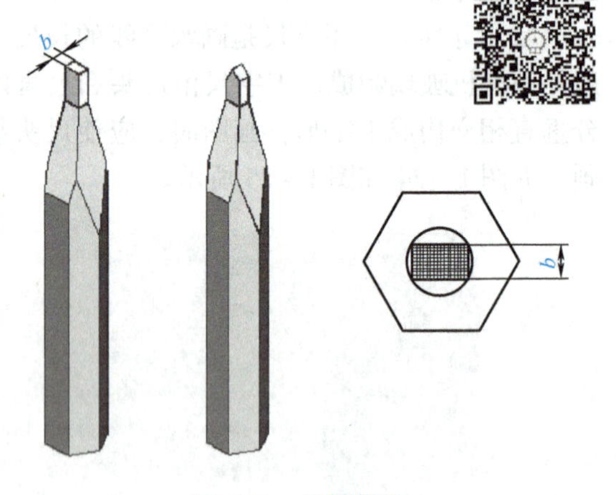

图1-30 铅笔削法

1.4 简单平面图形绘制

知识目标：

掌握简单平面图形绘制的基本方法。

技能目标：

能够绘制简单的平面图形。

1.4.1　基本作图方法

零件的轮廓形状一般都是由直线、圆、圆弧或其他曲线组合而成的几何图形。因此，熟练地掌握和运用它们的基本作图方法，是绘制机械图样的基础。下面介绍几种最常见的几何作图方法。

1. 等分直线段

1）过已知线段的一个端点，画任意角度的直线，并用分规自线段的起点量取 n 个线段，如图 1-31a 所示。

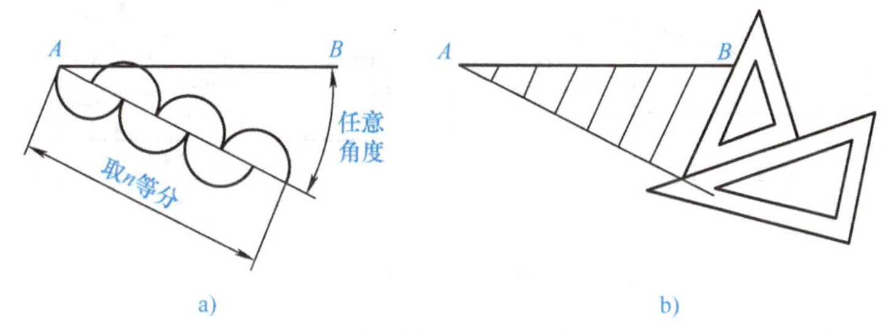

图 1-31　等分直线段

2）将等分的最末点与已知线段的另一端点相连。

3）过各等分点作该线的平行线与已知线段相交即得到等分点，即推画平行线法，如图 1-31b所示。

2. 等分圆周

（1）正五边形

方法：1）作 OA 的中点 M，如图 1-32a 所示。

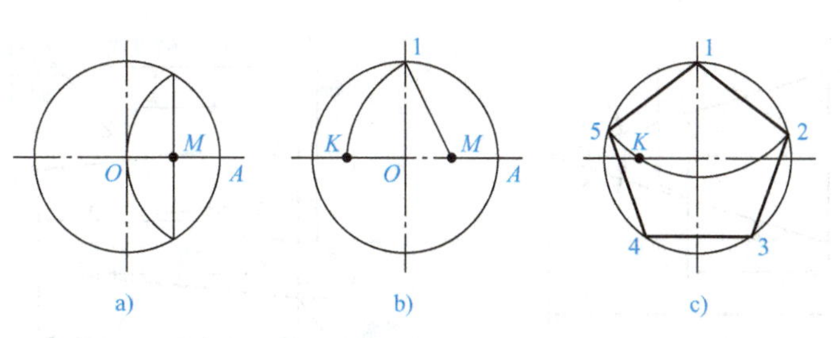

图 1-32　正五边形画法

2）以 M 点为圆心，$\overline{M1}$为半径作弧，交水平直径于 K 点，如图 1-32b 所示。

3）以$\overline{1K}$为边长，将圆周五等分，即可作出圆内接正五边形，如图 1-32c 所示。

（2）正六边形

方法一：用圆规作图。

分别以已知圆在水平直径上的两处交点 A、D 为圆心，以 $R=\overline{AD}/2$ 为半径作圆弧，与圆交于 C、E、B、F 点，依次连接 A、B、C、D、E、F 点即得圆内接正六边形，如图 1-33a所示。

方法二：用三角板作图。

以 60°三角板配合丁字尺作平行线，画出四条斜边，再以丁字尺作上、下水平边，即得圆内接正六边形，如图 1-33b 所示。

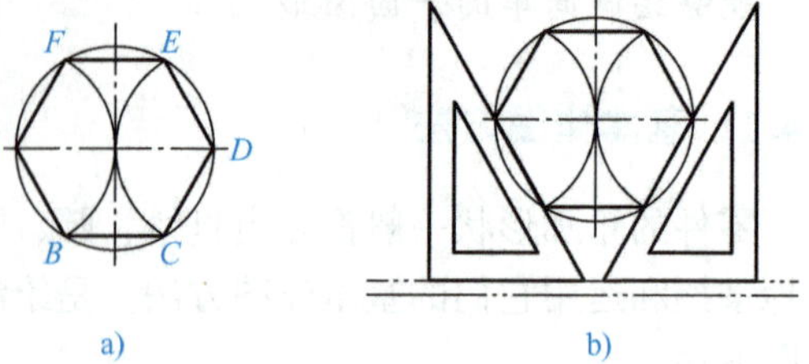

图 1-33 正六边形画法

3. 斜度和锥度

（1）斜度 斜度是指两指定截面的棱体高 H 和 h 之差与该两截面之间的距离 L 之比，也可以理解为一直线（或平面）对另一直线（或平面）的倾斜程度，它的特点是单向分布，如图 1-34 所示。

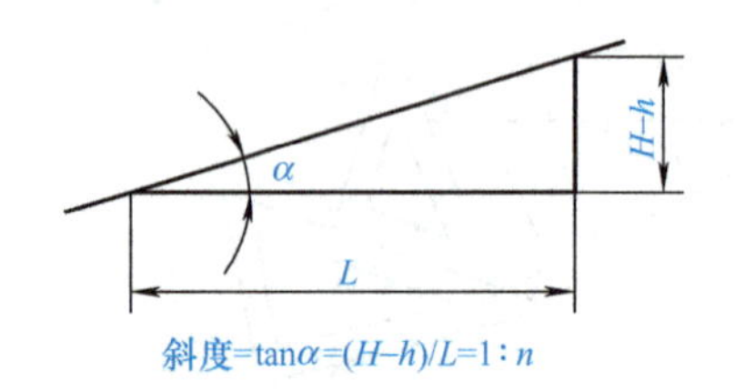

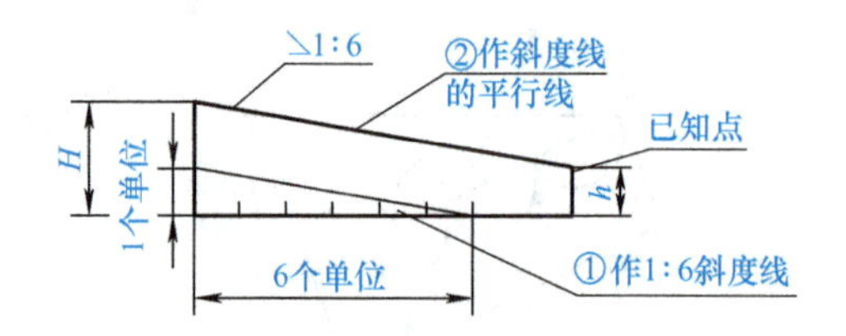

图 1-34 斜度

斜度计算：高度差与长度之比，斜度 $S=(H-h)/L=1:n$

画法：用分规任取一单位，高度 1 份，水平线方向 n 份，即 $1:n$，连斜线即斜度，再推平行线。

注意：计算时，均把比例前项化为 1，在图中以 $1:n$ 的形式标注。

标注：图形符号∠的方向同斜线方向。

（2）锥度 锥度是指两个垂直圆锥轴线截面的圆锥直径 D 和 d 之差与该两截面之间的轴向距离 L 之比，也可以理解为正圆锥底圆直径与锥高之比，或正圆台的两底圆直径差与其高度之比。它的特点是双向分布，如图 1-35 所示。

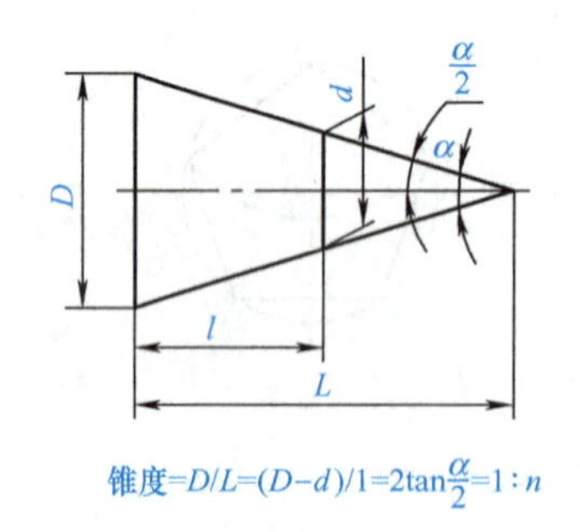

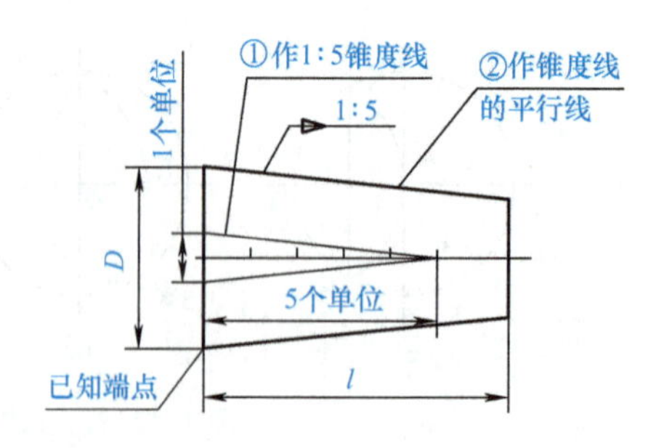

图 1-35 锥度

锥度计算：直径差与长度之比，锥度 $C=D/L=(D-d)/l=1:n$

注意：计算时，均把比例前项化为 1，在图中以 $1:n$ 的形式标注。

画法：直径方向为 1 份，即半径方向为 0.5 份，轴向为 n 份。

标注：图形符号▶的方向同锥度斜线方向。

1.4.2　平面图形的画法

平面图形是由各种线段（直线或圆弧）连接而成的，这些线段之间的相对位置和连接关系靠给定的尺寸来确定。画图时，只有通过分析尺寸和线段之间的关系，才能明确该平面图形应从何处着手以及按什么顺序作图。

1. 尺寸分析

平面图形中的尺寸，根据所起的作用不同分为定形尺寸和定位尺寸两类；而在标注和分析尺寸时，首先必须确定尺寸基准。

1）尺寸基准　尺寸基准是确定尺寸位置的几何元素。平面图形的尺寸有水平和垂直两个方向，因而就有水平和垂直两个方向的尺寸基准。图形中有很多尺寸都是以尺寸基准为出发点的。

平面图形中尺寸基准是点或线。常用的点基准有圆心、球心、多边形中心点、角点等，线基准往往是图形的对称中心线或图形中的边线。

2）定形尺寸　定形尺寸是指确定平面图形上几何元素形状和大小的尺寸，如图 1-36 所示中的 R18mm、R30mm、R50mm、ϕ30mm、ϕ15mm 和 80mm、10mm。一般情况下确定几何图形所需定形尺寸的个数是一定的，如直线的定形尺寸是长度，圆的定形尺寸是直径，圆弧的定形尺寸是半径，正多边形的定形尺寸是边长，矩形的定形尺寸是长和宽两个尺寸等。

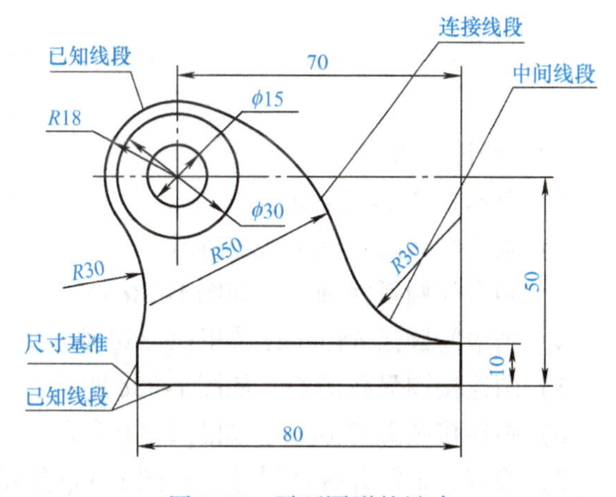

图 1-36　平面图形的尺寸

3）定位尺寸　定位尺寸是指确定几何元素位置的尺寸，如图 1-36 中的 70mm、50mm。确定平面图形位置需要两个方向的定位尺寸，即水平方向和垂直方向，也可以以极坐标的形式定位，即半径加角度。

分析尺寸时，常会见到同一尺寸既是定形尺寸，又是定位尺寸。

2. 线段分析

根据定形尺寸、定位尺寸是否齐全，可以将平面图形中的图线分为以下三大类：

（1）已知线段

概念：定形尺寸、定位尺寸齐全的线段。

作图时该类线段可以直接根据尺寸作图，如图 1-36 中的 ϕ15mm 的圆、R18mm 的圆弧、70mm 和 50mm 的直线均属已知线段。

（2）中间线段

概念：只有定形尺寸和一个定位尺寸的线段。

作图时必须根据该线段与相邻已知线段的几何关系，通过几何作图的方法求出，如图 1-36 中的 R30mm 圆弧。

（3）连接线段

概念：只有定形尺寸没有定位尺寸的线段，其定位尺寸需根据与线段相邻的两线段的几何关系，通过几何作图的方法求出，如图 1-36 中的 R50mm 圆弧段。

在两条已知线段之间，可以有多条中间线段，但必须而且只能有一条连接线段。否则，尺寸将出现缺少或多余。

3. 平面图形的画图步骤

（1）尺寸分析　图 1-37 所示手柄，圆弧连接是由已知圆弧 R20mm、R5mm、中间圆弧 R80mm 和连接圆弧 R20mm 组成，R80mm 与 R5mm 内连接，R20mm 与 R80mm 和 R20mm 外连接。

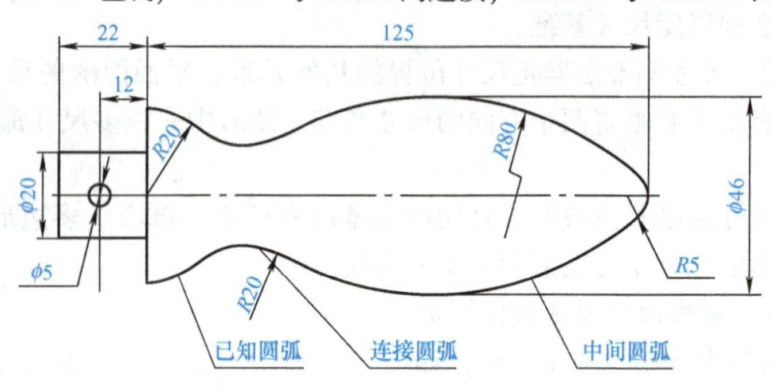

图 1-37　手柄的尺寸分析

（2）画图步骤。

1）布局如图 1-38a 所示。

2）画已知线段如图 1-38b 所示。

3）画中间圆弧找圆心，如图 1-38c 所示。

4）画中间圆弧 R80mm，如图 1-38d 所示。

5）画连接圆弧找圆心，如图 1-38e 所示。

6）画连接圆弧 R20mm，如图 1-38f 所示。

7）检查、描深并标注尺寸，如图 1-38g 所示。

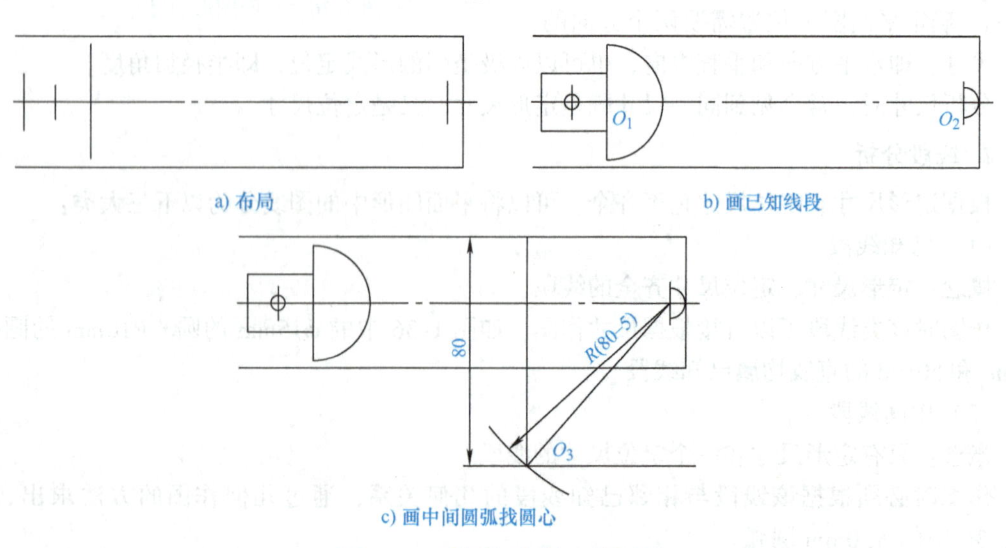

a) 布局　b) 画已知线段

c) 画中间圆弧找圆心

图 1-38　手柄的画法与画图步骤

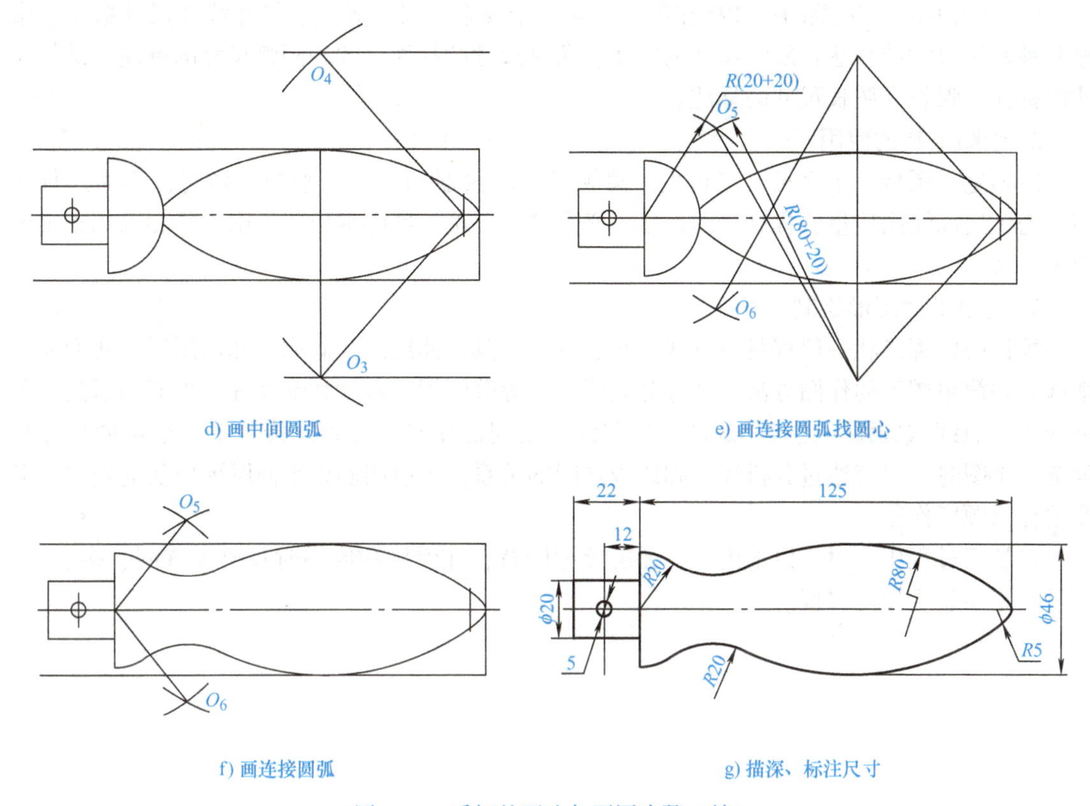

图 1-38　手柄的画法与画图步骤（续）

本 章 小 结

机械图样是设计和制造机械的重要文件，是工程界的共同语言。要学好机械制图就必须遵守机械制图国家标准规定，深刻正确地理解这些国家标准对以后的制图学习有着很大的帮助。在机械制图中，图样只能表示物体的形状，不能确定它的大小，因此，图样中必须标注尺寸来确定其大小。平面图形的绘制是画机械图样的基础，采用正确的绘图方法和熟练地运用各种绘图工具有助于提高绘图速度和质量。

1. 国家标准

1）图纸的使用方式有两种：横式和立式。图框有两种格式：不留装订边和留装订边。

2）标题栏位于图框的右下角，是用来填写设计单位（含设计人、绘图人、审批人）的签名和日期、图名以及图样编号等内容的。

3）比例是指图中图形与其实物相应要素的线性尺寸之比。比例可分为三种，即原值比例、放大比例、缩小比例。无论图的比例大小如何，在图中都必须标注物体的实际尺寸。

4）工程图样上所书写的汉字、阿拉伯数字、拉丁字母以及罗马数字，必须做到：笔画清晰，字体端正，排列整齐，间隔均匀。

5）机械制图的图线线型有实线、虚线、点画线、双点画线以及波浪线等。

6）尺寸标注，完整的尺寸标注包含下列三个要素：尺寸界线、尺寸线和尺寸数字。掌握几种常用尺寸的注法：线性尺寸的标注、角度尺寸的标注、圆和圆弧尺寸的标注、球体尺寸的标注、弧长和弦长尺寸的标注。

2. 绘图工具的使用

用铅笔、图板、丁字尺、三角板、圆规等绘图仪器和工具来绘制图样时，称为尺规作图。为了提高绘图质量，提高绘图速度，必须注意正确、熟练地使用绘图工具和采用正确的绘图方法。

3. 简单平面图形绘制

零件的轮廓形状一般都是由直线、圆、圆弧或其他曲线组合而成的几何图形。我们应该掌握几种简单图形的作图方法，如等分直线段、等分圆周、斜度和锥度等。平面图形是由各种线段（直线或圆弧）连接而成的，这些线段之间的相对位置和连接关系靠给定的尺寸来确定。画图时，只有通过分析尺寸和线段之间的关系，才能明确该平面图形应从何处着手以及按什么顺序作图。

在学习过程中，对于以上内容，无需死记硬背，在看图和绘图时只要多查阅、多参考，经过一定实践后便可掌握。

第 2 章　投影基础及基本体三视图

本章学习目标

掌握投影法的基本概念、分类及特性、投影规律，了解基本体的分类构成及投影规律，掌握平面立体、曲面立体的尺寸标注。

从点的投影到线的投影再到面的投影，体会知识是一个逐渐积累的过程。

2.1　投影法

知识目标：

1. 掌握投影法的基本概念、分类及特性。
2. 掌握三视图的形成及投影规律。
3. 掌握点、线和面的投影规律及特性。

技能目标：

1. 分析简单零件的三面投影关系。
2. 绘制点的三面投影图。
3. 判断线和面投影的类型。

2.1.1　投影法基础

物体在阳光或灯光等光线的照射下，就会在墙面或地面上形成影子，这个影子可以反映物体的轮廓，但不能反映物体的细部形状。

1. 投影法

将投射线通过物体向选定的平面投射，并在该平面上得到图形（影像）的方法称为投影法，得到的图形称为投影，得到投影的面称为投影面，如图 2-1 所示。

2. 投影法的分类

投影法分为中心投影法和平行投影法，而平行投影法又分为正投影法和斜投影法。

如图 2-2 所示，投射线均通过投射中心射出，称为中心投影法。如果投射线互相平行，此时，物体在投影面上也同样得到一个投影，这种投影法称为平行投影法。当平行的投射线对投影面倾斜时，称为斜投影法，如图 2-3 所示。当平行的投射线与投影面垂直时，称为正投影法，如图 2-4 所示。正投影法优点是能够表达物体的真实形状和大小，作图方法也较简单，所以广泛用于绘制机械图样。因此，本课程主要研究正投影法，除特别说明外，所述投影均为正投影。

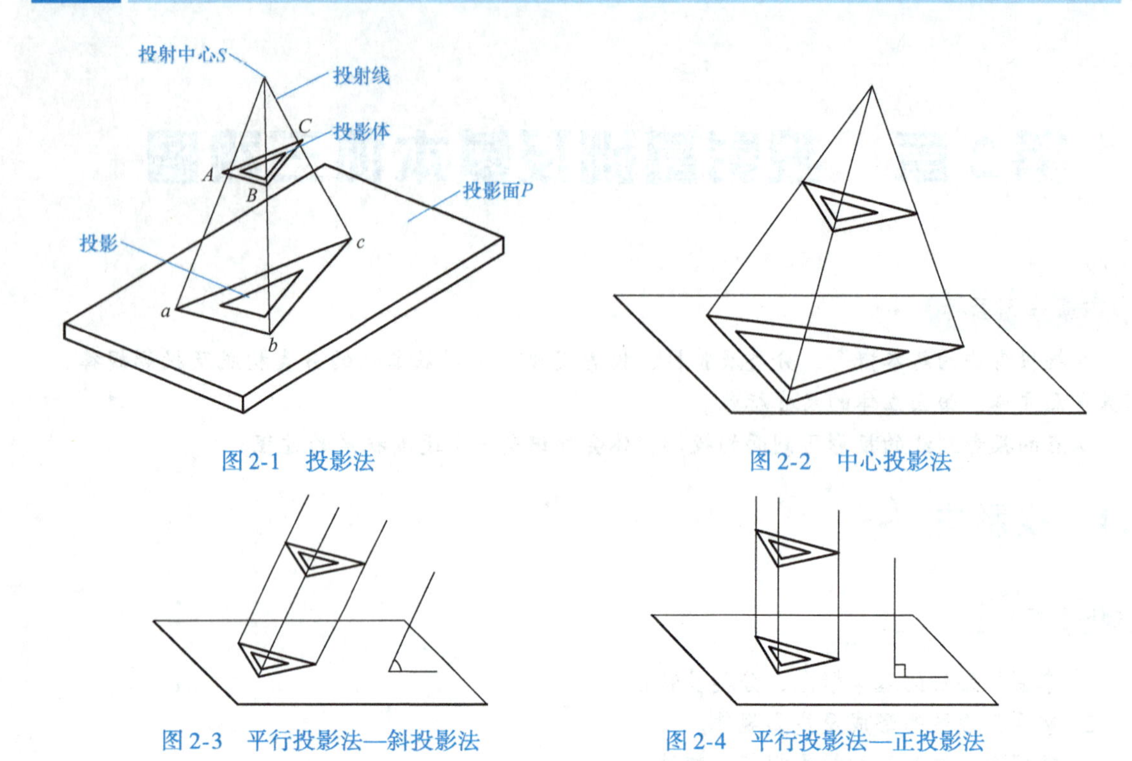

图 2-1 投影法

图 2-2 中心投影法

图 2-3 平行投影法—斜投影法

图 2-4 平行投影法—正投影法

3. 正投影法的基本性质

（1）类似性（或称收缩性） 当线段或平面与投影面倾斜时，其线段投影小于实长（收缩），平面的投影为小于实形的类似形。

（2）真实性 当线段或平面与投影面平行时，其投影反映实长或实形。

（3）积聚性 当线段或平面与投影面垂直时，投影积聚为点或直线。

2.1.2 三视图的形成与投影规律

一般情况下，一个视图不能确定物体的形状。如图 2-5 所示，两个形状不同的物体，它们在投影面上的投影都相同。因此，要反映物体的完整形状，必须增加由不同投射方向所得到的几个视图，互相补充，才能将物体表达清楚。工程上常用的是三视图。

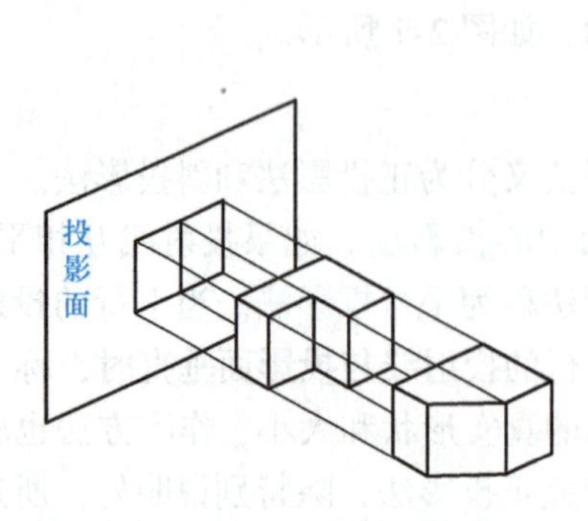

图 2-5 一个视图不能确定物体的形状

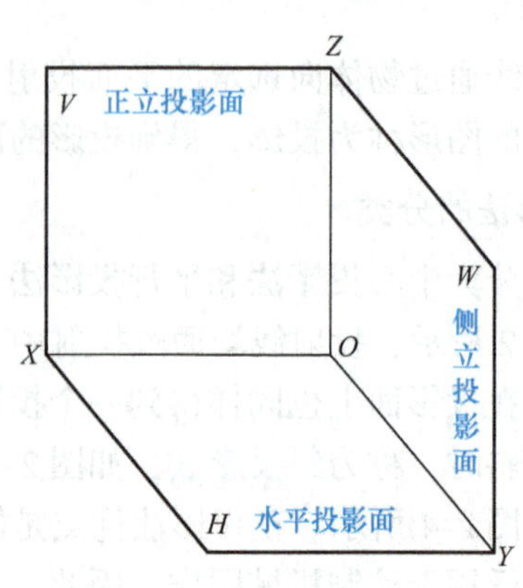

图 2-6 三投影面体系

1. 三投影面体系与三视图的形成

(1) 三投影面体系的建立　三投影面体系由三个互相垂直的投影面所组成，如图 2-6 所示。

在三投影面体系中，三个投影面分别为：

正立投影面：简称为正面，用 *V* 表示；

水平投影面：简称为水平面，用 *H* 表示；

侧立投影面：简称为侧面，用 *W* 表示。

三个投影面的相互交线，称为投影轴。它们分别是：

OX 轴：是 *V* 面和 *H* 面的交线，它代表长度方向；

OY 轴：是 *H* 面和 *W* 面的交线，它代表宽度方向；

OZ 轴：是 *V* 面和 *W* 面的交线，它代表高度方向。

三个投影轴垂直相交的交点 *O*，称为原点。

(2) 三视图的形成　将物体放在三投影面体系中，物体的位置处在观察者与投影面之间，然后将物体对各个投影面进行投影，得到三个视图，这样才能把物体的长、宽、高三个方向，上下、左右、前后六个方位的形状表达出来，如图 2-7a 所示。三个视图分别为：

主视图：从前往后进行投影，在正立投影面（*V* 面）上所得到的视图。

俯视图：从上往下进行投影，在水平投影面（*H* 面）上所得到的视图。

左视图：从左往右进行投影，在侧立投影面（*W* 面）上所得到的视图。

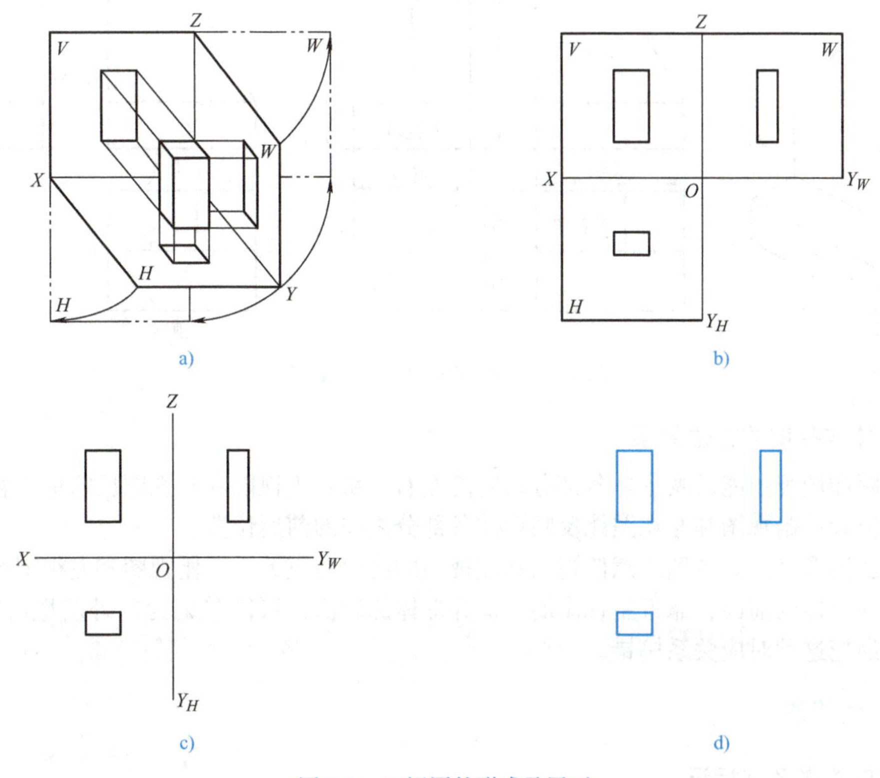

图 2-7　三视图的形成及展开

（3）三投影面体系的展开　在实际作图中，为了画图方便，需要将三个投影面在一个平面（纸面）上表示出来。规定：使 V 面不动，H 面绕 OX 轴向下旋转 90°与 V 面重合，W 面绕 OZ 轴向右旋转 90°与 V 面重合，这样就得到了在同一平面上的三视图，如图 2-7b 所示。可以看出，俯视图在主视图的下方，左视图在主视图的右方。在这里应特别注意的是：同一条 OY 轴旋转后出现了两个位置，因为 OY 是 H 面和 W 面的交线，也就是两投影面的共有线，所以 OY 轴随着 H 面旋转到 OY_H 的位置，同时又随着 W 面旋转到 OY_W 的位置。为了作图简便，投影图中不必画出投影面的边框，如图 2-7c 所示。由于画三视图时主要依据投影规律，所以投影轴也可以进一步省略，如图 2-7d 所示。

2. 三视图的投影规律

从图 2-8 可以看出，一个视图只能反映两个方向的尺寸：主视图反映了物体的长度和高度，俯视图反映了物体的长度和宽度，左视图反映了物体的宽度和高度。由此可以归纳出三视图的投影规律：

主、俯视图“长对正”（即等长）；

主、左视图“高平齐”（即等高）；

俯、左视图“宽相等”（即等宽）；

三视图的投影规律反映了三视图的重要特性，也是画图和读图的依据。无论是整个物体还是物体的局部，其三面投影都必须符合这一规律。

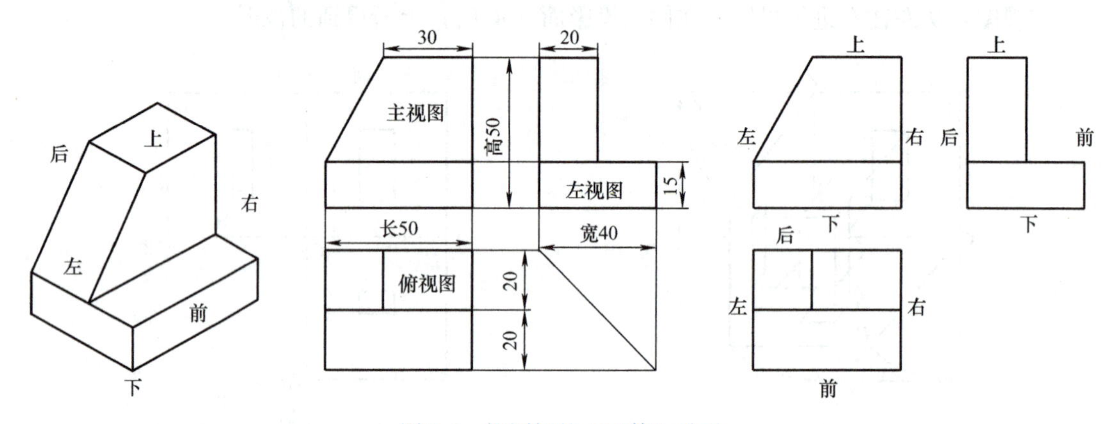

图 2-8　视图间的“三等”关系

3. 形体与视图的方位关系

主视图和俯视图能反映形体各部分之间的左右关系；主视图和左视图反映形体各部分之间的上下位置；俯视图和左视图能反映形体各部分之间的前后位置。

画图及读图时，要特别注意俯视图和左视图的前后对应关系：俯视图和左视图远离主视图的一侧为形体的前面，靠近主视图的一侧为形体的后面，可简单记为“外前里后”。初学时往往容易把这种对应关系搞错。

2.1.3　点的投影

1. 点的投影及其标记

如图 2-9a 所示，假设空间有一点 A，过点 A 分别向 H 面、V 面和 W 面作垂线，得到三

个垂足 a、a'、a''，便是点 A 在三个投影面上的投影。

规定用大写字母（如 A）表示空间点，它的水平投影、正面投影和侧面投影，分别用相应的小写字母（如 a、a'和 a''）表示。

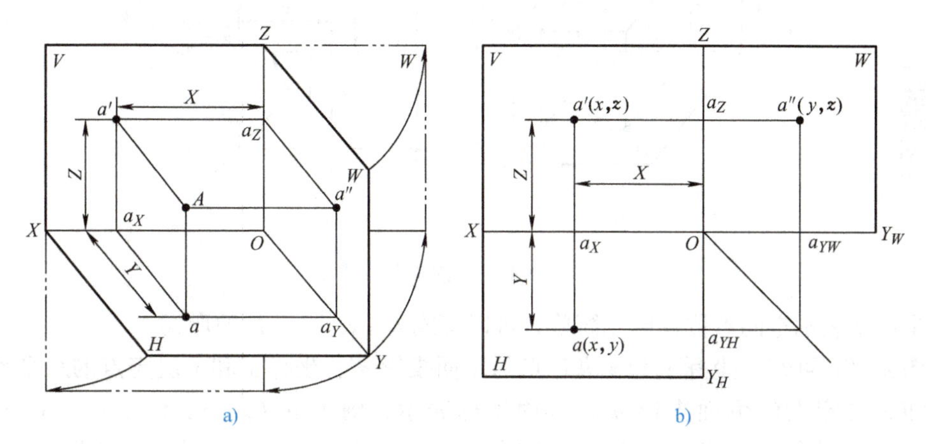

图 2-9　点的三面投影

2. 点的三面投影规律

（1）点的投影与点的空间位置的关系　从图 2-9 可以看出，Aa、Aa'、Aa''分别为点 A 到 H、V、W 面的距离，即：

$Aa=a'a_X=a''a_Y$，反映空间点 A 到 H 面的距离；

$Aa'=aa_X=a''a_Z$，反映空间点 A 到 V 面的距离；

$Aa''=a'a_Z=aa_Y$，反映空间点 A 到 W 面的距离。

上述即是点的投影与点的空间位置的关系，根据这个关系，若已知点的空间位置，就可以画出点的投影。反之，若已知点的投影，就可以完全确定点在空间的位置。

（2）点的三面投影规律　由图 2-9b 中还可以看出：

1）点的正面投影和水平投影的连线垂直于 OX 轴，即 $a'a \perp OX$ 轴；

2）点的正面投影和侧面投影的连线垂直于 OZ 轴，即 $a'a'' \perp OZ$ 轴；

3）点的水平投影 a 到 OX 轴的距离等于侧面投影 a''到 OZ 轴的距离，即 $aa_X=a''a_Z$。（可以用 45°辅助线或以原点为圆心作弧线来反映这一投影关系）

这说明点的三个投影不是孤立的，而是彼此之间有一定的位置关系；而且这个关系不因空间点的位置改变而改变，这就是点的三面投影规律。根据上述投影规律，若已知点的任何两个投影，就可求出它的第三个投影。

3. 点的三面投影与直角坐标

三投影面体系可以看成是一个空间直角坐标系，因此可用直角坐标确定点的空间位置。投影面 H、V、W 作为坐标面，三条投影轴 OX、OY、OZ 作为坐标轴，三轴的交点 O 作为坐标原点。

由图 2-10a 可以看出 A 点的直角坐标与其三个投影的关系：

点 A 到 W 面的距离 $=Oa_X=a'a_Z=aa_Y=$ 点 A 的 x 坐标；

点 A 到 V 面的距离 $=Oa_Y=aa_X=a''a_Z=$ 点 A 的 y 坐标；

点 A 到 H 面的距离 $=Oa_Z=a'a_X=a''a_Y=$ 点 A 的 z 坐标。

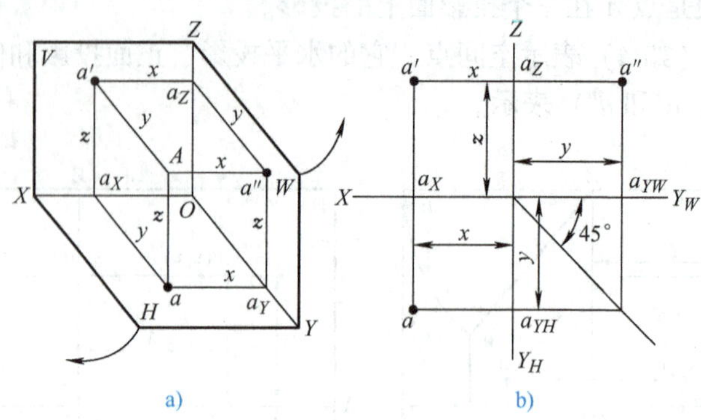

图 2-10　点的三面投影与直角坐标

用坐标来表示空间点位置比较简单，可以写成 A（x，y，z）的形式。

由图 2-10b 可知，坐标 x 和 z 决定点的正面投影 a'，坐标 x 和 y 决定点的水平投影 a，坐标 y 和 z 决定点的侧面投影 a''。若用坐标表示，则为 a（x，y，0），a'（x，0，z），a''（0，y，z）。因此，已知一点的三面投影，就可以量出该点的三个坐标；相反地，已知一点的三个坐标，就可以确定该点的三面投影。

4. 特殊位置点的投影

1）在投影面上的点（有一个坐标为 0）：有两个投影在投影轴上，另一个投影和其空间点本身重合。例如在 V 面上的点 A，如图 2-11a 所示。

2）在投影轴上的点（有两个坐标为 0）：有一个投影在原点上，另两个投影和其空间点本身重合。例如在 OZ 轴上的点 A，如图 2-11b 所示。

3）在原点上的空间点（有三个坐标都为 0）：它的三个投影必定都在原点上，如图 2-11c所示。

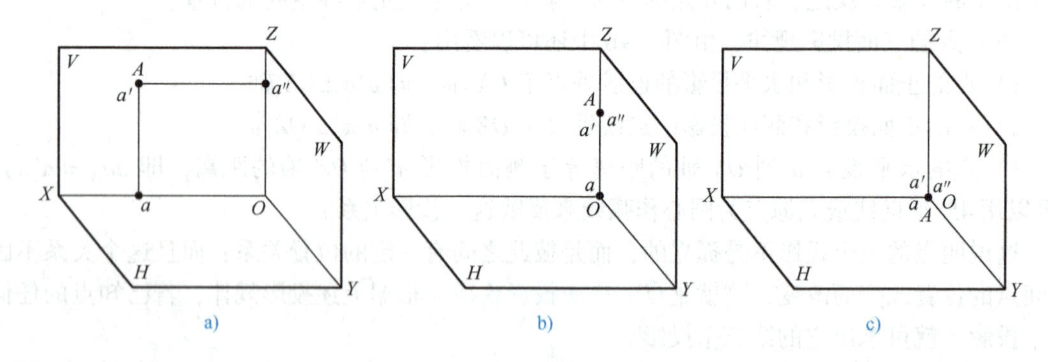

图 2-11　特殊位置点的投影

5. 重影点

若空间两点在某一投影面上的投影重合，则这两点是该投影面的重影点。这时，空间两点的某两坐标相同，并在同一投射线上。在投影图上不可见的投影加括号表示，如（a'）。

如图 2-12 中，C、D 位于垂直 H 面的投射线上，c、d 重影为一点，则 C、D 为对 H 面的重影点，z 坐标值大者为可见，图中 $z_C > z_D$，故 c 为可见，d 为不可见，用 c（d）表示。

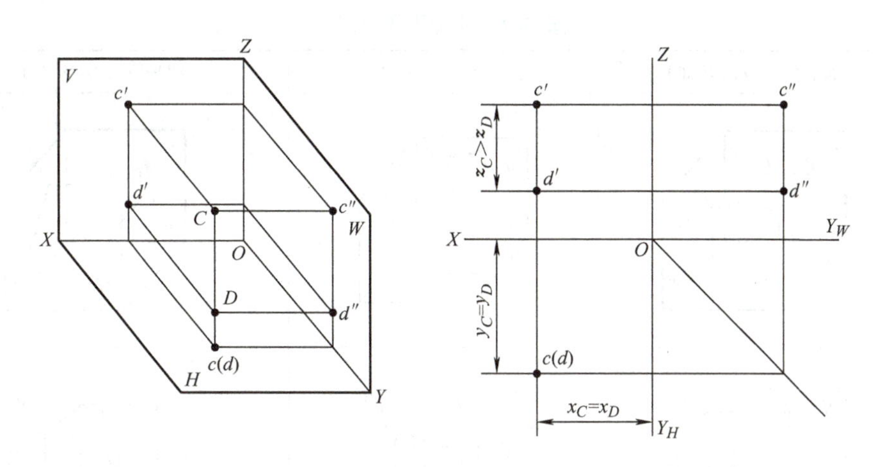

图 2-12　重影点的投影

2.1.4　直线的投影

1. 直线的投影特性

空间直线按相对于一个投影面的位置有平行、垂直、倾斜三种位置状态，三种位置各有不同的投影特性。

1）真实性：当直线与投影面平行时，则直线的投影为实长，如图 2-13a 所示。

2）积聚性：当直线与投影面垂直时，则直线的投影积聚为一点，如图 2-13b 所示。

3）收缩性：当直线与投影面倾斜时，则直线的投影小于直线的实长，如图 2-13c 所示。

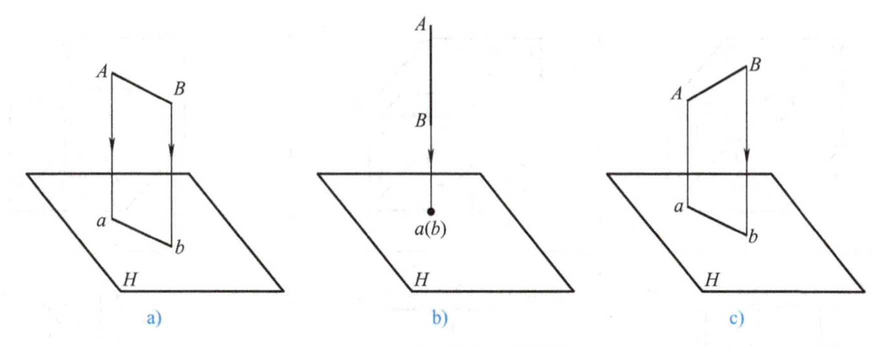

图 2-13　直线的投影特性

2. 各种位置直线的投影特性

共有三类七种：投影面的平行线（3 种）、投影面的垂直线（3 种）、一般位置直线。前两种直线为特殊位置直线。

（1）投影面平行线　仅与一个投影面平行，与另外两个投影面倾斜的直线称为投影面的平行线，按平行的投影面分为三种：水平线、正平线、侧平线，见表 2-1。

投影特性：直线在其所平行的投影面上的投影反映实长，其他两面投影平行于相应的投影轴，反映直线实长的投影与投影轴的夹角等于直线对相应投影面的倾角。

表 2-1 投影面平行线

名称	水平线（$AB//H$ 面）	正平线（$AB//V$ 面）	侧平线（$AB//W$ 面）
立体图	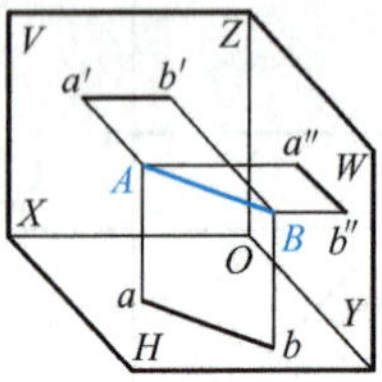 V Z a' b' a'' W A X B b'' O a Y H b	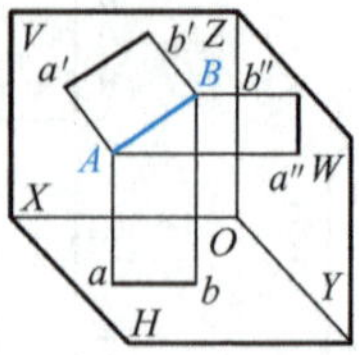 V b' Z a' B b'' A a'' W X O a b Y H	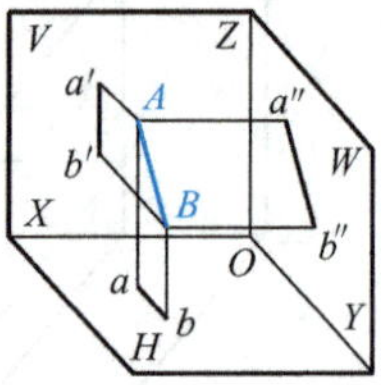 V Z a' A a'' W b' B X O b'' a Y H b
投影图	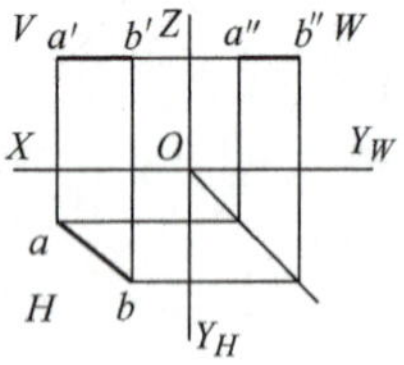 V a' b' Z a'' b'' W X O Y_W a H b Y_H	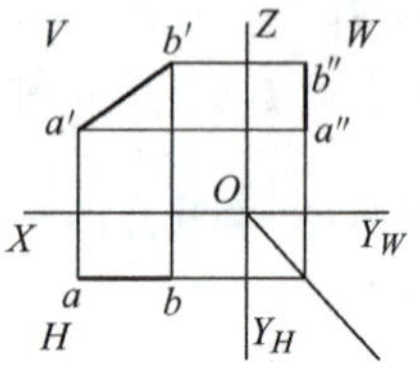 V b' Z W b'' a' a'' O X Y_W a b H Y_H	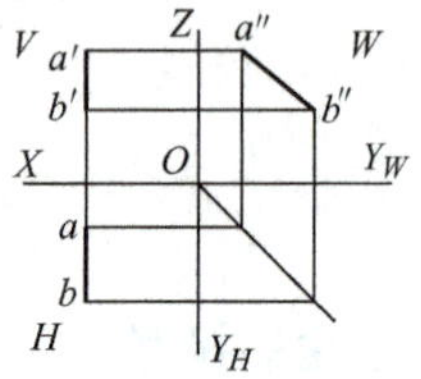 V a' Z a'' W b' b'' X O Y_W a b H Y_H

（2）投影面垂直线　与一个投影面垂直，与另外两个投影面平行的直线称为投影面的垂直线，按垂直的投影面分为三种：铅垂线、正垂线、侧垂线，见表 2-2。

投影特性：直线在其所垂直的投影面上的投影积聚成一点，其他两面投影反映实长，且垂直于相应的投影轴。

表 2-2 投影面垂直线

名称	铅垂线（$AB\perp H$ 面）	正垂线（$AB\perp V$ 面）	侧垂线（$AB\perp W$ 面）
立体图	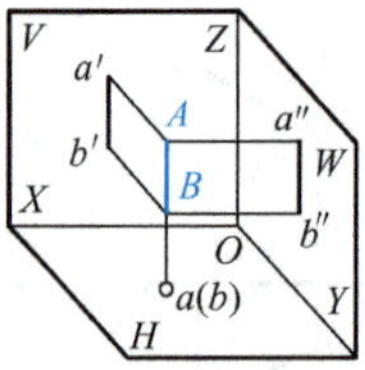 V Z a' A a'' b' W X B b'' O $a(b)$ Y H	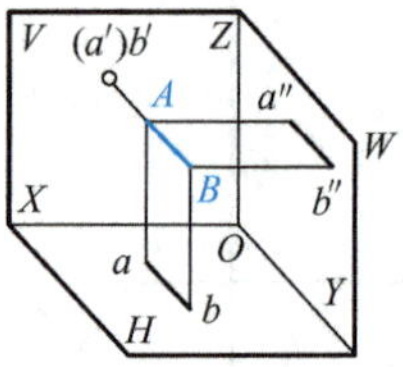 V $(a')b'$ Z A a'' W X B b'' O a b Y H	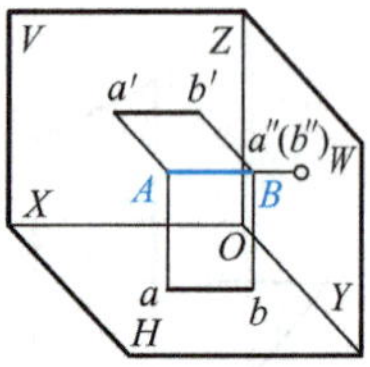 V Z a' b' $a''(b'')$ W X A B O a b Y H
投影图	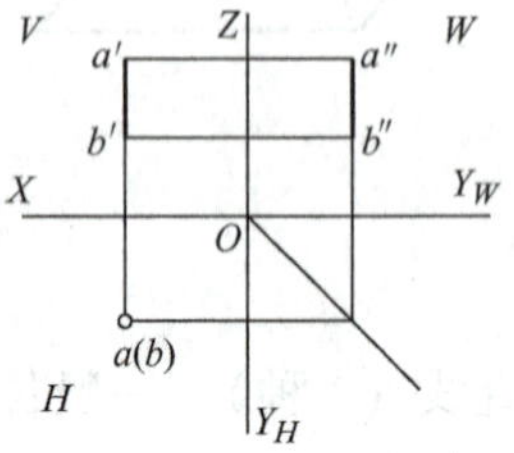 V Z W a' a'' b' b'' X Y_W O $a(b)$ H Y_H	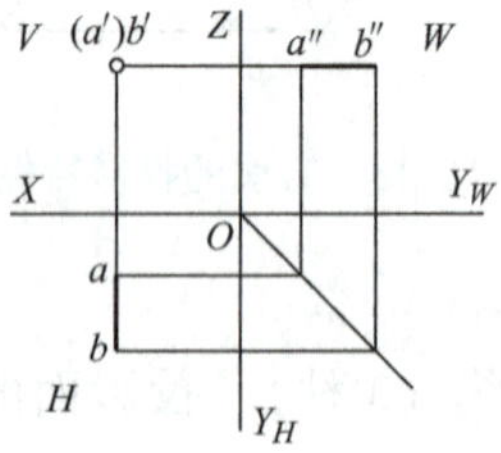 V $(a')b'$ Z a'' b'' W X Y_W O a b H Y_H	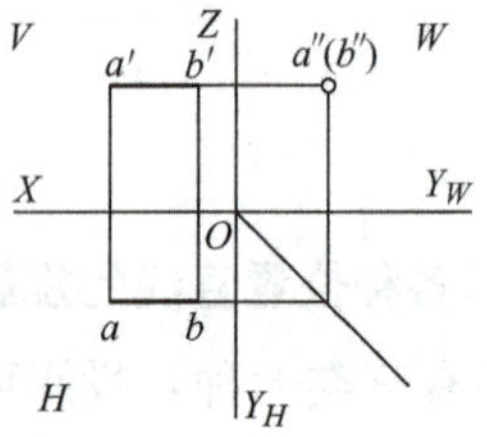 V Z a' b' $a''(b'')$ W X Y_W O a b H Y_H

（3）一般位置直线　与三个投影面均倾斜的直线，称为一般位置直线。

一般位置直线的投影特性：直线三个投影均与投影轴倾斜（α、β、γ 在 0°～90°），且小于实长；直线各投影与投影轴的夹角不反映空间直线与投影面的倾角，如图 2-14 所示。

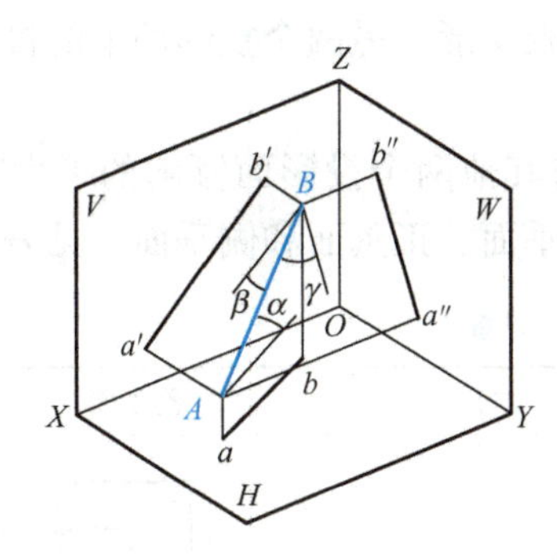

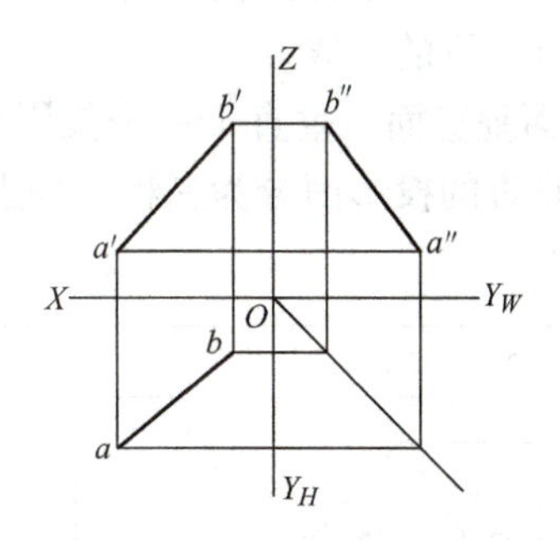

图 2-14　一般位置直线的投影

2.1.5　平面的投影

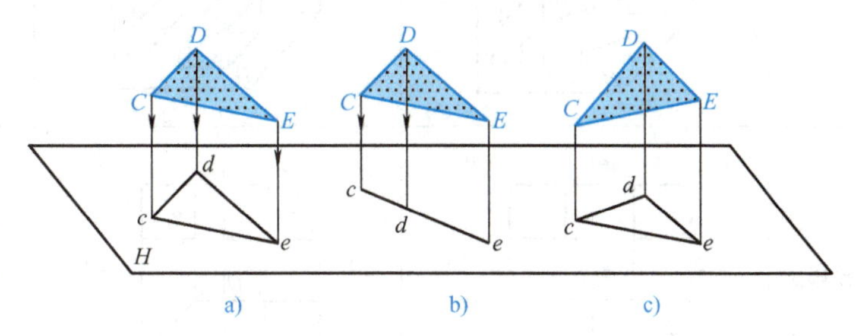

图 2-15　平面的投影特性

1. 平面的投影特性

平面按与投影面的相对关系分为三类：投影面平行面、投影面垂直面、一般位置平面。其投影特性如下：

1）真实性：当平面与投影面平行时，则平面的投影为实形，如图 2-15a 所示。

2）积聚性：当平面与投影面垂直时，则平面的投影积聚成一条直线，如图 2-15b 所示。

3）类似性：当直线或平面与投影面倾斜时，则平面的投影是小于平面实形的类似形，如图 2-15c 所示。

2. 各种位置平面的投影特性

（1）投影面平行面　平行于一个投影面，与另外两个投影面垂直的平面，称为投影面的平行面，按平行的投影面分为三种，分别是水平面、正平面和侧平面，见表 2-3。

表 2-3　投影面平行面

名称	水平面（A//H 面）	正平面（B//V 面）	侧平面（C//W 面）
立体图	V Z a′ a″ W A X O a Y H	V Z b′ W B O b″ X b Y H	V Z c′ W C O c″ X c Y H
投影图	V a′ Z a″ W X O Y_W a H Y_H	V Z W b′ b″ X O Y_W b H Y_H	V Z W c′ c″ X Y_W O c H Y_H

投影特性：在其所平行的投影面上的投影反映实形，另两个投影面上的投影分别积聚成与相应的投影轴平行的直线。

（2）投影面垂直面　垂直于一个投影面，与其他两个投影面倾斜的平面，称为投影面的垂直面，按垂直的投影面分为三种，分别是铅垂面、正垂面和侧垂面，见表2-4。

表2-4　投影面垂直面

名称	铅垂面（$C \perp H$面）	正垂面（$A \perp V$面）	侧垂面（$B \perp W$面）
立体图	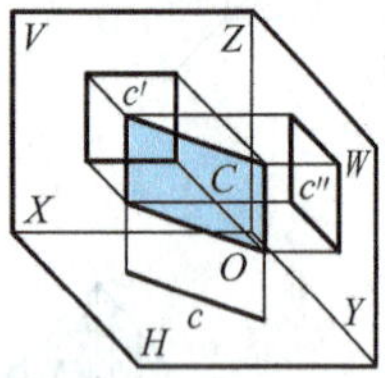	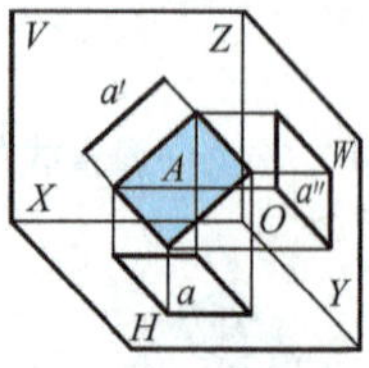	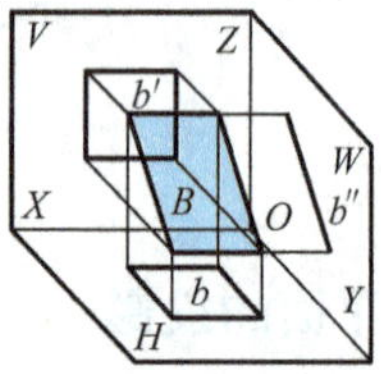
投影图	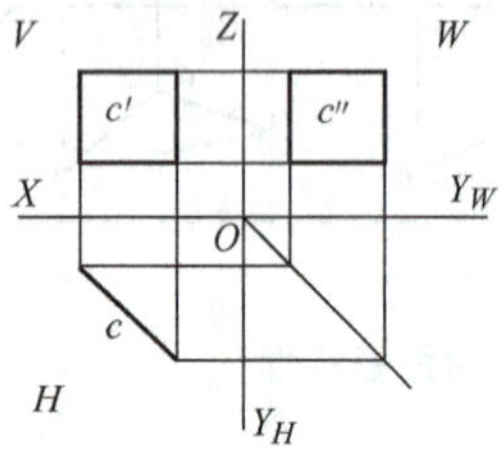	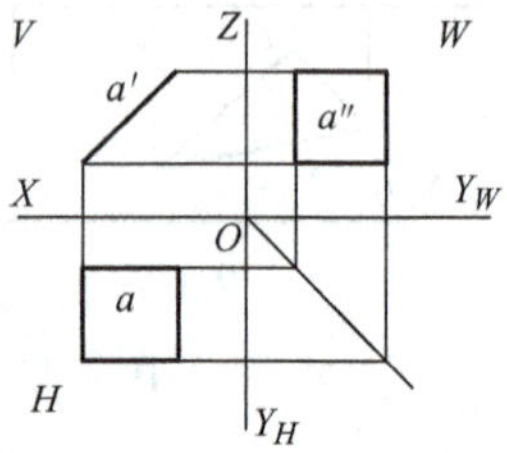	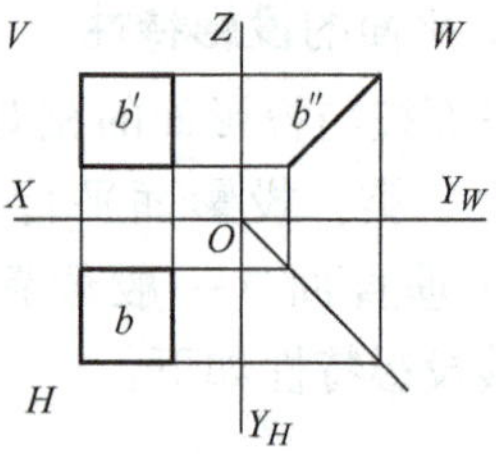

投影特性：在其垂直的投影面上的投影积聚成直线，该投影与投影轴的夹角反映空间平面与另外两投影面夹角的大小，另外两个投影面上的投影为类似性。

（3）一般位置平面　与三个投影面都倾斜的平面，称为一般位置平面。

一般位置平面的投影特性：它与三个投影面的夹角 α、β、γ 均在 0°～90°之间，投影为三个缩小的类似形，均不反映实形，也不会积聚为直线，如图2-16所示。

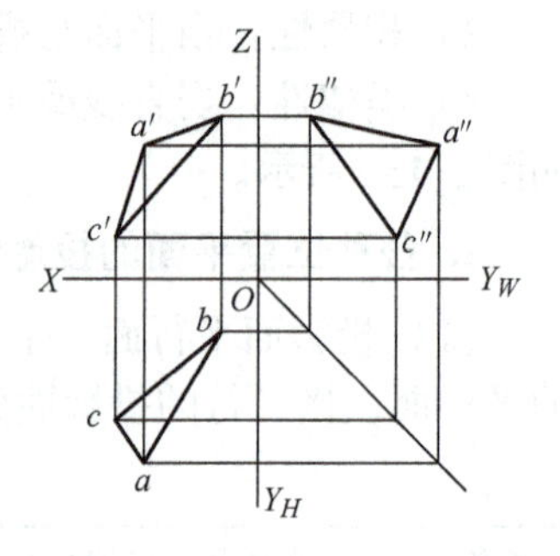

图2-16　一般位置平面的投影

2.2　平面立体的三视图

知识目标：

1. 了解基本体的分类。
2. 掌握棱柱、棱锥三视图的规律。
3. 掌握平面立体尺寸的标注。

技能目标：

1. 能绘制棱柱、棱锥三视图。
2. 能完成平面立体的尺寸标注。

2.2.1　基本体的分类

机器设备上的零件，不论形状多么复杂，都可以看作是由基本几何体按照不同的方式组合而成的形体。

基本几何体简称基本体，是表面规则而单一的几何体。按其表面性质不同，可分为平面立体和曲面立体两类。

1）平面立体——立体表面全部由平面所围成的立体，如棱柱、棱锥和棱台。

2）曲面立体——立体表面全部由曲面或曲面和平面所围成的立体，如圆柱、圆锥、圆球、圆环。标准曲面立体也称回转体。

2.2.2　棱柱的三视图

棱柱由上下底面和棱侧面组成，侧面与侧面的交线称为棱线，棱线互相平行。棱线与底面垂直的棱柱称为正棱柱。

1. 棱柱的三视图

图2-17a 表示一个正六棱柱的投影。六棱柱由上、下两个底面（正六边形）和六个棱面（矩形）组成。将其放置成上、下底面与水平投影面 *H* 平行，并有两个侧面平行于正投影面 *V*。上、下两底面均为水平面，它们的水平投影重合并反映实形，正面及侧面投影积聚为两条相互平行的直线。六个棱面中的前、后两个为正平面，它们的正面投影反映实形，水平投影及侧面投影积聚为一直线。其他四个侧面均为铅垂面，其水平投影均积聚为直线，正面投影和侧面投影均为类似形。如图2-17b 所示，俯视图为正六边形，主视图和左视图为大矩形内分小矩形。

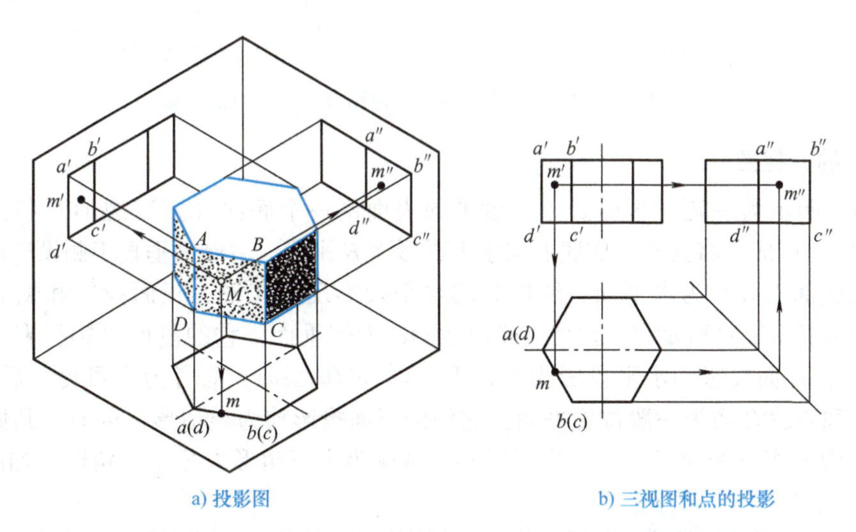

a) 投影图　　b) 三视图和点的投影

图2-17　正六棱柱的投影图、三视图及表面上点的投影

2. 棱柱表面上点的投影

平面立体表面上取点实际就是平面上取点。首先应确定点位于立体的哪个平面上，并分析该平面的投影特性，然后再根据点的投影规律求得。

如图2-17b所示，已知棱柱表面上点M的正面投影m'，求作它的其他两面投影m、m''。因为m'可见，所以点M必在面$ABCD$上。此侧面是铅垂面，其水平投影积聚成一条直线，故点M的水平投影m必在此积聚直线上，再根据m、m'可求出m''。由于M点所在的$ABCD$的侧面在左，投影为可见，故m''也为可见。

注意：点与积聚成直线的平面重影时，不加括号。

2.2.3 棱锥的三视图

棱锥由上锥顶点、下底面和棱侧面组成，侧面与侧面的交线称为棱线，棱线相交于锥顶。底面为正多边形、侧面为多个相等的等腰三角形的为正棱锥。

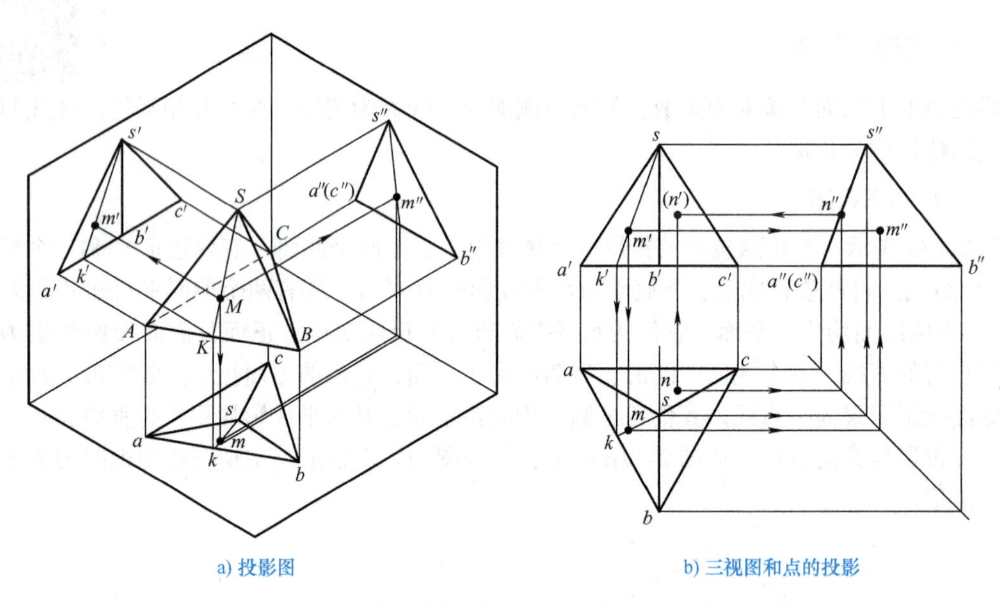

a) 投影图　　b) 三视图和点的投影

图2-18　正三棱锥的投影图、三视图及表面上点的投影

1. 棱锥的三视图

图2-18a所示为一正三棱锥。正三棱锥的表面由一个底面（正三边形）和三个侧面（等腰三角形）围成，将其放置成底面与水平投影面H平行，后侧面垂直于侧投影面W。

由于锥底面$\triangle ABC$为水平面，所以它的水平投影反映实形，正面投影和侧面投影分别积聚为直线段$a'b'c'$和a''（c''）b''。棱面$\triangle SAC$为侧垂面，它的侧面投影积聚为一段斜线$s''a''$（c''），正面投影和水平投影为类似形$\triangle s'a'c'$和$\triangle sac$，前者为不可见，后者可见。棱面$\triangle SAB$和$\triangle SBC$均为一般位置平面，它们的三面投影均为类似形。因而，其俯视图为正三边形，内角等分线交于一点，主视图和左视图为大三角形内分小三角形，如图2-18b所示。

棱线SB为侧平线，棱线SA、SC为一般位置直线，棱线AC为侧垂线，棱线AB、BC为水平线。

正棱锥的投影特征：当棱锥的底面平行某一个投影面时，则棱锥在该投影面上投影的外轮廓为与其底面全等的正多边形，而另外两个投影则由若干个相邻的三角形线框所组成。

2. 棱锥表面上点的投影

首先确定点位于棱锥的哪个平面上，再分析该平面的投影特性。若该平面为特殊位置平面，可利用投影的积聚性直接求得点的投影；若该平面为一般位置平面，可通过辅助线法求得。

如图 2-18b 所示，已知正三棱锥表面上点 M 的正面投影 m' 和点 N 的水平面投影 n，求作 M、N 两点的其余投影。

分析：因为 m' 可见，因此点 M 必定在△SAB 上。△SAB 是一般位置平面，采用辅助线法，过点 M 及锥顶点 S 作一条直线 SK，与底边 AB 交于点 K。图 2-18b 中即过 m' 作 $s'k'$，再作出其水平投影 sk。由于点 M 在直线 SK 上，所以 m 必在 sk 上，求出水平投影 m，再根据 m、m' 可求出 m''。

因为点 N 在后侧面△SAC 上，侧垂面在主视图上不可见，故 n' 不可见加括号（n'）。它的侧面投影积聚为直线段 $s''a''$（c''），因此 n'' 必在 $s''a''$（c''）上，由 n、n'' 即可求出 n'。

2.2.4　平面立体尺寸标注

平面立体一般标注长、宽、高三个方向的尺寸。为了便于看图，确定顶面和底面形状大小的尺寸，宜标注在其反映实形的视图上，如图 2-19 所示。其中正方形的尺寸可采用如图 2-19f所示的形式注出，即在边长尺寸数字前加注“□”符号。图 2-19d、g 中加“（）”的尺寸称为参考尺寸。

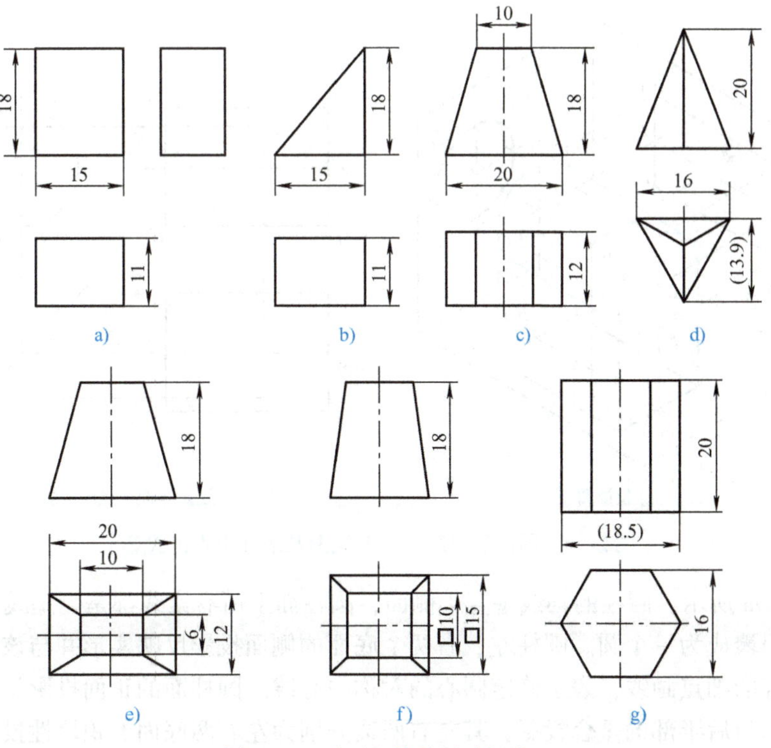

图 2-19　平面立体的尺寸标注

2.3 曲面立体的三视图

知识目标：

1. 掌握圆柱、圆锥、球体及圆环的三视图的规律。
2. 掌握曲面立体尺寸标注。

技能目标：

1. 绘制圆柱、圆锥三视图。
2. 完成曲面立体的尺寸标注。

2.3.1 圆柱的三视图

1. 线面分析

圆柱表面由圆柱面和两底面所围成。圆柱面可看作一条直母线 AA_1 围绕与它平行的轴线 OO_1 回转而成。圆柱面上任意一条平行于轴线的直线，称为圆柱面的素线。

2. 圆柱的三视图

画图时，一般常使它的轴线垂直于某个投影面。

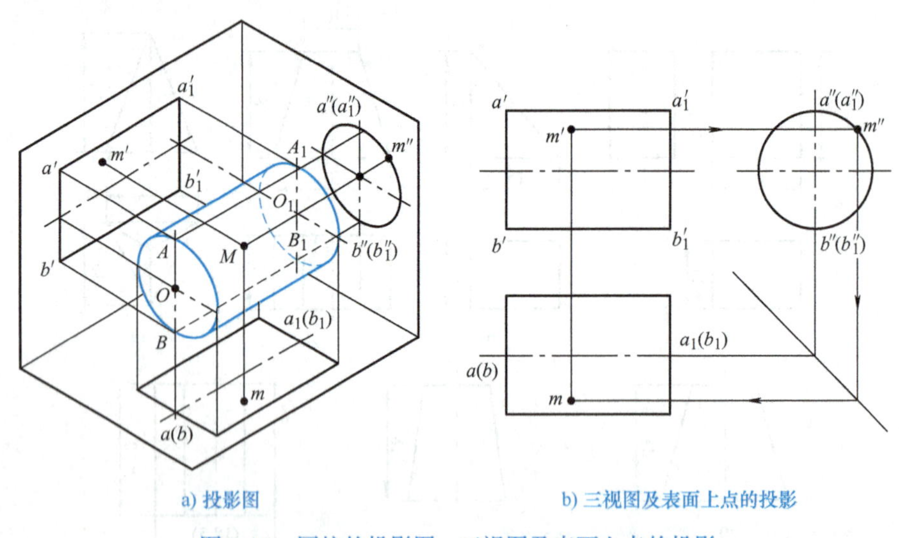

a) 投影图　　b) 三视图及表面上点的投影

图 2-20　圆柱的投影图、三视图及表面上点的投影

如图 2-20a 所示，圆柱的轴线垂直于侧面，圆柱面上所有素线都是侧垂线，因此圆柱面的侧面投影积聚成为一个圆。圆柱左、右两个底面的侧面投影反映实形并与该圆重合。先画两条相互垂直的细点画线，表示确定圆心的对称中心线。圆柱面的正面投影是一个矩形，是圆柱面前半部与后半部的重合投影，其左右两边分别为左右两底面的积聚性投影，上、下两边 $a'a_1'$、$b'b'_1$ 分别是圆柱最上、最下素线的投影。最上、最下两条素线 AA_1、BB_1 是圆柱面由前向后的转向线，是正面投影中可见的前半圆柱面和不可见的后半圆柱面的分界线，也称

为正面投影的转向轮廓素线。

圆柱的三视图特征：当圆柱的轴线垂直某一个投影面时，则圆柱在该投影面上投影的外轮廓为圆形，另外两个为全等的矩形。

3. 圆柱面上点的投影

如图2-20b所示，已知圆柱面上点*M*的正面投影*m′*，求作点*M*的其余两个投影。

因为圆柱面的侧面投影具有积聚性，所以圆柱面上点的侧面投影一定重影在圆周上。又因为*m′*可见，所以点*M*必在前半圆柱面上，由*m′*求得*m″*，再由*m′*和*m″*求得*m*。

2.3.2　圆锥的三视图

1. 线面分析

圆锥表面由圆锥面和底面所围成。如图2-21a所示，圆锥面可看作是一条直母线*SA*围绕轴线*SO*回转而成。在圆锥面上通过锥顶的任一直线称为圆锥面的素线。

2. 圆锥的三视图

图2-21a所示圆锥的轴线是铅垂线，底面是水平面，图2-21b是它的三视图。圆锥的水平投影为一个圆，反映底面的实形，同时也表示圆锥面的投影。圆锥的正面、侧面投影均为等腰三角形，其底边均为圆锥底面的积聚投影。正面投影中三角形的两腰*s′a′*、*s′c′*分别表示圆锥面最左、最右轮廓素线*SA*、*SC*的投影，他们是圆锥面正面投影可见与不可见的分界线。*SA*、*SC*的水平投影*sa*、*sc*和横向中心线重合，侧面投影*s″a″*（*c″*）与轴线重合。

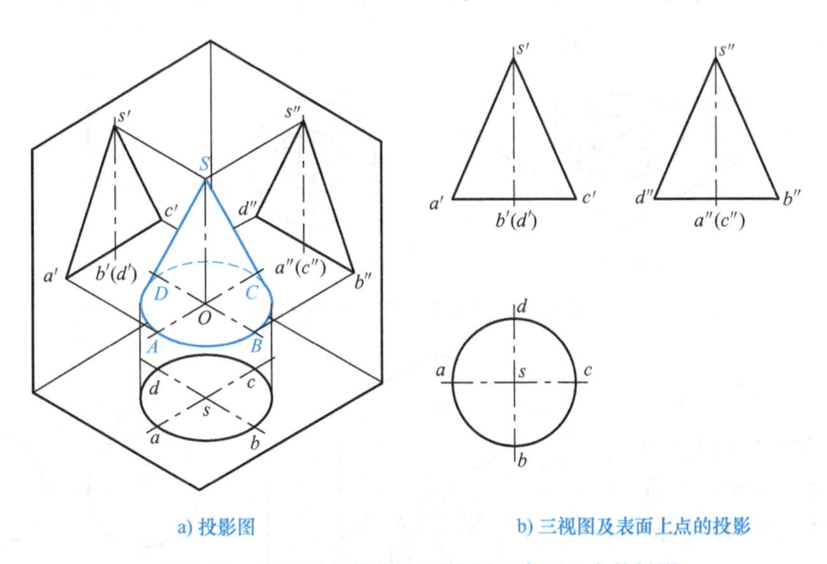

a) 投影图　　b) 三视图及表面上点的投影

图2-21　圆锥的投影图、三视图及表面上点的投影

3. 圆锥面上点的投影

如图2-22a所示，已知圆锥表面上*M*的正面投影*m′*，求作点*M*的其余两个投影。因为*m′*可见，所以*M*必在前半个圆锥面的左边，故可判定点*M*的另两面投影均为可见。作图方法有两种：

方法一：辅助线法。如图2-22b所示，过锥顶*S*和*M*作一直线*SA*，与底面交于点*A*。

点 M 的各个投影必在此 SA 的相应投影上。在图 2-22b 中过 m' 作 $s'a'$，然后求出其水平投影 sa。由于点 M 属于直线 SA，故 m 必在 sa 上，求出水平投影 m，再根据 m、m' 可求出 m''。

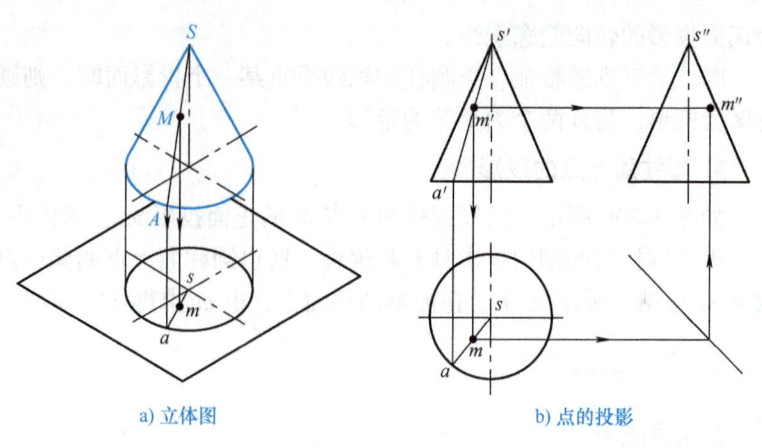

a) 立体图　b) 点的投影

图 2-22　用辅助线法在圆锥面上取点

方法二：辅助圆法。如图 2-23a 所示，过圆锥面上点 M 作一垂直于圆锥轴线的辅助圆，点 M 的各个投影必在此辅助圆的相应投影上。在图 2-23b 中过 m' 作水平线 $a'b'$，此为辅助圆的正面投影积聚线。辅助圆的水平投影为一直径等于 $a'b'$ 长度的圆，圆心为 s，由 m' 向下引垂线与此圆相交，且根据点 M 的可见性，即可求出 m。然后再由 m' 和 m 可求出 m''。

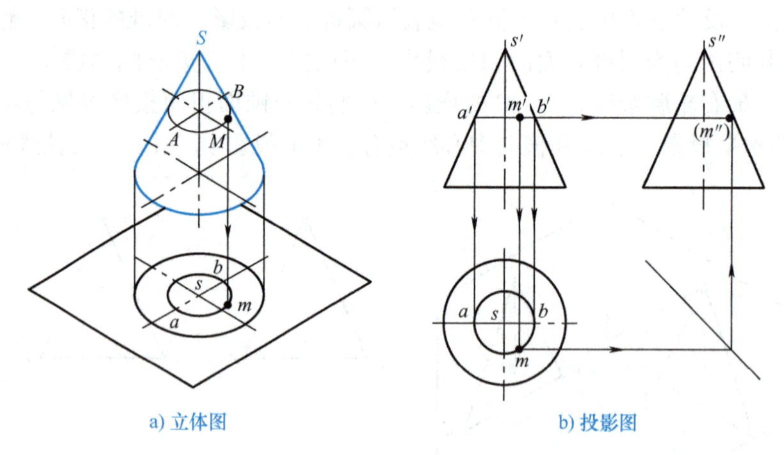

a) 立体图　b) 投影图

图 2-23　用辅助圆法在圆锥面上取点

2.3.3　球的三视图

圆球的表面是球面，如图 2-24a 所示，圆球面可看作是一条圆母线绕通过其圆心的轴线回转而成。

1. 圆球的三视图

图 2-24a 所示为圆球的投影图，图 2-24b 所示为圆球的三视图。圆球在三个投影面上的投影都是直径相等

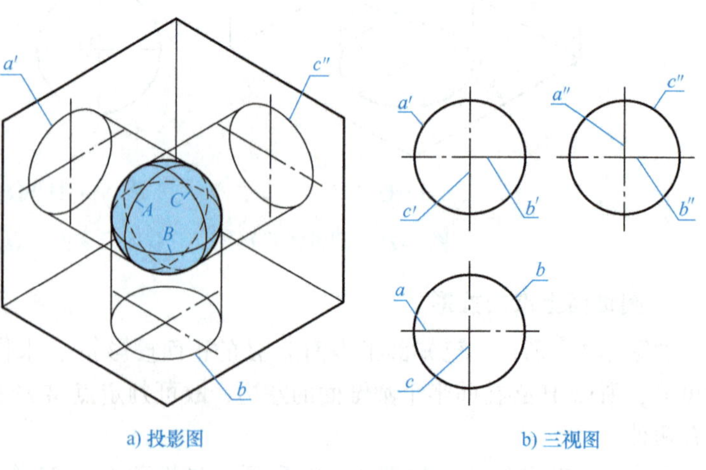

a) 投影图　b) 三视图

图 2-24　圆球的投影图及三视图

的圆，但这三个圆分别表示三个不同方向的圆球面轮廓素线的投影。正面投影的圆是平行于 V 面的圆素线 A（它是前面可见半球与后面不可见半球的分界线）的投影。与此类似，侧面投影的圆是平行于 W 面的圆素线 C 的投影；水平投影的圆是平行于 H 面的圆素线 B 的投影。这三条圆素线的其他两面投影，都与相应圆的中心线重合，不应画出。

2. 圆球面上点的投影

辅助圆法：圆球面的投影没有积聚性，求作其表面上点的投影需采用辅助圆法，即过该点在球面上作一个平行于任一投影面的辅助圆。

如图 2-25a 所示，已知球面上点 M 的水平投影 m，求作其余两个投影。如图 2-25b 所示，过点 M 作一平行于正面的辅助圆，它的水平投影为过 m 的直线 ab，正面投影为直径等于 ab 长度的圆。自 m 向上引垂线，在正面投影上与辅助圆相交于两点。又由于 m 可见，故点 M 必在上半个圆周上，据此可确定位置偏上的点即为 m'，再由 m、m'可求出 m''。

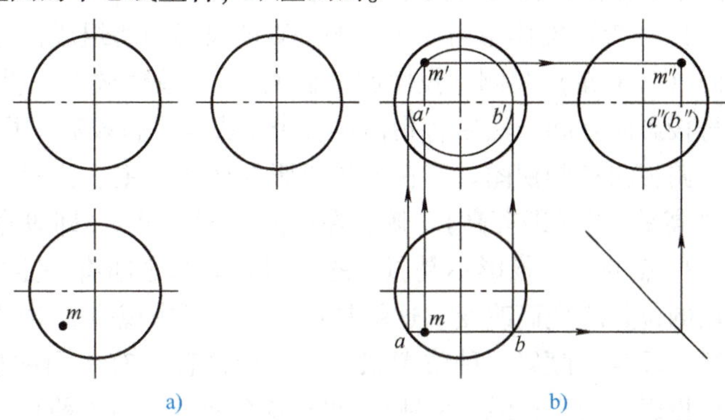

图 2-25　圆球面上点的投影

2.3.4　曲面立体尺寸标注

圆柱和圆锥应注出底圆直径和高度尺寸，圆锥台还应加注顶圆的直径。直径尺寸应在其数字前加注符号“ϕ”，一般注在非圆视图上。这种标注形式用一个视图就能确定其形状和大小，其他视图就可省略，如图 2-26a、b、c 所示。

标注圆球或球面的直径和半径时，应分别在“ϕ、R”前加注符号“S”，如图 2-26d、e 所示。

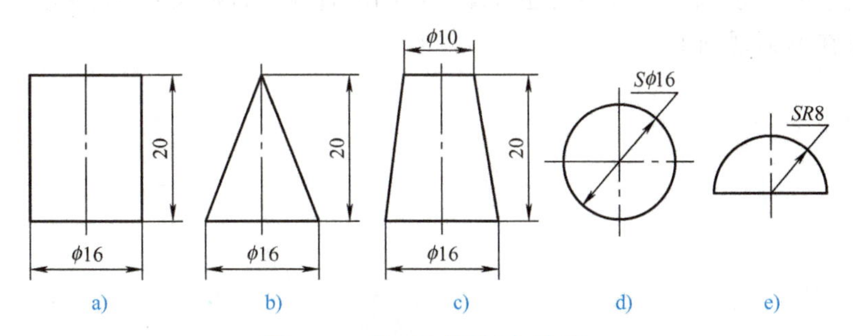

图 2-26　曲面立体的尺寸标注

本 章 小 结

本章着重介绍了投影法的基本概念、分类及特性，三视图的形成及投影规律和点、线、面的投影规律及特性；点、线、平面的投影；绘制平面立体（如棱柱、棱锥）和曲面立体（如圆柱、圆锥、圆球）的三视图；平面立体和曲面立体尺寸标注方法。

1. 将投射线通过物体向选定的平面投射，并在该平面上得到图形（影像）的方法称为投影法，得到的图形称为投影，得到投影的面称为投影面。投影法分为中心投影法和平行投影法，而平行投影法又分为正投影法和斜投影法。正投影法优点是能够表达物体的真实形状和大小，作图方法也较简单，所以广泛用于绘制机械图样。

2. 三投影面体系由三个互相垂直的投影面所组成，分别是正立投影面（正面）、水平投影面（水平面）和侧立投影面（侧面）。将物体放在三投影面体系中，物体的位置处在观察者与投影面之间，然后将物体对各个投影面进行投影，得到三个视图；三个视图分别为主视图、俯视图和侧视图。三视图的投影规律为：主、俯视图“长对正”（即等长）；主、左视图“高平齐”（即等高）；俯、左视图“宽相等”（即等宽）。

3. 点的三个投影不是孤立的，而是彼此之间有一定的位置关系；而且这个关系不因空间点的位置改变而改变，这就是点的三面投影规律。空间直线按相对于一个投影面的位置有平行、垂直、倾斜三种位置状态，三种位置各有不同的投影特性。直线的投影共有三类七种：投影面的平行线（3 种）、投影面的垂直线（3 种）、一般位置直线，前两种直线为特殊位置直线。平面按与投影面的相对关系分为三类七种：投影面平行面（3 种）、投影面垂直面（3 种）、一般位置平面。

4. 棱柱由上下底面和棱侧面组成，侧面与侧面的交线称为棱线，棱线互相平行。棱线与底面垂直的棱柱称为正棱柱。棱锥由上锥顶点、下底面和棱侧面组成，侧面与侧面的交线称为棱线，棱线相交于锥顶。底面为正多边形、侧面为多个相等的等腰三角形为正棱锥。

5. 圆柱表面由圆柱面和两底面所围成。圆柱的三视图特征：当圆柱的轴线垂直某一个投影面时，一个为圆形，另外两个为全等的矩形。圆锥表面由圆锥面和底面所围成。圆锥的水平投影为一个圆，反映底面的实形，同时也表示圆锥面的投影。圆锥的正面、侧面投影均为等腰三角形，其底边均为圆锥底面的积聚投影。

6. 平面立体尺寸标注一般标注长、宽、高三个方向的尺寸。为了便于看图，确定顶面和底面形状大小的尺寸，宜标注在其反映实形的视图上。曲面立体尺寸标注中，圆柱和圆锥应注出底圆直径和高度尺寸，圆锥台还应加注顶圆的直径。直径尺寸应在其数字前加注符号“ϕ”，一般注在非圆视图上。

第3章 组 合 体

本章学习目标

了解组合体的组合形式和表面连接关系，认识截交线和相贯线，掌握运用形体分析法和线面分析法识读和绘制组合体。

通过形体分析法的学习，学会复杂问题简单化，养成科学的思维习惯。

3.1 组合体三视图的绘制

知识目标：

1. 了解组合体的组合形式和表面连接关系。
2. 了解什么是形体分析法。

技能目标：

1. 会运用形体分析法画组合体。
2. 学会标注组合体的尺寸。
3. 会画组合体三视图。

组合体可以理解为是把零件进行必要的简化，将零件看作由若干个基本几何体组成。所以学习组合体的投影作图为零件图的绘制提供了基本的方法，即形体分析法。学习组合体的投影作图为绘制零件图奠定重要的基础。

3.1.1 组合体的组合形式和表面连接关系

1. 组合体的组合形式

（1）叠加　叠加型组合形式如图3-1a所示。

（2）切割　切割型组合形式如图3-1b所示。

（3）综合　是上面两种基本形式的综合，如图3-1c所示。

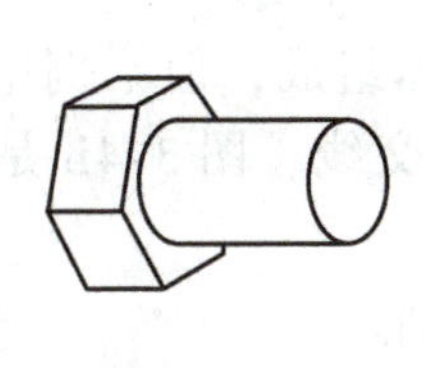
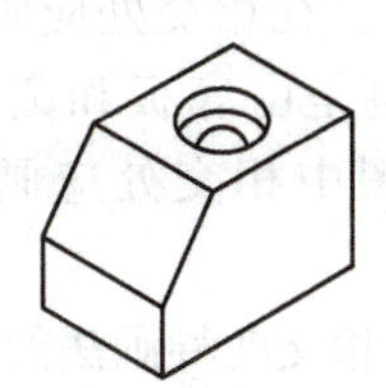
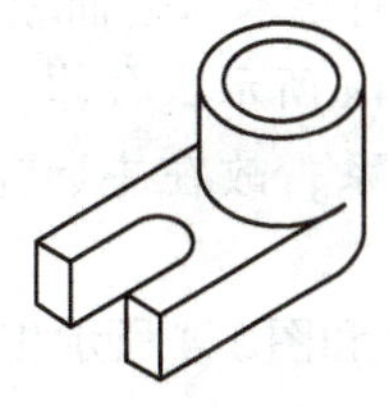

a) 叠加型　　b) 切割型　　c) 综合型

图3-1　组合体的组合形式

2. 组合体的表面连接关系

（1）平齐或不平齐　当两基本体表面平齐时，结合处不画分界线。当两基本体表面不平齐时，结合处应画出分界线。

举例：如图3-2a所示组合体，上、下两表面平齐，在主视图上不应画分界线。如图3-2b所示组合体，上、下两表面不平齐，在主视图上应画出分界线。

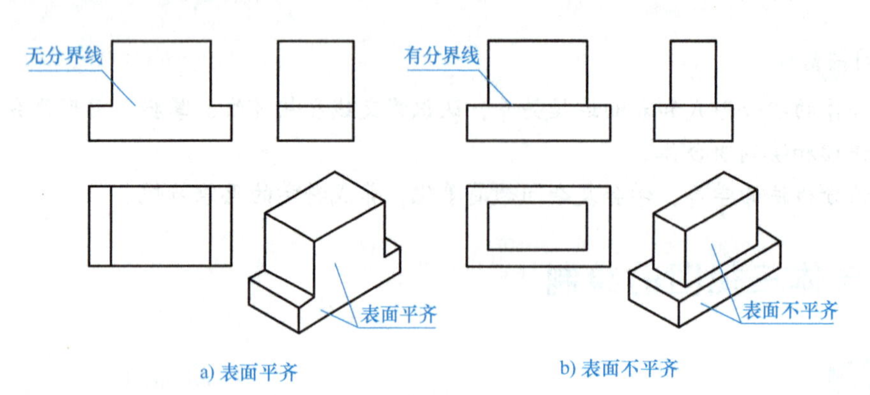

图3-2　表面平齐和不平齐的画法

（2）相切　当两基本体表面相切时，在相切处不画分界线。

举例：如图3-3a所示组合体，它是由底板和圆柱体组成，底板的侧面与圆柱面相切，在相切处形成光滑的过渡，因此主视图和左视图中相切处不应画线，此时应注意两个切点A、B的正面投影a'、(b')和侧面投影a''、b''的位置。图3-3b是常见的错误画法。

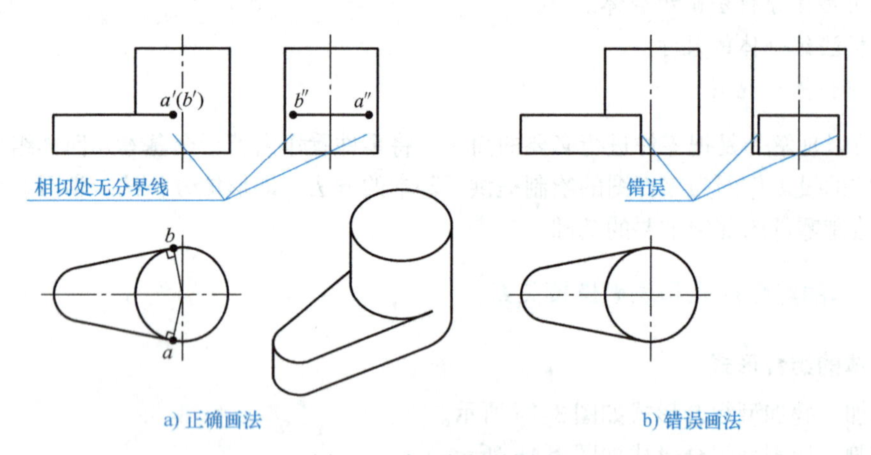

图3-3　表面相切的画法

（3）相交　当两基本体表面相交时，在相交处应画出分界线。

举例：如图3-4a所示组合体，它也是由底板和圆柱体组成，但本例中底板的侧面与圆柱面是相交关系，故在主、左视图中相交处应画出交线。图3-4b是常见的错误画法。

特别注意图3-3和图3-4所示相切与相交两种画法的区别。

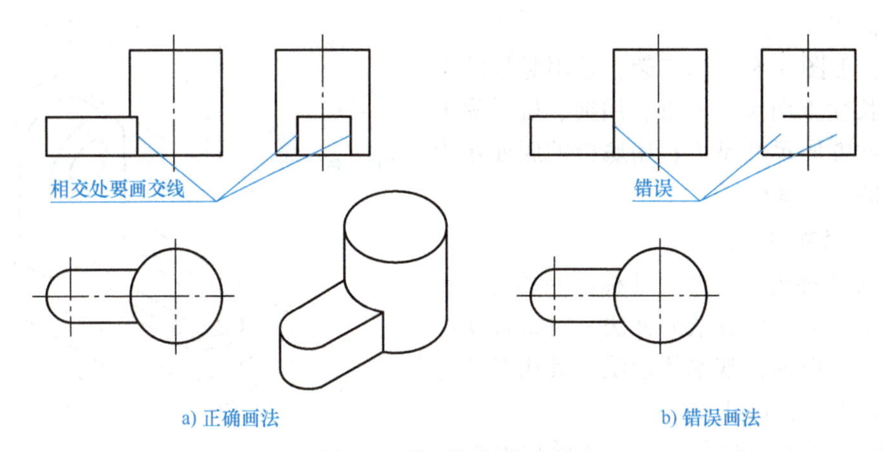

a) 正确画法　　b) 错误画法

图 3-4　表面相交的画法

3.1.2　形体分析法

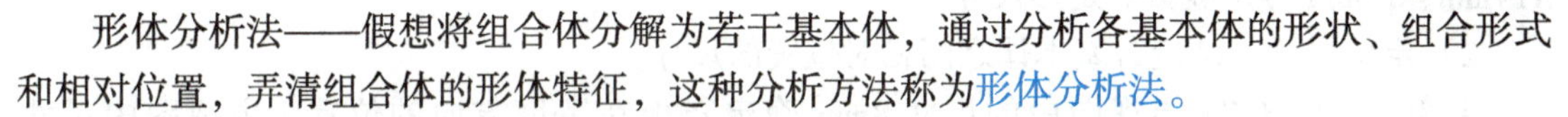

形体分析法——假想将组合体分解为若干基本体，通过分析各基本体的形状、组合形式和相对位置，弄清组合体的形体特征，这种分析方法称为形体分析法。

图 3-5a 所示的支座可分解成图 3-5b 所示的四个部分，即大圆筒、小圆筒、底板、和肋板，先分析每一个组成部分的形状和它们的相互位置关系，然后综合起来即能弄清组合体的形体特征。具体分析见 3. 1. 4 节。

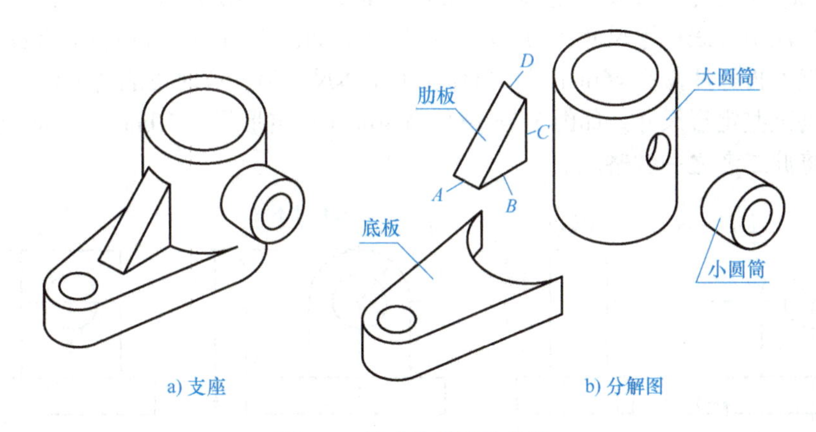

a) 支座　　b) 分解图

图 3-5　组合体的形体分析

3.1.3　组合体的尺寸标注

一组视图只能表示物体的形状，不能确定物体的大小，组合体各部分的真实大小及相对位置由标注的尺寸确定。

1. 选定尺寸基准

标注尺寸的起始位置称为尺寸基准。组合体有长、宽、高三个方向的尺寸，每个方向至少应有一个尺寸基准。组合体的尺寸标注中，常选取对称面、底面、端面、轴线或圆的中心线等几何元素作为尺寸基准。在选择基准时，每个方向除一个主要基准外，根据情况还可以有几个辅助基准。基准选定后，各方向的主要尺寸（尤其是定位尺寸）就应从相应的尺寸基准进行标注。

举例：如图 3-6 所示支架，是用竖板的右端面作为长度方向尺寸基准；用前、后对称平面作为宽度方向尺寸基准；用底板的底面作为高度方向的尺寸基准。

2. 标注尺寸要完整

（1）尺寸种类　要使尺寸标注完整，既无遗漏，又不重复，最有效的办法是对组合体进行形体分析，根据各基本体形状及其相对位置分别标注以下几类尺寸。

1）定形尺寸：确定各基本体形状大小的尺寸。

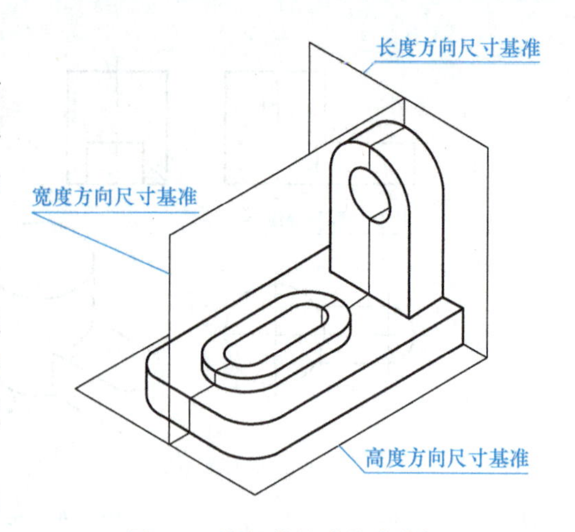

图 3-6　支架的尺寸基准分析

举例：如图 3-7a 中的 50mm、34mm、10mm、*R*8mm 等尺寸确定了底板的形状。而 *R*14mm、18mm 等是竖板的定形尺寸。

2）定位尺寸：确定各基本体之间相对位置的尺寸。

举例：如图 3-7a 俯视图中的尺寸 8mm 确定竖板在宽度方向的位置，主视图中尺寸 32mm 确定 ϕ16mm 孔在高度方向的位置。

3）总体尺寸：确定组合体外形总长、总宽、总高的尺寸。总体尺寸有时和定形尺寸重合，如图 3-7a 中的总长 50mm 和总宽 34mm 同时也是底板的定形尺寸。对于具有圆弧面的结构，通常只注中心线位置尺寸，而不注总体尺寸。如图 3-7b 中总高可由 32mm 和 *R*14mm 确定，此时就不再标注总高 46mm 了。当标注了总体尺寸后，有时可能会出现尺寸重复，这时可考虑省略某些定形尺寸。如图 3-7c 中总高 46mm 和定形尺寸 10mm、36mm 重复，此时可根据情况将此二者之一省略。

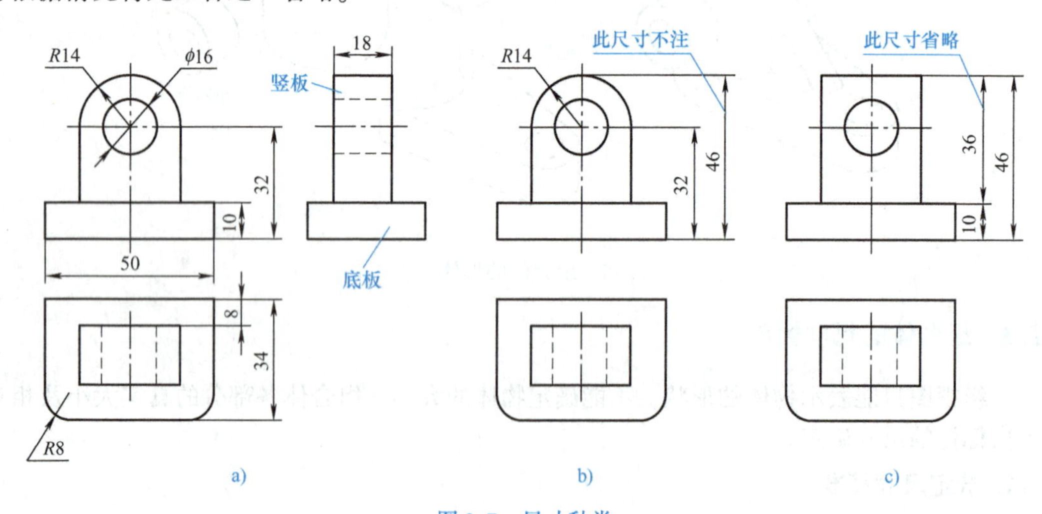

图 3-7　尺寸种类

（2）标注尺寸的方法和步骤　标注组合体的尺寸时，应先对组合体进行形体分析，选择基准，标注定形尺寸、定位尺寸和总体尺寸，最后检查、核对。

下面以图 3-8a、b 所示的支座为例说明组合体尺寸标注的方法和步骤。

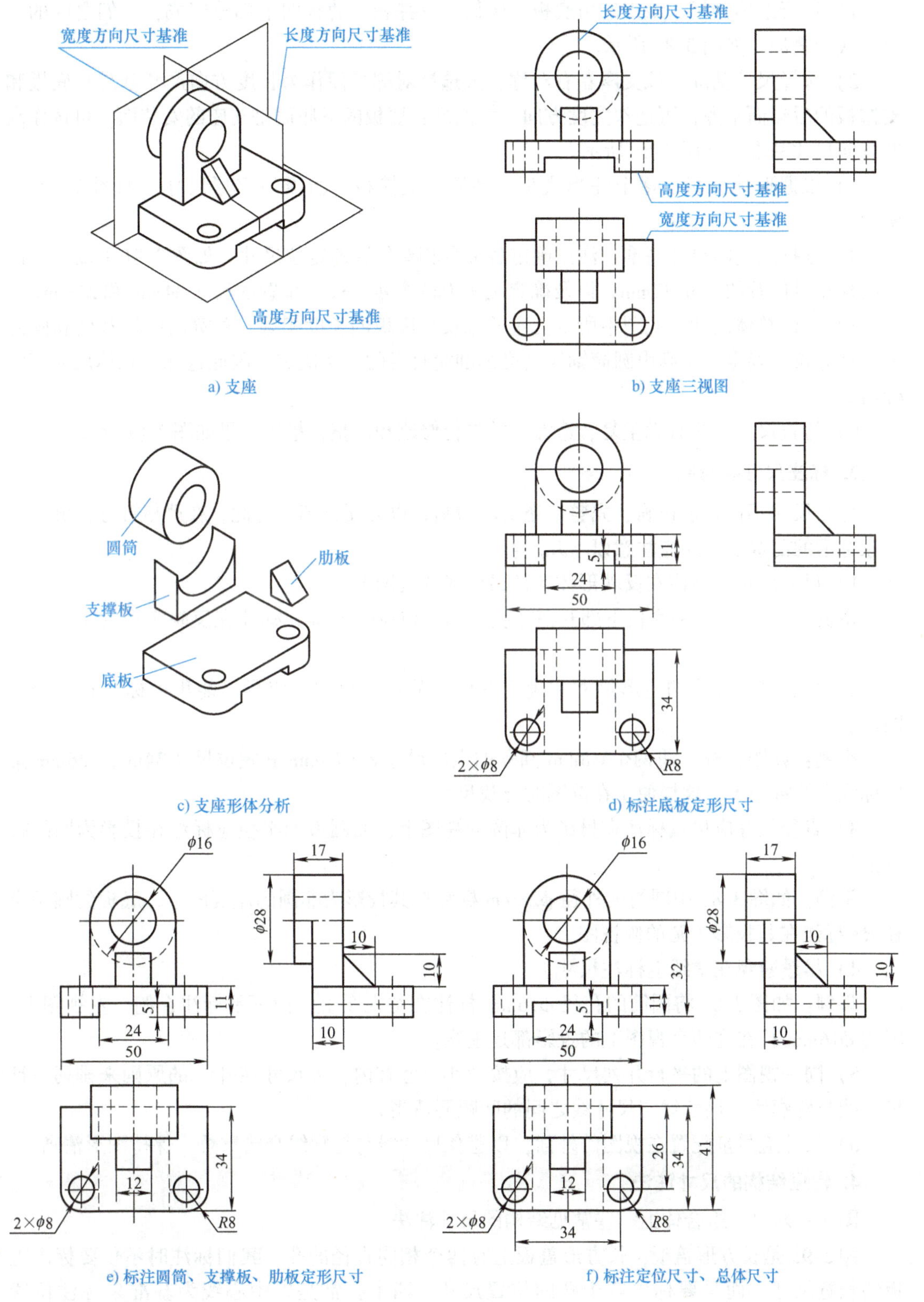
宽度方向尺寸基准
长度方向尺寸基准
高度方向尺寸基准
a) 支座
长度方向尺寸基准
高度方向尺寸基准
宽度方向尺寸基准
b) 支座三视图
圆筒
肋板
支撑板
底板
c) 支座形体分析
11
5
24
50
34
2×ϕ8
R8
d) 标注底板定形尺寸
ϕ16
17
ϕ28
10
10
11
5
24
50
10
34
12
2×ϕ8
R8
e) 标注圆筒、支撑板、肋板定形尺寸
ϕ16
17
ϕ28
10
32
10
11
5
24
50
10
26
34
41
12
2×ϕ8
R8
34
f) 标注定位尺寸、总体尺寸

图3-8 支座的尺寸标注

1）进行形体分析。该支座由底板、圆筒、支撑板、肋板四个部分组成，它们之间的组合形式为叠加。如图 3-8c 所示。

2）选择尺寸基准。该支座左右对称，故选择对称平面作为长度方向尺寸基准；底板和支撑板的后端面平齐，可选作宽度方向尺寸基准；底板的下底面是支座的安装面，可选作高度方向尺寸基准。如图 3-8a 所示。

3）根据形体分析，逐个注出底板、圆筒、支撑板、肋板的定形尺寸。如图 3-8d、e 所示。

4）根据选定的尺寸基准，注出确定各部分相对位置的定位尺寸。如图 3-8f 中确定圆筒与底板相对位置的尺寸 32mm，以及确定底板上两个 ϕ8mm 孔位置的尺寸 34mm 和 26mm。

5）标注总体尺寸。此图中所示支座的总长与底板的长度相等，总宽由底板宽度和圆筒伸出部分长度确定，总高由圆筒轴线高度加圆筒直径的一半决定，因此这几个总体尺寸都已标出。

6）检查尺寸标注有无重复、遗漏，并进行修改和调整，最后结果如图 3-8f 所示。

3. 标注尺寸要清晰

标注尺寸不仅要求正确、完整，还要求清晰，以方便读图。为此，在严格遵守机械制图国家标准的前提下，还应注意以下几点：

1）尺寸应尽量标注在反映形体特征最明显的视图上。

举例：如图 3-8d 中底板下部开槽宽度 24mm 和高度 5mm，标注在反映实形的主视图上较好。

2）同一基本形体的定形尺寸和确定其位置的定位尺寸，应尽可能集中标注在一个视图上。

举例：如图 3-8f 上将两个 ϕ8mm 圆孔的定形尺寸 2×ϕ8mm 和定位尺寸 34mm、26mm 集中标注在俯视图上，这样便于在读图时寻找尺寸。

3）直径尺寸应尽量标注在投影为非圆的视图上，而圆弧的半径应标注在投影为圆的视图上。

举例：如图 3-8e 中圆筒的外径 ϕ28mm 标注在其投影为非圆的左视图上，底板的圆角半径 $R8$ 标注在其投影为圆的俯视图上。

4）尽量避免在虚线上标注尺寸。

举例：如图 3-8e 将圆筒的孔径 ϕ16mm 标注在主视图上，而不是标注在俯、左视图上，因为 ϕ16mm 孔在这两个视图上的投影都是虚线。

5）同一视图上的平行并列尺寸，应按“小尺寸在内，大尺寸在外”的原则来排列，且尺寸线与轮廓线、尺寸线与尺寸线之间的间距要适当。

6）尺寸应尽量配置在视图的外面，以避免尺寸线与轮廓线交错重叠，保持图形清晰。

4. 常见结构的尺寸注法

图 3-9 列出了组合体上一些常见结构的尺寸注法。

图 3-9a 是长方形盖板，长方形盖板上有四个相同直径的孔，我们标注时不仅要标出盖板的长宽尺寸，而且要标出四个孔的位置尺寸，四个孔都是以中心线为基准来标注位置尺寸。

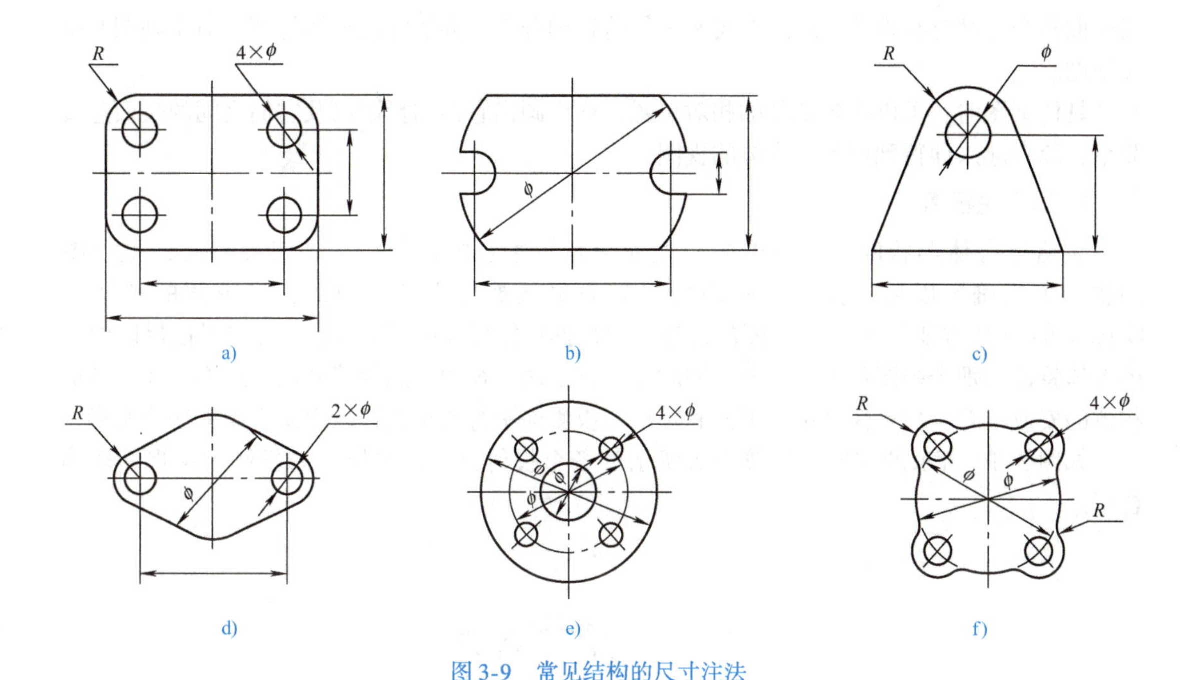

图 3-9 常见结构的尺寸注法

图 3-9b 是圆形盖板切掉上下两部分，因而标注尺寸时要标出圆形盖板的直径尺寸和上下两条线的距离尺寸，而上下两条线的长度尺寸就不需要标出了。两端是半长圆孔，需要标出孔槽宽度和孔中心间距离尺寸。

图 3-9c 是吊耳，要标出孔距底面的高度尺寸和孔的直径尺寸、圆弧半径尺寸及底边长度尺寸。

图 3-9d 是菱形盖板，中间基本图形是圆，所以要标圆的直径尺寸，然后标出两个相同直径孔的大小及位置尺寸，两端圆弧半径尺寸。

图 3-9e 是圆形盖板，要标出内外圆的直径尺寸。四个相同大小的孔在同心圆上均匀分布，要标出这个圆的直径尺寸和四个小孔的直径尺寸。

图 3-9f 的基本形状是圆，四孔均布，在四孔处增加了圆弧部分，因而需要标注圆的直径尺寸、四孔直径尺寸和表示四孔位置的直径尺寸及圆弧半径尺寸。圆弧和圆之间有圆弧过渡，需要标出圆弧半径尺寸。

3.1.4 组合体三视图绘制示例

以图 3-5 所示的支座为例来画组合体三视图。

1. 形体分析

画图前，首先应对组合体进行形体分析，分析该组合体是由哪些基本体所组成的，了解它们之间的相对位置、组合形式以及表面间的连接关系及其分界线的特点。

图 3-5 中的支座由大圆筒、小圆筒、底板和肋板组成，从图中可以看出大圆筒与底板接合，底板的底面与大圆筒底面共面，底板的侧面与大圆筒的外圆柱面相切；肋板叠加在底板的上表面上，右侧与大圆筒相交，其表面交线为 A、B、C、D，其中 D 为肋板斜面与圆柱面相交而产生的椭圆弧；大圆筒与小圆筒的轴线正交，两圆筒相贯连成一体，因此两者的内外

圆柱面相交处都有相贯线。通过对支座进行这样的分析，弄清它的形体特征，对于画图有很大帮助。

具体画图时，可以按各部分的相对位置，逐个画出它们的投影以及它们之间的表面连接关系，综合起来即得到整个组合体的视图。

2. 选择主视图

表达组合体形状的一组视图中，主视图是最主要的视图。在画三视图时，主视图的投射方向确定以后，其他视图的投射方向也就被确定了。因此，主视图的选择是绘图中的一个重要环节。主视图的选择一般根据形体特征原则来考虑，即以最能反映组合体形体特征的那个视图作为主视图，同时兼顾其他两个视图表达的清晰性。选择时还应考虑物体的安放位置，尽量使其主要平面和轴线与投影面平行或垂直，以便使投影能得到实形。

如图 3-10 所示的支座，比较箭头所指的各个投射方向，选择 a 向投影为主视图较为合理。

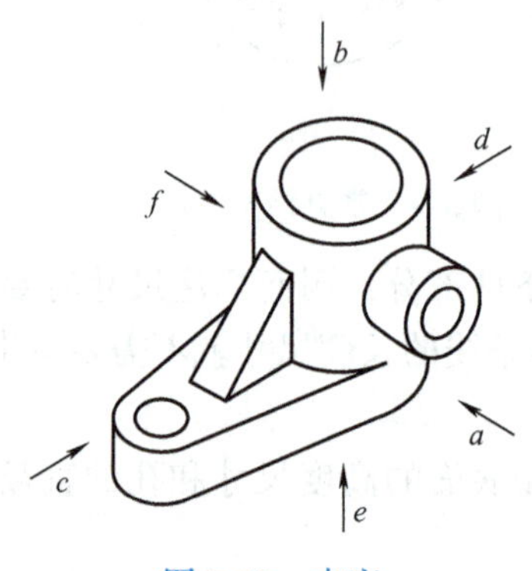

图 3-10 支座

3. 确定比例和图幅

视图确定后，要根据物体的复杂程度和尺寸大小，按照标准的规定选择适当的比例与图幅。选择的图幅要留有足够的空间以便于标注尺寸和画标题栏等。

4. 布置视图位置

布置视图时，应根据已确定的各视图每个方向的最大尺寸，并考虑到尺寸标注和标题栏等所需的空间，匀称地将各视图布置在图幅上。

5. 绘制底稿

支座的绘图步骤如图 3-11 所示。

绘图时应注意以下几点：

1）为保证三视图之间相互对正，提高画图速度，减少差错，应尽可能把同一形体的三面投影联系起来作图，并依次完成各组成部分的三面投影。不要孤立地先完成一个视图，再画另一个视图。

2）先画主要形体，后画次要形体；先画各形体的主要部分，后画次要部分；先画可见部分，后画不可见部分。

3）应考虑到组合体是各部分组合起来的一个整体，作图时要正确处理各形体之间的表面连接关系。

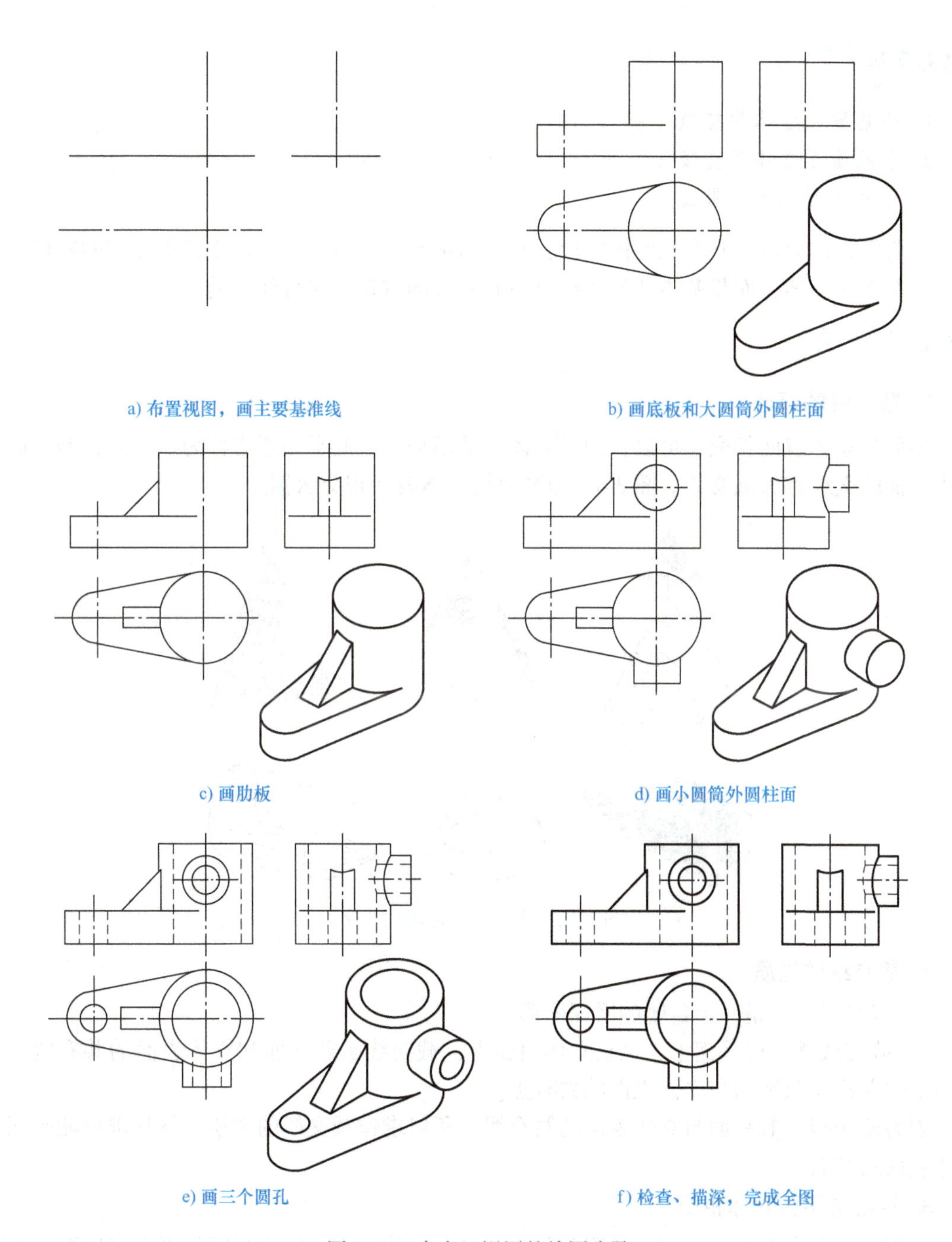

图3-11 支座三视图的绘图步骤

3.2 组合体表面交线

知识目标：

1. 掌握截交线、相贯线的概念。
2. 掌握截交线和相贯线的性质。

技能目标：

1. 会画平面立体截交线。
2. 会画曲面立体截交线。
3. 会画曲面立体相贯线。

在前面我们学习了基本几何体的投影及表面求点，而在实际应用中，机器中的零件，往往不是基本几何体，而是基本几何体经过不同方式的截切或组合而成的。

3.2.1 截交线

1. 截交线的概念

平面与立体表面相交，可以认为是立体被平面截切，此平面通常称为截平面，截平面与立体表面的交线称为截交线。图 3-12 为平面与立体表面相交示例。

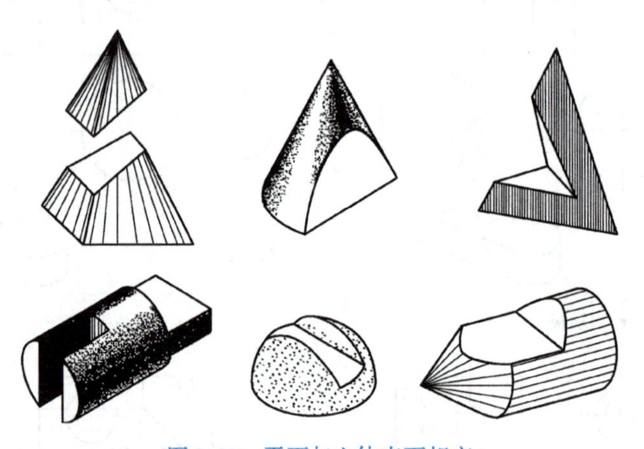

图 3-12 平面与立体表面相交

2. 截交线的性质

1）截交线一定是一个封闭的平面图形。

2）截交线既在截平面上，又在立体表面上，截交线是截平面和立体表面的共有线。截交线上的点都是截平面与立体表面的共有点。

因为截交线是截平面与立体表面的共有线，所以求作截交线的实质，就是求出截平面与立体表面的共有点。

3. 平面与平面立体相交

平面立体的表面是平面图形，因此平面与平面立体的截交线为封闭的平面多边形。多边形的各个顶点是截平面与立体的棱线或底边的交点，多边形的各条边是截平面与平面立体表面的交线。

下面以两个实例讲解平面立体截交线的画法。

【例 3-1】 如图 3-13a 所示，求作正垂面 P 斜切正四棱锥的截交线。

形体分析：截平面与棱锥的四条棱线相交，可判定截交线是四边形，其四个顶点分别是四条棱线与截平面的交点。因此，只要求出截交线的四个顶点在各投影面上的投影，然后依次连接顶点的同名投影，即得截交线的投影。

画图步骤：如图3-13b所示。

1）因为截平面P是正垂面，它的正面投影积聚成一条直线，可直接求出截交线各顶点的正面投影a'、(d')、b'、(c')。

2）根据直线上点的投影规律，求出各顶点的水平投影a、b、c、d和侧面投影a''、b''、c''、d''。

3）依次连接a、b、c、d和a''、b''、c''、d''，即得截交线的水平投影和侧面投影。

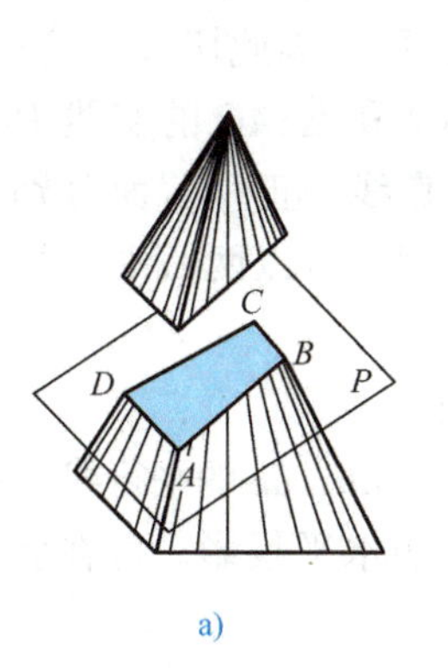

a)

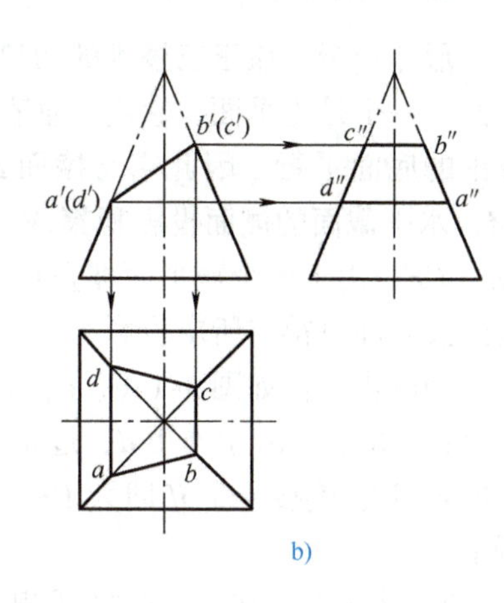

b)

图3-13 截平面与棱锥相交

当用两个以上平面截切平面立体时，在立体上会出现切口、凹槽或穿孔等。作图时，只要作出各个截平面与平面立体的截交线，并画出各截平面之间的交线，就可作出这些平面立体的投影。

【例3-2】 如图3-14a所示，一带切口的正三棱锥，已知它的正面投影，求其另两面投影。

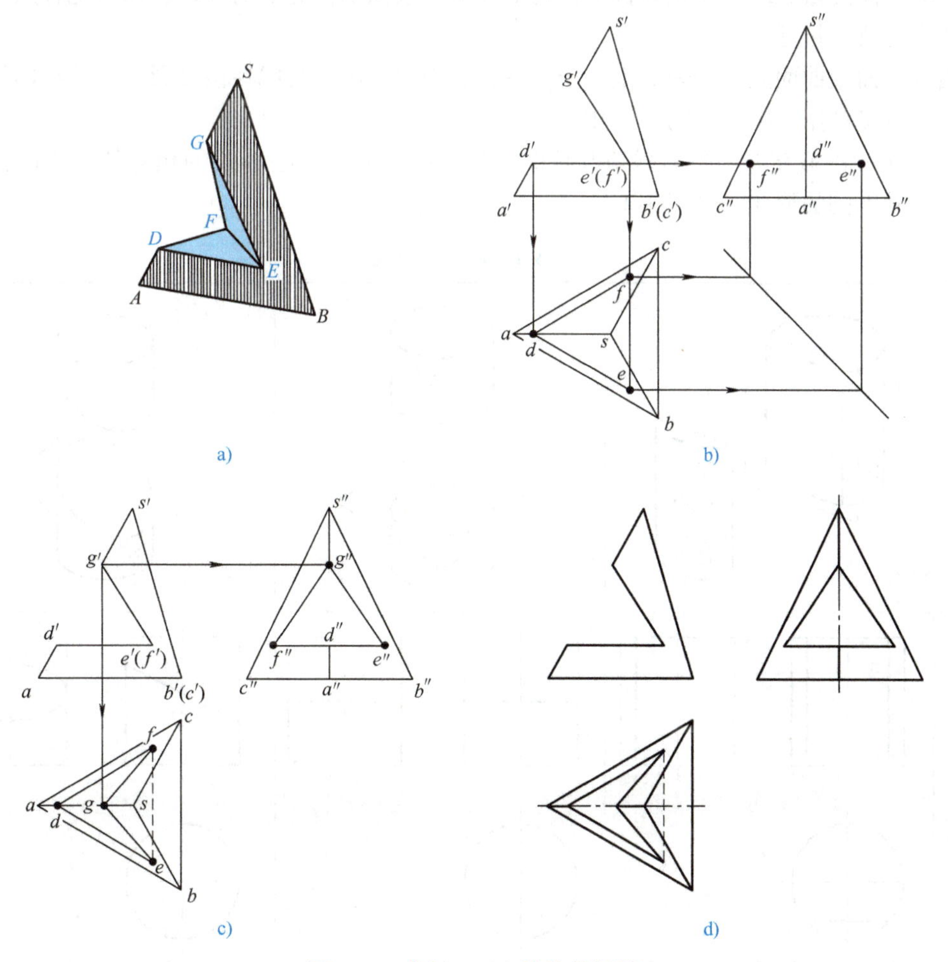

图3-14 带切口正三棱锥的投影

形体分析：该正三棱锥的切口是由两个相交的截平面切割而形成。两个截平面一个是水平面，一个是正垂面，它们都垂直于正面，因此切口的正面投影具有积聚性。水平截面与三棱锥的底面平行，因此它与棱面△*SAB* 和△*SAC* 的交线 *DE*、*DF* 必分别平行于底边 *AB* 和 *AC*，水平截面的侧面投影积聚成一条直线。正垂截面分别与棱面△*SAB* 和△*SAC* 交于直线 *GE*、*GF*。由于两个截平面都垂直于正面，所以两截平面的交线一定是正垂线，作出以上交线的投影即可得出所求投影。

画图步骤：如图 3-14b、c、d 所示。

1）由 d'在 *as* 上作出 *d*，过 *d* 分别作 *ab*、*ac* 的平行线，再由 e'（f'）在两条平行线上分别作出 *e* 和 *f*，连接 *de*、*df* 即为 *DE*、*DF* 的水平投影。可在侧面上求出 $d''e''$、$d''f''$，如图 3-14b 所示。

2）由 g'分别在 *sa*、$s''a''$上求出 *g*、g''，然后分别连接 *ge*、*gf*、$g''e''$、$g''f''$，如图 3-14c 所示。

3）连接 *ef*，由于 *ef* 被三个棱面的水平投影遮住而不可见，应画成虚线。注意棱线 *SA* 中间 *DG* 段被截去，故它的水平投影中只剩 *sg*、*ad*，侧面投影中只剩 $s''g''$、$a''d''$，如图 3-14d 所示。

4. 平面与曲面立体相交

曲面立体的截交线，就是求截平面与曲面立体表面的共有点的投影，然后把各点的同名投影依次光滑连接起来。

当截平面或曲面立体的表面垂直于某一投影面时，则截交线在该投影面上的投影具有积聚性，可直接利用面上取点的方法作图。

（1）圆柱的截交线　平面截切圆柱时，根据截平面与圆柱轴线的相对位置不同，其截交线有三种不同的形状。见表 3-1。

表 3-1　圆柱截交线

立体图	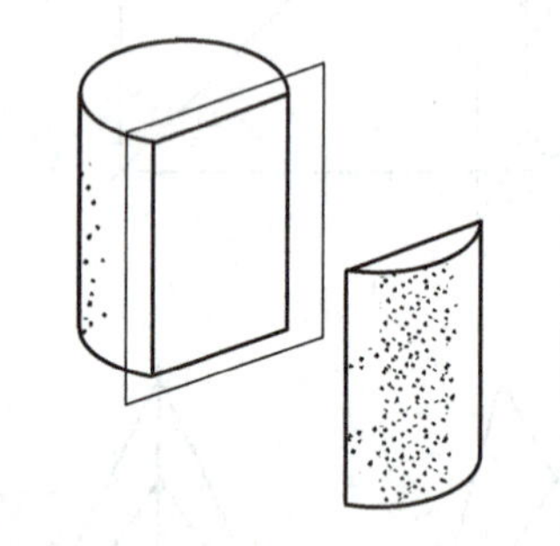	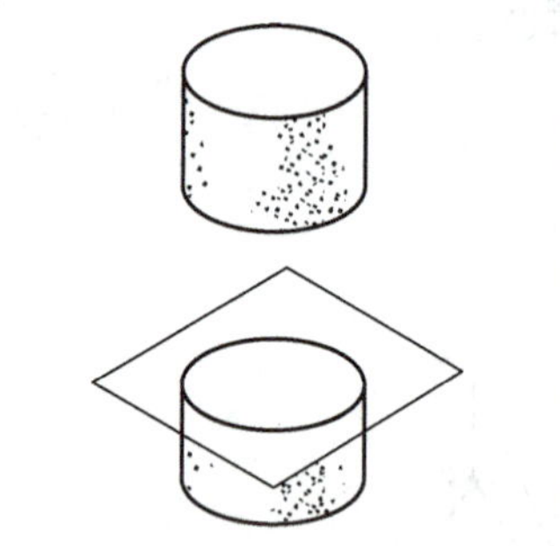	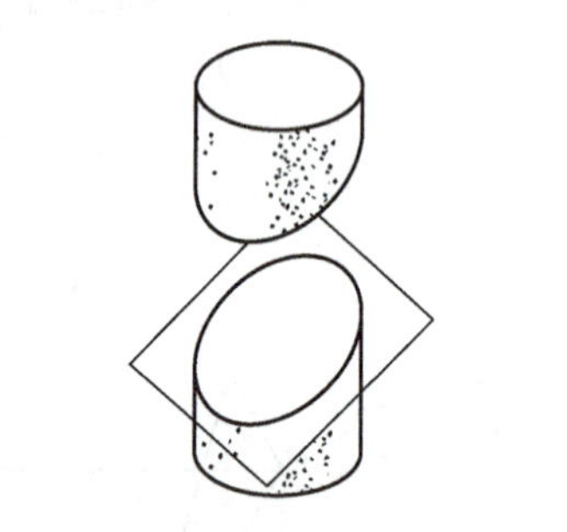
投影图	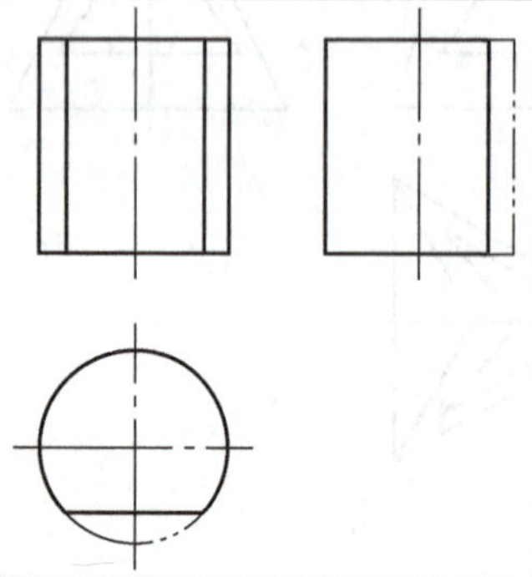	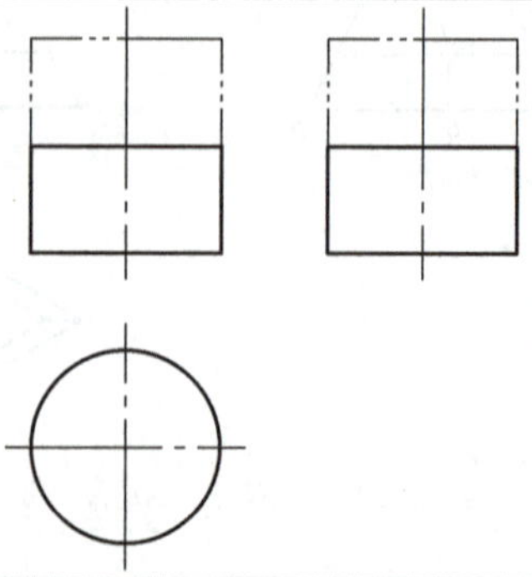	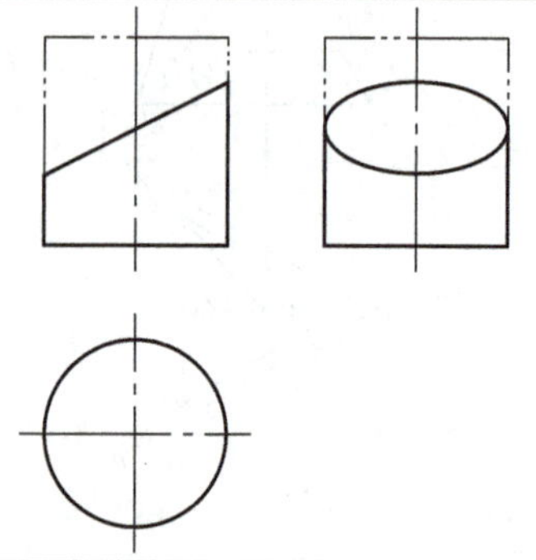
	截平面平行于轴线，截交线为矩形	截平面垂直于轴线，截交线为圆	截平面倾斜于轴线，截交线为椭圆

【例3-3】　如图3-15a所示，求圆柱被正垂面截切后的截交线。

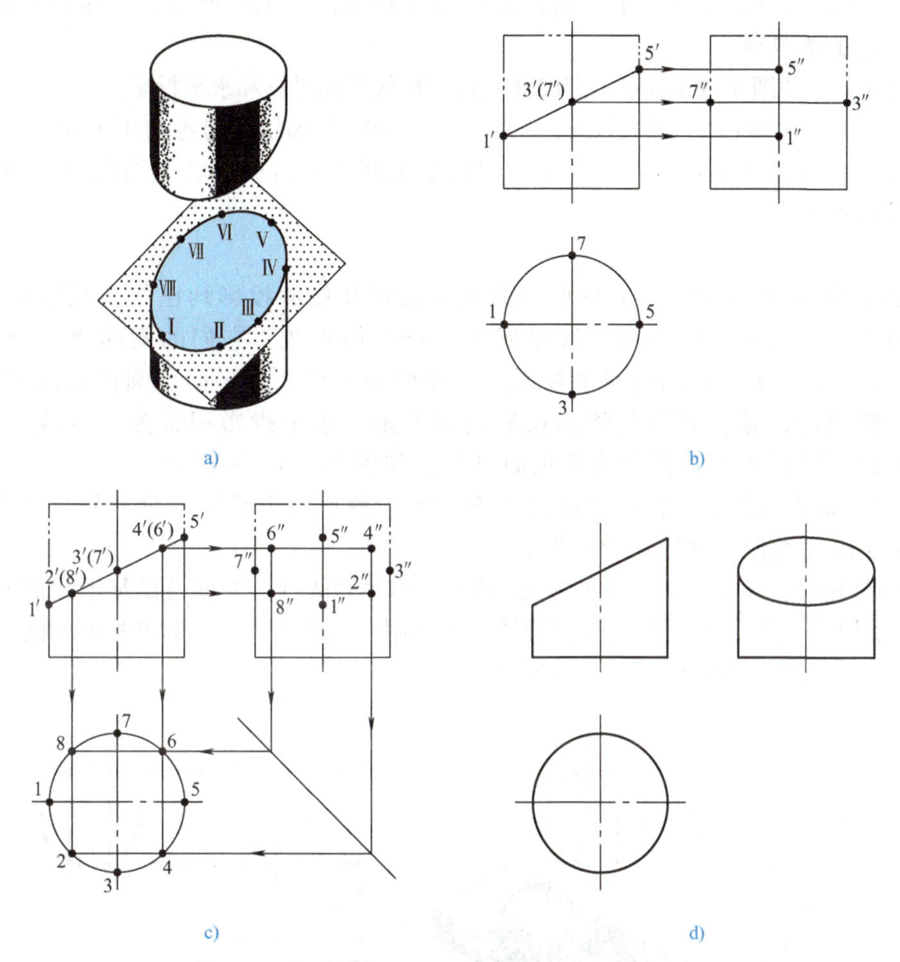

图3-15　圆柱的截交线

形体分析：截平面与圆柱的轴线倾斜，故截交线为椭圆。此椭圆的正面投影积聚为一直线。由于圆柱面的水平投影积聚为圆，而椭圆位于圆柱面上，故椭圆的水平投影与圆柱面水平投影重合。椭圆的侧面投影是它的类似形，仍为椭圆。根据投影规律由正面投影和水平投影可求出侧面投影。

画图步骤：

1）先找出截交线上的特殊点。特殊点一般是指截交线上最高、最低、最左、最右、最前、最后等点。作出这些点的投影，就能大致确定截交线投影的范围。如图3-15a所示，Ⅰ、Ⅴ两点是位于圆柱正面左、右两条转向轮廓素线上的点，且分别是截交线上的最低点和最高点。Ⅲ、Ⅶ两点位于圆柱最前、最后两条素线上，分别是截交线上的最前点和最后点。在图上标出它们的水平投影1、5、3、7和正面投影1′、5′、3′、(7′)，然后根据投影规律求出侧面投影1″、5″、3″、7″，如图3-15b所示。

2）再作出适当数量的截交线上的一般点。在截交线上的特殊点之间取若干点，如图3-15a中的Ⅱ、Ⅳ、Ⅵ、Ⅷ等点称为一般点。作图时，可先在水平投影上取2、4、

6、8 等点，再向上作投影连线，得 2′、4′、(6′)、(8′) 点，然后由投影关系求出 2″、4″、6″、8″点，如图 3-15c 所示。用圆弧连接各点如图 3-15d 所示。一般位置点越多，作出的截交线越准确。

【例 3-4】 如图 3-16a 所示，完成被截切圆柱的正面投影和水平投影。

形体分析：该圆柱左端的开槽是由两个平行于圆柱轴线的对称的正平面和一个垂直于轴线的侧平面切割而成。圆柱右端的切口是由两个平行于圆柱轴线的水平面和两个侧平面切割而成。

画图步骤：

1）画左端开槽部分。三个截平面的水平投影和侧面投影均已知，只需补出正面投影。两个正平面与圆柱面的交线是四条平行的侧垂线，它们的侧面投影分别积聚成点 a''、b''、c''、d''，它们的水平投影重合成两条直线。侧平面与圆柱面的交线是两段平行于侧面的圆弧，它们的侧面投影反映实形，水平投影积聚为一直线。根据点的投影规律，可求出上述截交线的正面投影，如图 3-16b、c 所示。

2）画右端切口部分。各截平面的正面投影和侧面投影已知，只需补出水平投影。具体作法与前面类似，如图 3-16c 所示。

3）整理轮廓，完成全图，如图 3-16d 所示。应注意两点：① 圆柱的最上、最下两条素线均被开槽切去一段，故开槽部分的外形轮廓线向内“收缩”。② 左端开槽底面的正面投影的中间段（a'→b'）是不可见的，应画成虚线。

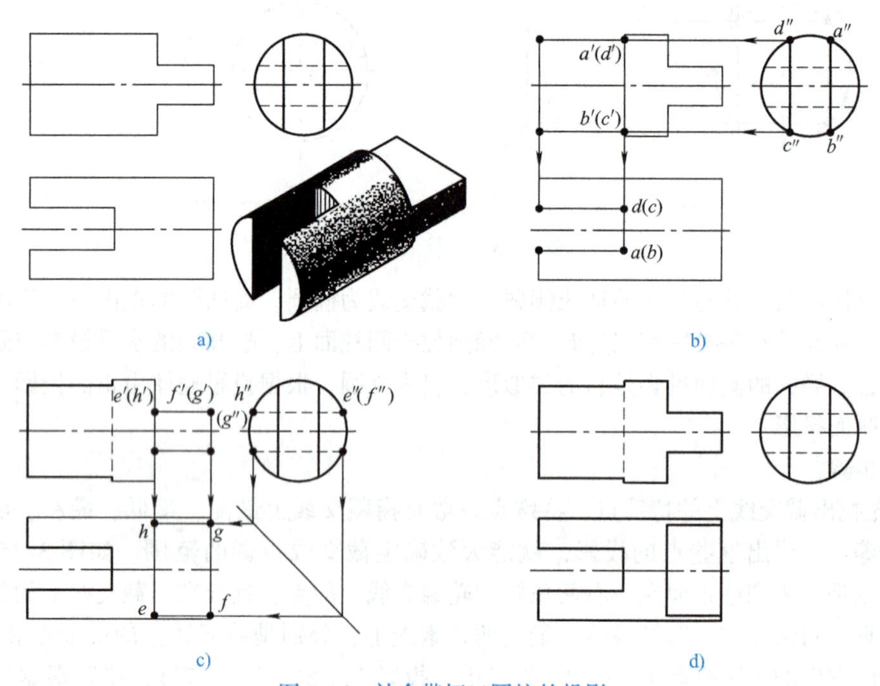

图 3-16 补全带切口圆柱的投影

（2）圆锥的截交线 平面截切圆锥时，根据截平面与圆锥轴线的相对位置不同，其截交线有五种不同的情况。见表 3-2。

表 3-2　圆锥截交线

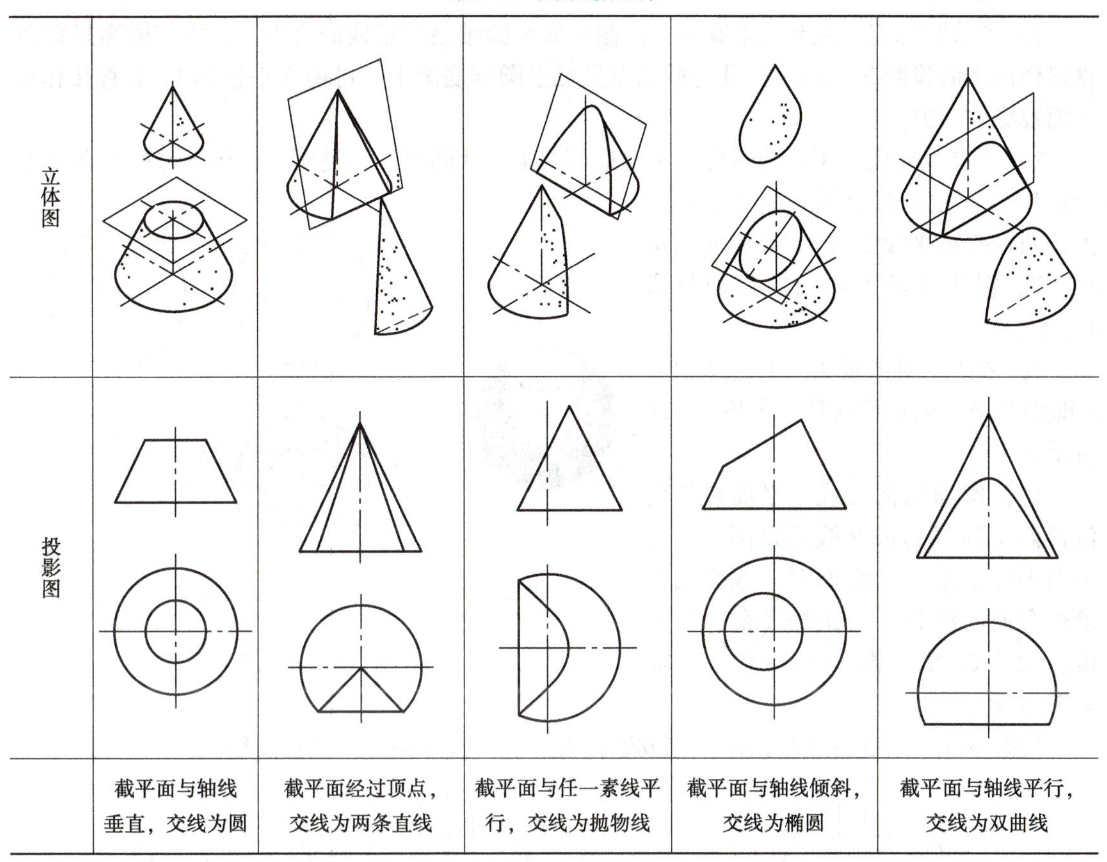

立体图					
投影图					
	截平面与轴线垂直，交线为圆	截平面经过顶点，交线为两条直线	截平面与任一素线平行，交线为抛物线	截平面与轴线倾斜，交线为椭圆	截平面与轴线平行，交线为双曲线

【例 3-5】　如图 3-17a 所示，求作被正平面截切的圆锥的截交线。

形体分析：因截平面为正平面，与轴线平行，故截交线为双曲线。截交线的水平投影和侧面投影都积聚为直线，只需求出正面投影。

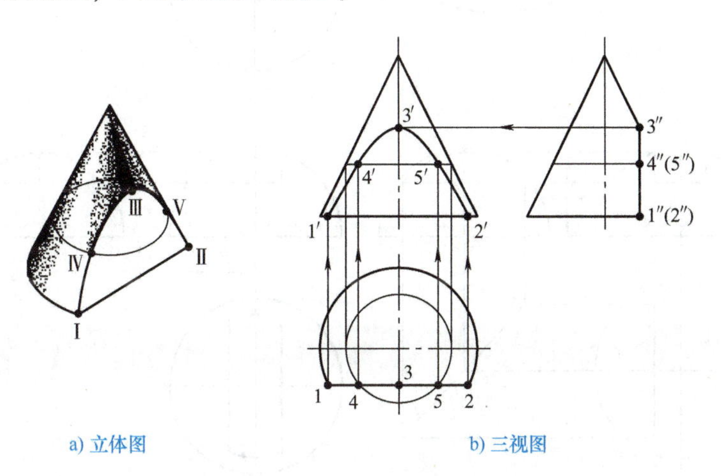

图 3-17　正平面截切圆锥的截交线

画图步骤：

1）先求特殊点。点Ⅲ为最高点，是截平面与圆锥最前素线的交点，可由其侧面投影3″直接作出正面投影3′。点Ⅰ、Ⅱ为最低点且位于圆锥底圆上，可由水平投影1、2直接作出正面投影1′、2′。

2）再求一般点。用辅助圆法，在点Ⅲ与点Ⅰ、Ⅱ间作一辅助圆，该圆与截平面的两个交点Ⅳ、Ⅴ必是截交线上的点。易作出这两点的水平投影4、5与侧面投影4″、5″，据此可求出它们的正面投影4′、5′。

3）依次光滑连接1′、4′、3′、5′、2′即得截交线的正面投影，如图3-17b所示。

（3）圆球的截交线　平面在任何位置截切圆球的截交线都是圆。当截平面平行于某一投影面时，截交线在该投影面上的投影为圆的实形，在其他两面上的投影都积聚为直线。如图3-18所示。

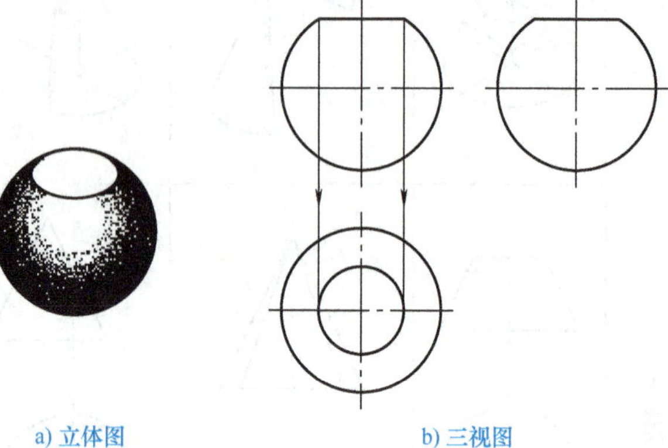

a) 立体图　　b) 三视图

图3-18　圆球的截交线

【例3-6】　如图3-19a所示，完成螺钉头部（开槽半圆球）的截交线。

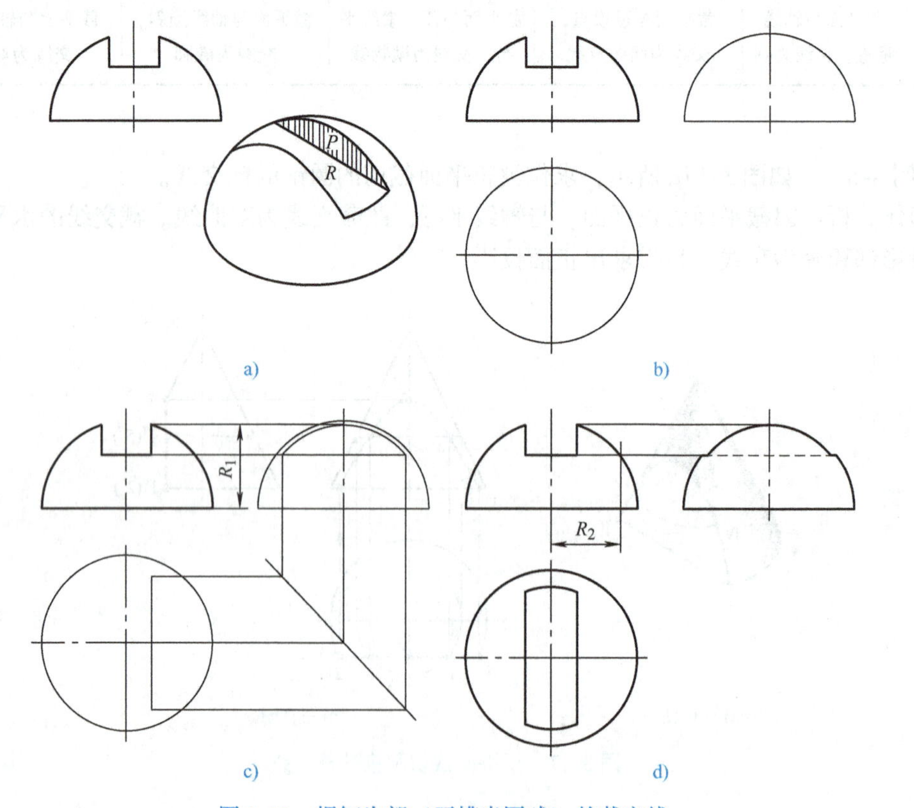

a)　　b)　　c)　　d)

图3-19　螺钉头部（开槽半圆球）的截交线

形体分析：螺钉头部是由半球被侧平面（P_1 和 P_2）和水平面 R 切割而成的，矩形槽在 V 面上的投影具有积聚性。

画图步骤：

1）先画出半球没有被切割之前的投影。

2）作侧平面（P_1 和 P_2）和球面交线圆弧的投影，先画左视图（半径为 R_1），后画俯视图。

3）作水平面 R 和球面交线圆弧的投影，先画俯视图（半径为 R_2），后画左视图。

4）整理轮廓线，判断可见性。槽底的侧面投影此时不可见，应画成虚线。

5. 综合题例

实际零件常由几个回转体组合而成。求组合回转体的截交线时，首先要分析构成零件的各基本体与截平面的相对位置、截交线的形状、投影特性，然后逐个画出各基本体的截交线，再按它们之间的相互关系连接起来。

【例 3-7】 如图 3-20a 所示，求作顶尖头的截交线。

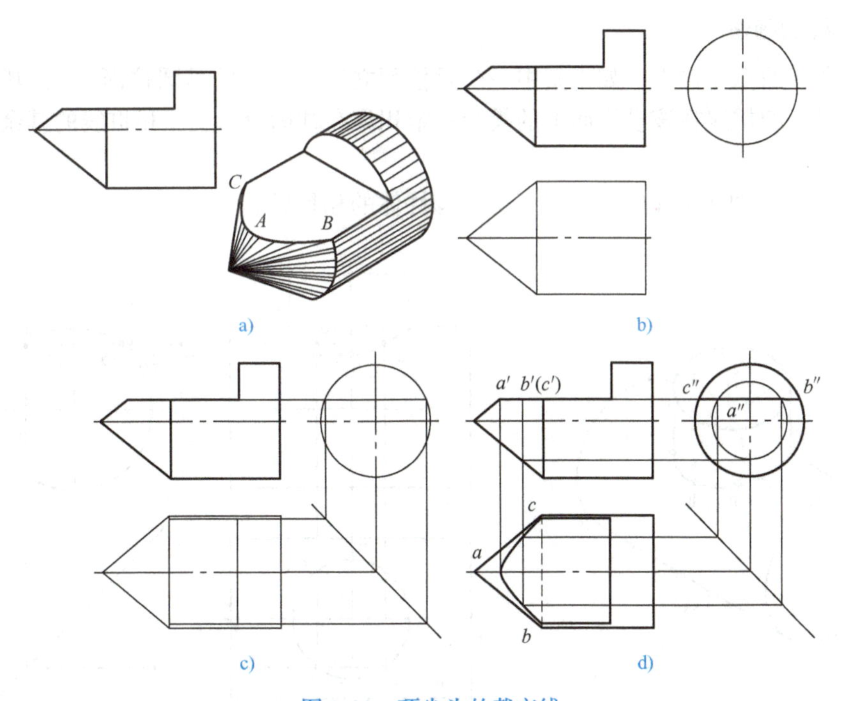

图 3-20 顶尖头的截交线

形体分析：顶尖头部是由同轴的圆锥与圆柱组合而成。柱面和锥面的交线为圆，被一个水平面和一个侧平面切去一角，和柱面的交线为直线和圆弧，和锥面的交线为双曲线，双曲线的水平投影反映实形。

画图步骤：

1）先画出圆柱和圆锥没被切割之前的左视图和俯视图。

2）切去一角后，左视图多出一条水平线。

3）画出圆柱切割后的俯视图。

4）求出双曲线上特殊点 A、B、C 的水平投影，用辅助平面法求出双曲线上一般点的水平投影。

5）用曲线光滑连接双曲线，修改圆柱和圆锥交线水平投影的可见性。

3.2.2 相贯线

1. 相贯线的概念

两个基本体相交（或称相贯），表面产生的交线称为相贯线。本节只讨论最为常见的两个曲面立体相交的问题。

2. 相贯线的性质

1）相贯线是两个曲面立体表面的共有线，也是两个曲面立体表面的分界线。相贯线上的点是两个曲面立体表面的共有点。

2）两个曲面立体的相贯线一般为封闭的空间曲线，特殊情况下可能是平面曲线或直线。

求两个曲面立体相贯线的实质就是求它们表面的共有点。作图时，依次求出特殊点和一般点，判别其可见性，然后将各点光滑连接起来，即得相贯线。

3. 相贯线的画法

两个相交的曲面立体中，如果其中一个是柱面立体（常见的是圆柱面），且其轴线垂直于某投影面时，相贯线在该投影面上的投影一定积聚在柱面投影上，相贯线的其余投影可用表面取点法求出。

【例 3-8】 如图 3-21a 所示，求正交两圆柱体的相贯线。

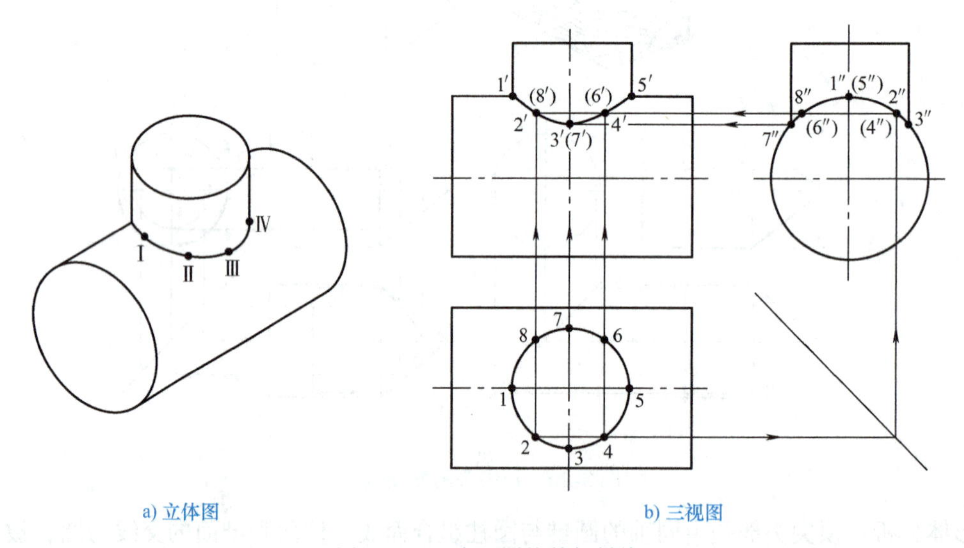

a) 立体图　　b) 三视图

图 3-21 正交两圆柱的相贯线

形体分析：两圆柱体的轴线正交，且分别垂直于水平面和侧面。相贯线在水平面上的投影积聚在小圆柱水平投影的圆周上，在侧面上的投影积聚在大圆柱侧面投影的圆周上，故只需求作相贯线的正面投影。

画图步骤：

1）求特殊点。与作截交线的投影一样，首先应求出相贯线上的特殊点，特殊点决定了相贯线的投影范围。由图 3-21a 可知，相贯线上Ⅰ、Ⅴ两点是相贯线上的最高点，同时也分别是相贯线上的最左点和最右点。Ⅲ、Ⅶ两点是相贯线上的最低点，同时也分别是相贯线上的最前点和最后点。定出它们的水平投影1、5、3、7和侧面投影1″、(5″)、3″、7″，然后根据点的投影规律可作出正面投影1′、5′、3′、(7′)。

2）求一般点。在相贯线的水平投影圆上的特殊点之间适当地定出若干一般点的水平投影，如图3-21b中2、4、6、8等点，再按投影关系作出它们的侧面投影2″、(4″)、(6″)、8″。然后根据水平投影和侧面投影可求出正面投影2′、4′、(6′)、(8′)。

3）判断可见性。只有当两曲面立体表面在某投影面上的投影均为可见时，相贯线的投影才可见，可见与不可见的分界点一定在轮廓转向线上。在图3-21b中，两圆柱的前半部分均为可见，可判定相贯线由1、5两点分界，前半部分1′2′3′4′5′可见，后半部分5′(6′)(7′)(8′)1′不可见且与前半部分重合。

4）依次将1′、2′、3′、4′、5′光滑连接起来，即得正面投影。

4. 相贯线的近似画法

相贯线的作图步骤较多，如对相贯线的准确性无特殊要求或计算机绘制相贯线时，当两圆柱垂直正交且直径不同时，可采用圆弧代替相贯线的近似画法。如图3-22所示，垂直正交两圆柱的相贯线可用大圆柱的$D/2$为半径作圆弧来代替。

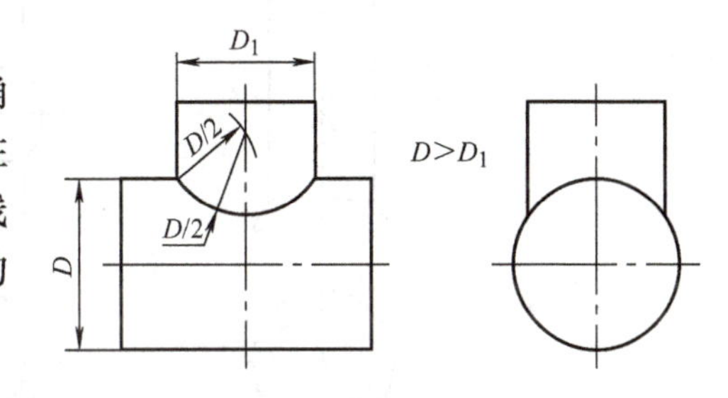

图3-22 相贯线的近似画法

5. 两圆柱正交的类型

两圆柱正交有三种情况：(1)两外圆柱面相交；(2)外圆柱面与内圆柱面相交；(3)两内圆柱面相交。这三种情况的相交形式虽然不同，但相贯线的性质和形状一样，求法也是一样的。如图3-23所示。

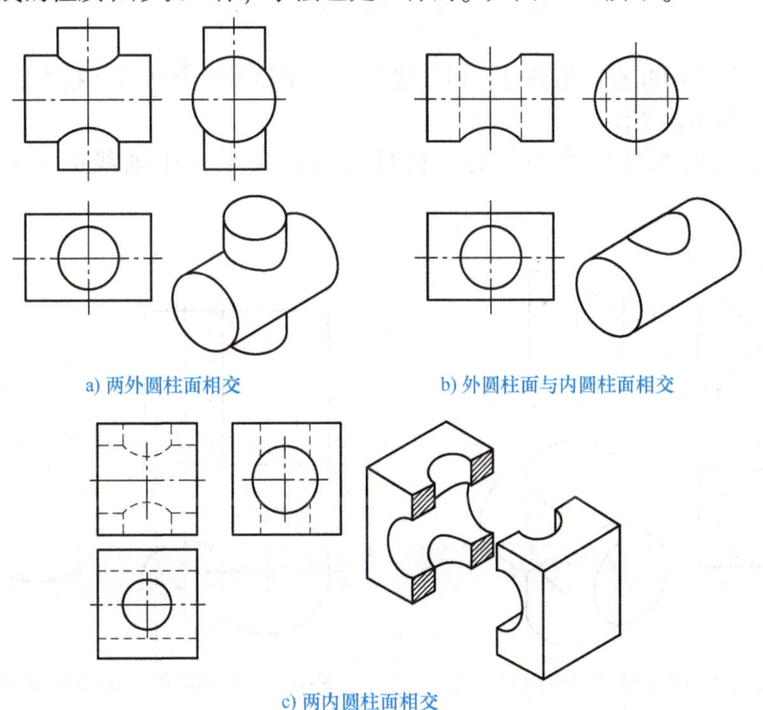
a) 两外圆柱面相交 b) 外圆柱面与内圆柱面相交 c) 两内圆柱面相交

图3-23 两正交圆柱相交的三种情况

6. 相贯线的特殊情况

两曲面立体相交，其相贯线一般为空间曲线，但在特殊情况下也可能是平面曲线或直线。

1）两个回转体具有公共轴线时，相贯线为与轴线垂直的圆，如图 3-24 所示。

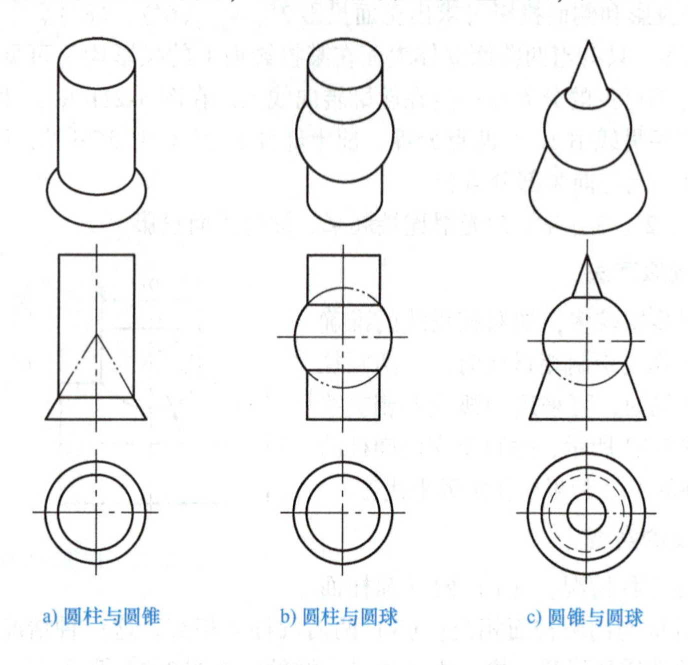
a) 圆柱与圆锥　b) 圆柱与圆球　c) 圆锥与圆球

图 3-24　两个同轴回转体的相贯线

2）当正交的两圆柱直径相等时，相贯线为大小相等的两个椭圆（投影为通过两轴线交点的直线），如图 3-25 所示。

3）当相交的两圆柱轴线平行时，相贯线为两条平行于轴线的直线，如图 3-26 所示。

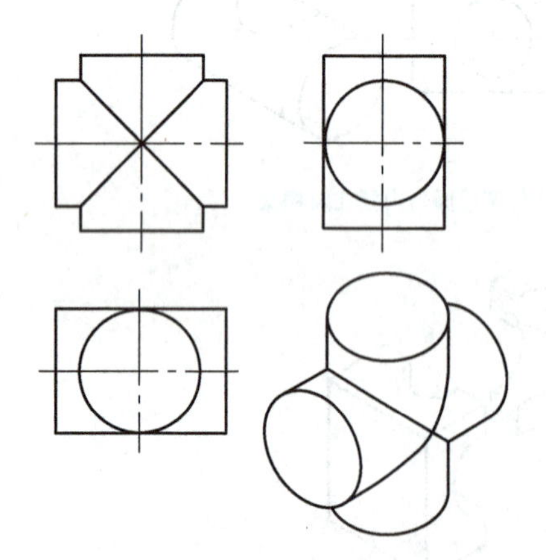
图 3-25　正交两圆柱直径相等时的相贯线

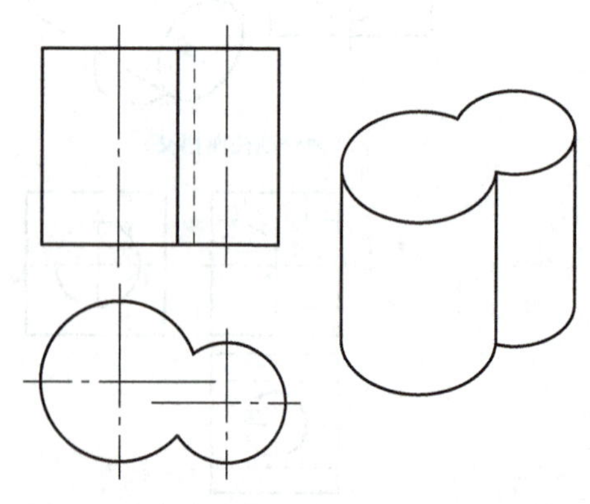
图 3-26　相交两圆柱轴线平行时的相贯线

3.3 组合体三视图的识读

知识目标：

1. 掌握读图的基本要领。
2. 掌握读图的基本方法。

技能目标：

1. 熟练运用形体分析法读组合体视图。
2. 会用线面分析法读组合体视图。
3. 能综合运用形体分析法、线面分析法读组合体视图。

3.3.1 读图的基本要领

1. 理解视图中线框和图线的含义

视图是由图线和线框组成的，弄清视图中线框和图线的含义对读图有很大帮助。

1）视图中的每个封闭线框可以是物体上一个表面（平面、曲面或它们相切形成的组合面）的投影，也可以是一个孔的投影。如图3-27所示，主视图上的线框*A*、*B*、*C*是平面的投影，线框*D*是平面与圆柱面相切形成的组合面的投影，主、俯视图中大、小两个圆线框分别是大小两个孔的投影。

2）视图中的每一条图线可以是面的积聚性投影，如图3-27中直线1和2分别是*A*面和*E*面的积聚性投影；也可以是两个面的交线的投影，如图中直线3和5分别是肋板斜面*E*与拱形柱体左侧面和底板上表面的交线，直线4是*A*面和*D*面的交线；还可以是曲面的转向轮廓线的投影，如左视图中直线6是小圆孔圆柱面的转向轮廓线（此时不可见，画虚线）。

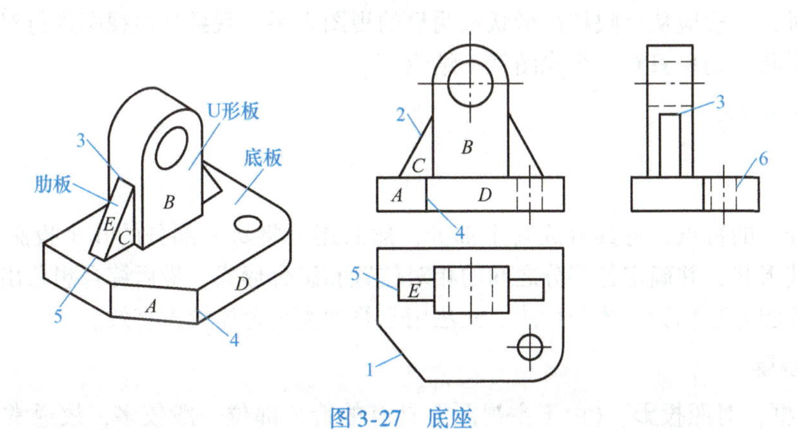

图3-27 底座

3）视图中相邻的两个封闭线框，表示位置不同的两个面的投影。如图3-27中*B*、*C*、*D*三个线框两两相邻，从俯视图中可以看出，*B*、*C*以及*D*的平面部分互相平行，且*D*在最前，*B*居中，*C*最靠后。

4）大线框内包括的小线框，一般表示在大立体上凸出或凹下的小立体的投影。如图 3-27 中俯视图上的小圆线框表示凹下的孔的投影，线框 *E* 表示凸起的肋板的投影。

2. 将几个视图联系起来进行读图

一个组合体通常需要几个视图才能表达清楚，一个视图不能确定物体形状。如图 3-28 所示的三组视图，它们的主视图都相同，但由于俯视图不同，表示的是三个不同的物体。

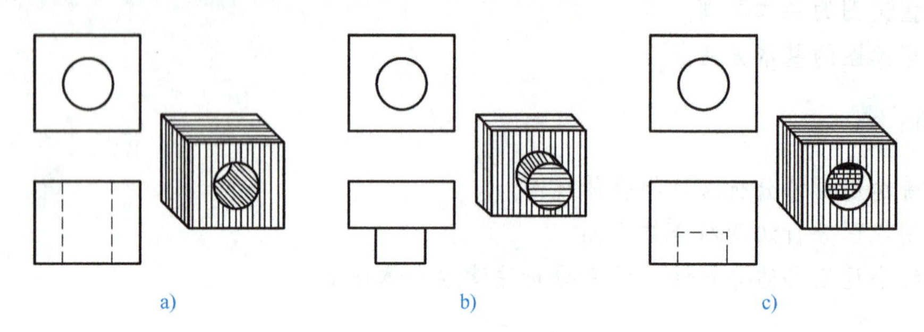

图 3-28 一个视图不能确定物体的形状

有时即使有两个视图相同，若视图选择不当，也不能确定物体的形状。如图 3-29 所示的三组视图，他们的主、俯视图都相同，但由于左视图不同，也表示了三个不同的物体。

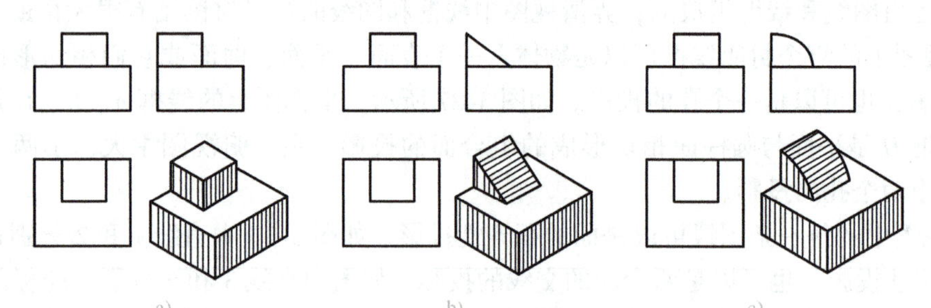

图 3-29 两个视图不能确定物体的形状

在读图时，一般应从反映特征形状最明显的视图入手，联系其他视图进行对照分析，才能确定物体形状，切忌只看一个视图就下结论。

3.3.2 形体分析法

1. 概念

根据组合体的特点，将其分成几个部分，然后逐一将每一部分的几个投影对照进行分析，想象出其形状，并确定各部分之间的相对位置和组合形式，最后综合想象出整个物体的形状。这种读图方法称为形体分析法。此法用于叠加类组合体较为有效。

2. 读图步骤

1）分线框，对照投影。（由于主视图上具有的特征部位一般较多，故通常先从主视图开始进行分析。）

2）想出形体，确定位置。

3）综合起来，想出整体。

一般的读图顺序是：先看主要部分，后看次要部分；先看容易确定的部分，后看难以确定的部分；先看某一组成部分的整体形状，后看其细节部分形状。

3. 例题

【例3-9】 读图3-30a所示三视图，想象出它所表示的物体的形状。

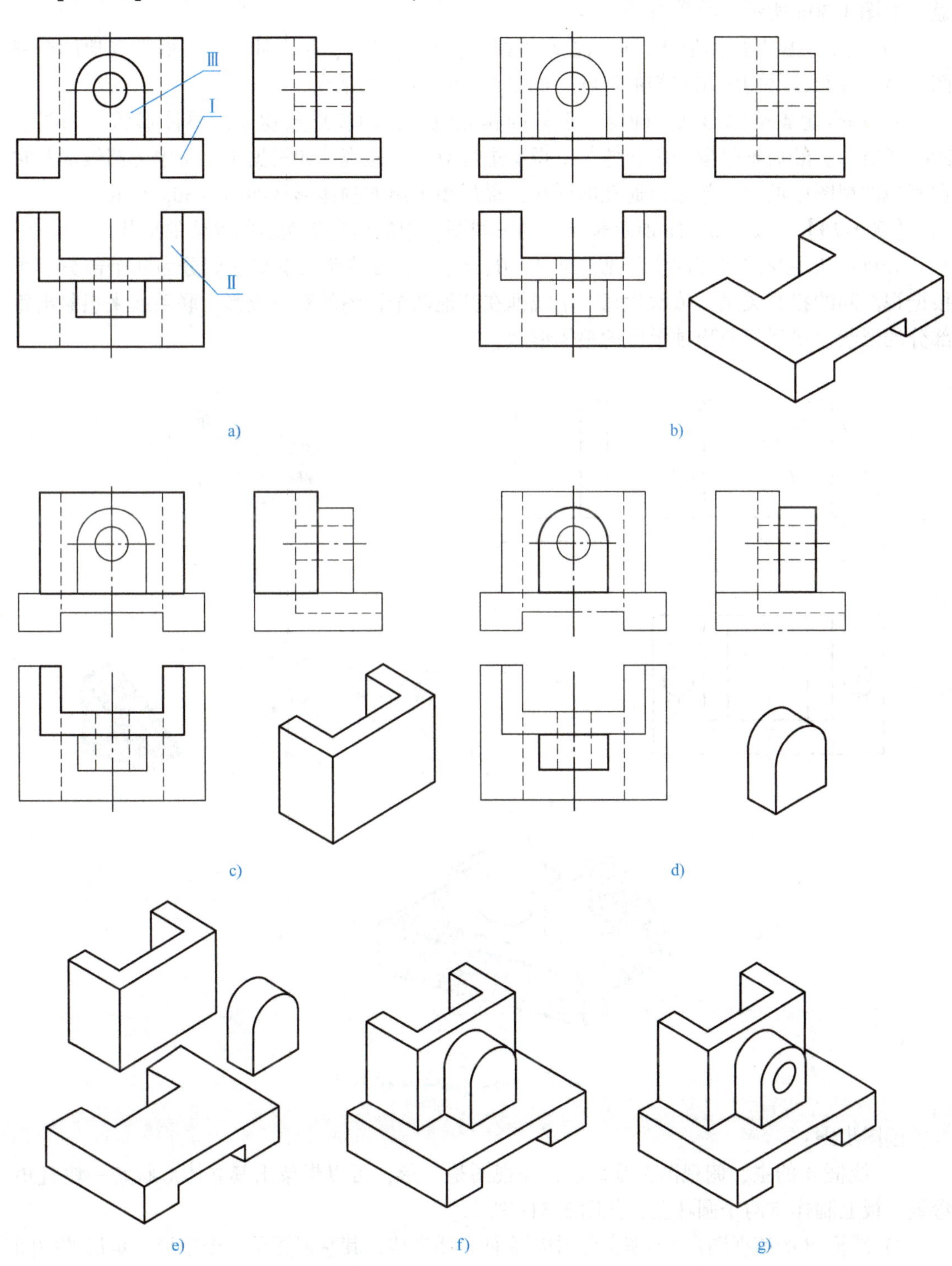

图3-30 用形体分析法读组合体的三视图

读图步骤：

1）分离出特征明显的线框。三个视图都可以看作是由三个线框组成的，因此可大致将该物体分为三个部分。其中主视图中Ⅰ、Ⅲ两个线框特征明显，俯视图中线框Ⅱ的特征明显。如图3-30a所示。

2）逐个想象各形体形状。根据投影规律，依次找出Ⅰ、Ⅱ、Ⅲ三个线框在其他两个视图的对应投影，并想象出它们的形状。如图3-30b、c、d所示。

3）综合想象整体形状。确定各形体的相互位置，初步想象物体的整体形状，如图3-30e、f所示。然后把想象的组合体与三视图进行对照、检查，如根据主视图中的圆线框及它在其他两视图中的投影想象出通孔的形状，最后想象出的物体形状如图3-30g所示。

【例3-10】 读图3-31a所示轴承座的三视图，想象出它所表示的物体的形状。

分析：从主视图看有四个可见线框A、B、C、D，可按照线框将它们分为四个部分。再根据视图间的投影关系，依次找每一个线框在其他两个视图的对应投影，联系起来想象出每部分的形状。最后想象出轴承座的整体形状。

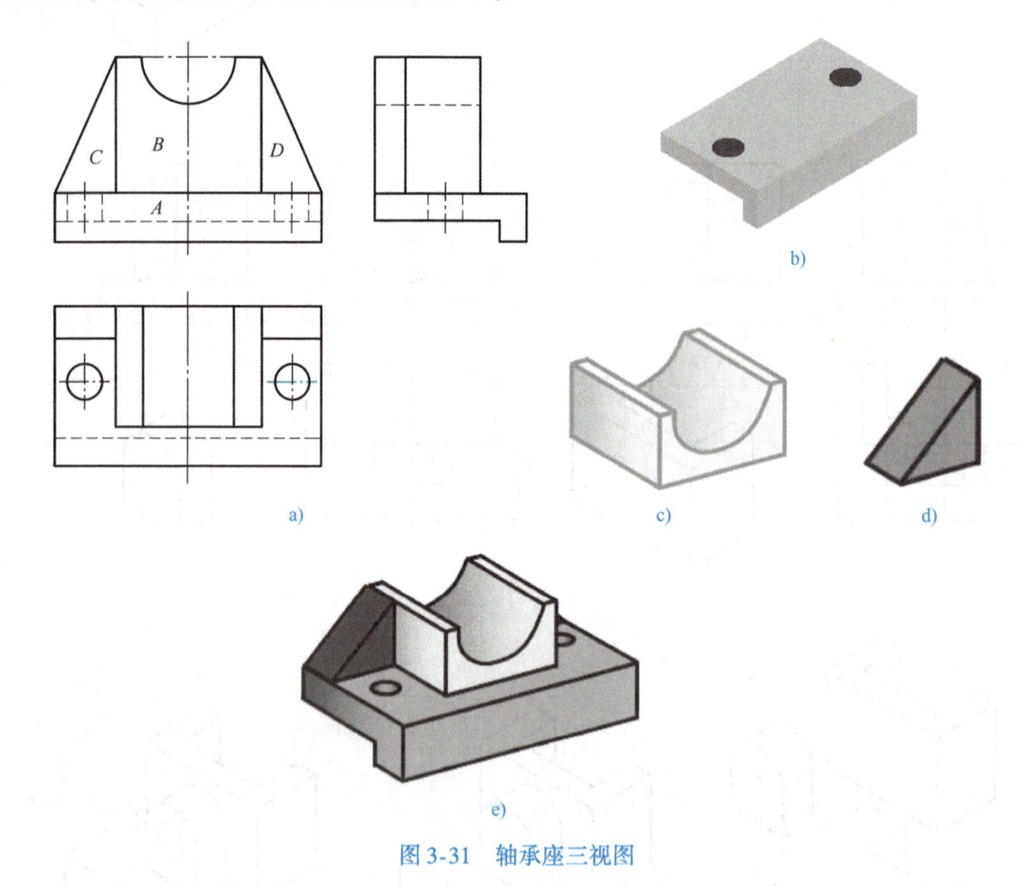

图3-31 轴承座三视图

读图步骤：

1）线框A的主、俯视图都是矩形，左视图是L形，可以想象出其立体形状是一块直角弯板，板上制作有两个圆柱孔，如图3-31b所示。

2）线框B的俯视图是一个矩形，中间有两条粗实线，其左视图是一个矩形，矩形的中间有一条虚线，可以想象它的立体形状是一个长方体上中部切掉一个半圆槽，如图3-31c所示。

3）线框 C 和 D 的主视图是三角形，俯、左视图都是矩形，是两块三棱柱，对称放在组合体的左右两侧，如图3-31d所示。

4）最后根据各部分的形状以及它们的相对位置和组合方式综合起来构思出组合体的整体形状，如图3-31e所示。

3.3.3 线面分析法

在读图过程中，遇到物体形状不规则，或物体被多个面切割时，物体的视图往往难以读懂，此时可以在形体分析的基础上进行线面分析。

1. 概念

线面分析法读图，就是运用投影规律，通过对物体表面的线、面等几何要素进行分析，确定物体的表面形状、面与面之间的位置及表面交线，从而想象出物体的整体形状。此法用于切割类组合体较为有效。

2. 例题

【例3-11】 读如图3-32a所示三视图，想象出它所表示的物体的形状。

读图步骤：

（1）初步判断主体形状　物体被多个平面切割，但从三个视图的最大线框来看，基本都是矩形，据此可判断该物体的主体应是长方体。

（2）确定切割面的形状和位置　如图3-32b所示，从左视图中可明显看出该物体有 a、b 两个缺口，其中缺口 a 是由两个相交的侧垂面切割而成，缺口b是由一个正平面和一个水平面切割而成。还可以看出主视图中线框1′、俯视图中线框1和左视图中线框1″有投影对应关系，据此可分析出它们是一个一般位置平面的投影。主视图中线段2′、俯视图中线框2和左视图中线段2″有投影对应关系，可分析出它们是一个水平面的投影。并且可看出Ⅰ、Ⅱ两个平面相交。

（3）逐个想象各切割处的形状　可以暂时忽略次要形状，先看主要形状。比如看图时可先将两个缺口在三个视图中的投影忽略，如图3-32c所示。此时物体可认为是由一个长方体被Ⅰ、Ⅱ两个平面切割而成，可想象出此时物体的形状，如图3-32c的立体图所示。然后再依次想象缺口 a、b 处的形状，分别如图3-32d、e所示。

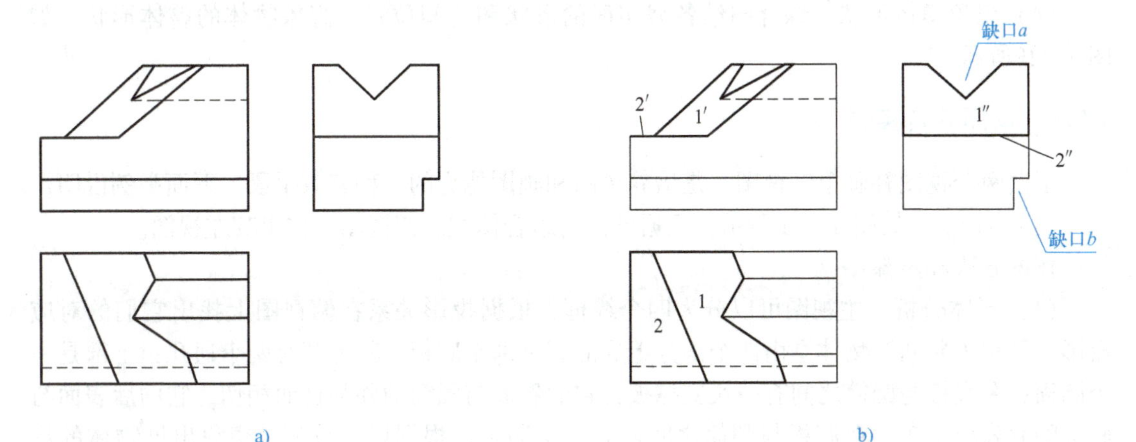

图3-32　用线面分析法读组合体的三视图

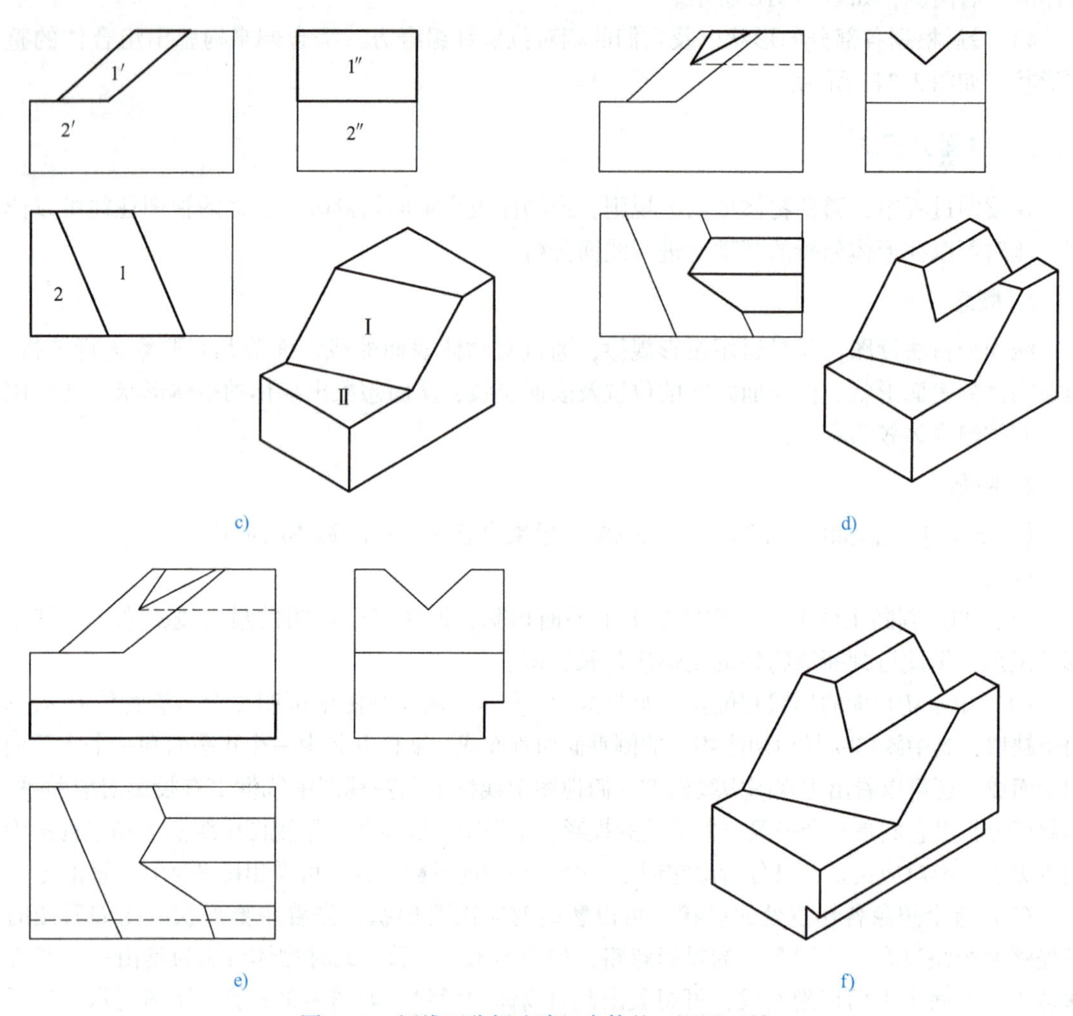

图 3-32 用线面分析法读组合体的三视图（续）

（4）想象整体形状 综合归纳各截切面的形状和空间位置，想象物体的整体形状，如图 3-32f 所示。

3.3.4 读图综合实例

根据两个视图补画第三视图，是培养读图和画图能力的一种有效手段。下面举例说明。

【例 3-12】 如图 3-33a 所示，根据已知的组合体主、俯视图，作出其左视图。

作图方法和步骤：

（1）形体分析 主视图可以分为四个线框，根据投影关系在俯视图上找出它们的对应投影，可初步判断该物体是由四个部分组成的。下部是底板，其上开有两个通孔；上部是一个圆筒；在底板与圆筒之间有一块支撑板，它的斜面与圆筒的外圆柱面相切，它的后表面与底板的后表面平齐；在底板与圆筒之间还有一个肋板。根据以上分析，想象出该物体的形状，如图 3-33f 所示。

(2) 画出各部分在左视图的投影　根据上面的分析及想出的形状，按照各部分的相对位置，依次画出底板、圆筒、支撑板、肋板在左视图中的投影。作图步骤如图3-33b、c、d、e所示。最后检查、描深，完成全图。

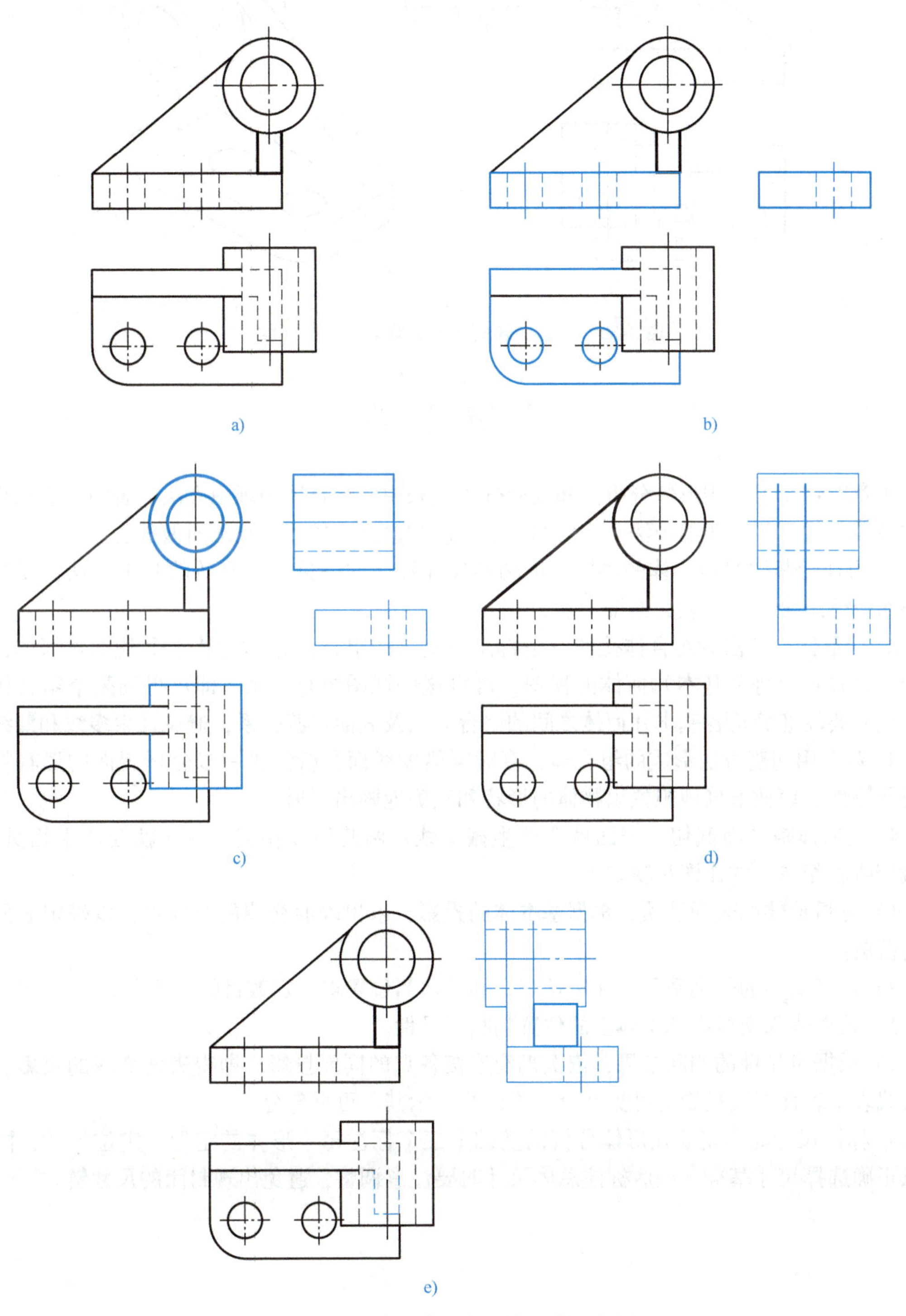

图3-33　根据已知两视图补画第三视图

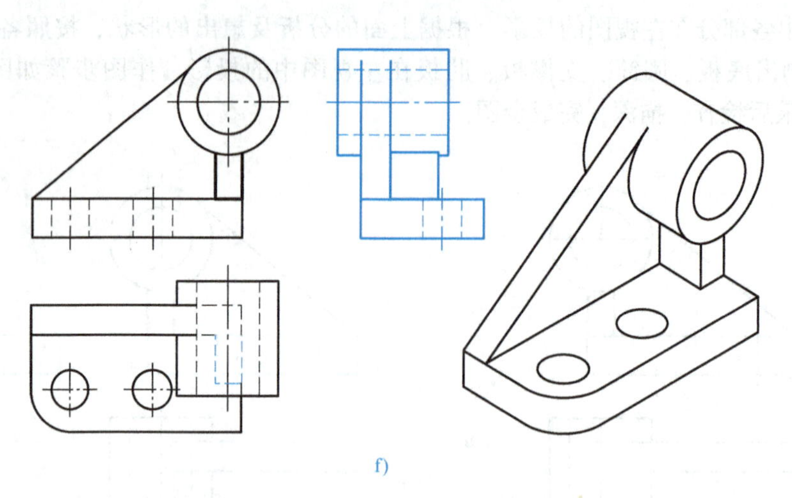

f)

图 3-33 根据已知两视图补画第三视图（续）

本 章 小 结

本章着重学习了用形体分析法和线面分析法来说明组合体的画图方法、看图方法和尺寸标注及截交线和相贯线的画法，为后续章节识读和绘制零件图、装配图做准备。

1. 形体分析法是组合体的画图、读图和尺寸标注的一种行之有效的基本方法，要很好掌握组合体组合形式及表面连接关系。

2. 用形体分析法画组合体视图就是将比较复杂的组合体分解为若干个基本几何体，按其相互位置画出每个基本几何体的视图，再将这些视图组合起来，即可得到整个组合体视图，同时要注意分析各基本几何体之间的组合方式及表面过渡关系，避免发生多线和漏线。

3. 对于用切割方法形成的组合体，有时需借助线面分析法进一步分析表面的形状特征及投影特性，以便准确地想象出物体的形状和正确地画出图形。

4. 几何体被平面截切，表面就会产生截交线；两几何体相交，表面就会产生相贯线。求截交线和相贯线的作图步骤如下：

1）分析形体的表面性质，根据基本体的投影，求出表面交线的特殊点，以确定表面交线的范围。

2）选择适当的辅助平面，在特殊点之间的适当位置求一定数目的一般点。

3）根据表面交线在基本体上的位置判断可见性。

4）根据可见性的判断结果，依次光滑连接各点的同面投影，即得表面交线的投影。用粗实线表示表面交线投影的可见部分，用虚线表示其不可见部分。

5. 标注尺寸时一定要在形体分析的基础上逐个标注每个形体的定形、定位尺寸，同时注意正确选择尺寸基准。最后标注总体尺寸时要注意调整，避免出现封闭的尺寸链。

第4章　零件图基本知识

本章学习目标

掌握零件的基本表达方法、零件图的尺寸标注方法与常见工艺结构、零件表面的技术要求等。

零件图不仅是制造零件的依据，也是检验零件的依据，养成有工作必有检查的职业习惯，培养质量意识。

4.1　零件的基本表达方法

知识目标：

1. 掌握基本视图的配置关系和各视图之间的三等关系。
2. 掌握向视图、局部视图的画法和标注方法。
3. 掌握各种剖视图、断面图的画法、标注方法和应用场合。
4. 了解局部放大图、简化画法和规定画法。

技能目标：

1. 能绘制零件的基本视图、局部视图和剖视图。
2. 能绘制和标注视图、剖视图、局部视图和放大图。
3. 能综合运用视图的表达方法绘制零件视图。

4.1.1　视图

视图是零件向投影面投影所得的零件形体的可见部分，必要时才画出其不可见部分。视图主要用来表达零件的外部结构形状。国家标准 GB/T 17451—1998 和 GB/T 4458.1—2002 规定了视图的画法。视图通常有基本视图、向视图、局部视图和斜视图。

1. 基本视图

当零件的外部结构形状在各个方向（上下、左右、前后）都不相同时，三视图往往不能清晰地把它表达出来。因此，必须加上更多的投影面，以得到更多的视图。

为了清晰地表达零件六个方向的形状，可在 *H*、*V*、*W* 三投影面的基础上，再增加三个基本投影面。这六个基本投影面组成了一个方箱，把零件围在当中，如图 4-1a 所示。零件向基本投影面投射所得的视图，称为基本视图。图 4-1b 表示零件投影到六个投影面上后，投影面展开的方法。

（1）视图配置　展开后，六个基本视图的位置配置和视图名称如图 4-2 所示。按图 4-2 所示位置在一张图纸内的基本视图，一律不注视图名称。

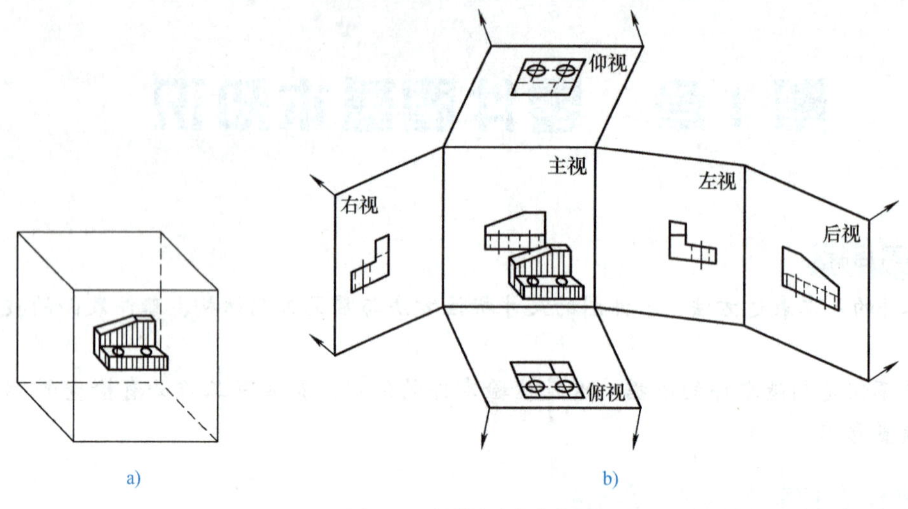

图 4-1 基本视图形成

六个基本视图为：

主视图——自物体的前方投影所得的视图；

俯视图——自物体的上方投影所得的视图；

左视图——自物体的左方投影所得的视图；

右视图——自物体的右方投影所得的视图；

仰视图——自物体的下方投影所得的视图；

后视图——自物体的后方投影所得的视图。

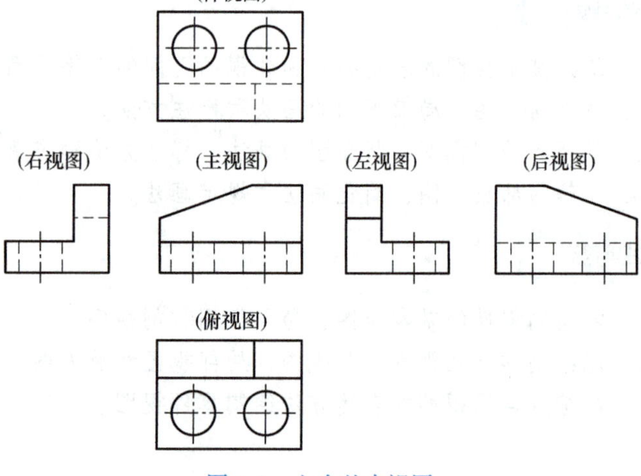

图 4-2 六个基本视图

（2）投影尺寸规律 六个基本视图之间，仍然保持着与三视图相同的投影规律，即：

主、俯、仰、后：长对正；

主、左、右、后：高平齐；

俯、左、仰、右：宽相等。

此外，除后视图以外，各视图的里边（靠近主视图的一边），均表示物体的后面，各视图的外边（远离主视图的一边），均表示物体的前面，即“里后外前”。

虽然物体可以用六个基本视图来表示，但实际上画哪几个视图，要根据形体结构而定，一般在表达清楚的前提下视图越少越好。

2. 向视图

有时为了便于在图纸上合理地布置基本视图，可以采用向视图。

向视图是可自由配置的视图，它的标注方法为：在向视图的上方注写“×”（×为大写的拉丁字母，如 *A*、*B*、*C* 等），并在相应视图的附近用箭头指明投射方向，并注写相同的字母，如图4-3所示，它与基本视图画法相同，放置随意。

3. 局部视图

（1）局部视图的画法　当采用一定数量的基本视图后，零件上仍有部分结构形状尚未表达清楚，而又没有必要再画出完整的其他的基本视图时，可采用局部视图来表达。

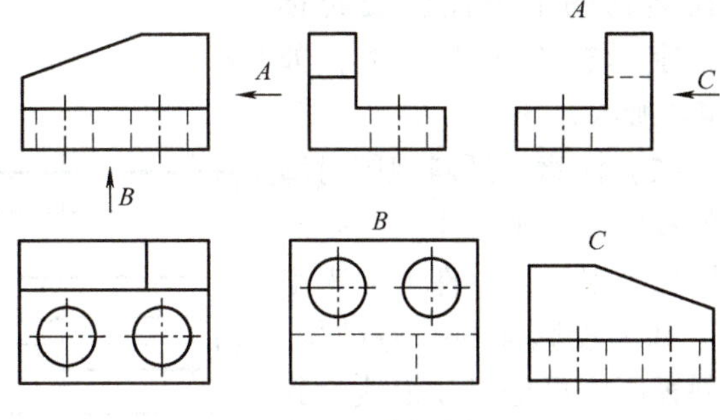

图4-3　向视图

将零件的某一部分向基本投影面投射所得的视图，称为局部视图。局部视图是不完整的基本视图，利用局部视图可以减少基本视图的数量，使表达更简洁，重点突出。例如图4-4a所示零件，画出了主视图和俯视图，已将零件基本部分的形状表达清楚，只有左、右两侧凸台和左侧肋板的厚度尚未表达清楚，此时便可采用图中*A*向和*B*向视图，只画出所需要表达的部分而成为局部视图，如图4-4b所示。这样重点突出、简单明了，有利于画图和看图。

（2）画局部视图时的注意事项

1）在相应的视图上用带字母的箭头指明所表示的投射部位和投射方向，并在局部视图上方用相同的字母标明“×”。

2）局部视图最好画在有关视图的附近，并直接保持投影联系。也可以画在图纸内的其他地方，如图4-4b中右下角画出的“*B*”。当表示投射方向的箭头标在不同的视图上时，同一部位的局部视图的图形方向可能不同。

3）局部视图的范围用波浪线表示，如图4-4b中“*A*”。当所表示的图形结构完整、且外轮廓线又封闭时，则波浪线可省略，如图4-4b中“*B*”。

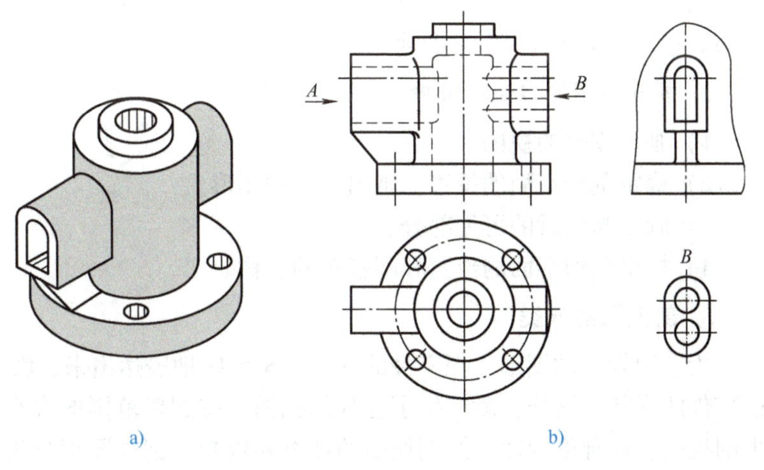

图4-4　局部视图

4. 斜视图

将零件向不平行于任何基本投影面的投影面进行投影，所得到的视图称为斜视图。斜视图适合于表达机件上的斜表面的实形。例如图4-5所示是一个弯板形零件，它的倾斜部分在俯视图和左视图上的投影都不是实形。此时就可以另外加一个平行于该倾斜部分的投影面，在该投影面上则可以画出倾斜部分的实形投影，如图4-5中的“*A*”向所示。

（1）标注　斜视图的标注方法与局部视图相似，并且应尽可能配置在与基本视图直接保持投影关系的位置，也可以平移到图纸内的适当地方。为了画图方便，也可以旋转，但必须在斜视图上方注明旋转标记，字母标在箭头一侧，如图4-5所示。

(2) 注意　画斜视图时增设的投影面只垂直于一个基本投影面，因此，零件上原来平行于基本投影面的一些结构，在斜视图中最好以波浪线为界而省略不画，以避免出现再失真的投影。在基本视图中也要注意处理好这类问题，如图4-5中不用俯视图而用“A”向视图。

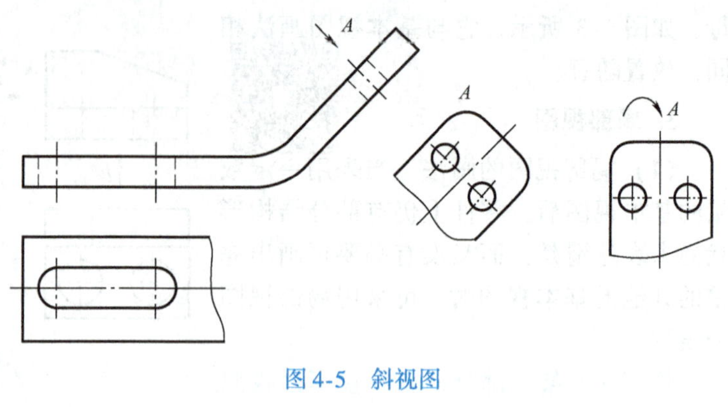

图4-5　斜视图

4.1.2　剖视图

1. 什么是剖视图

假想用剖切面剖开零件，将处在观察者和剖切面之间的部分移去，而将其余部分向投影面投射，所得的图形称为剖视图。不同的材料采用不同的剖面符号。一般机械零件是金属，剖面符号采用45°的间隔均匀斜线。

因为剖切是假想的，虽然零件的某个视图画成剖视图，但零件仍是完整的，所以其他图形的表达方案应按完整的零件考虑。

2. 画剖视图的方法和步骤

1）画出零件的视图。

2）确定剖切平面的位置，画出断面的图形。

3）画出断面后的可见部分。

4）标出剖切平面的位置和剖视图的名称。

3. 剖视图的分类

为了用较少的图形，把零件的形状完整清晰地表达出来，就必须使每个图形能较多地表达零件的形状。这样，就产生了各种剖视图。按剖切范围的大小，剖视图可分为全剖视图、半剖视图、局部剖视图。按剖切面的种类和数量，剖视图可分为阶梯剖视图、旋转剖视图、斜剖视图和复合剖视图。

(1) 全剖视图

1）概念。用剖切平面完全地剖开零件所得的剖视图，称为全剖视图（简称全剖视）。例如图4-6中的主视图和左视图均为全剖视图。

2）应用。全剖视图一般用于表达外部形状比较简单，内部结构比较复杂的零件。

3）标注。当剖切平面通过零件的对称（或基本对称）平面，且全剖视图按投影关系配置，中间又无其他视图隔开时，可以省略标注，否则必须按规定方法标注。如图4-6中的主视图的剖切平面通过对称平面，所以省略了标注；而左视图的剖切平面不是通过对称平面，则必须标注，但它是按投影关系配置的，所以箭头可以省略。

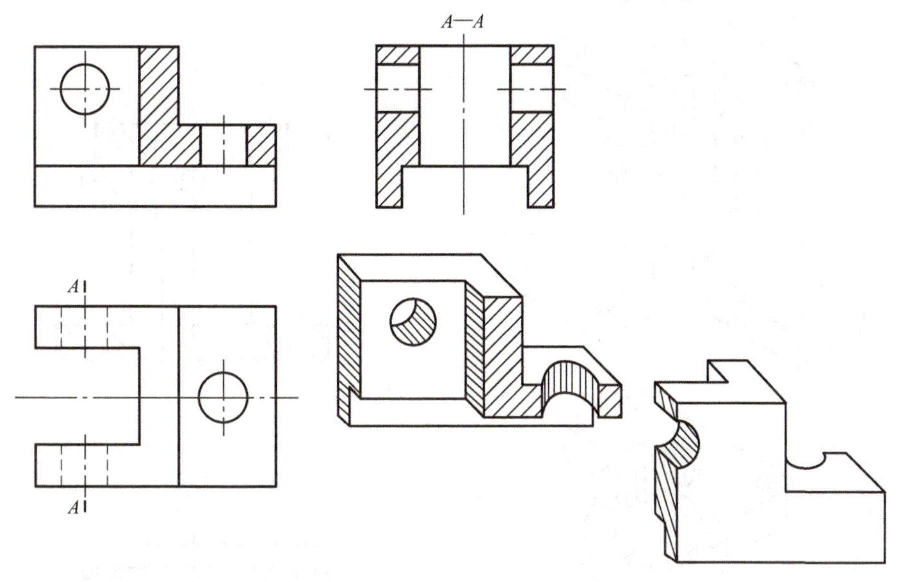

图4-6　全剖视图及其标注

（2）半剖视图

1）概念。当零件具有对称平面时，在垂直于对称平面的投影面上投影所得的图形；可以对称中心线为界，一半画成剖视图，另一半画成视图，称为半剖视图。

2）应用。半剖视图既充分地表达了零件的内部结构，又保留了零件的外部形状，因此它具有内外兼顾的特点。但半剖视图只适宜于表达对称的或基本对称的零件。

3）标注。半剖视图的标注方法与全剖视图相同。例如图4-7a所示的零件为前后对称，图4-7b中主视图所采用的剖切平面通过零件的前后对称平面，所以不需要标注；而俯视图所采用的剖切平面并非通过零件的对称平面，所以必须标出剖切位置和名称，但箭头可以省略。

4）注意事项。

① 具有对称平面的零件，在垂直于对称平面的投影面上，才宜采用半剖视图。如零件的形状接近于对称，而不对称部分已另有视图表达时，也可以采用半剖视图。

② 半个剖视图和半个视图必须以细点画线为界。如果作为分界线的细点画线刚好和轮廓线重合，则应避免使用。如图4-8所示主视图，尽管图的内外形状都对称，似乎可以采用半剖视图，但采用半剖视图后，其分界线恰好和内轮廓线相重合，不满足分界线是细点画线的要求，所以不应用半剖视图表达，而宜采取局部剖视图表达，并且用波浪线将内、外形状分开。

③ 半剖视图中的内部轮廓在半个视图中不必再用虚线表示。

（3）局部剖视图

1）概念。用剖切面局部地剖开物体所得的剖视图称为局部剖视图。局部剖视图也是在同一视图上同时表达内外形状的方法，并且用波浪线作为剖视图与视图的界线。图4-7b的主视图和图4-9的主视图和左视图，均采用了局部剖视图。

2）应用。从以上几例可知，局部剖视图是一种比较灵活的表达方法，剖切范围根据实

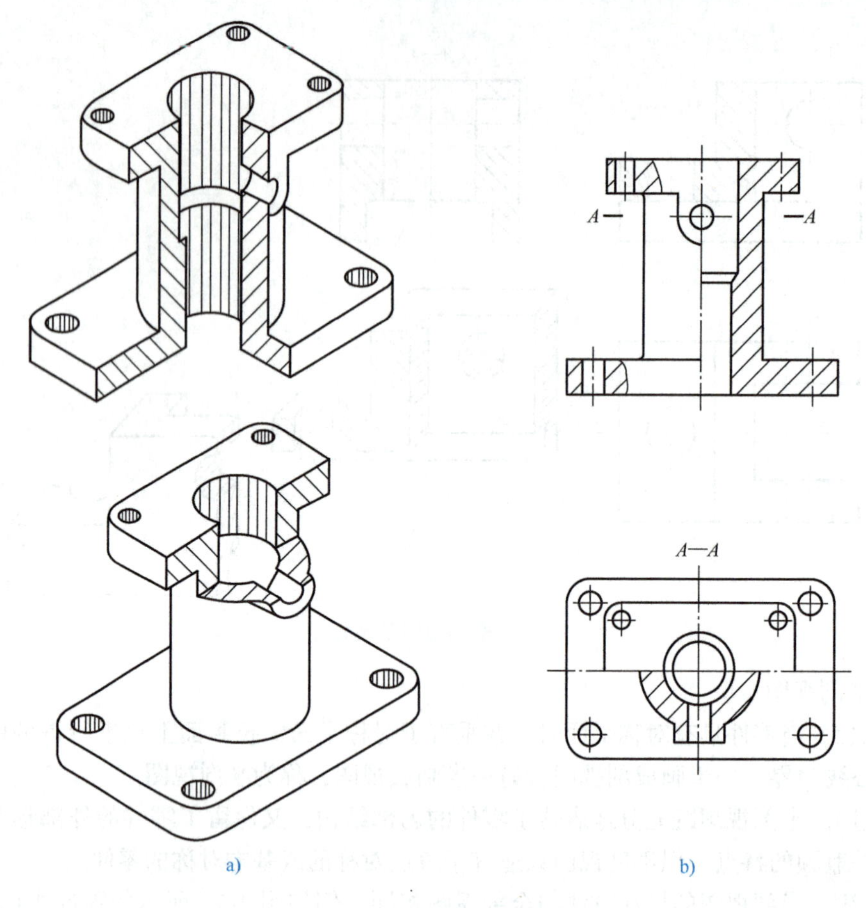

图 4-7　半剖视图及其标注

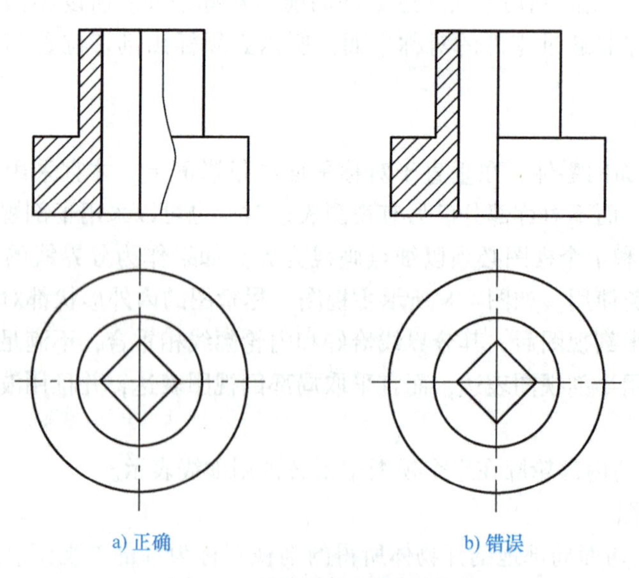

图 4-8　对称零件的局部剖视

际需要决定。但使用时要考虑到看图方便，剖切不要过于零碎。它常用于下列两种情况：

① 零件只有局部内形要表达，而又不必或不宜采用全剖视图时；

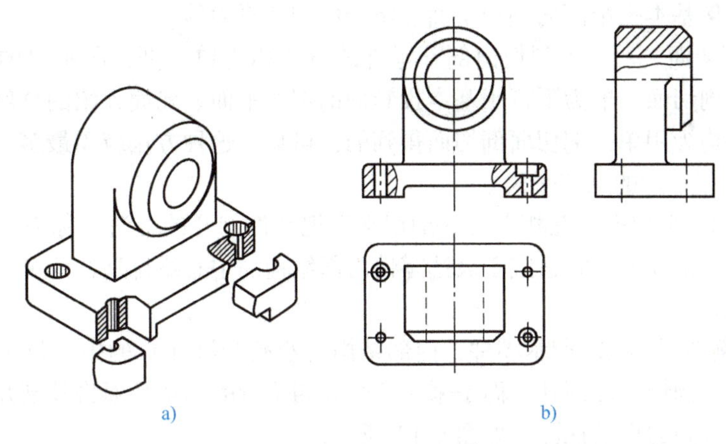

图 4-9 局部剖视图

② 不对称零件需要同时表达其内、外形状时，宜采用局部剖视图。

3）波浪线的画法。表示视图与剖视范围的波浪线，可看作零件断裂痕迹的投影，波浪线的画法应注意以下几点：

① 波浪线不能超出图形轮廓线，如图 4-10a 所示。

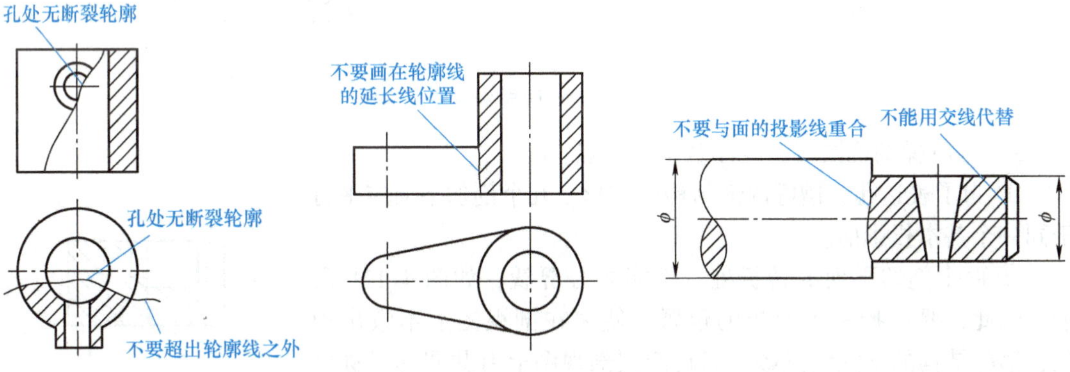

孔处无断裂轮廓

孔处无断裂轮廓

不要超出轮廓线之外

a)

不要画在轮廓线的延长线位置

b)

不要与面的投影线重合

不能用交线代替

ϕ

ϕ

c)

图 4-10 局部剖视图的波浪线的画法

② 波浪线不能穿孔而过，如遇到孔、槽等结构时，波浪线必须断开，如图 4-10a 所示。

③ 波浪线不能与图形中任何图线重合，也不能用其他线代替或画在其他线的延长线上，如图 4-10b、c 所示。

④当被剖切部位的局部结构为回转体时，允许将该结构的中心线作为局部剖视图与视图的分界线，如图 4-11 所示的拉杆的局部剖视图。

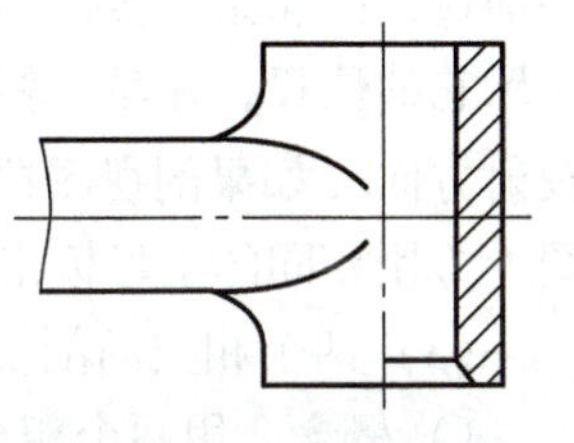

图 4-11 拉杆局部剖视图

4）标注。局部剖视图的标注方法和全剖视相同。但如局部剖视图的剖切位置非常明显，则可以不标注。

4. 剖切面的种类

剖视图是假想将零件剖开而得到的视图，因为零件内部形状的多样性，剖开零件的方法也不尽相同。国家标准规定有：单一剖切面、几个互相平行的剖切平面、两个相交的剖切平面、不平行于任何基本投影面的剖切平面、组合的剖切平面等。

（1）单一剖切面　用一个剖切面剖开零件的方法称为单一剖，所画出的剖视图称为单一剖视图。单一剖切面一般为平行于基本投影面的剖切平面。前面介绍的全剖视图、半剖视图、局部剖视图均为用单一剖切面剖切而得到的，可见，这种方法应用最多。

（2）几个互相平行的剖切平面

1）概念。用两个或多个互相平行的剖切平面把零件剖开的方法，称为阶梯剖，所画出的剖视图称为阶梯剖视图。它适宜于表达零件内部结构的中心线排列在两个或多个互相平行的平面内的情况。

2）举例。例如图 4-12a 所示零件，内部结构（小孔和沉孔）的中心位于两个平行的平面内，不能用单一剖切平面剖开，而是采用两个互相平行的剖切平面将其剖开，主视图即为采用阶梯剖方法得到的全剖视图，如图 4-12c 所示。

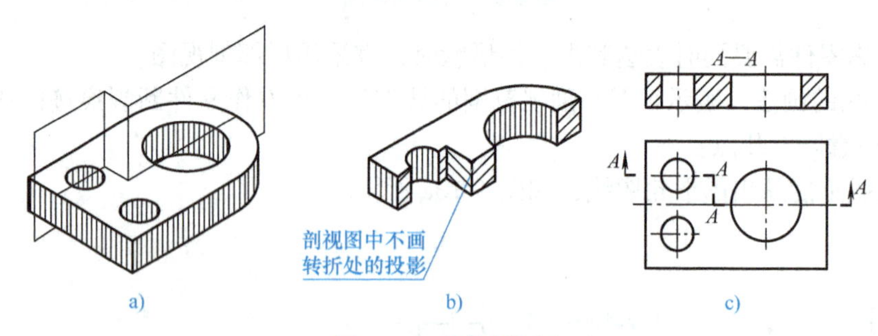

图 4-12　阶梯剖视图

3）画阶梯剖视图时，应注意下列几点：

① 为了表达孔、槽等内部结构的实形，几个剖切平面应平行于同一个基本投影面。

② 两个剖切平面的转折处，不能画分界线，如图 4-12b 所示。因此，要选择一个恰当的位置，使之在剖视图上不致出现孔、槽等结构的不完整投影。当它们在剖视图上有共同的对称中心线和轴线时，也可以各画一半，这时细点画线就是分界线，如图 4-13 所示。

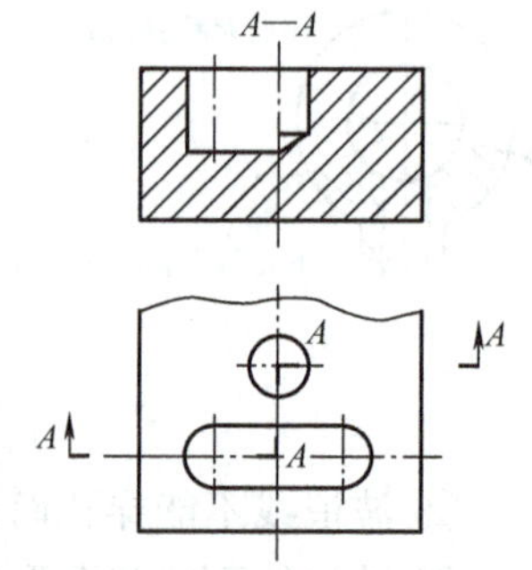

图 4-13　阶梯剖视图的特例

③ 阶梯剖视图必须标注，标注方法如图 4-13 所示。在剖切平面迹线的起始、转折和终止的地方，用剖切符号（即粗短线）表示它的位置，并写上相同的字母；在剖切符号两端用箭头表示投射方向（如果剖视图按投影关系配置，中间又无其他图形隔开时，可省略箭头）；在剖视图上方用相同的字母标出名称“×—×”。

（3）两个相交的剖切平面

1）概念。用两个相交的剖切平面（交线垂直于某一基本投影面）剖开零件的方法称为旋转剖，所画出的剖视图称为旋转剖视图。

2）举例。如图 4-14 所示的法兰盘，它中间的大圆孔和均匀分布在四周的小圆孔都需要剖开表示，如果用相交于法兰盘轴线的侧平面和正垂面去剖切，并将位于正垂面上的剖切面绕轴线旋转到和侧面平行的位置，这样画出的剖视图就是旋转剖视图。可见，旋转剖适用于有回转轴线的零件，而轴线恰好是两剖切平面的交线，并且两剖切平面一个为投影面平行面，另一个为投影面垂直面。图4-15所示是法兰盘用旋转剖视图表示的例子。

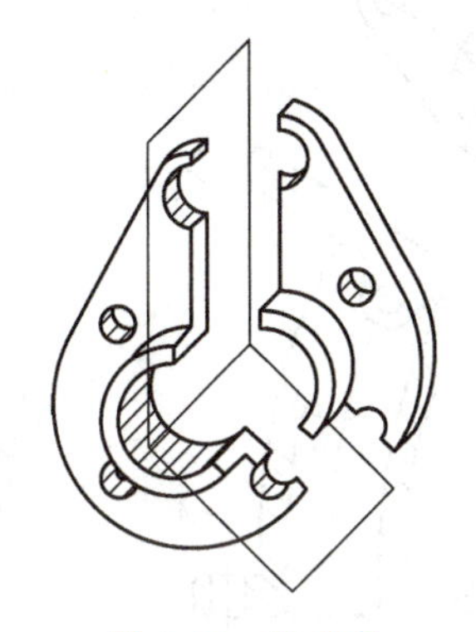

图4-14 法兰盘

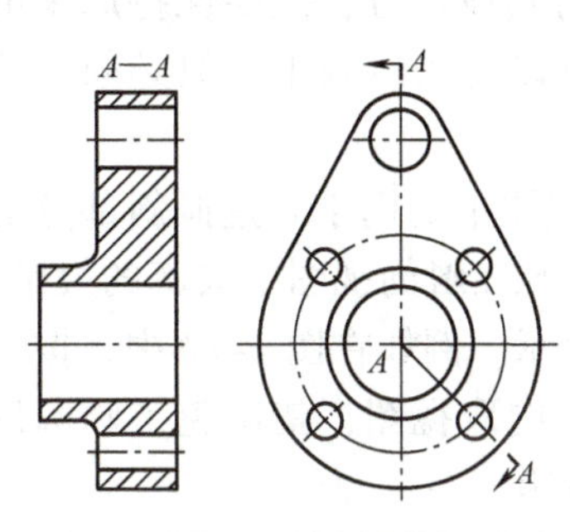

图4-15 法兰盘的旋转剖视图

同理，如图4-16a所示的摇臂，也可以用旋转剖视图表达。

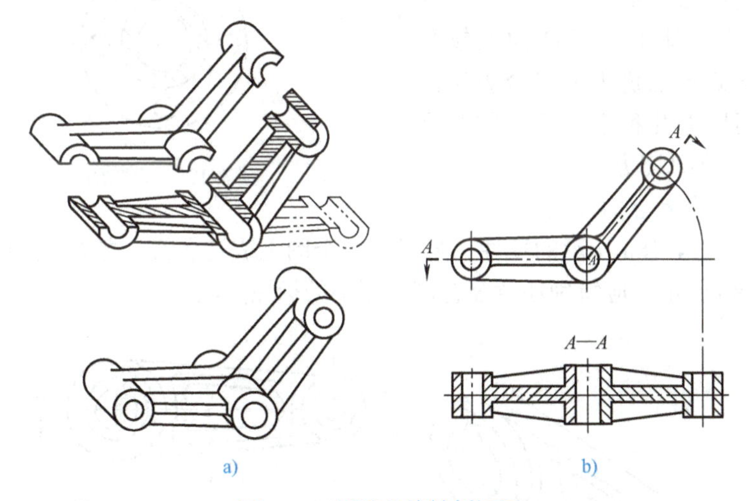

图4-16 摇臂的旋转剖视图

3）画旋转剖视图时应注意以下两点：

① 倾斜的平面必须旋转到与选定的基本投影面平行，以使投影能够表达实形。但剖切平面后面的结构，一般应按原来的位置画出它的投影，如图4-16b所示。

② 旋转剖视图必须标注，标注方法与阶梯剖视图相同，如图4-15、图4-16b所示。

（4）不平行于任何基本投影面的剖切平面

1）概念。用不平行于任何基本投影面的剖切平面剖开零件的方法称为斜剖，所画出的剖视图称为斜剖视图。斜剖视图适用于零件的倾斜部分需要剖开以表达内部实形的时候，并且内部实形的投影是用辅助投影面法求得的。

2）举例。如图4-17所示零件，它的基本轴线与底板不垂直。为了清晰表达弯板的外形和小孔等结构，宜用斜剖视图表达。此时用平行于弯板的剖切面“B—B”剖开零件，然后在辅助投影面上求出剖切部分的投影即可。

3）画斜剖视图时，应注意以下几点：

① 剖视图最好与基本视图保持直接的投影联系，如图 4-17 中的“*B*—*B*”。必要时（如为了合理布置图幅）可以将斜剖视图画到图纸的其他地方，但要保持原来的倾斜度，也可以转正后画出，但必须加注旋转符号。

② 斜剖视图主要用于表达倾斜部分的结构。零件上凡在斜剖视图中失真的投影，一般应避免表示。例如在图 4-17 中，按主视图上箭头方向取视图，就避免了画圆形底板的失真投影。

③ 斜剖视图必须标注，标注方法如图 4-17所示，箭头表示投射方向。

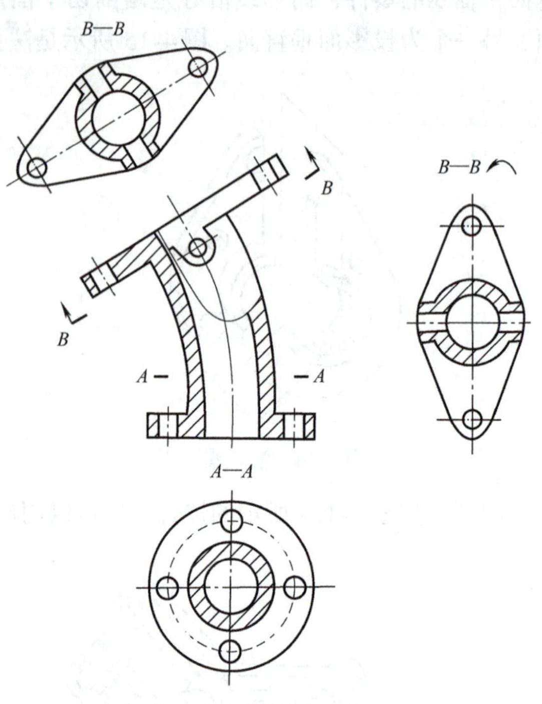

图 4-17　零件的斜剖视图

（5）组合的剖切平面

1）概念。当物体的内部结构比较复杂，用阶梯剖或旋转剖仍不能完全表达清楚时，可以采用以上几种剖切平面的组合来剖开物体，这种剖切方法称为复合剖，所画出的剖视图称为复合剖视图。

2）举例。如图 4-18a 所示的零件，为了在一个图上表达各孔、槽的结构，便采用了复合剖，如图 4-18b 所示。应特别注意复合剖视图中的标注方法。

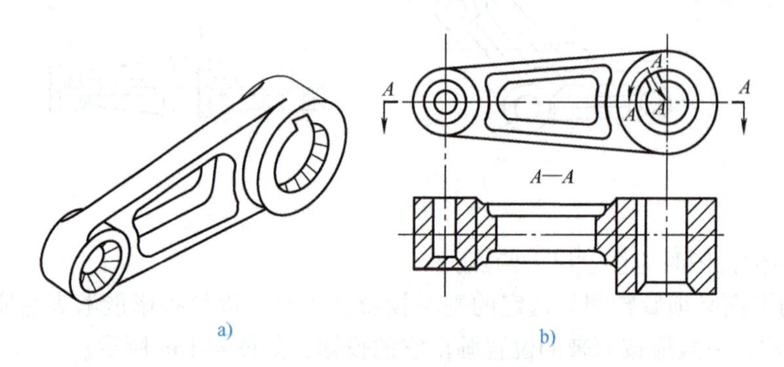

图 4-18　零件的复合剖视图

4.1.3　断面图

1. 基本概念

假想用剖切平面将物体的某处切断，仅画出该剖切面与物体接触部分的图形，称为断面图，简称为断面，如图 4-19 所示。

2. 断面图与剖视图的区别

断面图仅画出零件断面的图形，而剖视图则要画出剖切平面以后的所有部分的投影，如图 4-19c 所示。

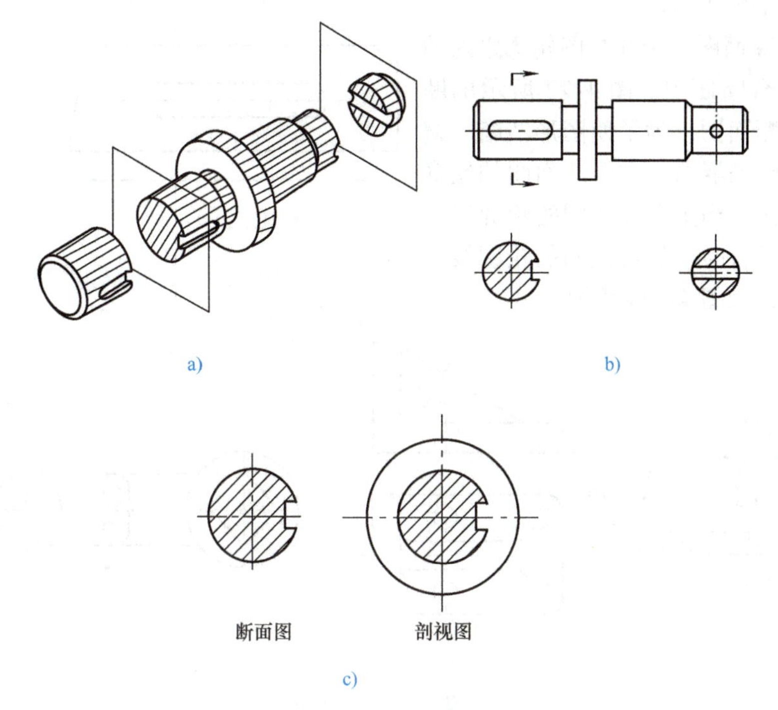

a)　　b)

c)

图 4-19　断面图的画法

3. 断面图的分类

断面图分为移出断面图和重合断面图两种。

（1）移出断面图

1）概念。画在视图轮廓之外的断面图称为移出断面图。

2）举例。如图 4-19b 所示断面图即为移出断面图。

3）画法要点。

① 移出断面图的轮廓线用粗实线画出，断面上画出剖面符号。移出断面图应尽量配置在剖切线的延长线上，必要时也可以画在其他适当位置。

② 当剖切平面通过由回转面形成的圆孔、圆锥坑等结构的轴线时，这些结构应按剖视图画出，如图 4-20 所示。

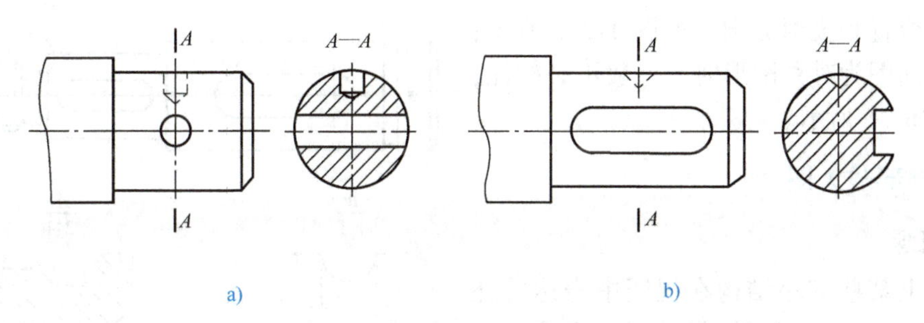

a)　　b)

图 4-20　通过圆孔等回转面的轴线时断面图的画法

③ 当剖切平面通过非回转面，会导致出现完全分离的断面时，这样的结构也应按剖视

图画出，如图 4-21 所示。

（2）重合断面图　画在视图轮廓之内的断面图称为重合断面图。图 4-22 所示的断面图即为重合断面图。为了使图形清晰，避免与视图中的线条混淆，重合断面图的轮廓线用细实线画出。当重合断面图的轮廓线与视图的轮廓线重合时，仍按视图的轮廓线画出，不应中断，如图 4-22a 所示。

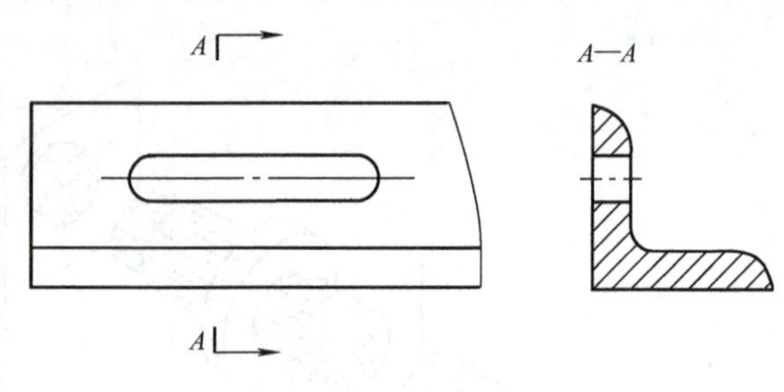

图 4-21　断面分离时的画法

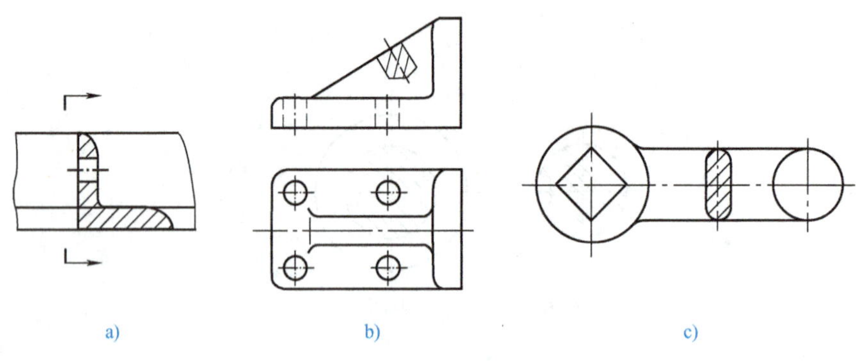

图 4-22　重合断面图

4. 剖切位置与标注

1）当移出断面图不画在剖切位置的延长线上时，如果该移出断面图为不对称图形，则必须标注剖切符号与带字母的箭头，以表示剖切位置与投射方向，并在断面图上方标出相应的名称“×—×”；如果该移出断面图为对称图形，因为投射方向不影响断面图形状，所以可以省略箭头。

2）当移出断面图按照投影关系配置时，不管该移出断面图是否为对称图形，因为投射方向明显，所以可以省略箭头。

3）当移出断面图画在剖切位置的延长线上时，如果该移出断面图为对称图形，则只需用细点画线标明剖切位置，可以不标注剖切符号、箭头和字母；如果该移出断面图为不对称图形，则必须标注剖切位置和箭头，但可以省略字母。

4）当重合断面图为不对称图形时，需标注其剖切位置和投射方向，如图 4-22a 所示；当重合断面图为对称图形时，一般不必标注，如图 4-22b、c 所示。

4.1.4　局部放大图

1. 概念

物体上某些细小结构在视图中表达的还不够清楚，或不便于标注尺寸时，可将这些部分用大于原图形所采用的比例画出，这种图称为局部放大图，如图 4-23 所示。

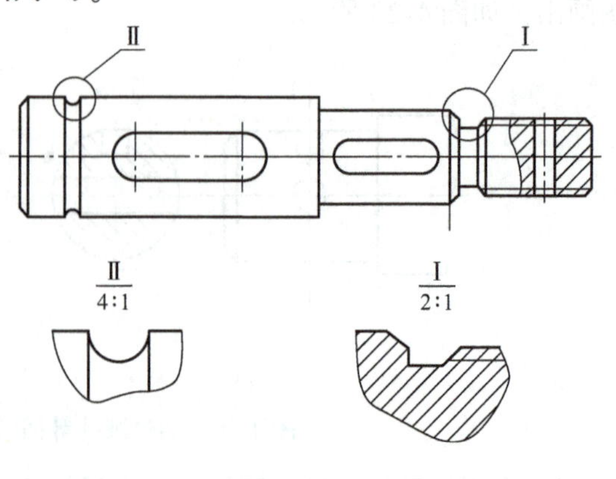

图 4-23　局部放大图

2. 标注

局部放大图必须标注，标注方法是：在视图上画一细实线圆，标明放大部位，在放大图的上方注明所用的比例，即图形大小与实物大小之比（与原图上的比例无关），如果放大图不止一个时，还要用罗马数字编号以示区别。

注意：局部放大图可画成视图、剖视图、断面图，它与被放大部位的表达方法无关。局部放大图应尽量配置在被放大部位的附近。

4.1.5　简化画法和规定画法

简化画法是指包括规定画法、省略画法、示意画法等在内的图示方法。其中，规定画法是对标准中规定的某些特定的表达对象所采用的特殊图示方法，如机械图样中对螺纹、齿轮的表达；省略画法是通过省略重复投影、重复要素、重复图形等达到使图样简化的图示方法，本节所介绍的简化画法多为省略画法；示意画法是用规定符号、较形象的图线绘制图样的表意性图示方法，如滚动轴承、弹簧的示意画法等。下面介绍国家标准中规定的几种常用简化画法。

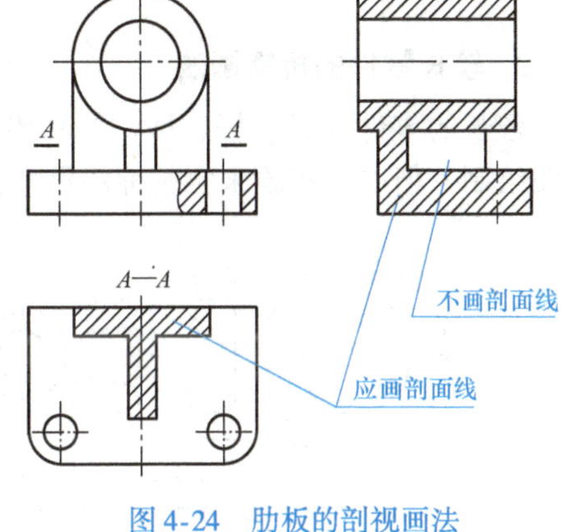

图4-24　肋板的剖视画法

1. 有关肋板、轮辐等结构的画法

1）物体上的肋板、轮辐及薄壁等结构，如纵向剖切都不要画剖面符号，而且用粗实线将它们与其相邻结构分开，如图4-24所示。

2）回转体上均匀分布的肋板、轮辐、孔等结构不处于剖切平面上时，可将这些结构假想旋转到剖切平面上画出，如图4-25所示。

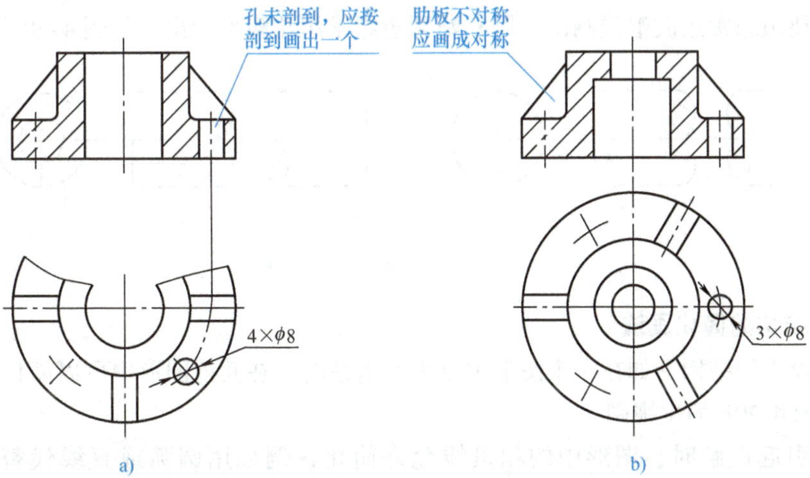

图4-25　均匀分布的肋板、孔的剖切画法

2. 相同结构要素的简化画法

当零件上具有若干相同结构（齿、槽、孔等），并按一定规律分布时，只需画出几个完

整结构，其余用细实线相连或标明中心位置，并注明总数，如图 4-26 所示。

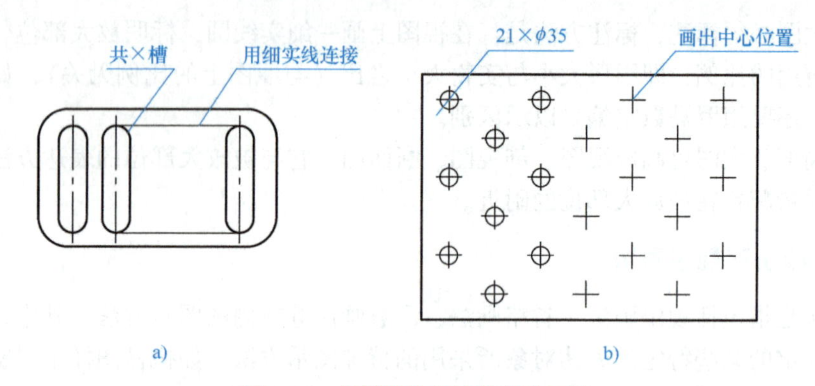

图 4-26　相同结构要素的简化画法

3. 较长零件的折断画法

较长的零件（轴、杆、型材等）沿长度方向的形状一致或按一定规律变化时，可断开缩短绘制，但必须按原来实长标注尺寸，如图 4-27 所示。

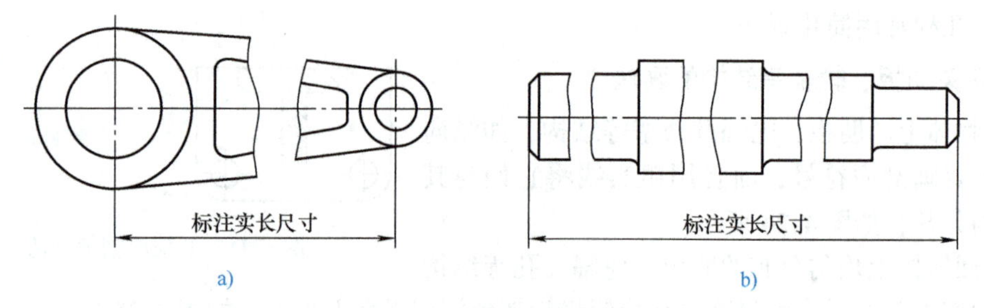

图 4-27　较长零件的折断画法

零件断裂边缘常用波浪线画出，圆柱断裂边缘常用花瓣形画出，如图 4-28 所示。

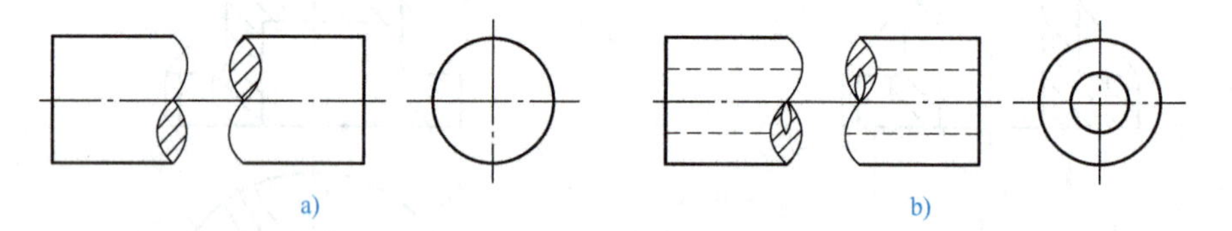

图 4-28　圆柱与圆筒的断裂处画法

4. 较小结构的简化画法

零件上较小的结构，如在一个图形中已表示清楚时，在其他图形中可以简化或省略，如图 4-29a 和图 4-29b 的主视图。

在不致引起误解时，图形中的相贯线允许简化，例如用圆弧或直线代替非圆曲线，如图 4-29a 所示。

5. 网状物及滚花的示意画法

网状物、编织物或零件上的滚花部分，可在轮廓线附近用粗实线画出，并标明其具体要求。图 4-30 即为滚花的示意画法。

当图形不能充分表达平面时，可以用平面符号（相交细实线）表示，如图4-31所示。如已表达清楚，则可不画平面符号，如图4-29b所示。

6. 对称零件的简化画法

在不致引起误解时，对于对称零件的视图可以只画一半或四分之一，并在对称中心线的两端画出两条与其垂直的平行细实线，如图4-32所示。

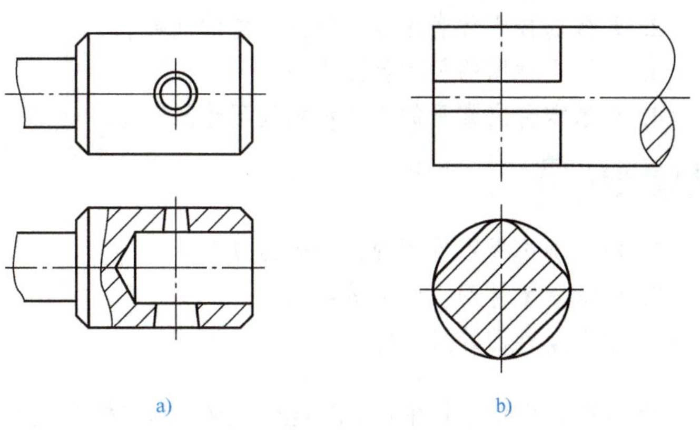

图4-29 较小结构的简化画法

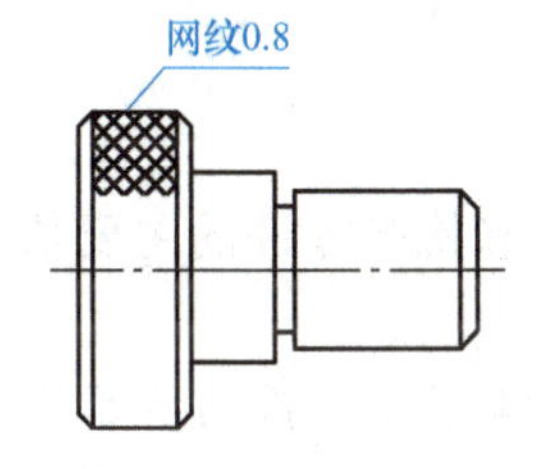

图4-30 滚花的示意画法

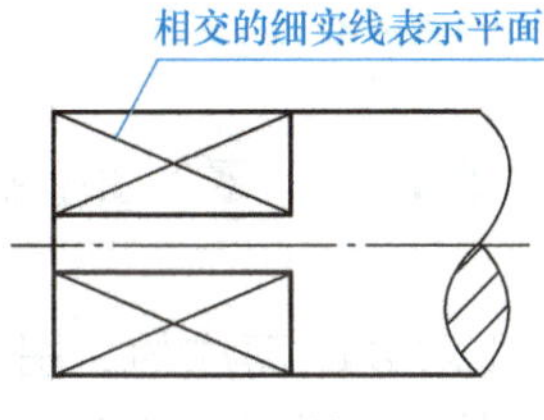

图4-31 平面符号表示法

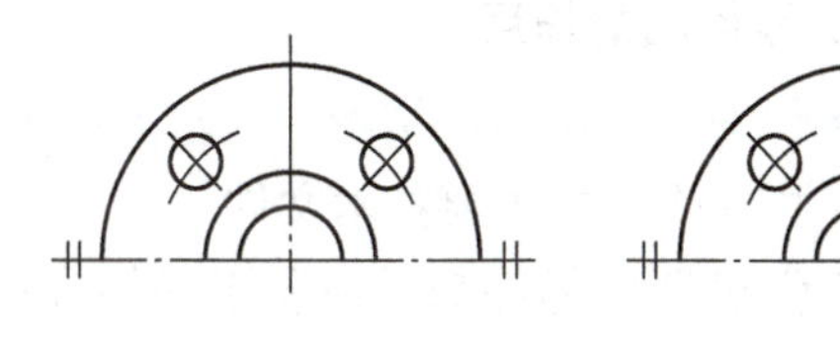

图4-32 对称零件的简化画法

7. 移出断面图的简化画法

在不致引起误解的情况下，零件图中的移出断面图允许省略剖面符号，但剖切位置和断面图的标注，必须按标注规定的方法标出，如图4-33所示。

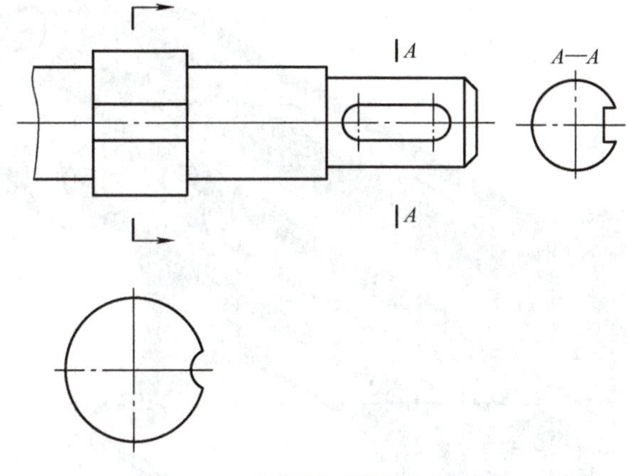

图4-33 移出断面图的简化画法

4.2 零件图的尺寸标注与常见的工艺结构

知识目标：

1. 了解零件图的作用和内容。

2. 掌握选择零件表达方案时应注意的问题。
3. 掌握零件图的尺寸标注方法。
4. 熟悉零件上常见的工艺结构及用途。

技能目标：

1. 能正确选择零件图的视图表达方案。
2. 能读懂零件图上常见的结构。
3. 学会零件图的尺寸标注。

机器或部件都是由许多零件装配而成，制造机器或部件必须首先制造零件。零件图是表达单个零件的图样，它是制造和检验零件的主要依据。本节开始学习零件图的有关内容。

4.2.1 零件图的作用和内容

1. 零件图的作用

零件图是表示零件结构、大小及技术要求的图样。零件图是制造和检验零件的主要依据，是指导生产的重要技术文件。

任何机器或部件都是由若干零件按一定要求装配而成的。图 4-34 所示的铣刀头是铣床上的一个部件，供装铣刀盘用。它是由座体 7、轴 6、端盖 10、带轮 5 等十多种零件组成。

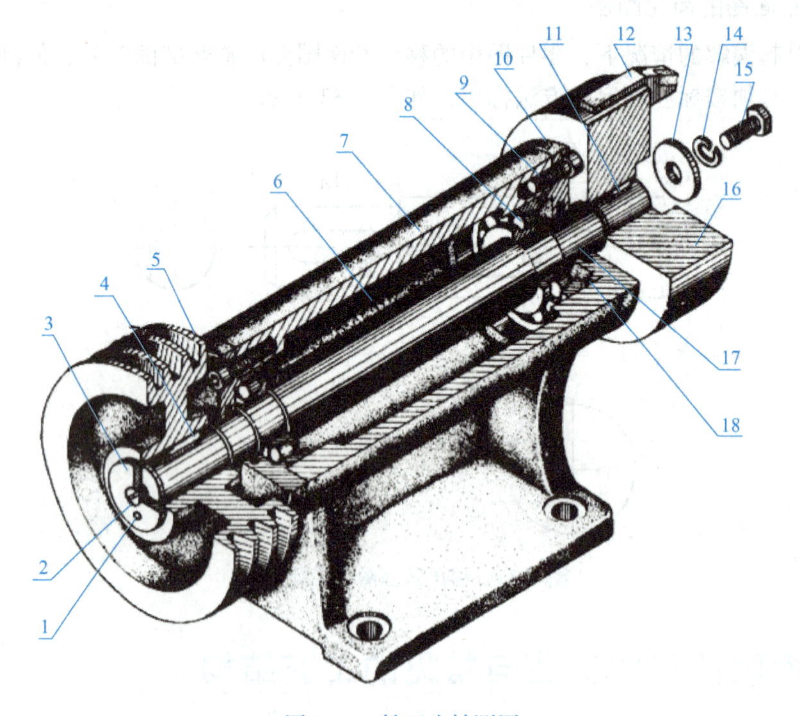

图 4-34 铣刀头轴测图

1—销 2，9，15—螺钉 3，13—挡圈 4，11—键 5—带轮 6—轴 7—座体 8—滚动轴承 10—端盖 12—铣刀 14—垫圈 16—铣刀盘 17—毡圈 18—调整环

2. 零件图的内容

零件图是生产中指导制造和检验该零件的主要图样，它不仅仅是把零件的内、外结构形状和大小表达清楚，还需要对零件的材料、加工、检验、测量提出必要的技术要求。零件图必须包含制造和检验零件的全部技术资料。以图4-35为例，一张完整的零件图一般应包括以下几项内容：

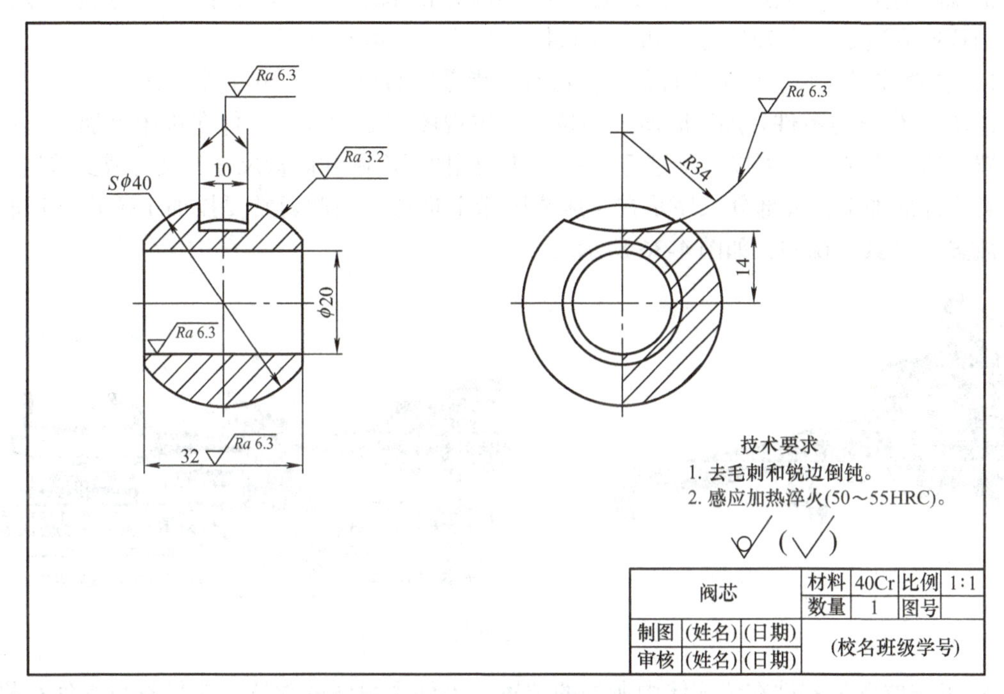

图4-35　球阀的阀芯零件图

(1) 一组视图　用于正确、完整、清晰和简便地表达出零件内外形状的图形，其中包括零件的各种表达方法，如视图、剖视图、断面图、局部放大图和简化画法等。

(2) 完整的尺寸　零件图中应正确、完整、清晰、合理地注出制造零件所需的全部尺寸。

(3) 技术要求　零件图中必须用规定的代号、数字、字母和文字注解说明制造和检验零件时在技术指标上应达到的要求。如表面粗糙度、尺寸公差、几何公差、材料和热处理、检验方法以及其他特殊要求等。技术要求的文字一般注写在标题栏上方图纸空白处。

(4) 标题栏　标题栏应配置在图框的右下角。它一般由更改区、签字区、其他区、名称以及代号区组成。填写的内容主要有零件的名称、材料、数量、比例、图样代号以及设计、审核、批准者的姓名、日期等。标题栏的尺寸和格式已经标准化，可参见有关标准。

3. 零件表达方案的选择

零件的表达方案选择，应首先考虑看图方便。根据零件的结构特点，选用适当的表示方法。由于零件的结构形状是多种多样的，所以在画图前，应对零件进行结构形状分析，结合零件的工作位置和加工位置，选择最能反映零件形状特征的视图作为主视图，并选好其他视图，以确定一组最佳的表达方案。

选择表达方案的原则是：在完整、清晰地表达零件形状的前提下，力求制图简便。

（1）零件分析　零件分析是认识零件的过程，是确定零件表达方案的前提。零件的结构形状及其工作位置或加工位置不同，视图选择也往往不同。因此，在选择视图之前，应首先对零件进行形体分析和结构分析，并了解零件的工作和加工情况，以便确切地表达零件的结构形状，反映零件的设计和工艺要求。

（2）主视图的选择　主视图是表达零件形状最重要的视图，其选择是否合理将直接影响其他视图的选择和看图是否方便，甚至影响到画图时图幅的合理利用。一般来说，零件主视图的选择应满足“合理位置”和“形状特征”两个基本原则。

1）合理位置原则。所谓合理位置，通常是指零件的加工位置和工作位置。

① 加工位置是零件在加工时所处的位置。主视图应尽量表示零件在机床上加工时所处的位置。这样在加工时可以直接进行图物对照，既便于看图和测量尺寸，又可减少差错。如轴套类零件的加工，大部分工序是在车床或磨床上进行，因此通常要按加工位置（即轴线水平放置）画其主视图，如图 4-36 所示。

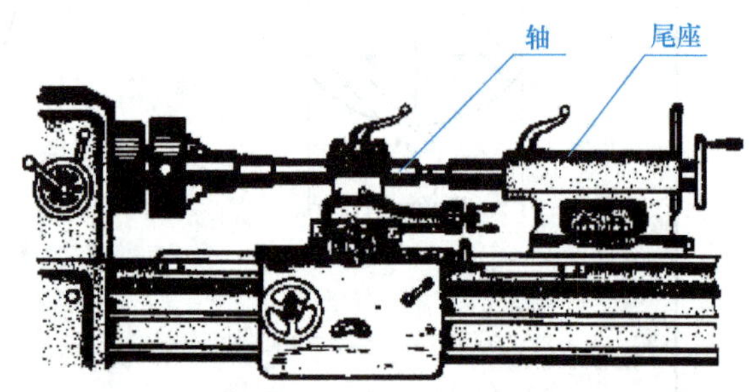

图 4-36　轴类零件的加工位置

② 工作位置是零件在装配体中所处的位置。零件主视图的放置，应尽量与零件在机器或部件中的工作位置一致。这样便于根据装配关系来考虑零件的形状及有关尺寸，便于校对。如图 8-14 所示的铣刀头座体零件的主视图就是按工作位置选择的。对于工作位置歪斜放置的零件，因为不便于绘图，应将零件放正。

2）形状特征原则。确定了零件的安放位置后，还要确定主视图的投射方向。形状特征原则就是将最能反映零件形状特征的方向作为主视图的投射方向，即主视图要较多地反映零件各部分的形状及它们之间的相对位置，以满足清晰表达零件的要求。图 4-37 所示是确定机床尾架主视图投射方向的比较。由图可知，图 4-37a 的表达效果显然比图 4-37b 要好得多。

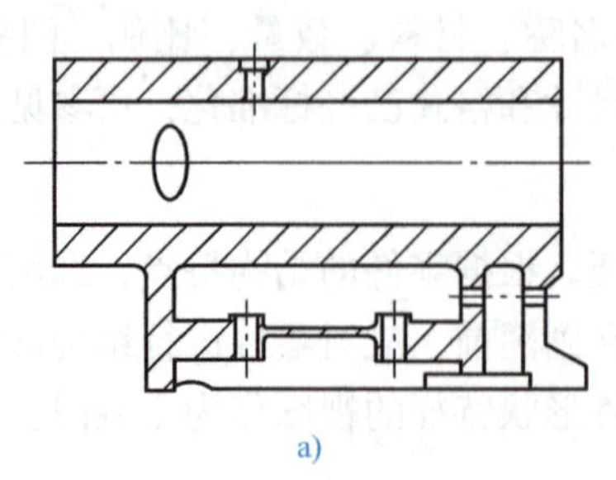
a)

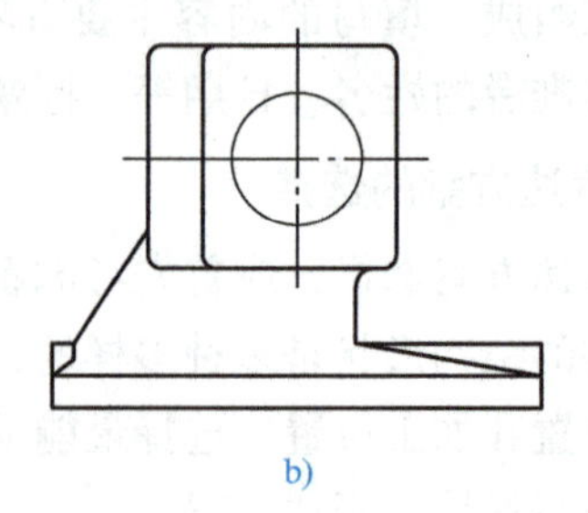
b)

图 4-37　确定主视图投射方向的比较

(3) 选择其他视图 一般来讲，仅用一个主视图是不能完全反映零件的结构形状的，必须选择其他视图，包括剖视图、断面图、局部放大图和简化画法等各种表达方法。主视图确定后，对其表达未尽的部分，再选择其他视图予以完善表达。具体选用时，应注意以下几点：

1）根据零件的复杂程度及内、外结构形状，全面地考虑还应需要的其他视图，每个所选视图应具有独立存在的意义及明确的表达重点，注意避免不必要的细节重复，在明确表达零件的前提下，使视图数量为最少。

2）优先考虑采用基本视图，当有内部结构时应尽量在基本视图上作剖视图；对尚未表达清楚的局部结构和倾斜部分结构，可增加必要的局部（剖）视图和局部放大图；有关的视图应尽量保持直接投影关系，配置在相关视图附近。

3）按照视图表达零件形状要正确、完整、清晰、简便的要求，进一步综合、比较、调整、完善，选出最佳的表达方案。

4.2.2 零件图的尺寸标注

零件图中的尺寸，不但要求标注得正确、完整、清晰，而且必须标注得合理。为了合理地标注尺寸，必须对零件进行结构分析、形体分析和工艺分析，根据分析先确定尺寸基准，然后选择合理的标注形式，结合零件的具体情况标注尺寸。

零件的结构形状，主要是根据它在部件或机器中的作用决定的。但是制造工艺对零件的结构也有某些要求。

下面重点介绍标注尺寸的合理性问题和常见工艺结构的基本知识和表示方法。

1. 正确选择尺寸基准

零件图尺寸标注既要保证设计要求又要满足工艺要求，首先应当正确选择尺寸基准。所谓尺寸基准，就是指零件装配到机器上或在加工测量时，用以确定其位置的一些点、线或面。它可以是零件上对称平面、安装底平面、端面、零件的结合面、主要孔和轴的轴线等。

(1) 选择尺寸基准的目的 一是为了确定零件在机器中的位置或零件上几何元素的位置，以符合设计要求；二是为了在制作零件时，确定测量尺寸的起点位置，便于加工和测量，以符合工艺要求。

(2) 尺寸基准的分类 根据基准作用不同，一般将尺寸基准分为设计基准和工艺基准两类。

1）设计基准。根据零件结构特点和设计要求而选定的基准，称为设计基准。零件有长、宽、高三个方向，每个方向都要有一个设计基准，该基准又称为主要基准，如图4-38a所示。

对于轴套类和轮盘类零件，实际设计中经常采用的是轴向基准和径向基准，而不用长、宽、高基准，如图4-38b所示。

2）工艺基准。在加工时，确定零件装夹位置和刀具位置的一些基准以及检测时所使用的基准，称为工艺基准。工艺基准有时可能与设计基准重合，该基准不与设计基准重合时又称为辅助基准。零件同一方向有多个尺寸基准时，主要基准只有一个，其余均为辅助基准，辅助基准必有一个尺寸与主要基准相联系，该尺寸称为联系尺寸。如图4-38a中的40、11、10，图4-38b中的30、90。

(3) 选择基准的原则 尽可能使设计基准与工艺基准一致，以减少两个基准不重合而引起的尺寸误差。当设计基准与工艺基准不一致时，应以保证设计要求为主，将重要尺寸从设计基准注出，次要尺寸从工艺基准注出，以便加工和测量。

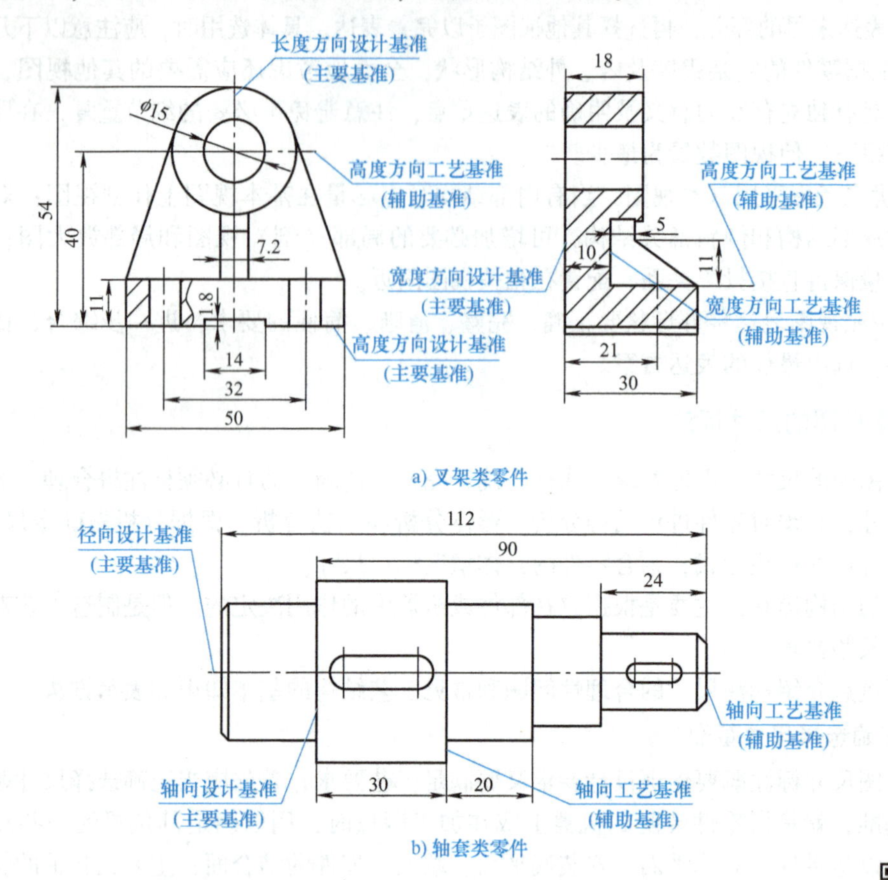

图 4-38 零件的尺寸基准

2. 合理选择标注尺寸应注意的问题

（1）结构上的重要尺寸必须直接注出　重要尺寸是指零件上对机器的使用性能和装配质量有关的尺寸，这类尺寸应从设计基准直接注出。如图 4-39 中的高度尺寸 32 ±0. 08 为重要尺寸，应直接从高度方向主要基准直接注出，以保证精度要求。

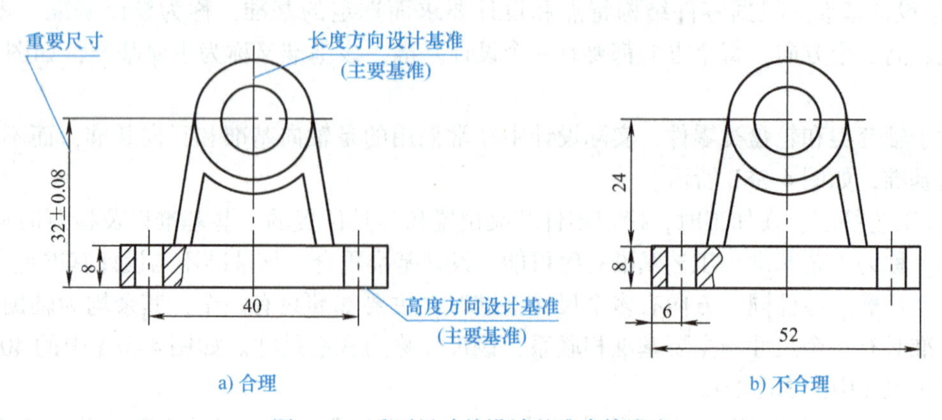

图 4-39 重要尺寸从设计基准直接注出

（2）避免出现封闭的尺寸链　封闭的尺寸链是指一个零件同一方向上的尺寸像车链一样，一环扣一环首尾相连，成为封闭形状的情况。如图 4-40 所示，各分段尺寸与总体尺寸间形成封闭的尺寸链，在机器生产中这是不允许的，因为各段尺寸加工不可能绝对准确，总有一定尺寸误差，而各段尺寸误差的和不可能正好等于总体尺寸的误差。为此，在标注尺寸时，应将次要的尺寸空出不注（称为开口环），如图 4-41a 所示。这样，其他各段加工的误差都积累至这个不要求检验的尺寸上，而全长及主要轴段的尺寸则因此得到保证。如需标注开口环的尺寸时，可将其注成参考尺寸，如图 4-41b 所示。

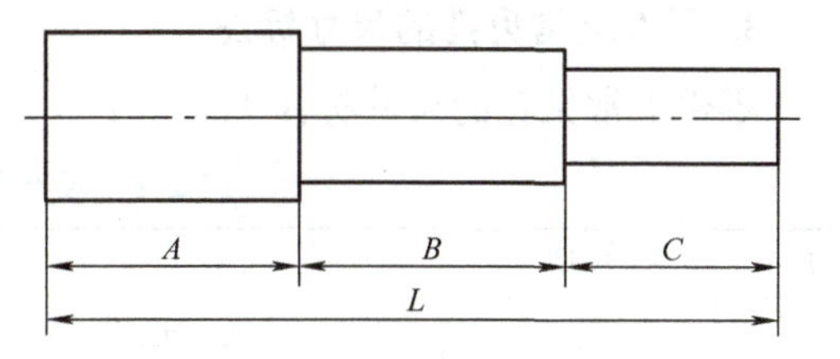

图 4-40　封闭的尺寸链

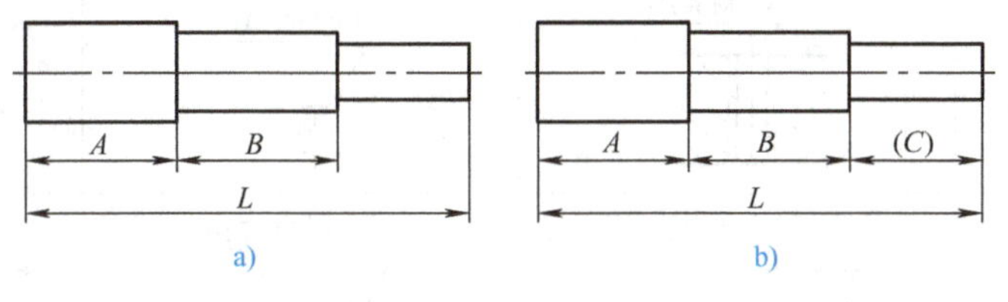

图 4-41　开口环的确定

（3）考虑零件加工、测量和制造的要求

1）考虑加工看图方便。不同加工方法所用尺寸分开标注，便于看图加工，如图 4-42 所示，是把车削与铣削所需要的尺寸分开标注。

2）考虑测量方便。尺寸标注有多种方案，但要注意所注尺寸是否便于测量，如图 4-43 所示结构，两种不同标注方案中，不便于测量的标注方案是不合理的。

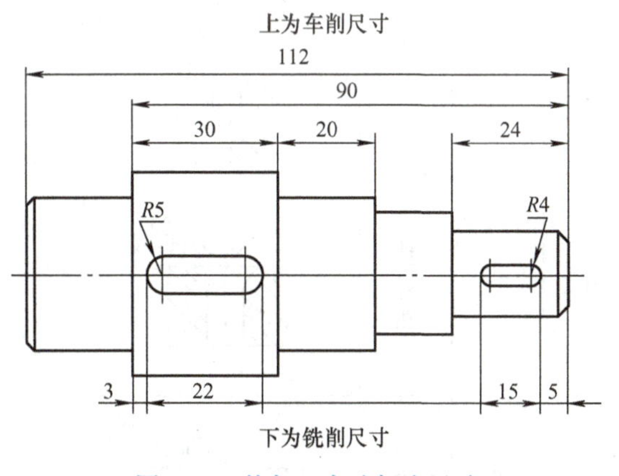

图 4-42　按加工方法标注尺寸

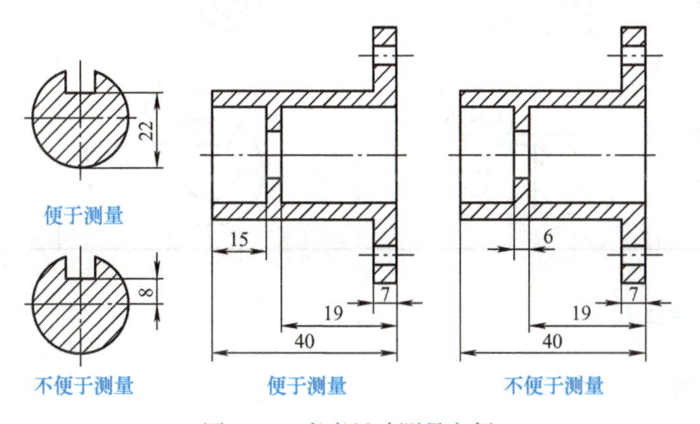

图 4-43　考虑尺寸测量方便

3. 零件上常见孔的尺寸标注

零件上常见孔的尺寸标注见表4-1。

表 4-1 零件上常见孔的尺寸标注

序号	类型		简化注法		普通注法
1	光孔	一般孔	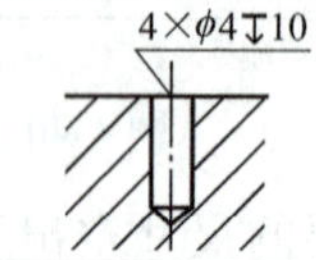 4×ϕ4↧10	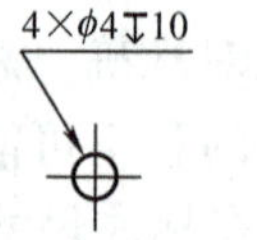 4×ϕ4↧10	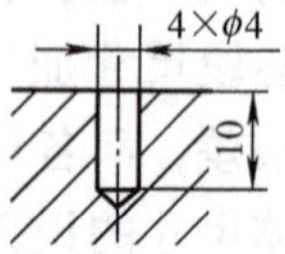 4×ϕ4 10
2		精加工孔	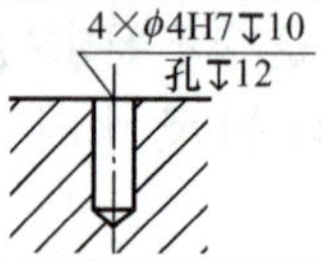 4×ϕ4H7↧10 孔↧12	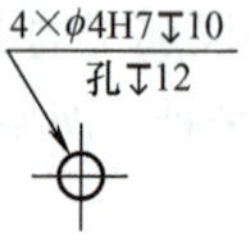 4×ϕ4H7↧10 孔↧12	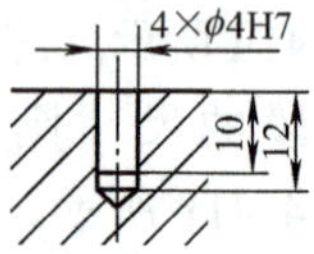 4×ϕ4H7 10 12
3	螺孔	通孔	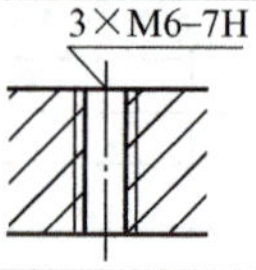 3×M6–7H	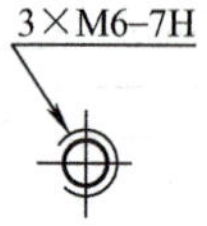 3×M6–7H	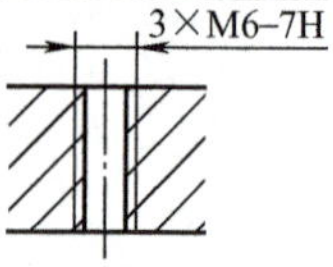 3×M6–7H
4		不通孔	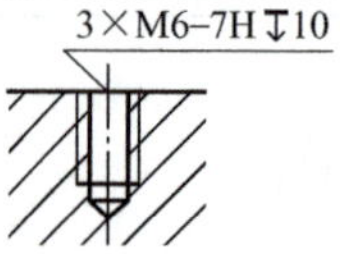 3×M6–7H↧10	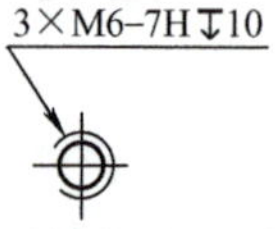 3×M6–7H↧10	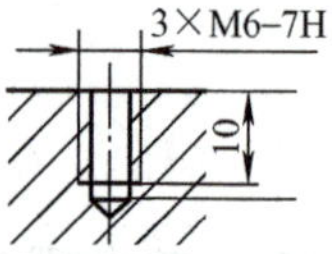 3×M6–7H 10
5			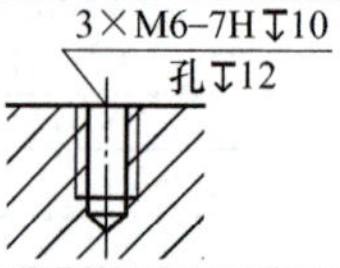 3×M6–7H↧10 孔↧12	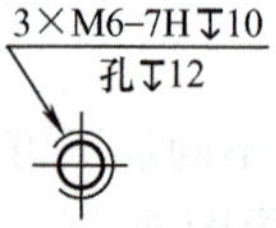 3×M6–7H↧10 孔↧12	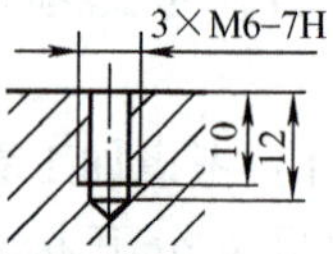 3×M6–7H 10 12
6	沉孔	锥形沉孔	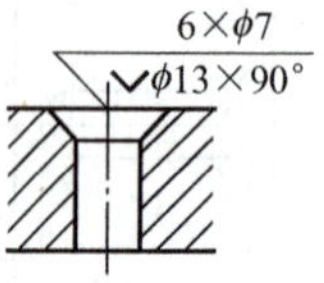 6×ϕ7 ⌵ϕ13×90°	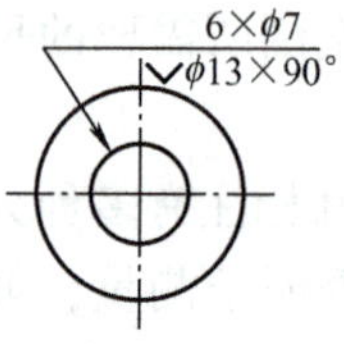 6×ϕ7 ⌵ϕ13×90°	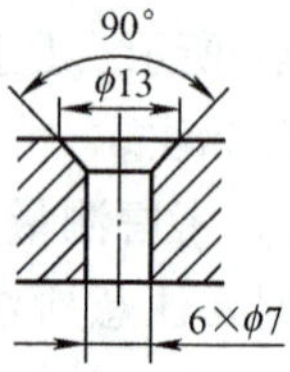 90° ϕ13 6×ϕ7
7		柱形沉孔	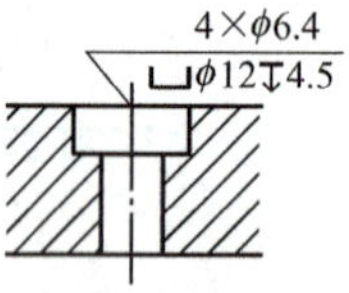 4×ϕ6.4 ⌴ϕ12↧4.5	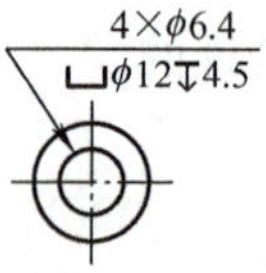 4×ϕ6.4 ⌴ϕ12↧4.5	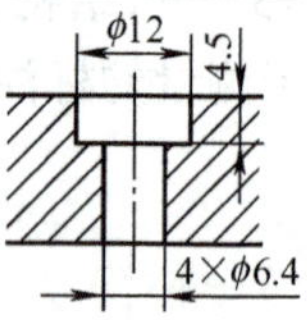 ϕ12 4.5 4×ϕ6.4
8		锪平孔	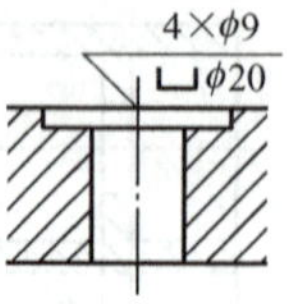 4×ϕ9 ⌴ϕ20	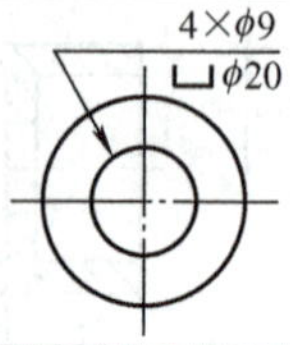 4×ϕ9 ⌴ϕ20	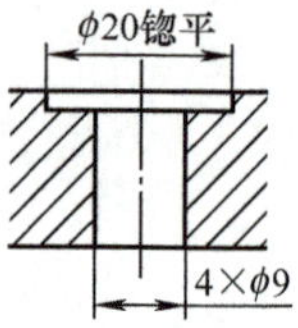 ϕ20锪平 4×ϕ9

4.2.3 零件的工艺结构

1. 铸造工艺结构

（1）起模斜度　用铸造方法制造零件的毛坯时，为了便于将木模从砂型中取出，一般沿木模起模的方向做成约1∶20的斜度，叫作起模斜度。因而铸件上也有相应的斜度，如图4-44a所示。这种斜度在图上可以不标注，也可不画出，如图4-44b所示。必要时，可在技术要求中注明。

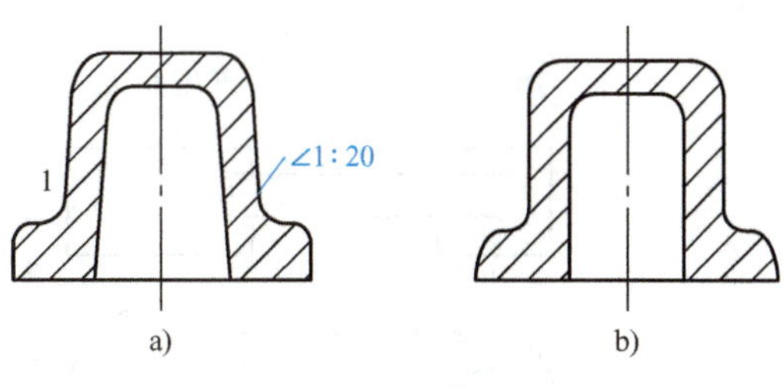

图4-44 起模斜度

（2）铸造圆角 在铸件毛坯各表面的相交处，都有铸造圆角，如图4-45所示。这样既便于起模，又能防止在浇注时铁液将砂型转角处冲坏，还可避免铸件在冷却时产生裂纹或缩孔。铸造圆角半径一般取3～5mm，或取壁厚的0.2～0.4倍，在图上一般不注出，而写在技术要求中。铸件毛坯底面（作安装面）常需经铣削加工，这时铸造圆角被削平，如图4-45所示。

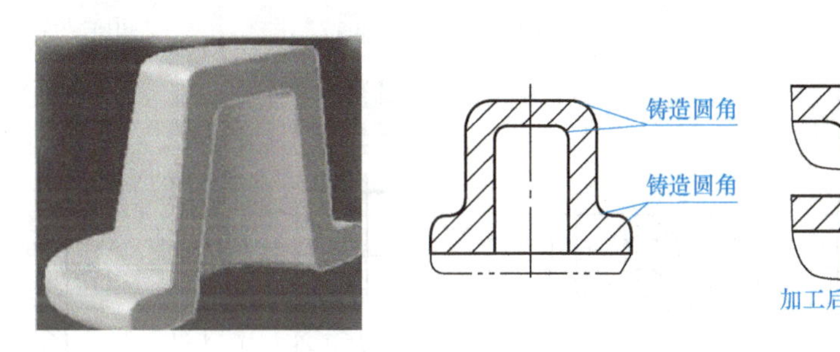

图4-45 铸造圆角

（3）过渡线 铸件及锻件两表面相交时，表面交线因圆角而使其模糊不清，如图4-46所示，为了方便读图，画图时两表面交线用细实线按原位置画出，但交线的两端空出不与轮廓线的圆角相交，此交线称为过渡线。

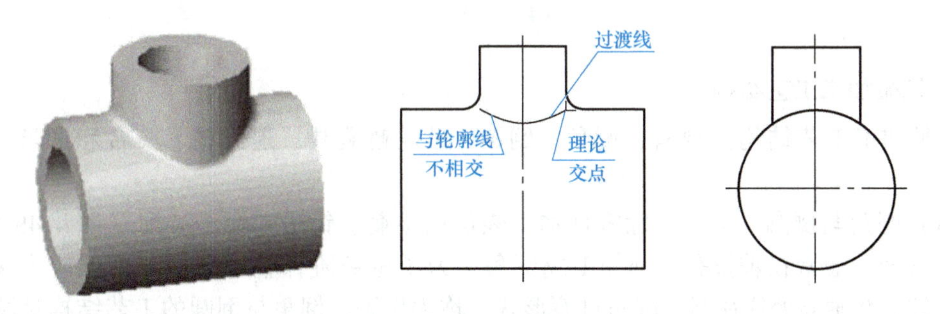

图4-46 过渡线及其画法

过渡线的画法与相贯线画法基本相同，过渡线用细实线绘制，两端与其他轮廓线断开，应留有空隙，表面相切时不画过渡线。图4-47所示是常见的几种过渡线的画法。

（4）铸件壁厚 铸件壁厚设计得是否合理，对铸件质量有很大的影响。铸件的壁越厚，冷却得越慢，越容易产生缩孔；壁厚变化不均匀，在突变处易产生裂纹，如图4-48b所示。同一铸件壁厚相差一般不得超过2倍。在图4-48中，图4-48a、c结构合理，图4-48b、d结构不合理，即铸件壁厚要均匀，避免突然变厚或局部肥大。

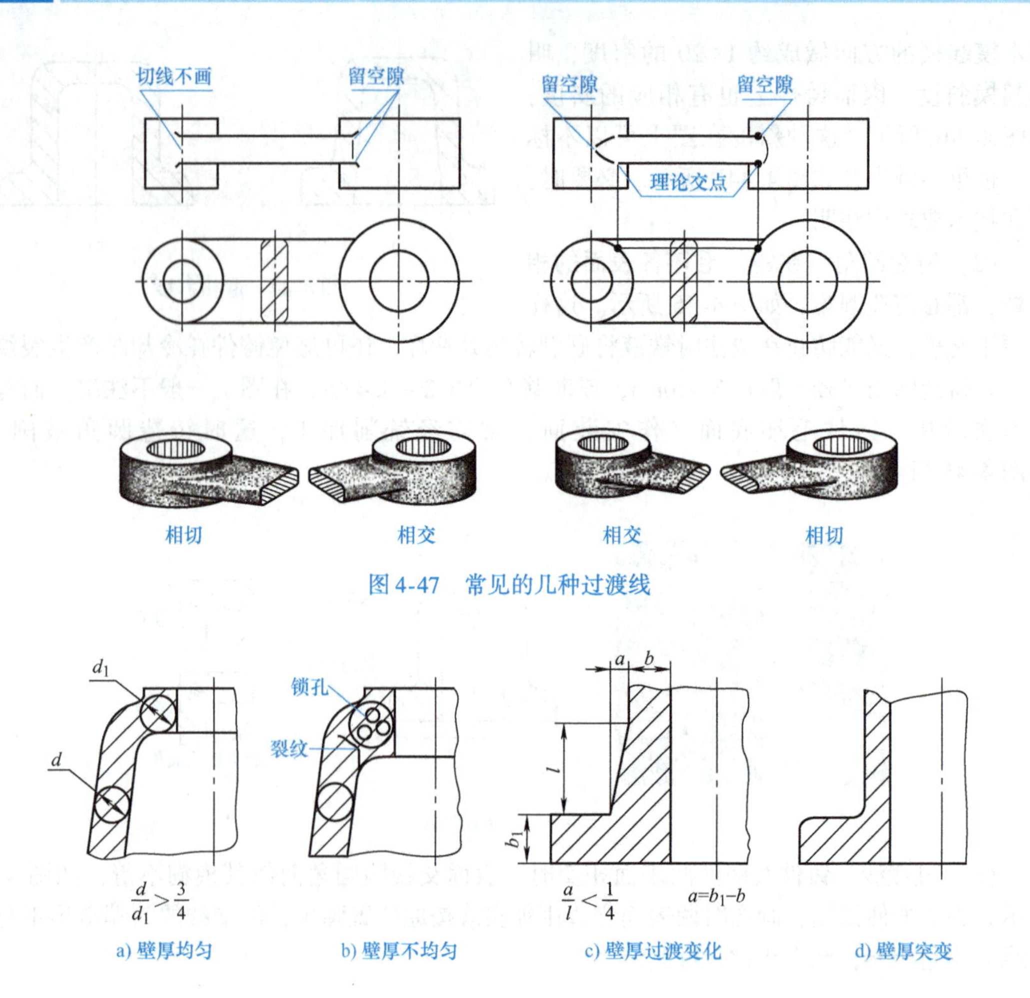

图 4-47 常见的几种过渡线

图 4-48 铸件壁厚

2. 机械加工工艺结构

机械加工工艺结构主要有：倒角、倒圆、砂轮越程槽、退刀槽、凸台和凹坑、中心孔等。

(1) 倒角与倒圆 为了去除零件加工表面的毛刺、锐边和便于装配（图 4-49 所示）及操作安全，通常在轴及孔端部加工成倒角。为了避免阶梯轴轴肩的根部因应力集中而产生裂纹，在轴肩处往往制成圆角过渡形式，称为倒圆。倒角与倒圆的工艺结构见图 4-50 所示。

注意：45°倒角应在倒角轴向尺寸数字前加注符号“*C*”，而非 45°倒角的尺寸必须分别注出轴向尺寸和角度尺寸。

(2) 退刀槽和砂轮越程槽 零件在车削加工中（特别是在车螺纹和磨削时），为了便于退出刀具或使被加工表面完全加工，常常在零件的待加工面的末端，加工出退刀槽或砂轮越程槽，如图 4-51 所示。具体尺寸与构造可查阅有关标准和设计手册。

退刀槽和砂轮越程槽常见的三种尺寸标注如图 4-52 所示，b 是退刀槽或砂轮越程槽的宽度；ϕ 是退刀槽或砂轮越程槽的直径；h 是退刀槽或砂轮越程槽的深度。

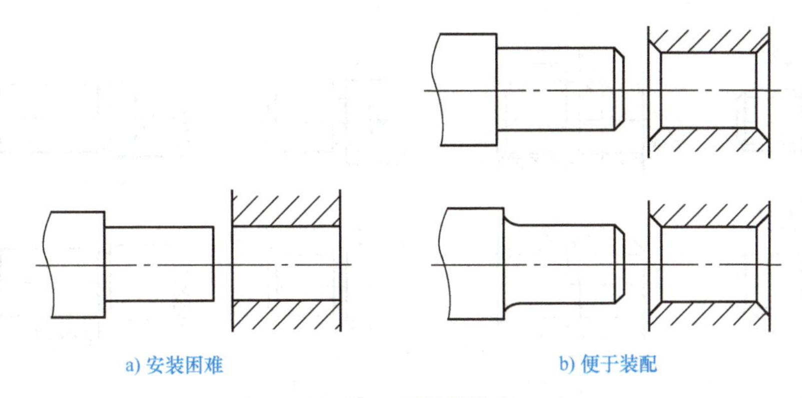

图 4-49　零件的装配

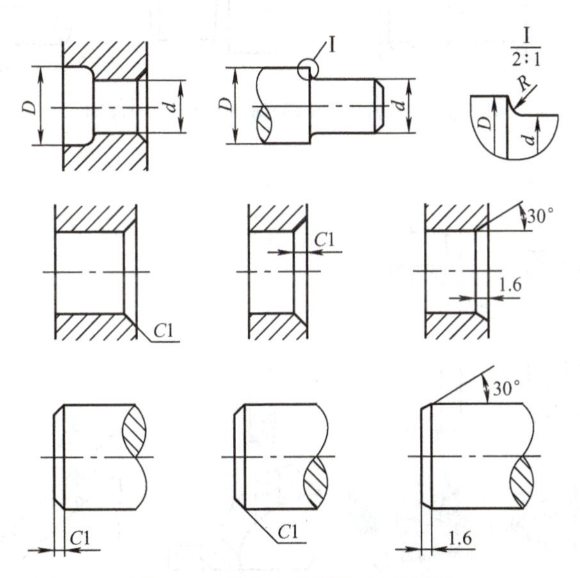

图 4-50　倒角与倒圆的工艺结构

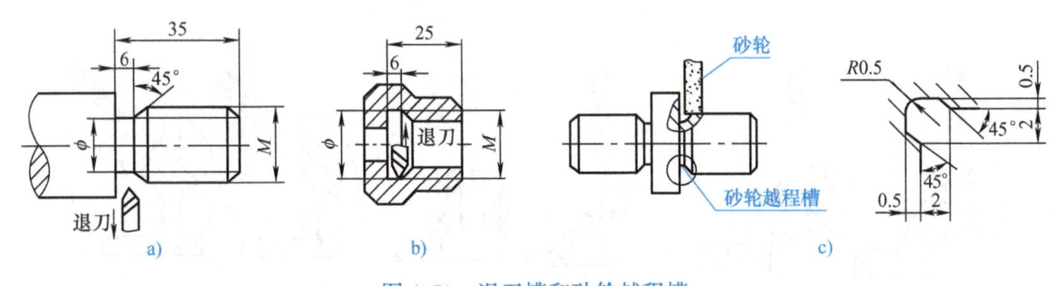

图 4-51　退刀槽和砂轮越程槽

（3）凸台和凹坑　为使配合面接触良好，并减少切削加工面积，应将接触部位制成凸台或凹坑（图 4-53）等结构。

（4）钻孔结构　钻孔时，为保证孔的质量，钻头的轴线应与被加工表面垂直。否则，如图 4-54 所示，会使钻头折弯，甚至折断。当被加工面倾斜时，可设置凹坑或凸台，如图 4-55 所示；钻头钻透时的结构，要考虑到不使钻头单边受力，如图 4-56 所示。

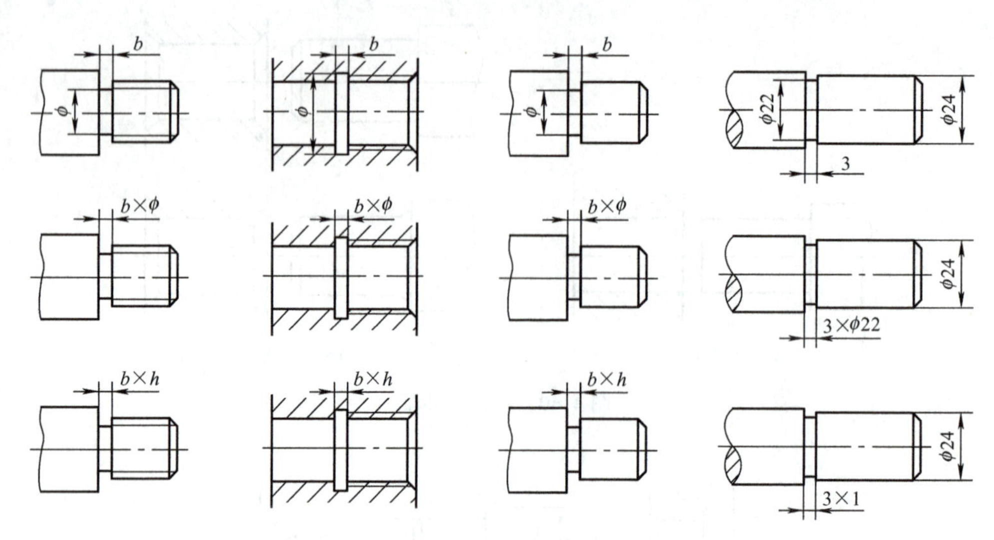

图 4-52　退刀槽和砂轮越程槽的尺寸标注

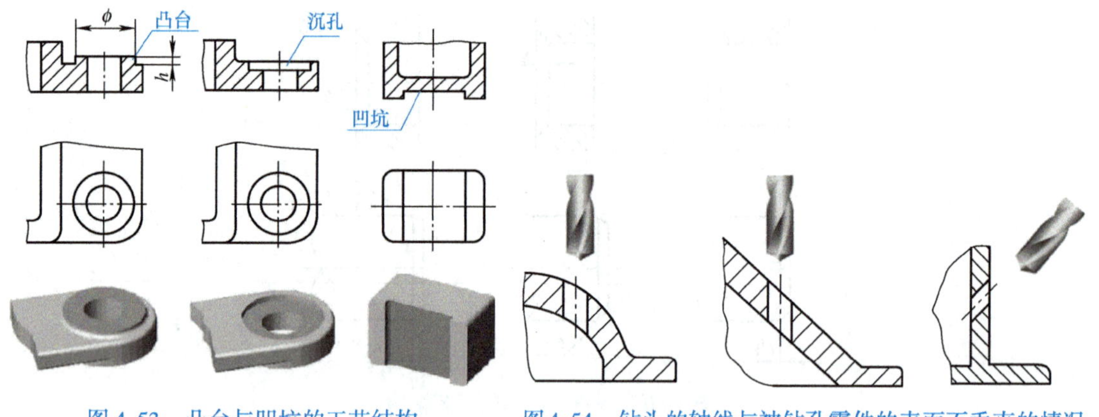

图 4-53　凸台与凹坑的工艺结构

图 4-54　钻头的轴线与被钻孔零件的表面不垂直的情况

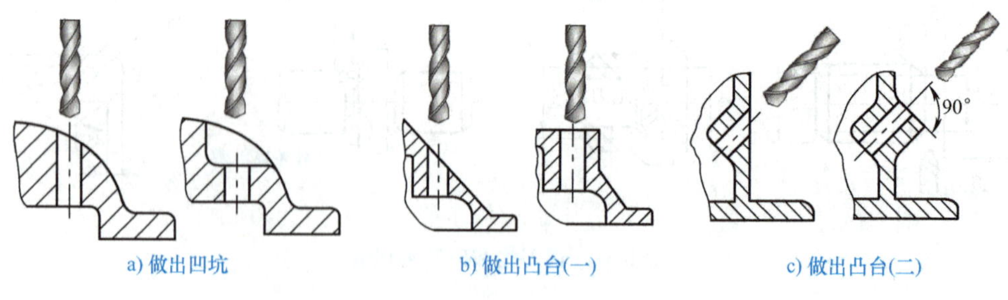

图 4-55　钻孔结构

由于钻头的头部为 120°的锥角，所以用钻头钻不通孔时，在底部有一个 120°的锥角，如图 4-57a 所示；在阶梯形钻孔的过渡处，也存在锥角为 120°的圆台，如图 4-57b 所示。钻孔深度指的是圆柱部分的深度，不包括锥角。

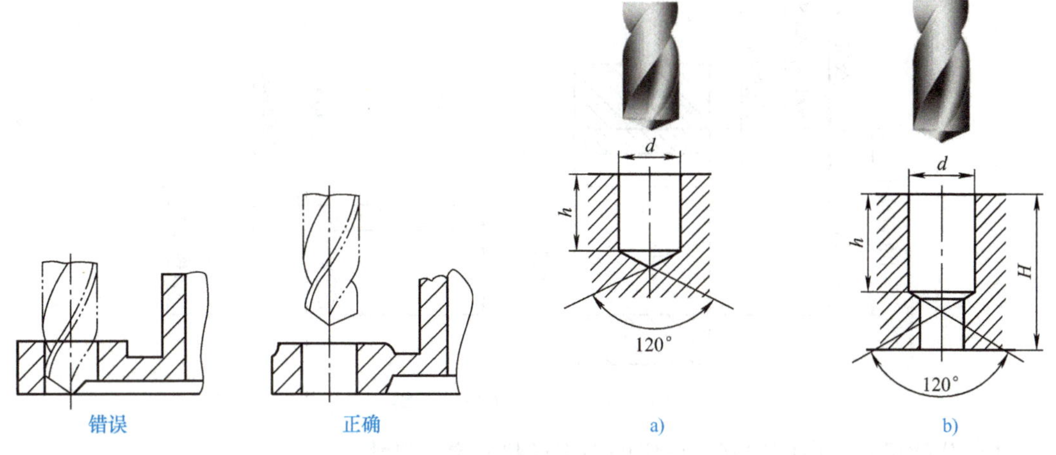

图4-56　钻孔时避免钻头单边受力

图4-57　钻孔锥角

4.3　零件的技术要求

知识目标：

1. 了解什么是互换性。
2. 掌握极限与配合、表面粗糙度、几何公差的基本概念。

技能目标：

1. 会查表确定公差数值。
2. 会根据零件用途确定公差等级和表面粗糙度数值。
3. 会标注公差及表面粗糙度。

4.3.1　极限与配合

1. 互换性和公差

所谓零件的互换性，就是在一批相同的零件中任取一个，不需修配便可装配到机器上，并能满足使用要求的性质。零部件具有互换性，不但给装配、修理机器带来方便，还可用专用设备生产，提高产品数量和质量，同时降低产品的成本。要满足零件的互换性，就要求有配合关系的尺寸在一个允许的范围内变动，并且在制造上又是经济合理的。

极限与配合制度是实现互换性的重要基础。

2. 基本术语

在加工过程中，不可能把零件的尺寸做得绝对准确。为了保证互换性，必须将零件尺寸的加工误差限制在一定的范围内，规定出加工尺寸的可变动量，这种允许的尺寸变动量称为尺寸公差，简称公差。有关公差的一些常用术语如图4-58所示。

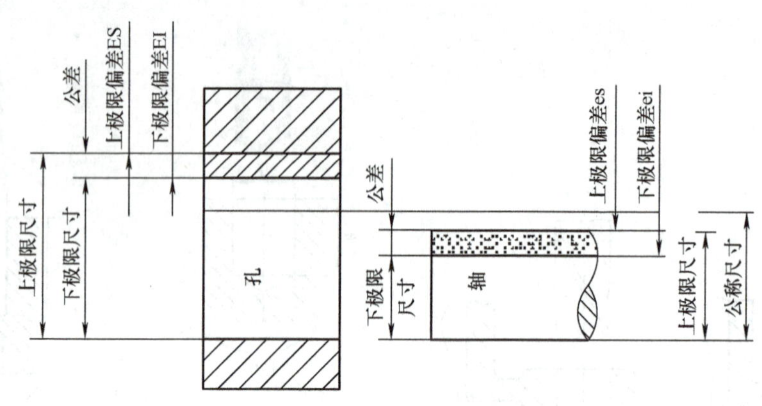

图 4-58　尺寸公差术语图解

（1）公称尺寸　由图样规范确定的理想形状要素的尺寸。

（2）实际尺寸　通过测量所得到的尺寸。

（3）极限尺寸　尺寸要素允许的两个极端。它以公称尺寸为基数来确定。两个极限尺寸中较大的一个称为上极限尺寸，较小的一个称为下极限尺寸。

（4）尺寸偏差（简称偏差）　某一尺寸减其公称尺寸所得的代数差。尺寸偏差有：

上极限偏差 = 上极限尺寸 − 公称尺寸

下极限偏差 = 下极限尺寸 − 公称尺寸

上、下极限偏差统称极限偏差。上、下极限偏差可以是正值、负值或零。

国家标准规定：孔的上极限偏差代号为 ES，孔的下极限偏差代号为 EI；轴的上极限偏差代号为 es，轴的下极限偏差代号为 ei。

（5）尺寸公差（简称公差）　上极限尺寸减下极限尺寸之差，或上极限偏差减下极限偏差。它是允许尺寸的变动量。

尺寸公差 = 上极限尺寸 − 下极限尺寸 = 上极限偏差 − 下极限偏差

因为上极限尺寸总是大于下极限尺寸，所以尺寸公差一定为正值。

（6）公差带和零线　由代表上极限偏差和下极限偏差或上极限尺寸和下极限尺寸的两条直线所限定的一个区域称为公差带。为了便于分析，一般将尺寸公差与公称尺寸的关系，按放大比例画成简图，称为公差带图。在公差带图中，确定偏差的一条基准直线，称为零偏差线，简称零线，通常零线表示公称尺寸，如图 4-59 所示。

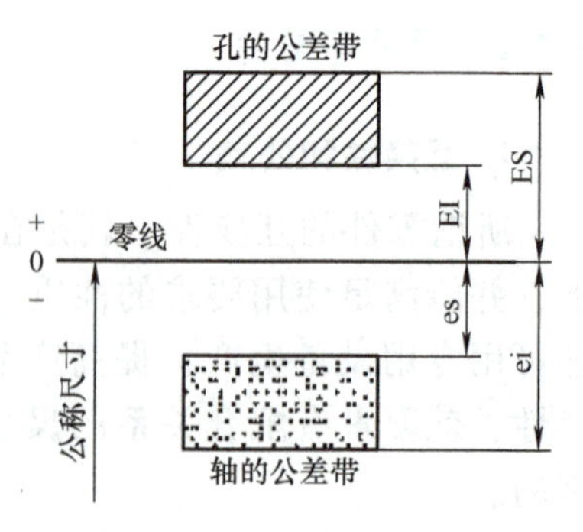

图 4-59　公差带图

（7）标准公差　国家标准将公差等级分为 20 级：IT01、IT0、IT1 ~ IT18。“IT” 表示标准公差，公差等级的代号用阿拉伯数字表示。IT01 ~ IT18，精度等级依次降低。标准公差等级数值可查有关技术标准。

（8）基本偏差　用以确定公差带相对零线位置的上极限偏差或下极限偏差。一般是指靠近零线的那个偏差。

根据实际需要，国家标准分别对孔和轴各规定了 28 个不同的基本偏差，用字母或字母组合表示，孔的基本偏差代号用大写字母表示，轴的基本偏差代号用小写字母表示。基本偏差系列如图4-60所示。轴和孔的基本偏差数值见本书附录。

从图4-60可知：公差带位于零线之上，基本偏差为下极限偏差；公差带位于零线之下，基本偏差为上极限偏差。

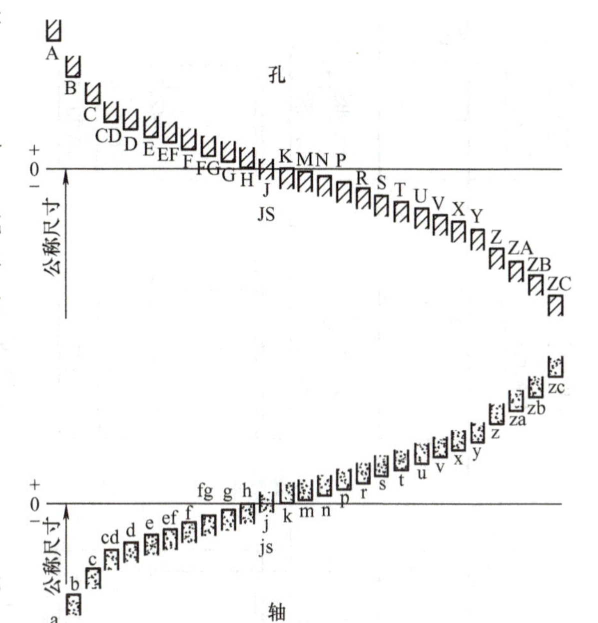

图4-60　基本偏差系列图

(9) 孔、轴的公差带代号　公差带代号由基本偏差与公差等级代号组成，并且要用同一号字母和数字书写。例如ϕ50H8的含义是：

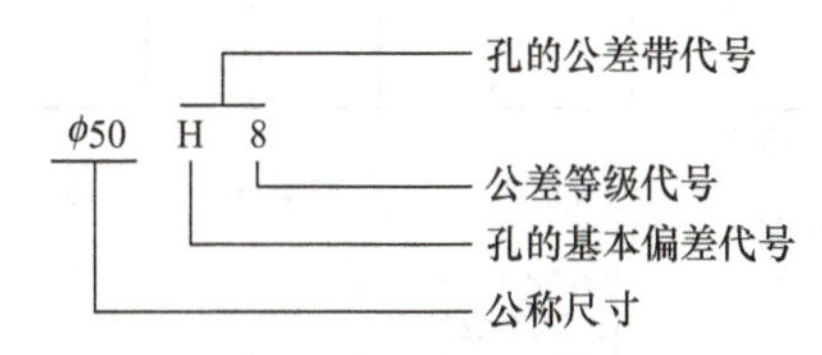

即：公称尺寸为ϕ50，公差等级为8级、基本偏差为H的孔的公差带。

又如ϕ50f8的含义是：

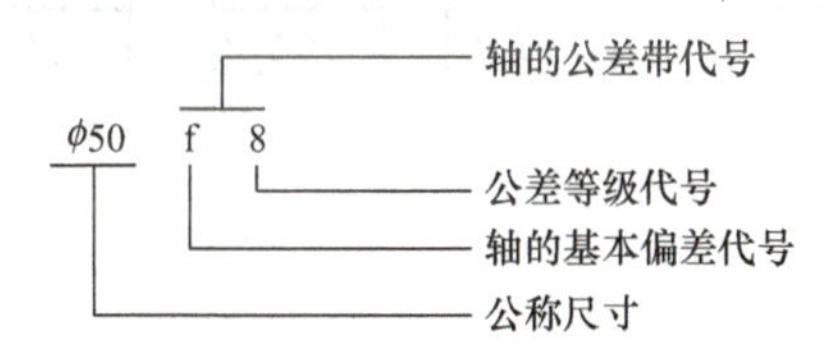

即：公称尺寸为ϕ50，公差等级为8级、基本偏差为f的轴的公差带。

3. 配合类别

公称尺寸相同并且相互结合的轴和孔公差带之间的关系称为配合。按配合性质不同可分为间隙配合、过盈配合和过渡配合，如图4-61所示。

4. 配合制

为了统一基准件的极限偏差，从而达到减少零件加工定值刀具和量具的规格数量，国家标准规定了两种配合制度：基孔制和基轴制，如图4-62所示。

5. 公差尺寸的标注

在零件图中带有公差的尺寸（注公差尺寸）有三种标注形式，即在公称尺寸之后只标注上、下极限偏差；只标注公差带代号；既标注公差带代号，又标注上、下极限偏差，但偏差用括号括起来。在装配图上一般只标注配合代号，配合代号用分数表示，分子为孔的公差带代号，分母为轴的公差带代号，如图4-63所示。

4.3.2　表面粗糙度

在零件图中，根据零件的功能需要，对零件的表面质量提出要求，包括表面粗糙度、表面波纹度、表面纹理、表面缺陷和表面几何形状，本节只介绍表面粗糙度。

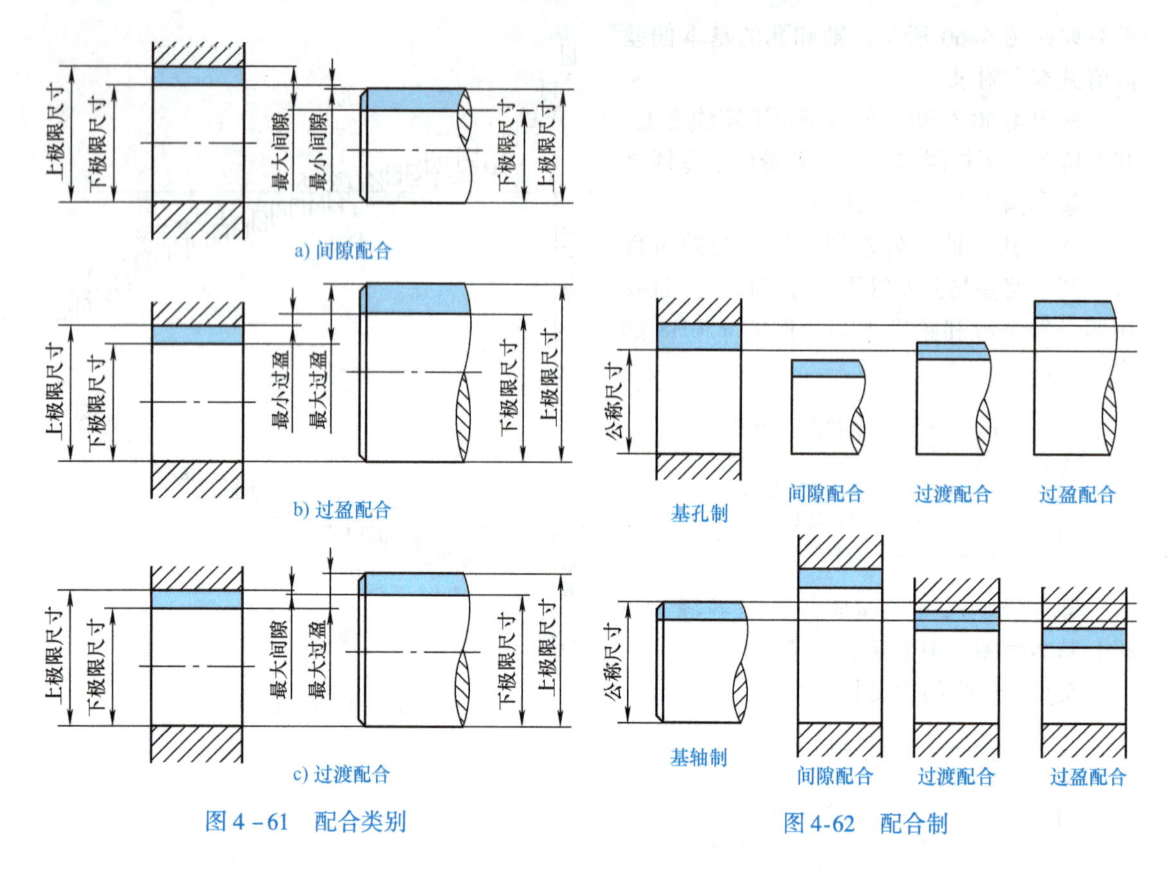

图 4－61　配合类别　　图 4-62　配合制

1. 表面粗糙度的概念

零件在加工过程中，受刀具的形状和刀具与工件之间的摩擦、机床的振动及零件金属表面的塑性变形等因素，表面不可能绝对光滑，如图 4-64a 所示。零件加工表面上具有较小间距的峰谷所组成的微观几何形状特征称为表面粗糙度。一般来说，不同的表面粗糙度是由不同的加工方法形成的。表面粗糙度是评定零件表面质量的一项重要的指标，降低零件表面粗糙度可以提高表面耐蚀性、耐磨性和抗疲劳等能力，但其加工成本也相应提高。因此，零件表面粗糙度的选择原则是：在满足零件表面功能的前提下，表面粗糙度允许值尽可能大一些。

表面粗糙度是以参数值的大小来评定的，目前在生产中评定零件表面粗糙度的主要参数是轮廓算术平均偏差。它是在取样长度内，被测实际轮廓上各点至轮廓中线距离绝对值的平均值，用 *Ra* 表示，如图 4-64b 所示。用公式可表示为

$$Ra = \frac{1}{l_r}\int_0^{l_r} |Z(x)| \mathrm{d}x$$

国家标准对 *Ra*（μm）的数值作了规定。表 4-2 和表 4-3 分别列出常用 *Ra* 值及表面结构代号和意义。

表 4-2　轮廓算术平均偏差 *Ra* 系列值数值　（单位：μm）

0.012	0.025	0.050	0.10	0.20	0.40	0.80
1.60	3.2	6.3	12.5	25.0	50.0	100

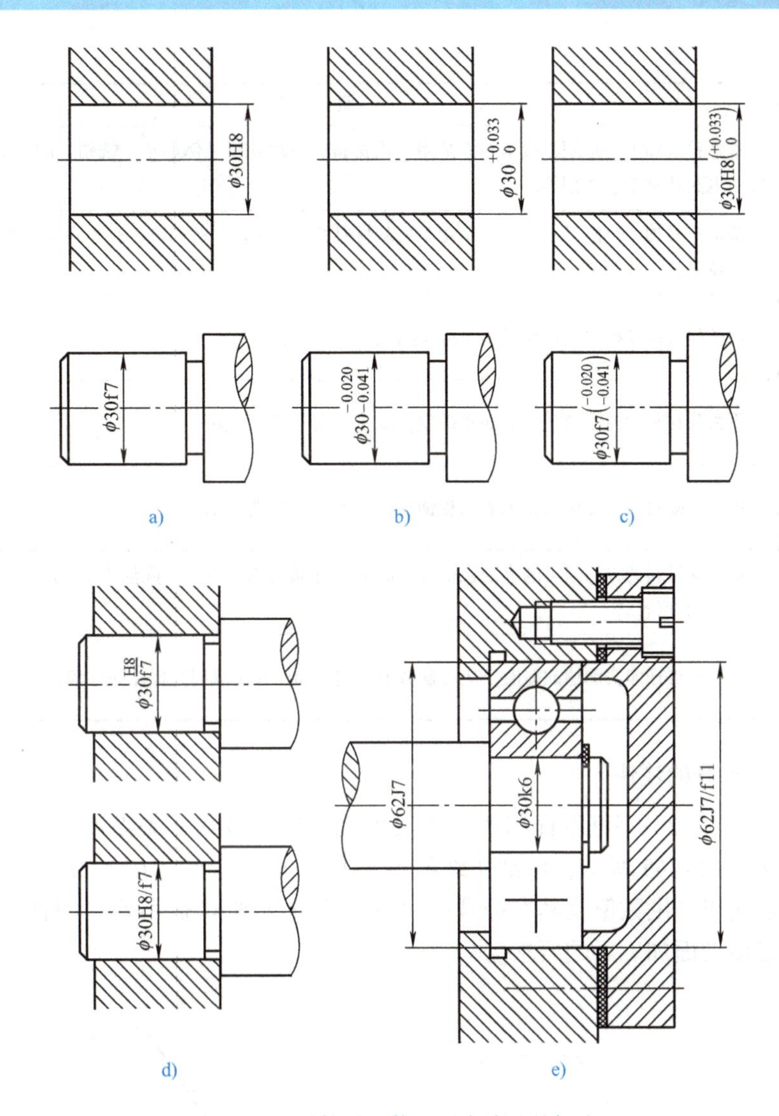

图 4-63　零件图及装配图中公差的标注

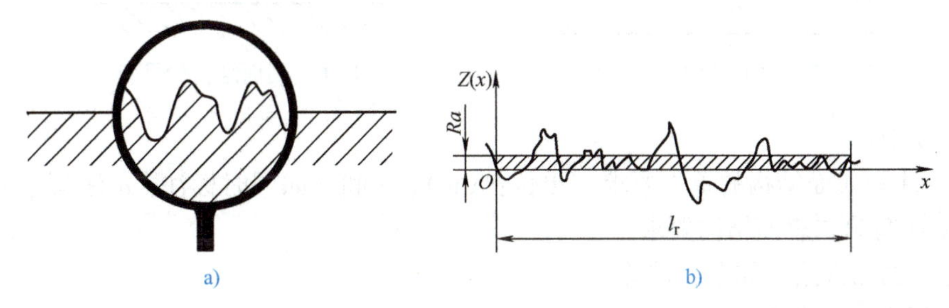

图 4-64　表面粗糙度

表 4-3　表面结构代号和意义

代号	意　　义
√	基本符号，表示表面可用任何方法获得。当不加注表面粗糙度参数值或有关说明（例如表面处理、局部热处理情况等）时，仅适用于简化代号标注

（续）

代号	意　义
√（加短划）	基本符号加上一短划，表示表面是用去除材料的方法获得，例如车、铣钻、磨、剪切、抛光、腐蚀、电火花加工、气割等
√（加小圆）	基本符号加一小圆，表示表面是用不去除材料的方法获得，例如铸、锻、冲压变形、抛光、腐蚀、电火花加工、气割等
√Ra 3.2	用任何方法获得的表面粗糙度，*Ra* 的上限值为 3.2μm
√Ra 3.2（加短划）	用去除材料的方法获得的表面粗糙度，*Ra* 的上限值为 3.2μm
√Ra 3.2（加小圆）	用不去除材料的方法获得的表面粗糙度，*Ra* 的上限值为 3.2μm
U Ra 3.2 L Ra 1.6	用去除材料的方法获得的表面粗糙度，*Ra* 的上限值为 3.2μm，下限值为 1.6μm，在不至引起误解时，U、L 可省略
Ra max 3.2	当不允许任何实测值超差时，应在参数值的左侧加注 max 或同时标注 max 和 min

2. 表面结构代号的注法

（1）表面结构代号　零件表面结构代号是由规定的符号和有关参数组成的。零件表面结构符号的画法如图 4-65 所示，用细实线绘制，其中 $H_1 \approx 1.4h$，$H_2 \approx 2H_1$，h 为零件图中字体的高度。表面粗糙度数值及其在符号中注写的位置如图 4-66 所示。图样上所注的表面粗糙度代号应是该表面加工后的要求。

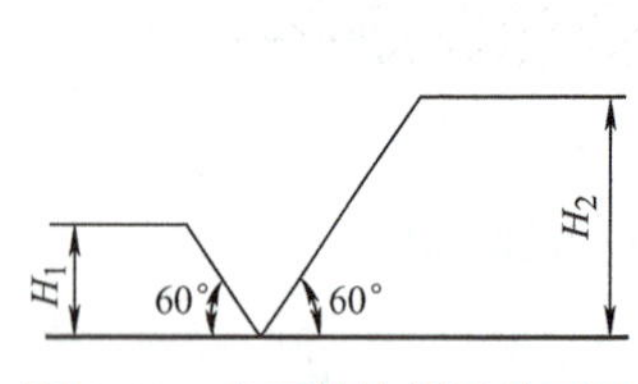

图 4-65　表面结构符号的画法

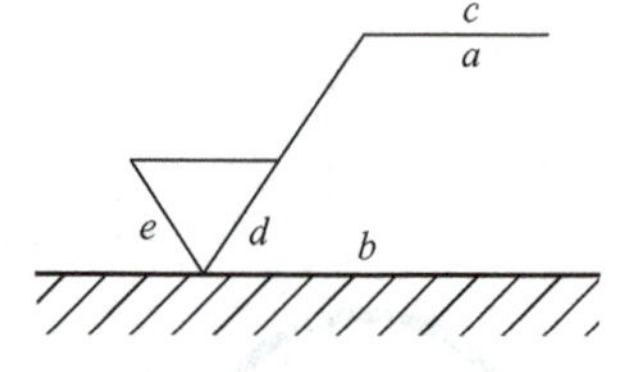

图 4-66　表面结构代号及标注

图 4-66 中：

a、*b*：注写表面结构的单一要求（单位：μm）；*a* 和 *b* 如同时标注，*a* 注写第一表面结构要求，*b* 注写第二表面结构要求；

c：注写加工方法，如车、铣等；

d：注写表面纹理方向，如 =、×、*M* 等；

e：注写加工余量（单位：mm）。

（2）表面结构代号在图样上的标注方法

1）标注法则。

① 在同一图样上，每一表面只标注一次符号、代号，并应标注在可见轮廓线、尺寸线、尺寸界线或它们的延长线上。

② 符号的尖角必须从材料外指向标注表面。

③ 在图样上表面粗糙度代号中，数字的大小和方向必须与图中的尺寸数值的大小和方向一致。

④ 如果零件多数（包括全部）表面有相同的表面结构要求时，其表面结构要求可统一标注在标题栏附近。此时，表面结构要求的符号后面应有：在圆括号内给出无任何其他标注的基本符号，不同的表面结构要求仍应直接标注在图形中，如图4-67所示。

2）表面结构代号标注方法示例如图4-68所示。

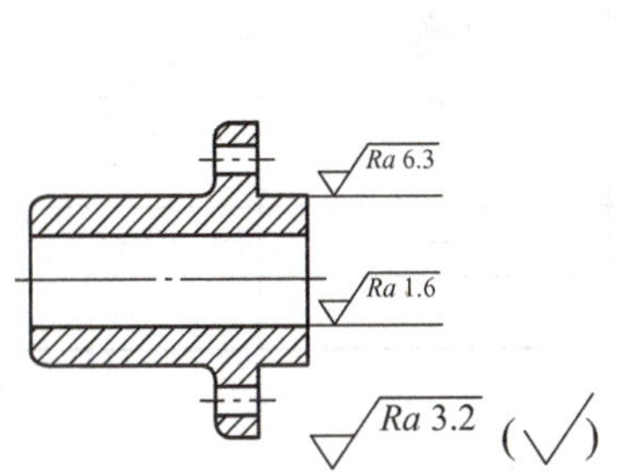

图4-67　大部分表面结构代号有相同要求的简化标注示例

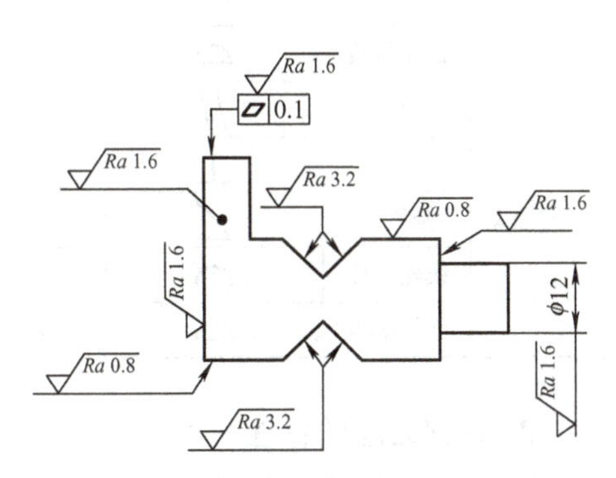

图4-68　表面结构代号标注方法示例

4.3.3　几何公差

评定零件的质量的因素是多方面的，不仅零件的尺寸影响零件的质量，零件的几何形状和结构的位置也大大影响零件的质量。

1. 几何公差的基本概念

零件的几何公差是指形状公差、方向公差、位置公差和跳动公差。图4-69a所示为一理想形状的销轴，而加工后的实际形状则是轴线变弯了，如图4-69b所示，因而产生了直线度误差（形状误差）。

又如，图4-70a所示为一要求严格的四棱柱，加工后的实际位置却是上表面倾斜了，如图4-70b所示，因而产生了平行度误差（方向误差）。

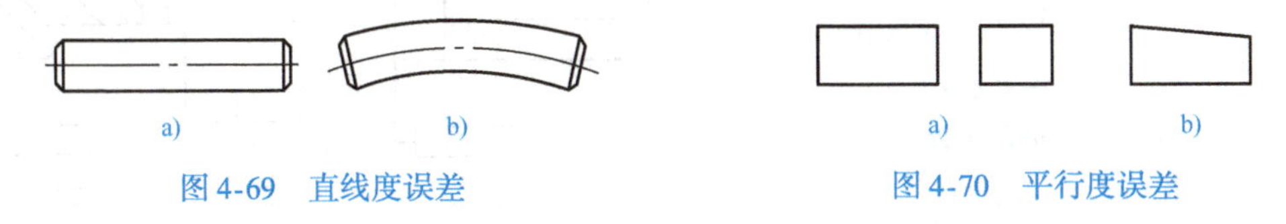

图4-69　直线度误差　　图4-70　平行度误差

如果零件存在严重的几何误差，将给装配造成困难，影响机器的质量，因此，对于精度要求较高的零件，除给出尺寸公差外，还应根据设计要求，合理地确定出几何公差的最大允许值。

2. 几何公差的几何特征和符号

GB/T 1182—2008《产品几何技术规范（GPS）几何公差形状、方向、位置和跳动公差标注》规定，几何公差的几何特征、符号共分为19项，即形状公差6项、方向公差5项、位置公差6项、跳动公差2项，见表4-4。

表 4-4 几何公差的分类、几何特征及符号（摘自 GB/T 1182—2008）

公差类型	几何特征	符号	有无基准	公差类型	几何特征	符号	有无基准
形状公差	直线度	—	无	位置公差	位置度	⌖	有或无
	平面度	▱	无		同心度（用于中心点）	◎	有
	圆度	○	无		同轴度（用于轴线）	◎	有
	圆柱度	⌭	无		对称度	⌯	有
	线轮廓度	⌒	无		线轮廓度	⌒	有
	面轮廓度	⌓	无		面轮廓度	⌓	有
方向公差	平行度	//	有	跳动公差	圆跳动	↗	有
	垂直度	⊥	有		全跳动	⌰	有
	倾斜度	∠	有	—	—	—	—
	线轮廓度	⌒	有	—	—	—	—
	面轮廓度	⌓	有	—	—	—	—

3. 几何公差的标注

（1）公差框格　公差框格用细实线画出，框格高度是图样中尺寸数字高度的两倍，它的长度视需要而定。框格中的数字、字母、符号与图样中的数字等高。图 4-71 给出了方向公差和位置公差的框格形式。用带箭头的指引线将被测要素与公差框格一端相连。

（2）被测要素　用带箭头的指引线将被测要素与公差框格一端相连，指引线箭头指向公差带的宽度方向或直径方面。指引线箭头所指部位可有：

1）当被测要素为轴线、球心或中心平面时，指引线箭头应与该要素的尺寸线对齐，如图 4-72a 所示。

2）当被测要素为线或表面时，指引线箭头应指在该要素的轮廓线或其引出线上，并应明显地与尺寸线错开，如图 4-72b 所示。

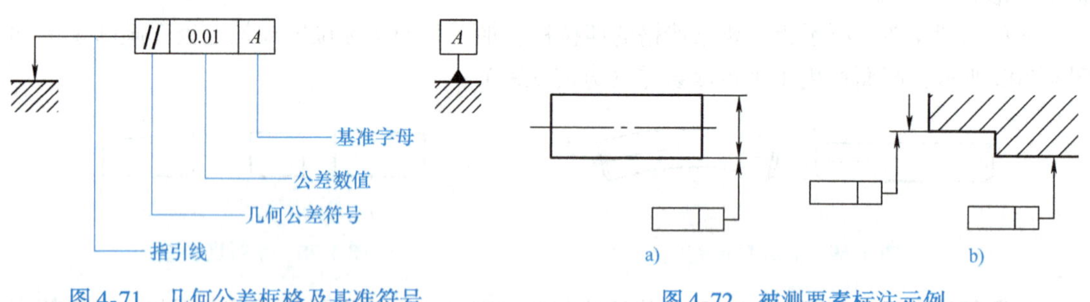

图 4-71　几何公差框格及基准符号　　图 4-72　被测要素标注示例

（3）基准要素　基准符号的画法如图 4-71 所示，无论基准符号在图中的方向如何，细实线方框内的字母一律水平书写。

1）当基准要素为素线或表面时，基准符号应靠近该要素的轮廓线或引出线标注，并应明显地与尺寸线箭头错开，如图 4-73a 所示。

2）当基准要素为轴线、球心或中心平面时，基准符号应与该要素的尺寸线箭头对齐，如图 4-73b 所示。

4. 零件图上标注几何公差的实例

零件图上标注几何公差的实例如图 4-74 和图 4-75 所示。

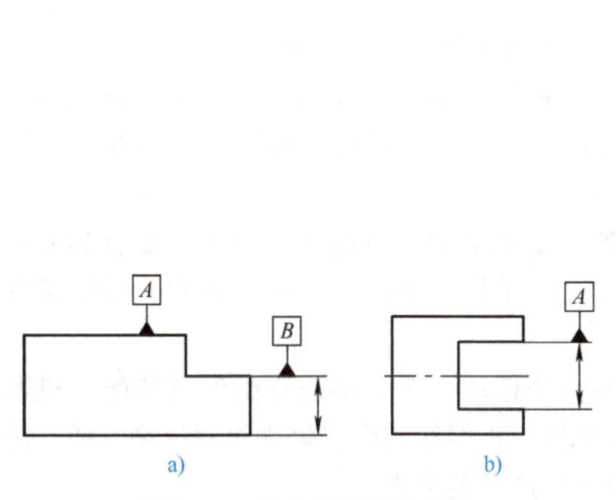

图 4-73　基准要素标注示例

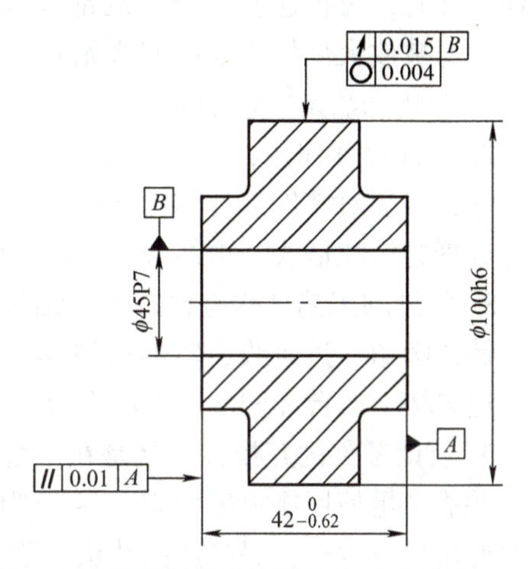

图 4-74　零件图上标注几何公差的实例（一）

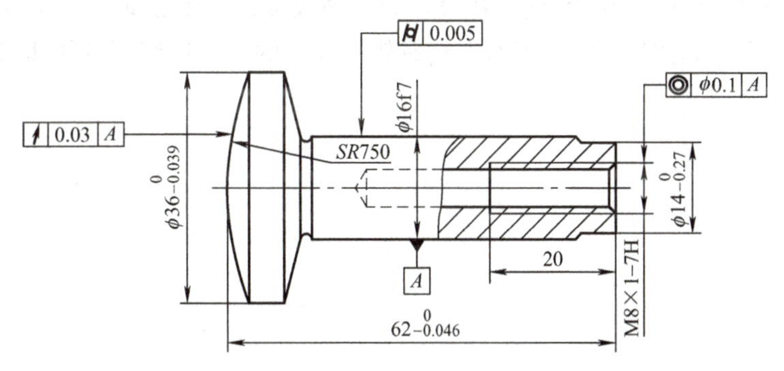

图 4-75　零件图上标注几何公差的实例（二）

本 章 小 结

本章着重学习了关于零件的基本表达方法、零件图的尺寸标注方法与常见工艺结构、零件表面的技术要求等，为后续章节识读和绘制零件图、装配图做准备。

1. 视图可用来表达零件的外部结构形状。视图包括：基本视图、向视图、局部视图和斜视图。其中基本视图包括：主视图、俯视图、左视图、右视图、仰视图、后视图。

2. 六个基本视图之间投影规律

主、俯、仰、后：长对正；

主、左、右、后：高平齐；

俯、左、仰、右：宽相等。

3. 按剖切范围的大小，剖视图可分为全剖视图、半剖视图、局部剖视图。按剖切面的种类和数量，剖视图可分为阶梯剖视图、旋转剖视图、斜剖视图和复合剖视图。

4. 断面图仅画出零件断面的图形，而剖视图则要画出剖切平面以后的所有部分的投影。

断面图分为移出断面图和重合断面图两种。

5. 局部放大图用来表达零件上某些细小结构，因其在视图中无法表达清楚，或不便于标注尺寸时，可将这些部分用局部放大图来处理。局部放大图可画成视图、剖视图、断面图，它与被放大部位的表达方法无关。

6. 简化画法是指包括规定画法、省略画法、示意画法等在内的图示方法。

7. 零件尺寸标注，不但要标注得正确、完整、清晰，而且必须标注得合理。合理地标注尺寸，必须对零件进行结构分析、形体分析和工艺分析，根据分析先确定尺寸基准，然后选择合理的标注形式，再结合零件的具体情况标注尺寸。

8. 常见的工艺结构有铸造工艺结构和机械加工工艺结构。铸造工艺结构主要有起模斜度、铸造圆角、过渡线、铸件壁厚等。机械加工工艺结构主要有：倒角、倒圆、砂轮越程槽、退刀槽、凸台和凹坑、中心孔等。

9. 所谓零件的互换性，就是在一批相同的零件中任取一个，不需修配便可装配到机器上，并能满足使用要求的性质。零、部件具有互换性，不但给装配、修理机器带来方便，还可用专用设备生产，提高产品数量和质量，同时降低产品的成本。

10. 极限与配合，按配合性质不同可分为间隙配合、过盈配合和过渡配合。

11. 零件的表面质量，包括表面粗糙度、表面波纹度、表面纹理、表面缺陷和表面几何形状。表面粗糙度是表示零件加工表面上具有较小间距的峰谷所组成的微观几何形状特征。

第 5 章　轴套类零件图绘制与识读

本章学习目标

了解轴套类零件结构特点，掌握轴套类零件图识读及绘制方法，会识读轴套类零件图。

通过轴的尺寸标注的学习，能够站在他人的角度思考问题。

5.1　轴套类零件图识读

知识目标：

1. 掌握轴套类零件的结构特点。
2. 掌握轴套类零件图的读图方法。

技能目标：

学会读轴套类零件图。

轴套类零件的结构通常比较简单，主体为回转类结构，径向尺寸小，轴向尺寸大。轴套类零件可细分为轴类和套类，这两类零件在机器中都是经常遇到的典型零件。

5.1.1　轴套类零件的结构特点

1. 轴类零件的结构特点

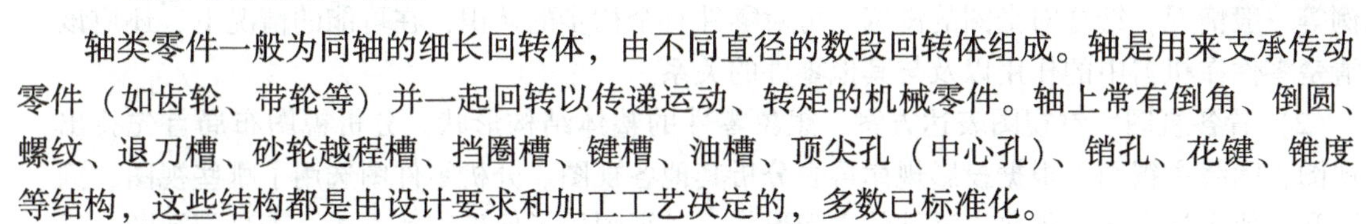

轴类零件一般为同轴的细长回转体，由不同直径的数段回转体组成。轴是用来支承传动零件（如齿轮、带轮等）并一起回转以传递运动、转矩的机械零件。轴上常有倒角、倒圆、螺纹、退刀槽、砂轮越程槽、挡圈槽、键槽、油槽、顶尖孔（中心孔）、销孔、花键、锥度等结构，这些结构都是由设计要求和加工工艺决定的，多数已标准化。

（1）轴的各部分结构名称

轴颈——由轴承支撑的轴段（装轴承的部位）；

轴头——支承传动零件的轴段（装旋转零件的部位）；

轴身——轴颈与轴头之间的轴段；

轴肩——截面发生变化的位置（可作轴向定位）。

（2）种类　按轴类零件结构形式不同，一般可分为光轴、阶梯轴和曲轴三类，如图 5-1 所示；按实体结构分为实心轴、空心轴等；按运动分为转轴和定轴。

2. 套类零件的结构特点

如图 5-2 所示，套类零件是一种应用范围很广的零件，主要由端面、外圆及内孔等组

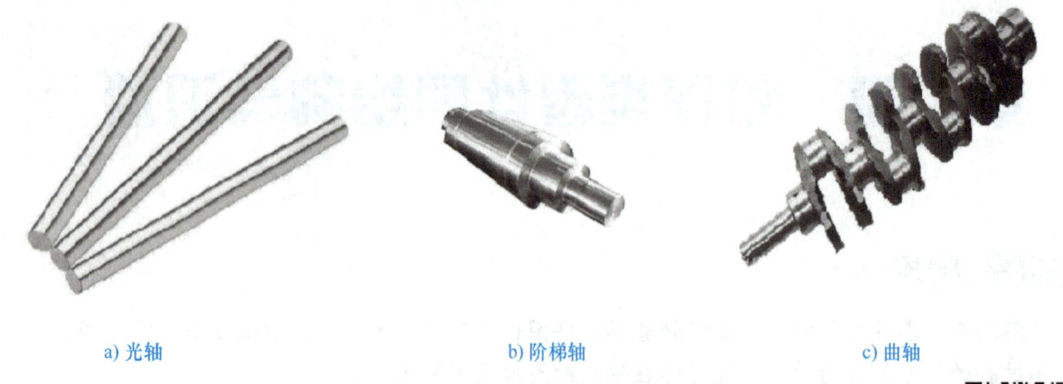

a) 光轴　　b) 阶梯轴　　c) 曲轴

图 5-1　轴的类型

成，内孔贯通，且壁厚较薄易产生变形，零件的高度（或者说是长度）尺寸大于外径尺寸。一般装在轴上或机体孔中，主要起支承、定位、导向和保护传动零件作用。

图 5-2　套类零件

5.1.2　零件图识读方法和步骤

在零件设计制造、机器安装、机器的使用和维修及技术革新、技术交流等工作中，常常要看零件图。看零件图的目的是为了弄清零件图所表达零件的结构形状，同时弄清楚零件在机器中的作用、尺寸类型、尺寸基准和技术要求等，以便制造零件时采用合理的加工和检验方法，从而加工出合格的零件。

读零件图的方法和步骤如下：

（1）看标题栏　看标题栏了解零件的概貌。由标题栏可了解零件的名称、材料、画图比例等一般情况，结合对全图的浏览，可对零件有个初步的认识，在可能的情况下，还应该搞清楚零件在机器中的作用以及与其他零件的关系。

（2）看各视图　看视图表达方案，想象零件的整体结构形状。分析视图布局首先找出主视图，围绕主视图，根据投影规律再去分析其他各视图。分析零件图选用了哪些视图、剖视图和其他表达方法，想象出零件的空间形状。各视图用了何种表达方法，若是剖视图，是从零件哪个位置剖切，用何种剖切面剖切，向哪个方向投射；若为向视图，是从哪个方向投射，表示零件的哪个部位。

用形体分析法分析各基本形体，想象出各部分的形状；对于投影关系较难理解的局部，要用线面分析法仔细分析，最后综合想象出零件的整体形状。分析时遵循的原则是：先看整体轮廓，后看细节结构；先看主要结构，后看次要结构；先看易确定、易懂的结构，后看较难确定和难懂的结构。

（3）看尺寸标注　看尺寸标注，明确各部位结构尺寸的大小。首先找出零件长、宽、高三个方向的尺寸基准，然后从基准出发，找出主要尺寸，再用形体分析法找出各部分的定形尺寸、定位尺寸，深入了解基准之间、尺寸之间的相互关系。在分析中要注意检查是否有多余和遗漏的尺寸、尺寸是否符合设计和工艺要求。

（4）看技术要求　看技术要求，全面掌握质量指标。分析零件的尺寸公差、几何公差、表面粗糙度和其他技术要求，弄清哪些尺寸要求高，哪些尺寸要求低，哪些表面要求高，哪些表面要求低，哪些表面不加工，以便进一步考虑相应的加工方法。

（5）综合考虑　把零件的结构形状、尺寸标注、工艺和技术要求等内容综合起来，就能了解零件的全貌，也就读懂了零件图。有时为了读懂一些较复杂的零件图，还要参考有关资料，全面掌握技术要求、制造方法和加工工艺，综合起来就能得出零件的总体概念。

必须指出，在看零件图的过程中，上述步骤不能把它们机械地分开，往往是交叉进行的。另外，对于较复杂的零件图，往往要参考有关技术资料，如装配图，相关零件的零件图及说明书等，才能完全看懂。对于有些表达不够理想的零件图，需要反复仔细地分析，才能看懂。

5.1.3 读轴零件图实例

阶梯轴如图5-3所示。

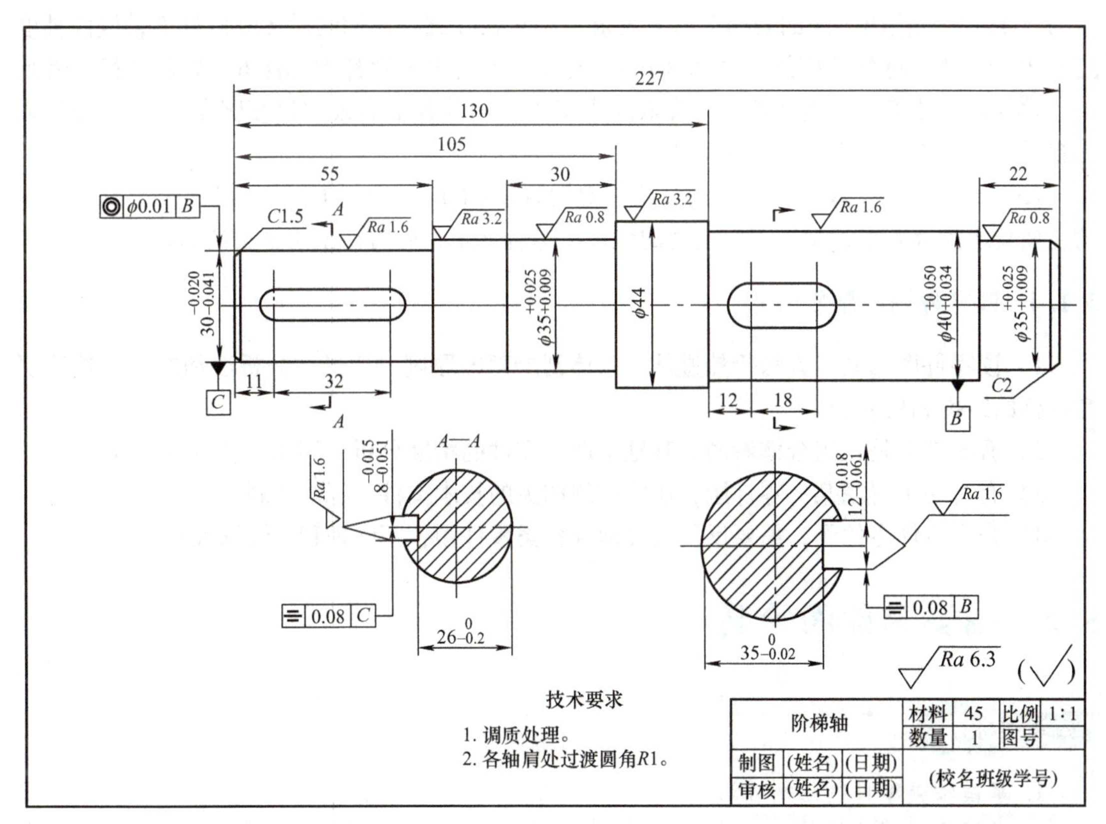

图5-3　阶梯轴

（1）看标题栏　从标题栏可知，该零件叫阶梯轴，属于轴类零件，材料为45钢。根据零件的名称分析它的功用，可通过键连接轴上零件，起到连接、传递动力和运动的作用。总览零件概貌，其最大直径为44mm，总长为227mm，属于较小的零件。

（2）看各视图　分析表达方案和形体结构。表达方案由主视图和两个键槽的移出断面图组成。主视图（结合尺寸）已将阶梯轴的主要结构表达清楚了，由几段不同直径的回转体组成，构成四个轴肩（阶梯轴上截面尺寸变化的部位就叫轴肩，该轴上的轴肩起定位作用），最左端直径 $\phi30$ 圆柱和直径 $\phi40$ 圆柱上各有一键槽，零件左端倒角 $C1.5$，右端面倒角为 $C2$。移出断面图用于表达键槽宽度、深度、几何公差、表面粗糙度等有关标注。

（3）看尺寸标注　按形体分析法找出各组成部分的定形、定位尺寸。轴的长度方向的尺寸基准为左端面，标注的定形尺寸有 227，定位尺寸有 130、105、55、30、11、22、12 等。轴的径向方向的尺寸基准为轴线，标注的定形尺寸有 $\phi30$、两个 $\phi35$、$\phi44$、$\phi40$ 等，定位尺寸有 26、35 等。阶梯轴中两个 $\phi35$ 轴段用来安装滚动轴承，$\phi30$ 轴段键槽用来安装齿轮或带轮，$\phi40$ 轴段键槽用来安装齿轮。两个键槽宽度分别为 8、12，已直接注出。这个零件是由车外圆、端面和铣键槽两个工种完成，为了便于工人读图，外圆、端面的定形、定位尺寸标注在主视图上面；键槽的定形、定位尺寸标注在主视图的下面。

（4）看技术要求　两个 $\phi35$ 及 $\phi30$、$\phi40$ 的轴颈处有配合要求，尺寸精度较高，相应的表面粗糙度要求也较高，分别为 $Ra0.8$、$Ra1.6$，可采用精车或磨削加工。为了节省加工时间，降低成本，在左侧 $\phi35$ 直径处用粗实线隔开划分成 2 段（表面粗糙度 $Ra0.8$ 的轴段长度为 30），分别注出不同的表面粗糙度要求。左端 $\phi30$ 圆柱面轴线对 $\phi40$ 圆柱面轴线同轴度公差为 $\phi0.01$。两个键槽都有对称度 0.08 要求，表面粗糙度都为 $Ra1.6$，需要进行精铣加工。热处理方法采用调质处理，为降低应力集中，轴的各轴肩采用过渡圆角 $R1$，未标注表面粗糙度的加工表面都加工成 $Ra6.3$。

（5）综合考虑　通过上述看图分析，对阶梯轴的作用、结构形状、尺寸大小及加工中的主要技术指标要求，就有了较清楚的认识。综合起来，即可得出阶梯轴的总体印象。

5.1.4　读零件图注意事项

1）读零件图的基本方法仍然遵从由整体到局部的原则，用形体分析法和线面分析法研究零件的结构和尺寸。

2）看零件图是在组合体看图的基础上增加零件的精度分析、结构工艺性分析等。

3）有时为了看懂某一零件图，还要查阅相关的技术文件、标准资料。

4）为了看懂零件图，需要反复大量地读各类零件图，不断地积累读图经验。

5.2　轴类零件图绘制

知识目标：

1. 掌握轴类零件的绘制方法。
2. 掌握断面图的绘制方法。
3. 掌握尺寸及公差标注方法。

技能目标：

学会绘制轴的零件图。

5.2.1　轴类零件分析

1. 结构特点

如图 5-4 所示，轴类零件由几段圆柱同轴组成，属于回转体，沿轴的长度方向称为轴向，沿圆柱的直径方向称为径向。轴类零件工作时转动，通过轴上的零件传递运动和动力。

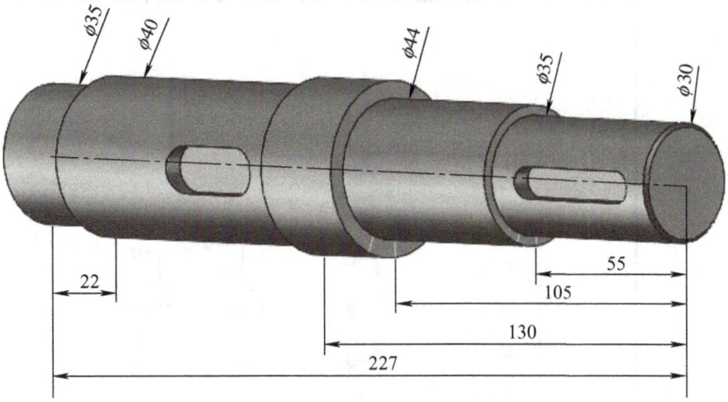

图 5-4　轴的立体图

2. 轴类零件的视图表达

主视图按加工位置原则，即轴线水平放置，轴上键槽和孔结构尽量朝前对着观察者。绘制时先确定用几个图形表达，然后根据尺寸大小布置每个图形位置。

3. 尺寸分析

1）定位尺寸：55、105、130、22。

2）定形尺寸：227、ϕ30、ϕ35、ϕ44、ϕ40、ϕ35。

5.2.2　轴类零件图绘制步骤

1. 选择图幅，画底稿

根据轴的尺寸知，轴段最大直径为 ϕ44，轴的总长为 227，因此选择 A4 图纸，横向布置（A4 图纸一般立式使用，为方便演示，横向布置。标题栏采用学生制图用标题栏），按照 1:1 比例进行绘制。

1）先绘制主视图，布局如图 5-5 所示。

2）从左到右依次画圆柱台阶，用细实线绘制。如图 5-6 所示。

3）绘制倒角及键槽处断面图，根据轴段的直径，轴直径 ϕ30 确定倒角为 *C*1.5，轴直径 ϕ35 确定倒角为 *C*2。键槽尺寸查标准 GB/T 1095—2003《平键　键槽的剖面尺寸》得：轴直径 ϕ30，键槽宽 8，槽深 4；轴直径 ϕ40，键槽宽 12，槽深 5。为了表示键槽尺寸，绘制两个断面图，如图 5-7 所示。

2. 标注，书写技术要求

（1）标注尺寸　径向尺寸以中心线为尺寸基准。轴向尺寸根据加工工艺定，主要尺寸以左端面为基准采用综合型尺寸配置。

键槽深度标注，为测量检验方便，采用测量基准定位，不标深 5，而标 26 和 35。

（2）标注尺寸公差和几何公差　右端和中间装轴承处 ϕ35 为过盈配合，确定为 m6，键槽处装带轮，确定尺寸为 ϕ30f7，齿轮 ϕ40 处选 r6。

键槽选紧密连接，根据 GB/T 1095—2003 得，轴径 ϕ30 和 ϕ40 选 P9。

$\phi30^{-0.020}_{-0.041}$轴线与基准 *B*（$\phi40^{+0.050}_{+0.034}$轴线）的同轴度公差值 0.01；该轴段上键槽两侧面与基准 *C*（$\phi30^{-0.020}_{-0.041}$轴线）的对称度公差为 0.08。

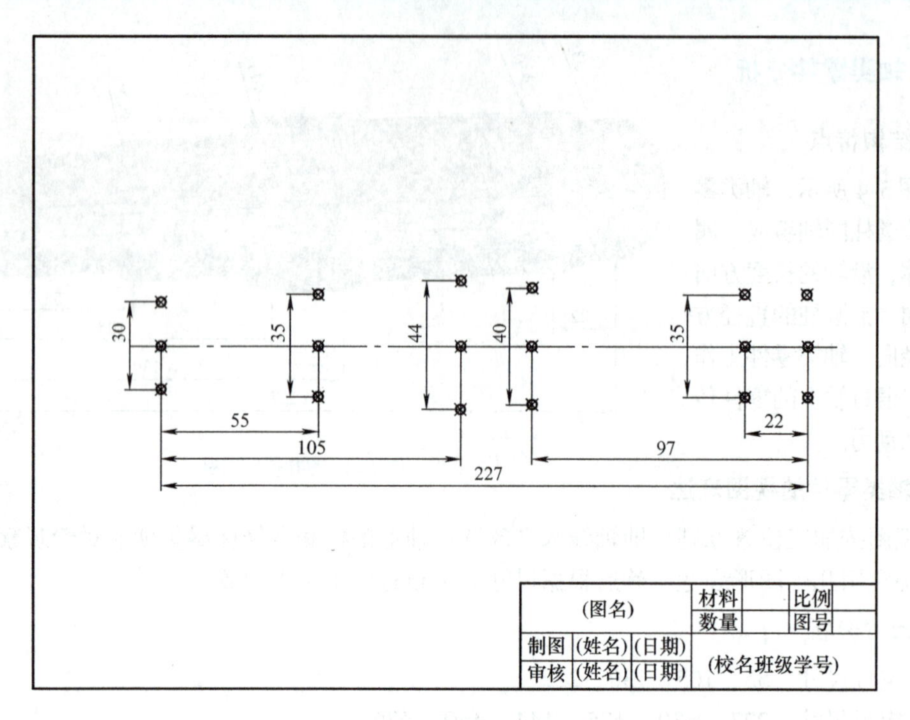

图 5-5 绘制主视图

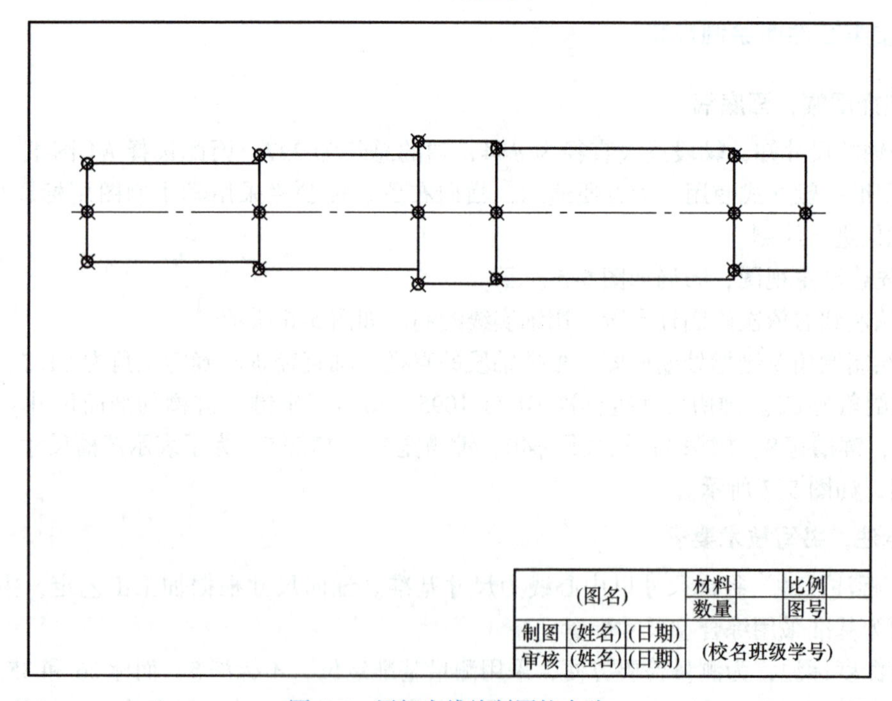

图 5-6 用细实线绘制圆柱台阶

（3）标注表面粗糙度　轴表面轴承配合处选 *Ra*0.8，与带轮、齿轮配合处选 *Ra*1.6，车削加工可标注 *Ra*3.2，其余没有标注的按 *Ra*6.3 加工。

（4）书写技术要求　选用轴的材料为优质中碳钢 45 钢，进行调质处理。为降低应力集中，轴的各轴肩采用圆角过渡，过渡圆角半径 *R*1。

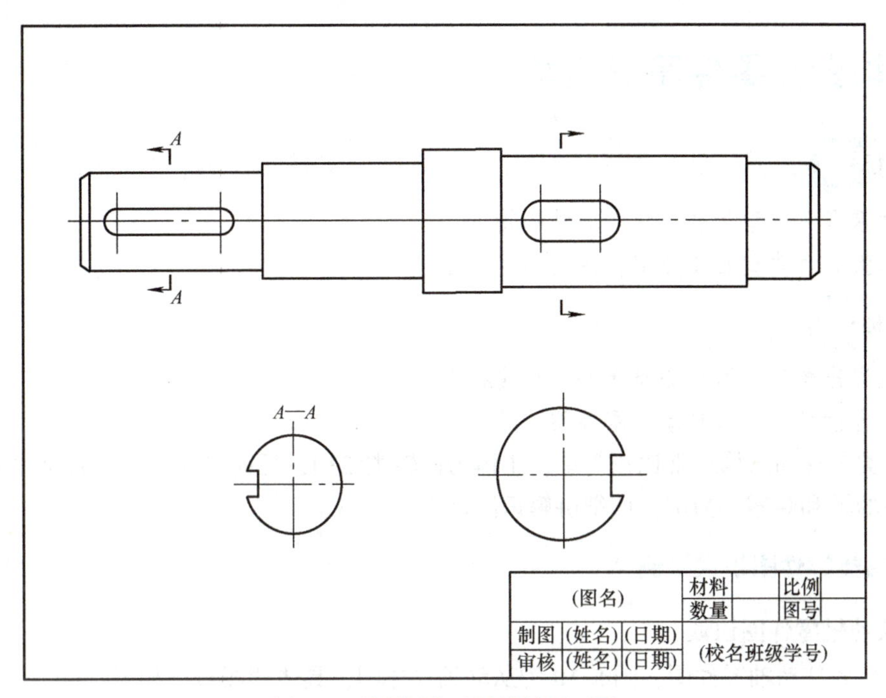

图 5-7　绘制倒角及键槽处断面图

（5）检查无误后，将粗实线加粗描深如图 5-8 所示。

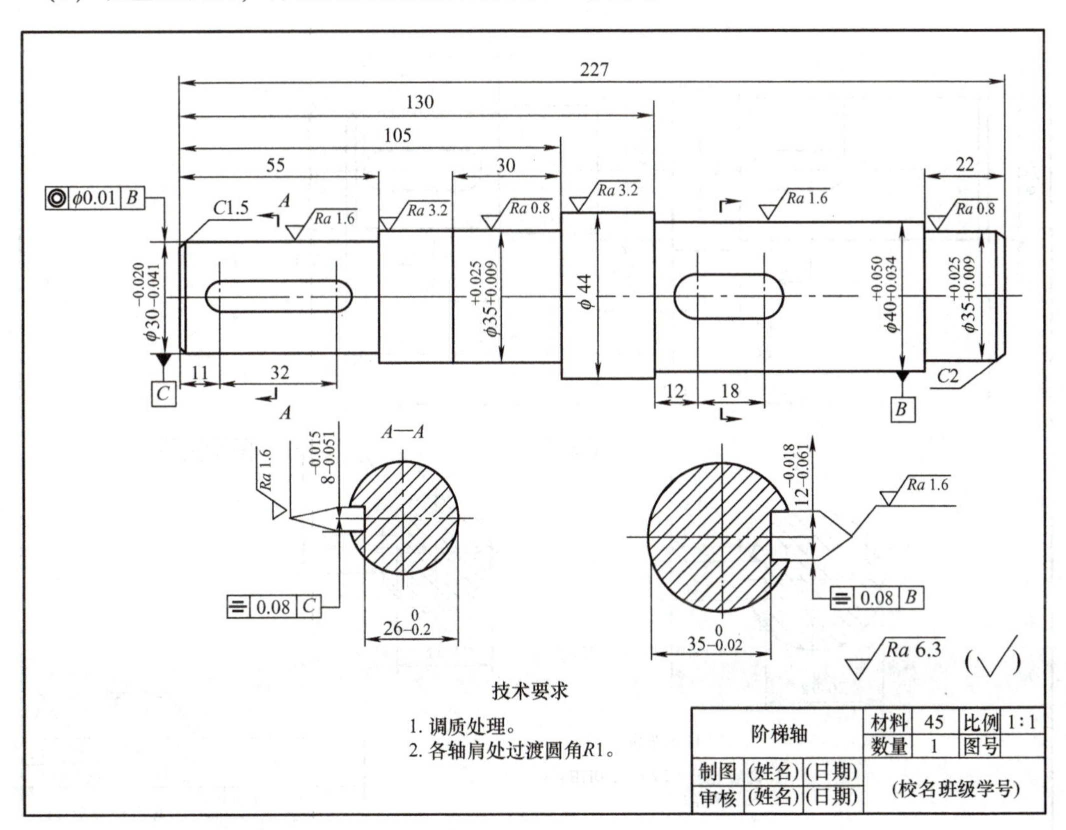

图 5-8　阶梯轴零件图

5.3 轴套类零件图识读举例

知识目标：

1. 掌握各种典型轴套类零件的结构特点。
2. 掌握各种典型轴套类零件图的读图方法。

技能目标：

1. 能说出各种典型轴套类零件的结构特点。
2. 学会读各种典型轴套类零件图。

轴套类零件的结构通常比较简单，主体为回转类结构，径向尺寸小，轴向尺寸大。本节将以典型的轴和套零件为例，详细讲解识图过程。

5.3.1 轴类零件图识读举例

1. 从动轴零件图识读

图 5-9 为从动轴零件图，图 5-10 为从动轴立体图，具体读图过程如下：

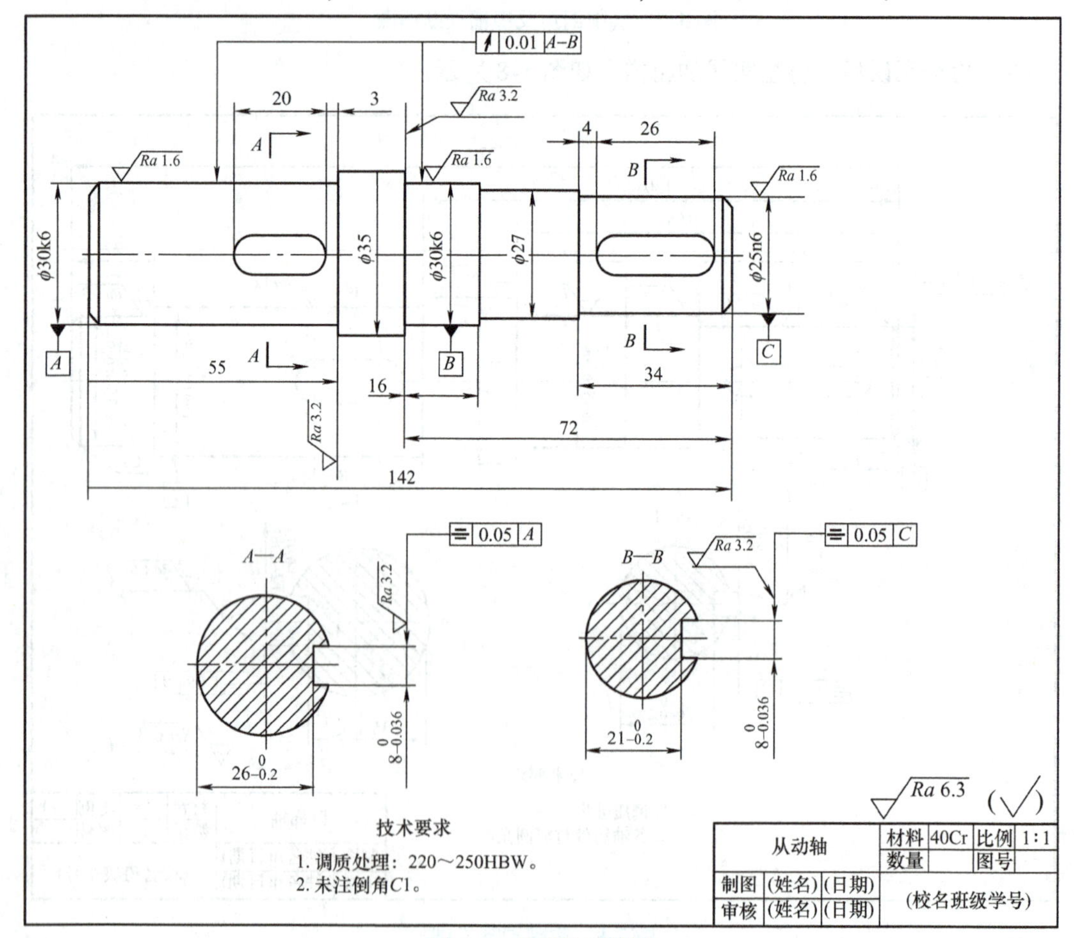

图 5-9 从动轴零件图

(1) 看标题栏　从标题栏中了解零件的名称（从动轴)、材料（40Cr)、比例1:1等。

(2) 看各视图　该从动轴零件图由主视图、两个断面图组成。主视图的选取是按照从动轴的加工位置选取，最能够反映从动轴形体特征；断面图选取了两处，分别是两个键槽所在位置，可以更加清楚地表示键槽深度及宽度尺寸。

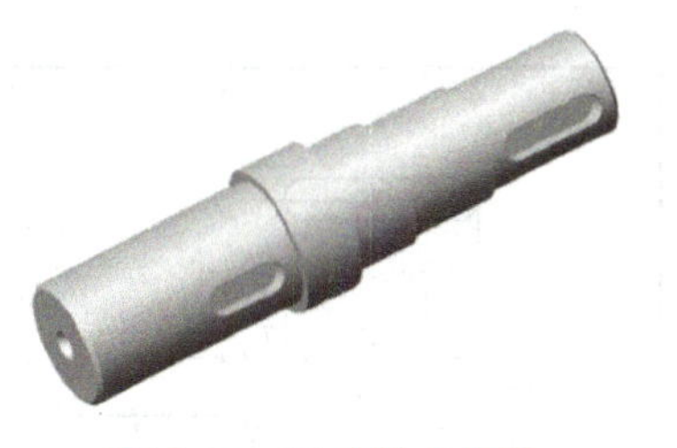

图5-10　从动轴立体图

(3) 看尺寸标注　首先找出零件的轴向和径向尺寸基准，然后从基准出发，找出主要尺寸，再用形体分析法分析其定形尺寸、定位尺寸。从动轴零件图标注尺寸的基准：长度方向以右端面为主要基准，注出的定形尺寸有142、34和72；从动轴径向尺寸基准以轴的回转中心线为基准，注出的定形尺寸有$\phi30$k6、$\phi35$、$\phi27$和$\phi25$n6；键槽的定位尺寸基准是大径轴段的端面，注出的定位尺寸有3和4；键槽长度尺寸是20和26，深度尺寸是$26_{-0.2}^{0}$和$21_{-0.2}^{0}$，宽度尺寸是$8_{-0.036}^{0}$。

(4) 看技术要求　左侧外圆柱面上任一测量直径处相对于$A—B$轴线的圆跳动量的公差值为0.01；左键槽相对$\phi30$轴线的对称度公差0.05；右键槽相对$\phi25$轴线的对称度公差0.05。

轴的表面粗糙度大部分为$Ra1.6$，只有最大径轴段为$Ra3.2$，键槽表面粗糙度为3.2。根据设计要求，需要在工艺上进行调质处理，硬度达到220～250HBW，倒角均为45°，宽度为1。

(5) 综合考虑　把零件的结构形状、尺寸标注、工艺和技术要求等内容综合起来，就能了解零件的全貌，也就看懂了零件图。

2. 铣刀头刀轴零件图识读

图5-11为铣刀头刀轴零件图，图5-12为铣刀头刀轴立体图，具体读图过程如下：

(1) 看标题栏　从标题栏中了解零件的名称（轴)、材料（45钢)、比例1:2等。

(2) 看各视图　该轴零件图由主视图、两个断面图、两个局部放大图、一个向视图组成，主视图三处做了局部剖视。主视图的选取是按照轴的加工位置选取，最能够反映轴的形体特征；断面图选取了两处，分别是轴两端键槽所在轴段位置，可以更加清楚表示键槽深度及宽度尺寸；局部放大图选择轴左端面螺孔和右端轴段退刀槽；局部剖选择的是左端面螺孔及轴的三个键槽处。

(3) 看尺寸标注　首先找出零件轴向和径向尺寸基准，然后从基准出发，找出主要尺寸，再用形体分析法分析其定形、定位尺寸。该零件标注尺寸的基准：长度方向主要基准以右端面为基准，注出的定形尺寸有400、95和32，左端面为次要尺寸基准，注出定形尺寸55；径向以轴的回转中心线为基准，注出的定形尺寸有$\phi28_{-0.041}^{-0.020}$、$\phi34$、$\phi35_{-0.050}^{-0.025}$、$\phi44$和$\phi25$k7；键槽的定位尺寸基准是大径轴段的端面和右端面，注出的定位尺寸有7和4；键槽长度尺寸是20和40，深度尺寸是$24_{-0.2}^{0}$和$18_{-0.2}^{0}$，宽度尺寸是6和8；退刀槽尺寸3×1；左端面螺纹长度6，定位尺寸基准是回转轴线，尺寸是10。

(4) 看技术要求　两个$\phi35_{-0.050}^{-0.025}$外圆轴线同轴度公差值为0.01。截面$C—C$处轴线与两个$\phi35_{-0.050}^{-0.025}$外圆轴线同轴度公差值为0.015。轴的表面粗糙度大部分为$Ra1.6$，

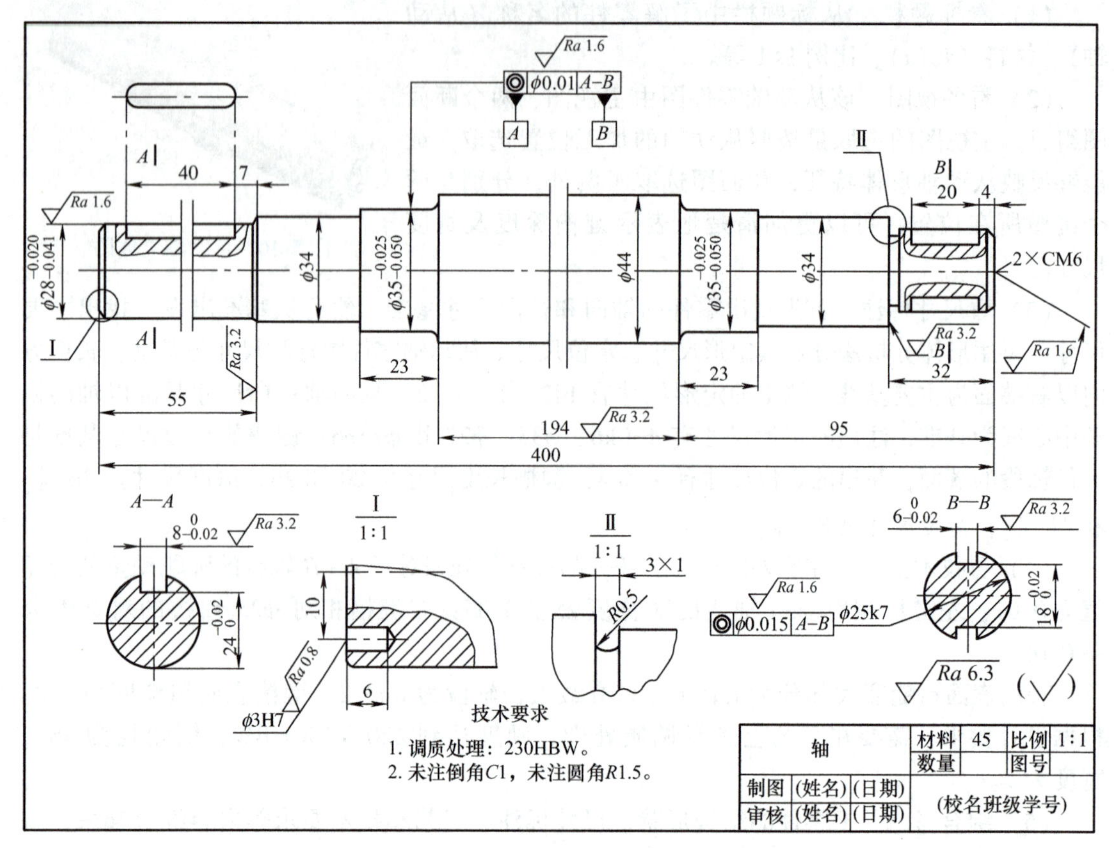

图 5-11　铣刀头刀轴零件图

只有最大径轴段和第一阶梯轴段为 Ra3.2，键槽表面粗糙度为 Ra3.2。根据设计要求，需要在工艺上进行调质处理，硬度达到 230HBW，倒角均为 45°，宽度为 1；倒圆角半径 1.5。

（5）综合考虑　把零件的结构形状、尺寸标注、工艺和技术要求等内容综合起来，就能了解零件的全貌，也就看懂了零件图。

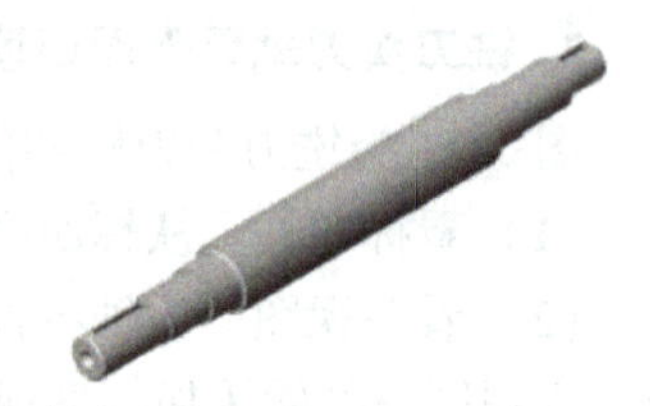
图 5-12　铣刀头刀轴立体图

3. 泵轴零件图识读

图 5-13 为泵轴零件图，图 5-14 为泵轴立体图，具体读图过程如下：

（1）看标题栏　从标题栏中了解零件的名称（泵轴）、材料（45 钢）、比例 1:1 等。

（2）看各视图　该泵轴零件图由主视图、两个断面图、两个局部放大图组成。主视图的选取是按照泵轴的加工位置选取，最能够反映泵轴形体特征；断面图选取了两处，分别是泵轴键槽所在轴段位置和孔的位置，可以更加清楚地表示键槽深度及宽度尺寸，最大直径轴段上的孔为通孔；局部放大图选择泵轴两个轴段的退刀槽，更加清楚地表示退刀槽现状及尺寸。

（3）看尺寸标注　首先找出零件轴向和径向尺寸基准，然后从基准出发，找出主要尺寸，再用形体分析法分析其定形尺寸、定位尺寸。该零件标注的尺寸基准：长度方向主要基

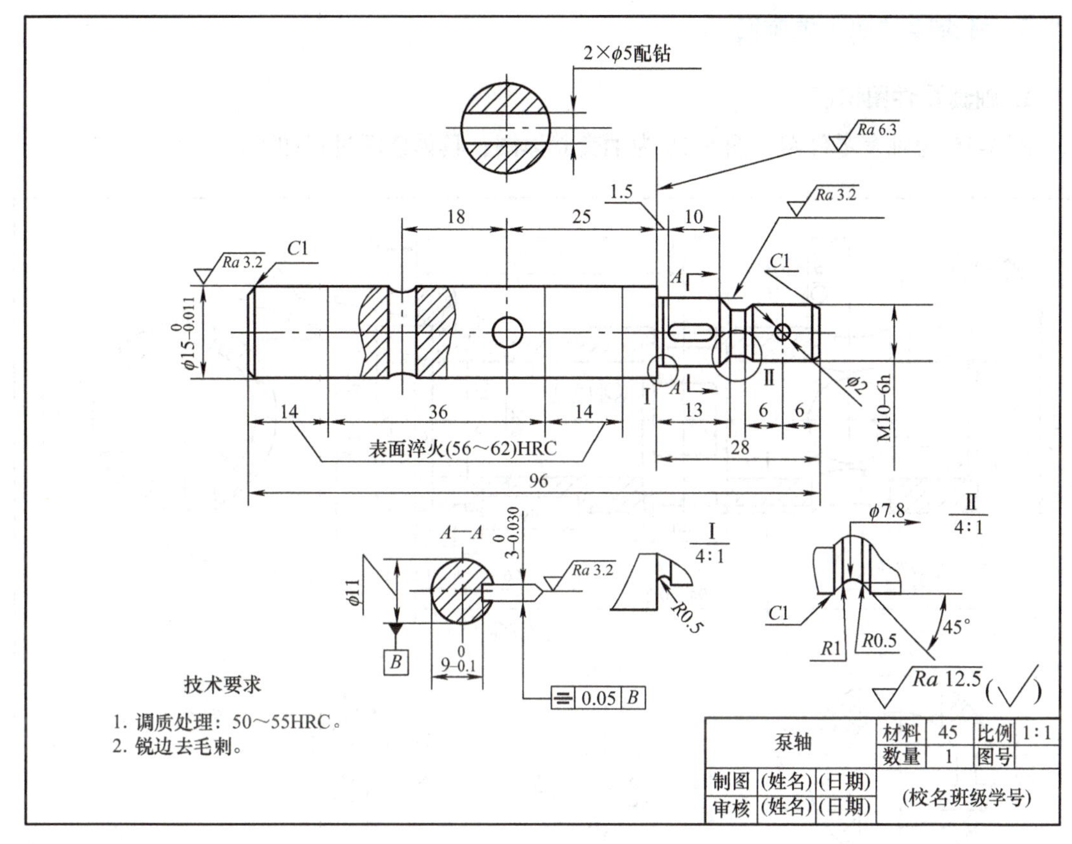

图 5-13　泵轴零件图

准以最大直径轴段右端面为基准，注出的定形尺寸有 28 和 13；径向以泵轴的回转中心线为基准，注出的定形尺寸有 $\phi15_{-0.011}^{\ 0}$、$\phi11$、M10；键槽的定位尺寸基准是最大直径轴段右端面，注出的定位尺寸是 1.5，键槽深度尺寸是 $9_{-0.1}^{\ 0}$，宽度尺寸是 3；退刀槽倒圆角半径是 0.5；最右端轴段上孔的定位尺寸是 6，定形尺寸是 $\phi2$；泵轴最大直径轴段上孔的定位尺寸是 25 和 18，定形尺寸是 $\phi5$；泵轴最右端螺纹尺寸是 M10－6h；右端轴段间的孔定形尺寸是 $\phi7.8$；倒角均为 45°，宽度为 1。

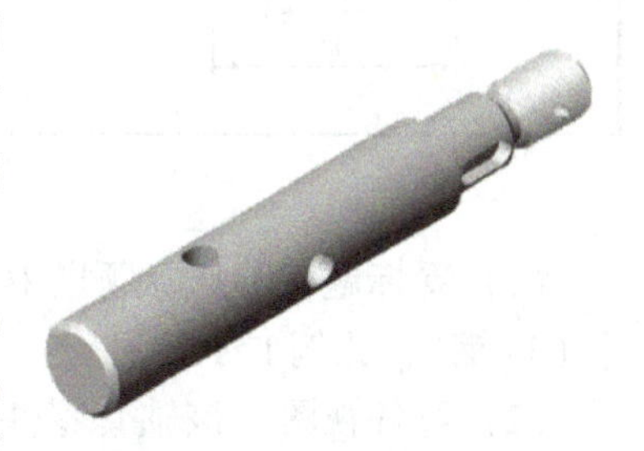

图 5-14　泵轴立体图

（4）看技术要求　截面 *A—A* 处键槽两侧面以此截面的轴线为基准，对称度公差值为 0.05。泵轴左端面的表面粗糙度为 *Ra*3.2，键槽表面粗糙度为 *Ra*3.2，最大直径轴段右端表面粗糙度为 *Ra*6.3。根据设计要求，需要在工艺上进行调质处理，洛氏硬度达到 50 ~ 55HRC，锐边要求去毛刺。

（5）综合考虑　把零件的结构形状、尺寸标注、工艺和技术要求等内容综合起来，就能了解零件的全貌，也就看懂了零件图。

5.3.2 套类零件图识读举例

1. 轴套零件图识读

图 5-15 为轴套零件图，图 5-16 为轴套立体图，具体读图过程如下：

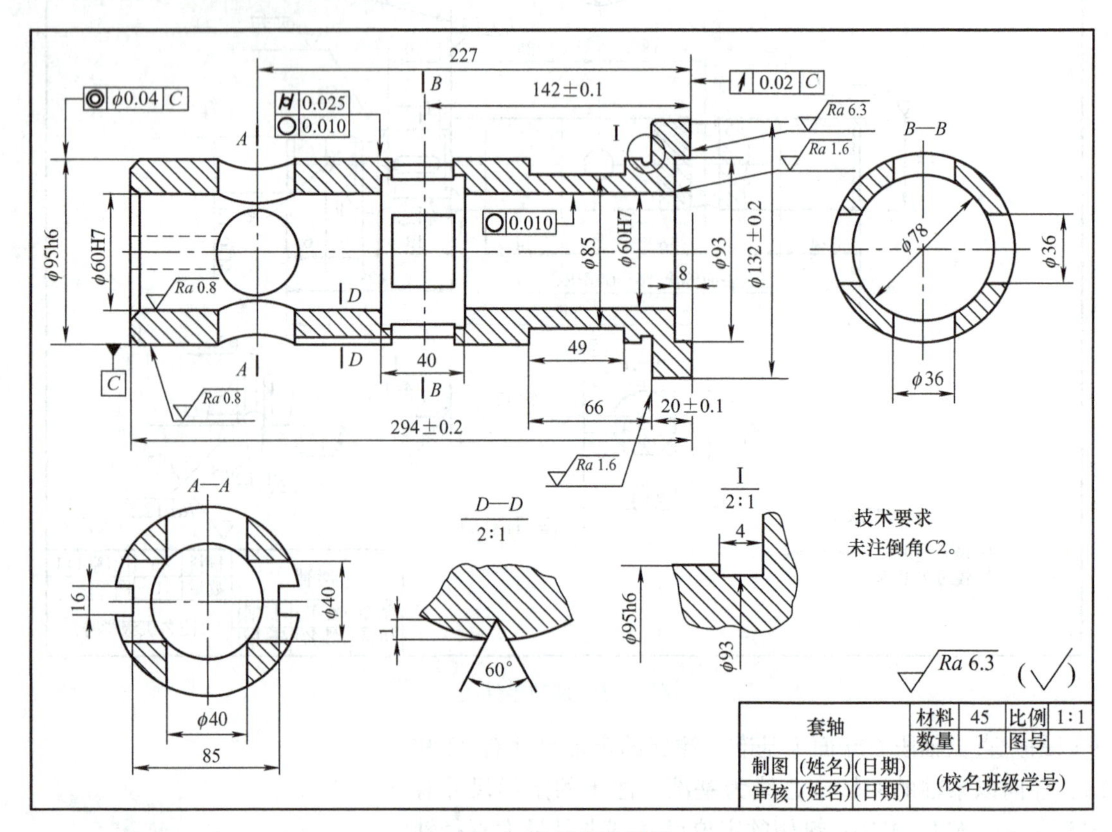

图 5-15　轴套零件图

（1）看标题栏　从标题栏中了解零件的名称（轴套）、材料（45 钢）、比例1:1 等。

（2）看各视图　该轴套零件图由主视图（全剖）、3 个断面图和 1 个局部放大图组成。主视图的选取是按照轴套轴线与投影面平行位置选取，最能够反映轴套形体特征；断面图选取了 3 处，分别是两个孔和油槽所在位置，可以更清楚地表示孔和油槽的定形尺寸；局部放大图选取右端油槽处；主视图采用了全剖视图，可以更清楚地表示轴套内部结构。

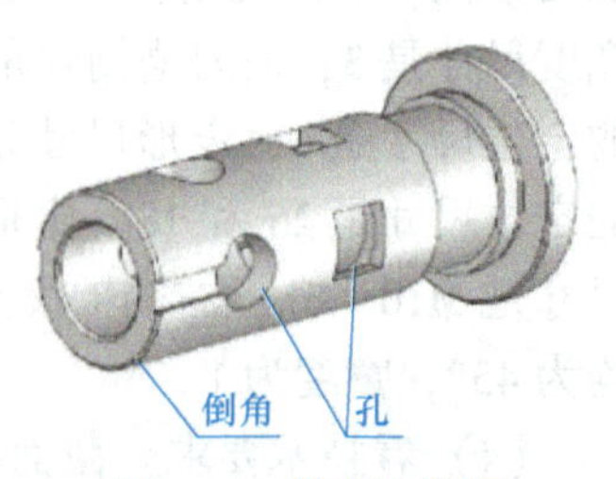

图 5-16　轴套立体图

（3）看尺寸标注　首先找出零件轴向和径向尺寸基准，然后从基准出发，找出主要尺寸，再用形体分析法分析其定形尺寸、定位尺寸。该零件标注尺寸的基准：长度方向主要基准以右端面为基准，注出的定形尺寸有 8、20 ± 0. 1、294 ± 0. 2；轴套径向以回转中心线为基准，注出的定形尺寸有 ϕ60H7、ϕ85、ϕ93、ϕ95h6、ϕ78 和 ϕ132 ± 0. 2；断面图 *A—A* 显示截面开孔的大小及分布，该圆孔的定位尺寸基准是右端面，定位尺寸是 227，圆孔直径是$\phi40$，槽深度尺寸是85，宽度是16；断面图 $B—B$ 显示截面方孔的大小及分布，方孔的定位尺寸基准是右端面，定位尺寸是142±0.1，方孔尺寸36×36；局部放大图显示油槽宽度4。

（4）看技术要求　$\phi95h6$ 外圆的轴线与 $\phi60H7$ 轴线为基准的同轴度公差为0.04，右端面相对于 $\phi60H7$ 轴线为基准的圆跳动公差为0.02。表面粗糙度标出的部分为 $Ra1.6$，其余未标出部分为 $Ra6.3$。根据技术要求，未标注的倒角均为45°，宽度为2；未标注尺寸公差满足GB/T 1804—m。

（5）综合考虑　把零件的结构形状、尺寸标注、工艺和技术要求等内容综合起来，就能了解零件的全貌，也就看懂了零件图。

2. 导向套零件图识读

图5-17为导向套零件图，图5-18为导向套实体图，具体读图过程如下：

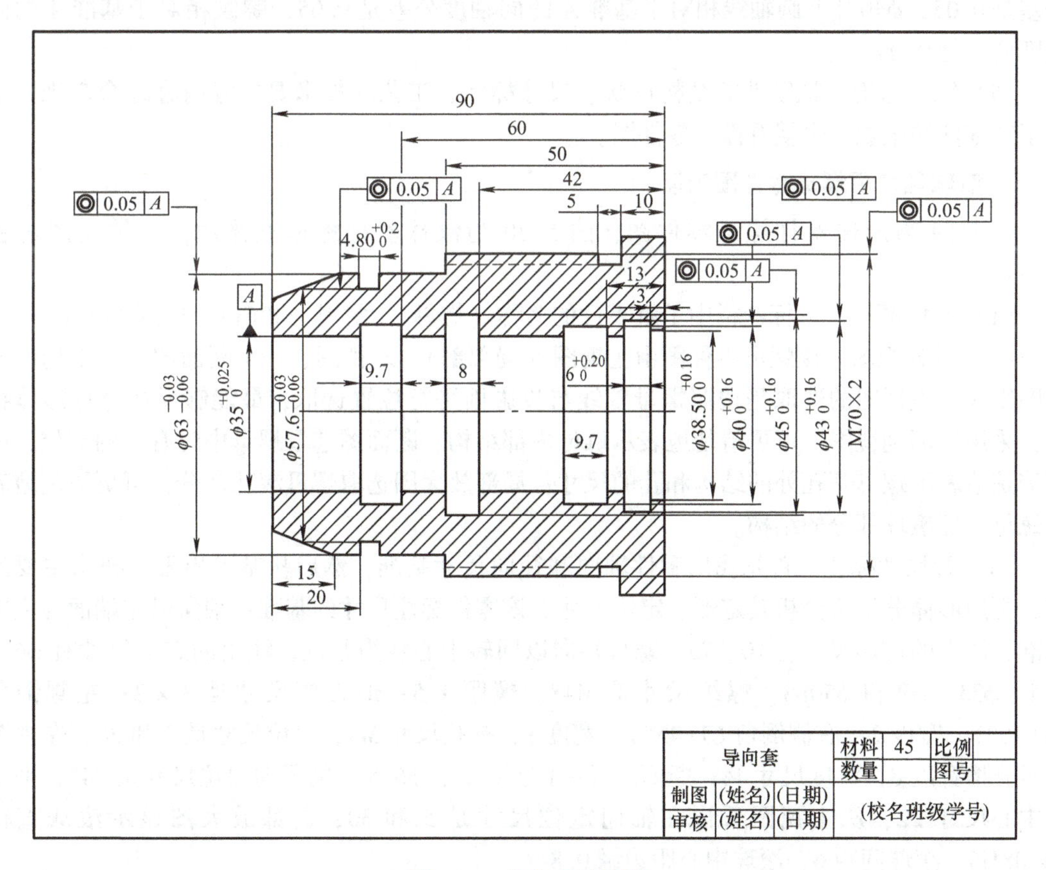

图5-17　导向套零件图

（1）看标题栏　从标题栏中了解零件的名称（导向套）、材料（45钢）等。

（2）看各视图　该导向套零件图由主视图（全剖）组成。主视图的选取是按照导向套轴线与投影面平行位置选取，最能够反映导向套形体特征，采用全剖视图，可更清楚地表示导向套内部结构。

（3）看尺寸标注　首先找出零件轴向和径向尺寸基准，然后从基准出发，找出主要尺寸，再用形体分析法分析其定形尺寸、定位尺寸。该零件标注尺寸的基准：长度方向以右端面为基准，注出的定形尺寸有3、13、10、42、50、60、90；导向套径向以回转中心线为基准，注出的定形尺寸有$\phi38.5^{+0.16}_{0}$、$\phi40^{+0.16}_{0}$、$\phi45^{+0.16}_{0}$、$\phi43^{+0.16}_{0}$、$\phi57.6^{-0.03}_{-0.06}$、$\phi35^{+0.025}_{0}$和$\phi63^{-0.03}_{-0.06}$；导向套中间螺纹尺寸是M70，螺距是2。

图5-18 导向套实体图

（4）看技术要求 *A*基准选取导向套左端$\phi35$内孔轴线，圆槽$\phi57.6^{0}_{-0.12}$外圆轴线相对于基准*A*的同轴度公差是0.05，$\phi63$圆轴线相对于基准*A*的同轴度公差是0.05，$\phi45^{+0.16}_{0}$圆轴线相对于基准*A*的同轴度公差是0.05，$\phi43^{+0.16}_{0}$圆轴线相对于基准*A*的同轴度公差是0.05，$\phi40^{+0.16}_{0}$圆轴线相对于基准*A*的同轴度公差是0.05，螺纹相对于基准*A*的同轴度公差是0.05。

（5）综合考虑 把零件的结构形状、尺寸标注、工艺和技术要求等内容综合起来，就能了解零件的全貌，也就看懂了零件图。

3. 滚珠丝杠用螺母零件图识读

图5-19为滚珠丝杠螺母零件图，图5-20为滚珠丝杠螺母立体图，具体读图过程如下：

（1）看标题栏 从标题栏中了解零件的名称（螺母）、材料（40Cr）、比例1:1等。

（2）看各视图 该螺母零件图由主视图（局部剖）、左视图、一个断面图和一个局部放大图组成。主视图的选取是按照螺母轴线与投影面平行位置选取，最能够反映螺母形体特征，采用局部剖视图，可更清楚地表示螺母内部结构；断面图选取螺母中间有孔的部位，可更清楚地表示螺母开孔处的结构和孔的尺寸；局部放大图选取螺母滚珠部分，可更清楚地表示螺母内部滚珠部分的结构。

（3）看尺寸标注 首先找出零件轴向和径向尺寸基准，然后从基准出发，找出主要尺寸，再用形体分析法分析其定形、定位尺寸。该零件标注尺寸的基准：轴向以左端面为主要基准，注出的定形尺寸有10、75；螺母径向以回转中心线为基准，注出的定形尺寸有$\phi68$、$\phi34$、$\phi33.6$H9和$\phi50$h8，螺纹尺寸是M48，螺距1.5；退刀槽尺寸是3×2；左侧倒角*C*1(45°)，宽度2；右侧倒角*C*1(45°)，宽度1；螺孔尺寸M4，定位尺寸是7和26；左视图显示开槽宽度8，深度尺寸44；断面图*A—A*显示2个$\phi6.5$孔的径向定位尺寸是74°，平面距中心尺寸22，从主视图看出在轴向定位尺寸是5和30；局部放大图显示滚珠直径$\phi4.08$H6，滚珠间距6，滚珠中心距边缘0.8。

（4）看技术要求 $\phi68$右端面表面粗糙度为0.8，$\phi50$外圆表面粗糙度0.4，其余未标出部分为*Ra*6.3。

（5）综合考虑 把零件的结构形状、尺寸标注、工艺和技术要求等内容综合起来，就能了解零件的全貌，也就看懂了零件图。

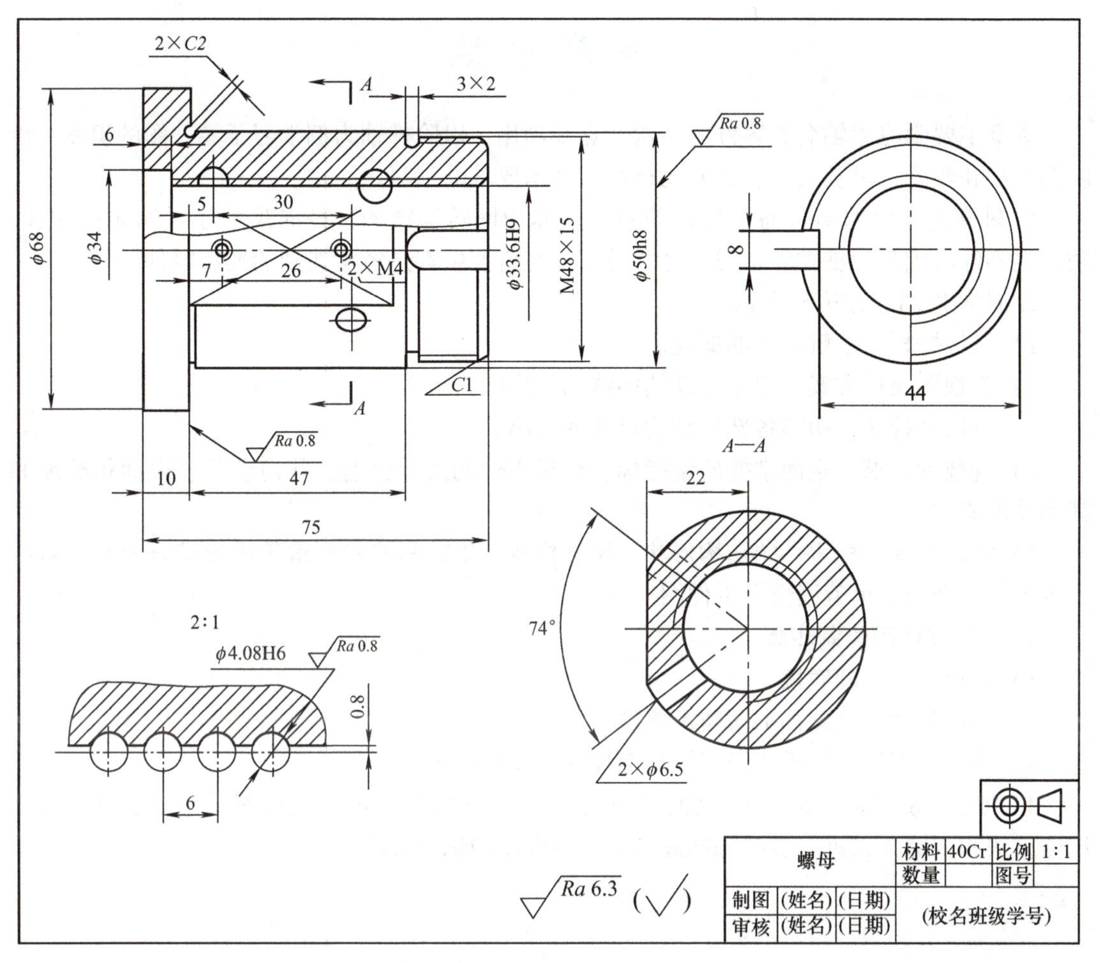

图 5-19　滚珠丝杠螺母零件图

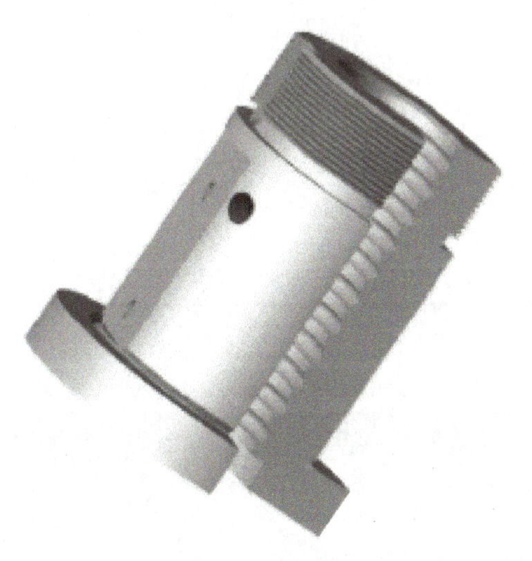

图 5-20　滚珠丝杠螺母立体图

本章小结

本章主要学习了轴套类零件的结构特点及功用，以阶梯轴为例学习了零件图的识读、绘制的方法和步骤，以及尺寸、公差的标注，技术要求的书写。

1. 轴套类零件的结构通常比较简单，主体为回转类结构，径向尺寸小，轴向尺寸大。轴套类零件可细分为轴类和套类，这两类零件在机器中都是经常遇到的典型零件。

2. 读零件图的方法和步骤

1）看标题栏，了解零件的概貌。

2）看视图表达方案，想象零件的整体结构形状。

3）看尺寸标注，明确各部位结构尺寸的大小。

4）看技术要求，全面掌握质量指标，分析零件的尺寸公差、几何公差、表面粗糙度和其他技术要求。

5）综合考虑，把零件的结构形状、尺寸标注、工艺和技术要求等内容综合起来，就能了解零件的全貌，也就读懂了零件图。

3. 轴类零件图绘制步骤

1）选择图幅，画底稿。

2）标注尺寸、公差，书写技术要求。

3）检查无误后，把视图粗实线加粗描深，完成全图。

4. 列举了从动轴、铣刀头刀轴、泵轴、轴套、导向套、滚珠丝杠螺母等轴套类零件图识读方法和步骤，以进一步熟练掌握对此类零件图的识读方法。

第6章　轮盘类零件图绘制与识读

本章学习目标

掌握轮盘类零件结构特点、直齿圆柱齿轮的参数及齿轮的画法，了解轮盘类零件图绘制步骤，会读轮盘类零件图。

一个齿轮坏了会影响整个机器的运转，每个人都是集中的小齿轮，要树立责任意识，养成良好的集体荣誉感。

6.1　轮盘类零件图识读

知识目标：

1. 认识轮盘类零件的结构特点。
2. 掌握直齿圆柱齿轮的参数及齿轮的画法。
3. 掌握端盖和直齿圆柱齿轮零件图的读图方法。

技能目标：

学会读轮盘类零件图。

6.1.1　轮盘类零件的特点及分类

轮盘类零件的毛坯大多为铸件或锻件，轮与轴配合，通过键、销连接成一体，通常传递转矩。盘盖可起支撑、定位和密封作用。

1. 结构特点

轮盘类零件包括端盖、阀盖、齿轮等，这类零件的基本形体一般为回转体或其他几何形状的扁平的盘状体，通常还带有各种形状的凸缘、均布的圆孔和肋等局部结构。盘盖零件的主要作用是轴向定位、防尘和密封。

盘状回转体的径向尺寸大于轴向尺寸，零件上常均布有孔、肋、槽等结构。轮一般由轮毂、轮辐和轮缘三部分组成，如图6-1所示。

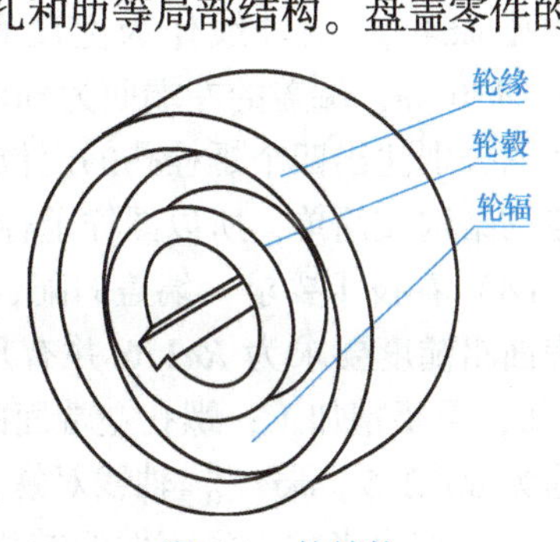

图6-1　轮结构

2. 轮盘类零件的种类

啮合传动：齿轮、蜗轮、链轮等。摩擦传动：带轮、摩擦轮等。直径变化的轮：凸轮等。盘类：法兰盘、端盖等。齿轮如图6-2所示，链轮如图6-3所示，带轮如图6-4所示。

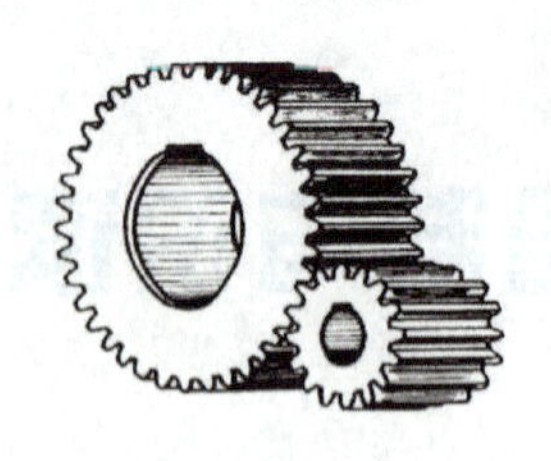

a) 圆柱齿轮

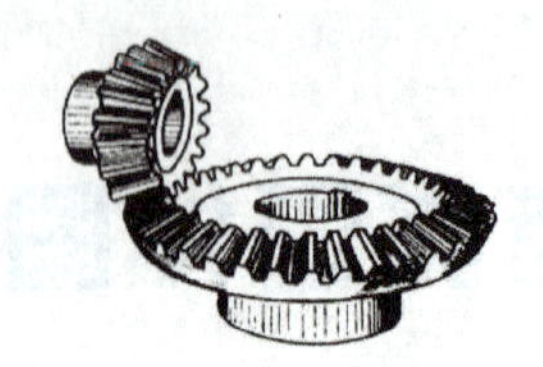

b) 锥齿轮

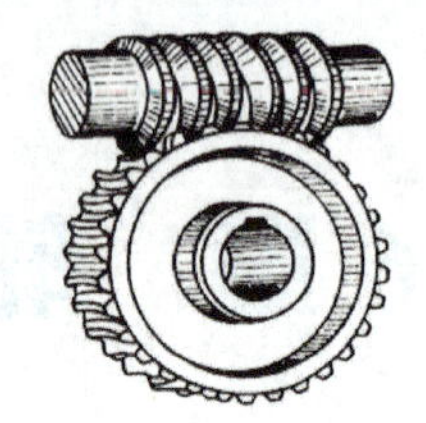

c) 蜗杆蜗轮

图 6-2 齿轮

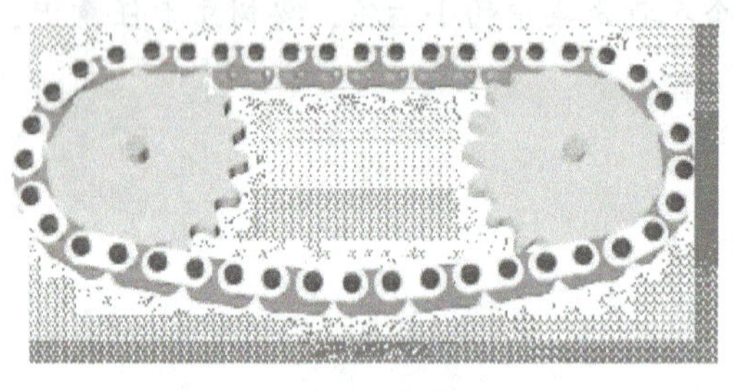

图 6-3 链轮

图 6-4 带轮

6.1.2 端盖零件图识读

图 6-5 所示为变速器轴承端盖零件图，具体读图过程如下：

(1) 看标题栏　从标题栏可知，该零件叫轴承端盖，属于轮盘类零件，材料为 20 钢，比例为 1∶1。根据零件的名称分析它的功用，主要用于定位、密封。总览零件概貌，其最大直径为 96，厚度为 32，属于较小的零件。

(2) 看各视图　表达方案由主视图、左视图和局部放大图组成。所示的端盖，以加工位置为原则，轴线水平放置绘制主视图，通过全剖视图来表达端盖主体结构的凸、凹情况和其上的轴孔、螺栓孔的内部结构。左视图表达端盖的外形轮廓及四个螺栓孔的分布情况。局部放大视图比例为 2∶1，对轴孔内部密封圈部分结构进行详细表达并标注。

(3) 看尺寸标注　多数盘类零件的主体部分是回转体，径向（宽度和高度方向）通常以轴孔的轴线作为尺寸基准，轴向（长度方向）通常以重要端面为尺寸基准。图 6-5 中，以轴孔 $\phi64_{-0.2}^{\ 0}$ 的轴线作为宽度和高度方向的尺寸基准，由此标注 $\phi96$、$\phi64_{-0.2}^{\ 0}$、$\phi48$、$\phi40$、$\phi30$ 等；端盖的左端面为轴向的主要基准，注出 32、20 及轴孔深 17 和螺栓孔深 10。左视图分别注出四个螺栓孔的定位尺寸和定形尺寸。局部放大图注出了密封圈的具体尺寸。端盖的结构较简单，所以图样上标注的尺寸较少，在读图时较易看懂。

(4) 看技术要求　端盖的配合面较少，所以在技术要求上较简单。对 $\phi64_{-0.2}^{\ 0}$ 外圆表面的表面粗糙度要求为 $Ra1.6$ 并有尺寸公差的要求，对 $\phi30$ 和左端面的表面粗糙度要求为 $Ra1.6$，需要精加工；螺孔左端面的表面粗糙度要求为 $Ra3.2$，未标注表面粗糙度的加工表面均为 $Ra12.5$。$\phi64_{-0.2}^{\ 0}$ 轴线对螺栓孔左端面的垂直度公差为 0.02。加工中要求锐边倒角。

(5) 综合考虑　把零件的结构形状、尺寸标注、工艺和技术要求等内容综合起来，就能了解零件的全貌，也就看懂了零件图。

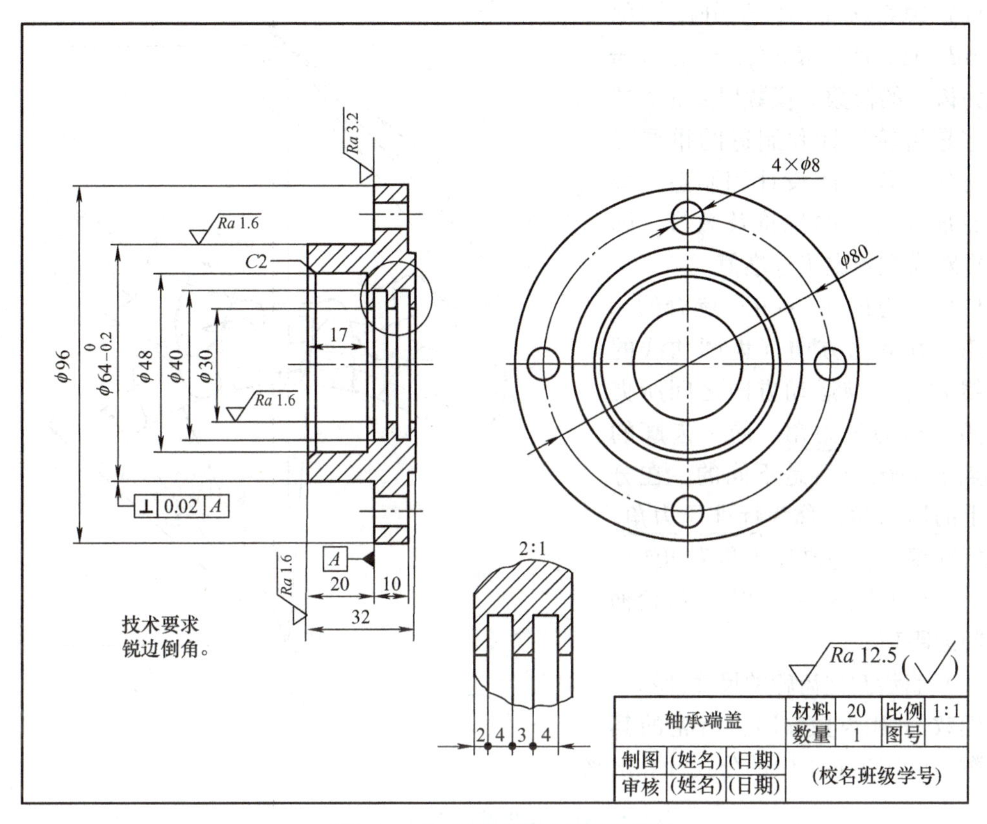

图6-5　变速器轴承端盖零件图

6.1.3　直齿圆柱齿轮零件图识读

1. 齿轮的基本知识

齿轮是机器设备中应用十分广泛的传动零件，用来传递运动和动力，改变轴的旋向和转速。常见的传动齿轮有三种：圆柱齿轮——用于两平行轴间的传动，锥齿轮——用于两相交轴间的传动，蜗杆蜗轮——用于两交错轴间的传动，如图6-2所示。

（1）直齿圆柱齿轮各部分的名称及参数，如图6-6所示。

1）齿数 z——齿轮上轮齿的个数。

2）齿顶圆直径 d_a——通过齿顶的圆柱面直径。

3）齿根圆直径 d_f——通过齿根的圆柱面直径。

4）分度圆直径 d——分度圆直径是齿轮设计和加工时的重要参数。分度圆是一个假想的圆，在该圆上齿厚 s 与槽宽 e 相等，它的直径称为分度圆直径。

5）齿高 h——齿顶圆和齿根圆之间的径向距离。

6）齿顶高 h_a——齿顶圆和分度圆之间的径向距离。

7）齿根高 h_f——分度圆与齿根圆之间的径向距离。

8）齿距 p——在分度圆上，相邻两齿对应齿廓之间的弧长。

9）齿厚 s——在分度圆上，一个齿的两侧对应齿廓之间的弧长。

10）槽宽 e——在分度圆上，一个齿槽的两侧相应齿廓之间的弧长。

11）模数 m——由于分度圆的周长 $\pi d = pz$，所以 $d=(p/\pi)z$，p/π 就称为齿轮的模数。模数以 mm 为单位，它是齿轮设计和制造的重要参数。为便于齿轮的设计和制造，减少齿轮成形刀具的规格及数量，国家标准对模数规定了标准值。

12）压力角 α——相互啮合的一对齿轮，其受力方向（齿廓曲线的公法线方向）与运动方向之间所夹的锐角，称为压力角。同一齿廓的不同点上的压力角是不同的，在分度圆上的压力角，称为标准压力角。国家标准规定，标准压力角为 20°。

13）中心距 a——两啮合齿轮轴线之间的距离。

（2）直齿圆柱齿轮的尺寸计算

已知模数 m 和齿数 z 时，齿轮的其他参数均可按表 6-1 中的公式计算出来。

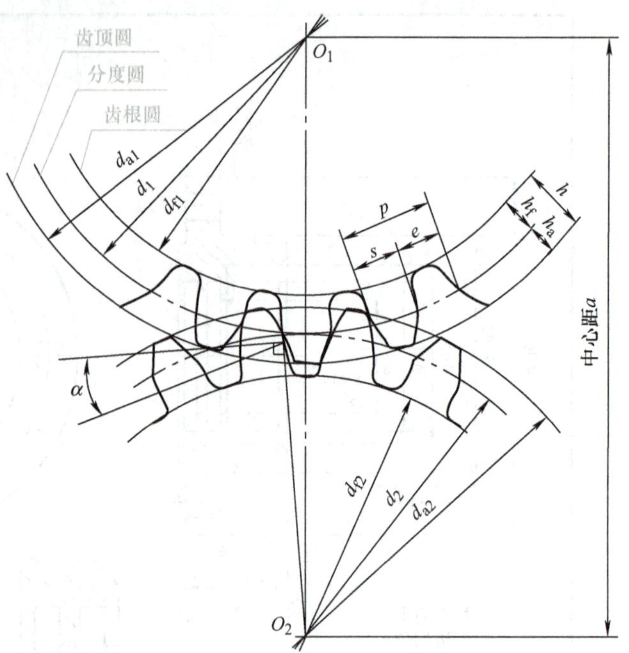

图 6-6 直齿圆柱齿轮各部分名称及参数

表 6-1 标准直齿圆柱齿轮计算公式

基本参数：模数 m 和齿数 z			
序 号	名 称	代 号	计算公式
1	齿距	p	$p=\pi m$
2	齿顶高	h_a	$h_a=m$
3	齿根高	h_f	$h_f=1.25m$
4	齿高	h	$h=2.25m$
5	分度圆直径	d	$d=mz$
6	齿顶圆直径	d_a	$d_a=m(z+2)$
7	齿根圆直径	d_f	$d_f=m(z-2.5)$
8	中心距	a	$a=m(z_1+z_2)/2$

（3）直齿圆柱齿轮的规定画法

1）单个齿轮的画法。单个齿轮一般用两个视图表示。国家标准规定齿顶圆和齿顶线用粗实线绘制，分度圆和分度线用细点画线表示，齿根圆和齿根线用细实线绘制（也可以省略不画）。在剖视图中，齿根线用粗实线绘制，并不能省略。当剖切平面通过齿轮轴线时，轮齿一律按不剖绘制。单个齿轮的画法如图 6-7 所示。

2）一对齿轮啮合的画法。一对齿轮的啮合图，一般可以采用两个视图表达，在垂直于圆柱齿轮轴线的投影面的视图中（反映为圆的视图），啮合区内的齿顶圆均用粗实线绘制，分度圆相切，如图 6-8b 所示。也可用省略画法如图 6-8d 所示。在不反映圆的视图上，啮合区的齿顶线不需画出，分度线用粗实线绘制，如图 6-8c 所示。采用剖视图表达时，在啮合区内将一个齿轮的齿顶线用粗实线绘制，另一个齿轮的轮齿被遮挡，其齿顶线用虚线绘制，也可省略不画，如图6-8a所示。

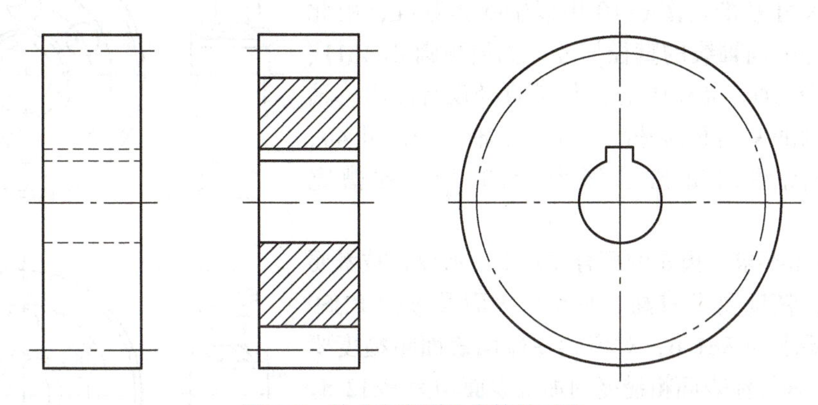

图6-7　单个直齿圆柱齿轮的画法

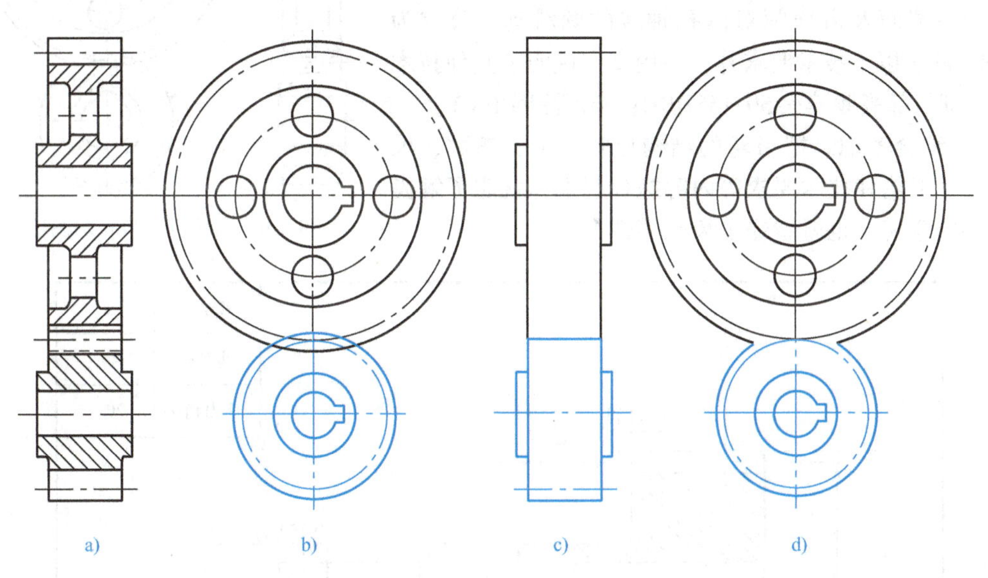

图6-8　直齿圆柱齿轮的啮合画法

（4）斜齿圆柱齿轮的规定画法　斜齿圆柱齿轮的轮齿在一条螺旋线上，螺旋线和轴线的夹角称为螺旋角。斜齿轮的画法和直齿轮相同，当需要表示螺旋线的方向时，可用三条与齿向相同的细实线表示，如图6-9所示。

2. 识读直齿圆柱齿轮零件图

图6-10所示为减速器直齿圆柱齿轮零件图，具体读图过程如下：

1）看标题栏。从标题栏可知，该零件叫齿轮，属于轮盘类零件，材料为40Cr，比例为2∶1。根据零件的名称分析它的功用，主要用于传递转矩。总览零件概貌，其最大直径为84，厚度为40，属于较小的零件。

2）看各视图。该齿轮结构较为简单，用了主视图和一个局部视图来表达其结构。为了表达零件的内部结构，主视图采用全剖视图；局部视图只是画出键槽部分，用于更清晰地表达键槽结构。图右上角表中列出了齿轮的几个重要参数：齿数 $z=40$、模数 $m=2$、

压力角 $\alpha=20°$。

3）看尺寸标注。齿轮为回转体，一般以轴孔的轴线作为径向尺寸基准。图 6-10 中以轴线为基准，由此注出齿轮各部分同轴线的直径尺寸，如齿顶圆 ϕ84h11、分度圆 ϕ80 及 ϕ46、ϕ32H7，齿根圆直径没有注出。轴向尺寸以齿轮的左端面为基准，注出了轴向的尺寸 40、28。局部视图注出键槽槽深为 $35.3^{+0.2}_{0}$、键槽宽为 10JS9。

4）看技术要求。齿轮的配合面较少，所以在技术要求上较简单，精度要求较高。对轮齿表面及键槽 10JS9 表面粗糙度要求为 *Ra*1.6；对齿轮左端面表面粗糙度要求为 *Ra*3.2；未标注表面粗糙度的加工表面均为 *Ra*12.5。对 ϕ84h11、ϕ32H7、槽深 $35.3^{+0.2}_{0}$ 有尺寸公差的要求，齿轮的右端面及齿顶圆对内孔轴线的圆跳动，公差为 0.018。除了以上技术要求外，还用文字说明了其他技术要求，即齿部高频淬火 50～55HRC；未标注倒角 *C*1。

5）综合考虑。把齿轮的结构形状、主要参数、尺寸标注、工艺和技术要求等内容综合起来，就能了解齿轮零件的全貌，也就看懂了齿轮零件图。

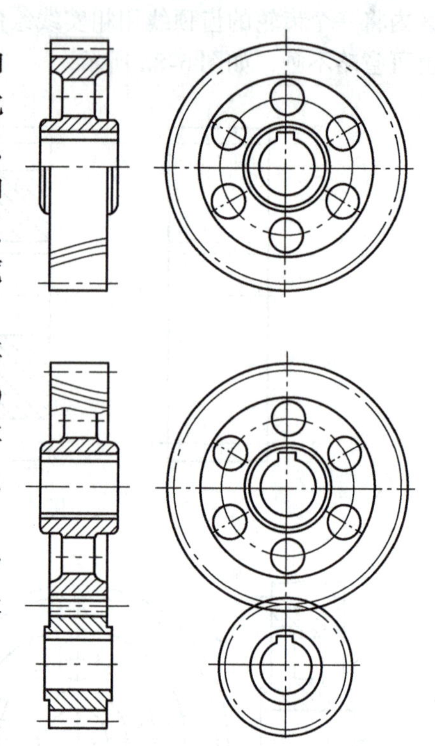

图 6-9 斜齿圆柱齿轮的画法

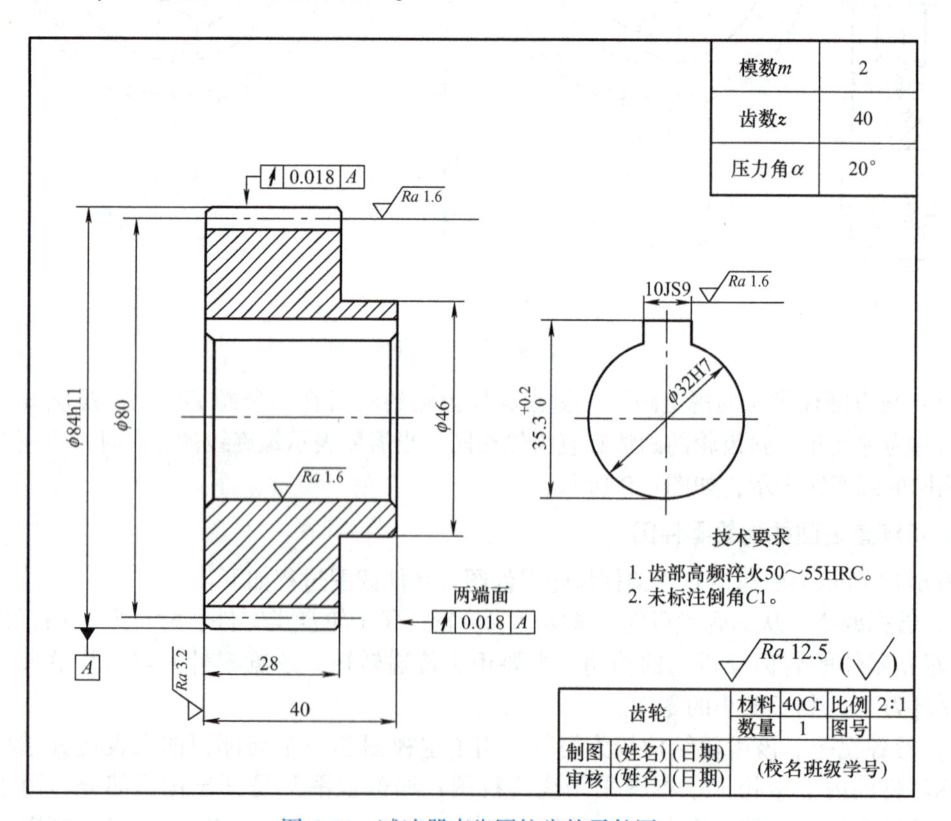

模数m	2
齿数z	40
压力角α	20°

齿轮			材料	40Cr	比例	2:1
			数量	1	图号	
制图	(姓名)	(日期)	(校名班级学号)			
审核	(姓名)	(日期)				

图 6-10 减速器直齿圆柱齿轮零件图

6.2 端盖和直齿圆柱齿轮零件图绘制

知识目标：

1. 掌握端盖和直齿齿轮零件图的绘制方法。
2. 掌握全剖视图和局部放大图的绘制。
3. 掌握尺寸及公差标注。

技能目标：

学会绘制端盖和直齿齿轮的零件图。

6.2.1 端盖零件图绘制

1. 端盖零件的视图表达

端盖零件图由主视图、左视图和局部放大图组成。多以加工位置为原则，轴线水平放置绘制主视图，通过全剖视图来表达主体结构的凸、凹情况和其上的轴孔、螺栓孔的内部结构。左视图表达的外形轮廓及螺栓孔等的分布情况。局部放大视图，对轴孔内部等部分结构进行详细表达并标注。端盖零件图如图 6-11 所示。

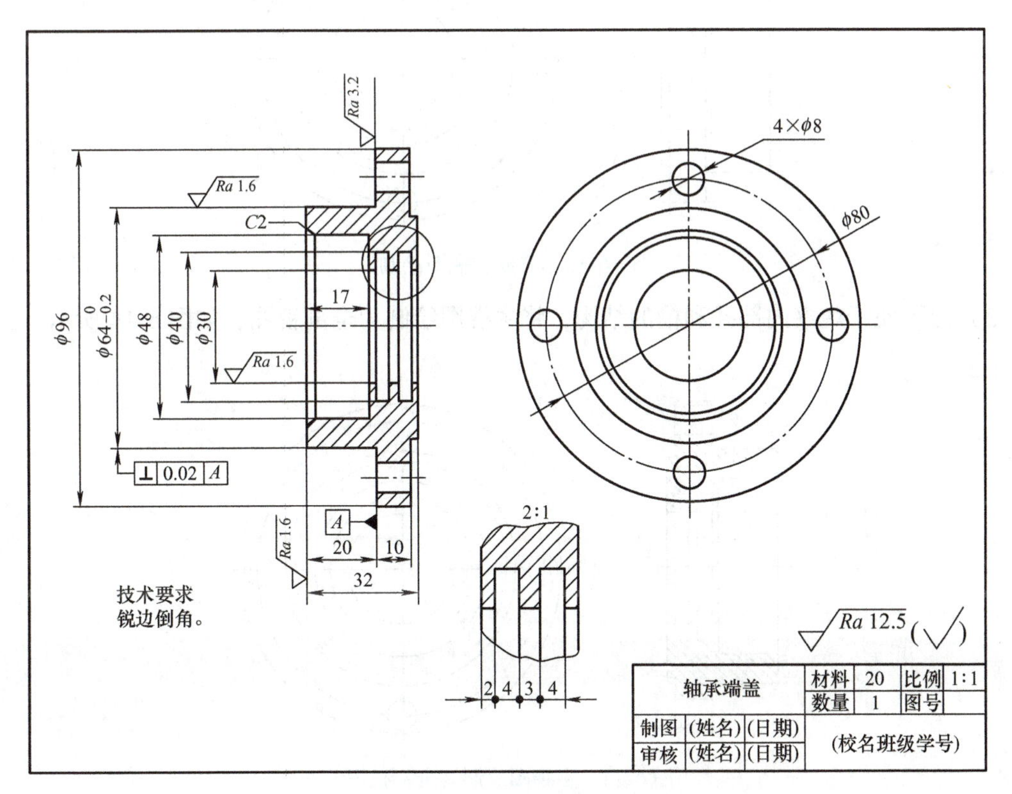

图 6-11 端盖零件图

2. 端盖零件图绘制步骤

(1) 尺寸分析

1) 定位尺寸：17、20、10、2、4、3、4、ϕ80。

2) 定形尺寸：ϕ8、ϕ30、ϕ40、ϕ48、ϕ64、ϕ96、32。

(2) 选择图幅，画底稿　根据端盖的尺寸知，端盖最大直径为ϕ96，总厚度为32，因此选择A4图纸，横向布置（A4图纸一般立式使用，为方便演示，横向布置。标题栏采用学生制图用标题栏），按照1∶1比例进行绘制。

1) 绘制主、左视图中心线和左视图，布局如图6-12所示。

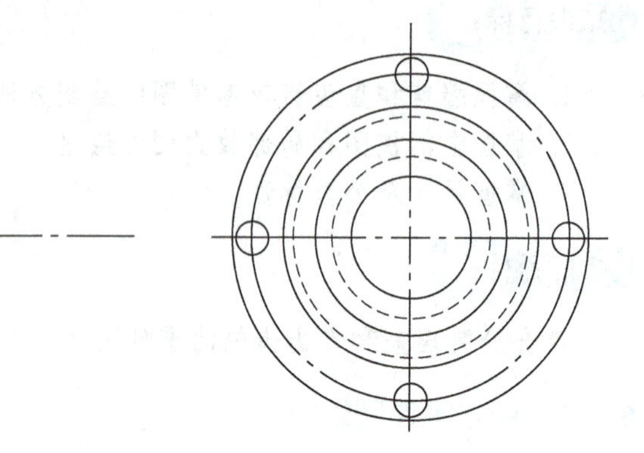

图6-12　绘制主、左视图中心线和左视图

2) 完成主视图绘制，如图6-13所示。

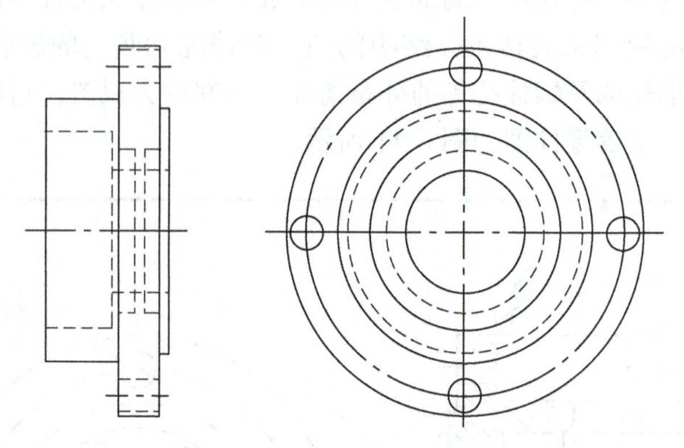

图6-13　完成主视图绘制

3) 为了便于观察内部孔和槽的结构，将主视图绘制为全剖视图，如图6-14所示。

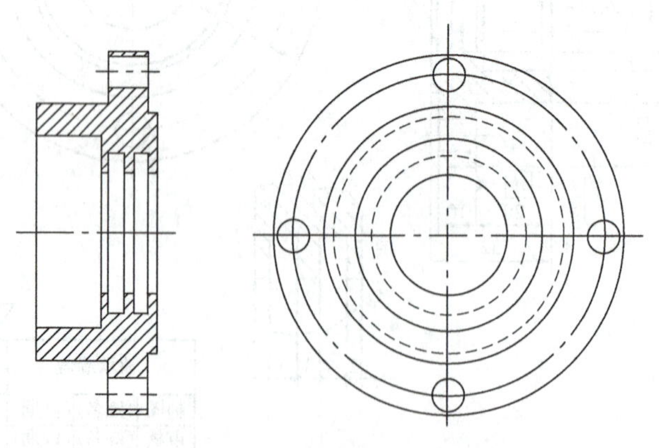

图6-14　主视图绘制为全剖视图

4）绘制倒角及局部放大图，局部放大图对轴孔内部等部分结构进行详细表达，如图6-15所示。

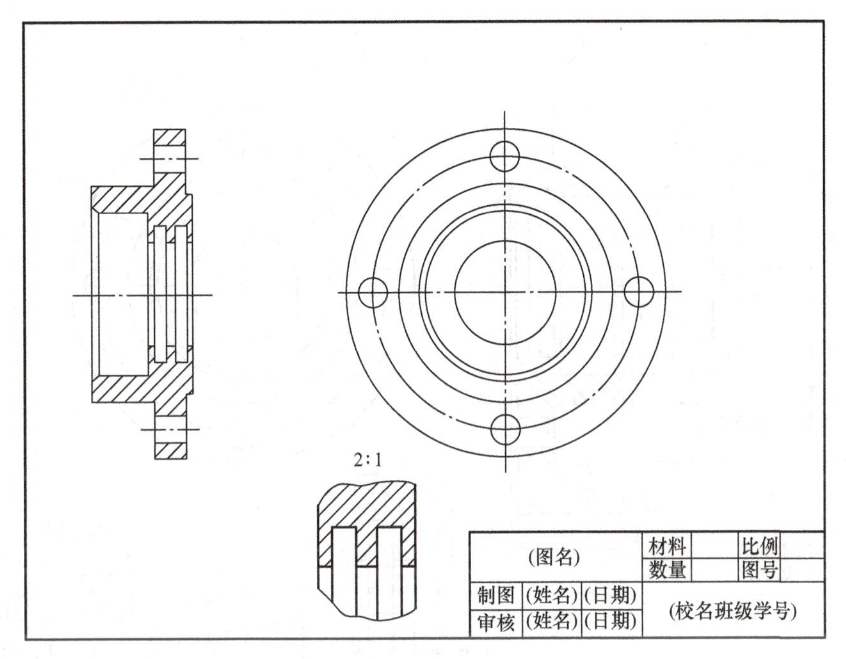

图6-15　绘制倒角及局部放大图

（3）标注，书写技术要求，完成图样

1）标注尺寸。径向尺寸以中心线为基准。轴向尺寸根据加工工艺定，主要尺寸以左端面为基准采用综合型尺寸配置。为方便观察轴孔内部特征，采用局部放大视图，尺寸标注为实际尺寸，与放大倍数无关。

2）标注尺寸公差。右端和中间装轴承处 $\phi64$ 为过渡配合，确定下极限偏差为 -0.2，上极限偏差为0。

3）标注表面粗糙度。与箱体孔配合处选 $Ra1.6$，端面配合处选 $Ra3.2$，其余 $Ra12.5$ 等。

4）写技术要求　锐边倒角处理。

5）检查无误后，将粗实线加粗描深如图6-16所示。

6.2.2　直齿圆柱齿轮零件图绘制

1. 尺寸分析

1）定位尺寸：28、40、35.3。

2）定形尺寸：$\phi80$、$\phi84$、$\phi32$、$\phi46$。

2. 选择图幅，画底稿

直齿圆柱齿轮齿顶圆直径为 $\phi84$（计算出），总厚度为40，因此选择A4图纸，横向布置（A4图纸一般立式使用，为方便演示，横向布置。标题栏采用学生制图用标题栏），按照1∶1比例进行绘制。

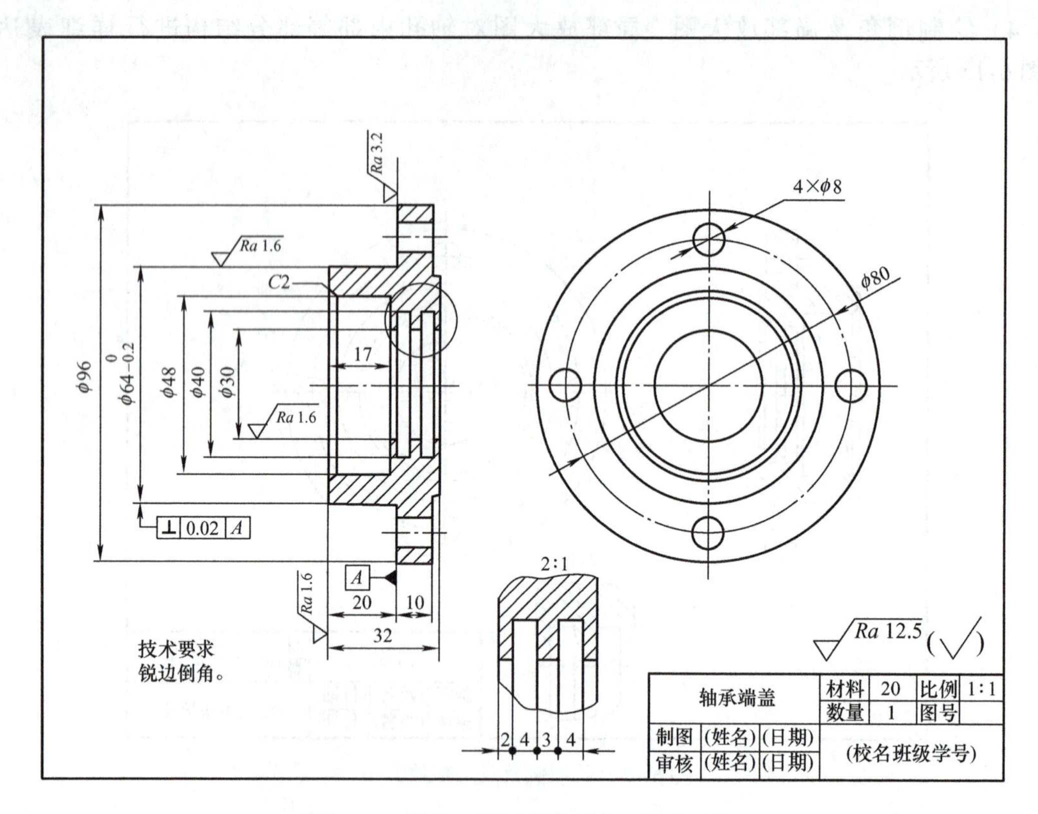

图 6-16　标注，书写技术要求，完成图样

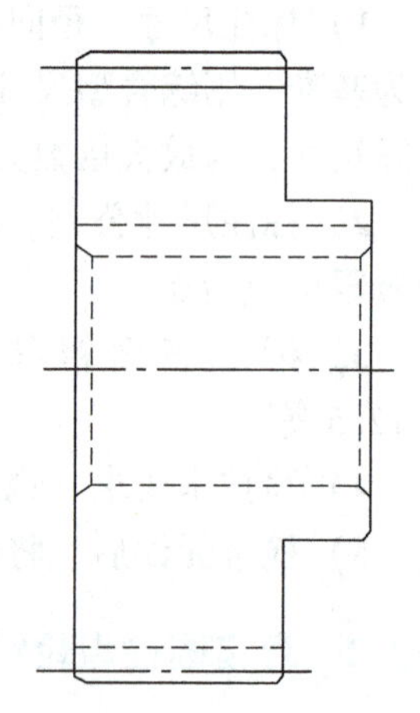

图 6-17　绘制主视图

1）布置视图，绘制主视图和键槽孔的局部视图的中心线如图 6-18 所示。然后绘制主视图，根据已知直齿圆柱齿轮的模数 $m = 2\text{mm}$，齿数 $z = 40$ 分别计算分度圆直径 $d = mz = 80\text{mm}$，齿顶圆直径 $d_a = m(z + 2h_a^*) = 2 \times (40 + 2)\text{mm} = 84\text{mm}$ 和齿根圆直径 $d_f = m(z - 2h_f^*) = 2 \times (40 - 2 \times 1.25) = 75\text{mm}$，主视图如图 6-17 所示。

2）将主视图绘制为全剖视图，并绘制局部视图，其中孔径为 $\phi32$，查询标准 GB/T 1095—2003 确定键槽尺寸，如图 6-18 所示。

3. 标注，书写技术要求，完成图样

1）标注尺寸。径向尺寸以中心线为基准。轴向尺寸根据加工工艺定，主要尺寸以左端面为基准采用综合型尺寸配置。键槽的尺寸标注在局部视图上。

2）标注尺寸公差。轴孔采用基孔制 H7，键槽采用过渡配合，公差 JS9。

3）标注表面粗糙度。齿面啮合要求较高，选 $Ra1.6$，轴孔和键槽配合处选 $Ra1.6$，齿轮端面选用 $Ra3.2$，其余 $Ra12.5$ 等。

4）写技术要求。齿面及两端面以轴线为基准，圆跳动公差值为 0.018。齿部高频淬火到达硬度为 50～55HRC，保证齿轮齿部的强度，未标注的倒角为 $C1$。

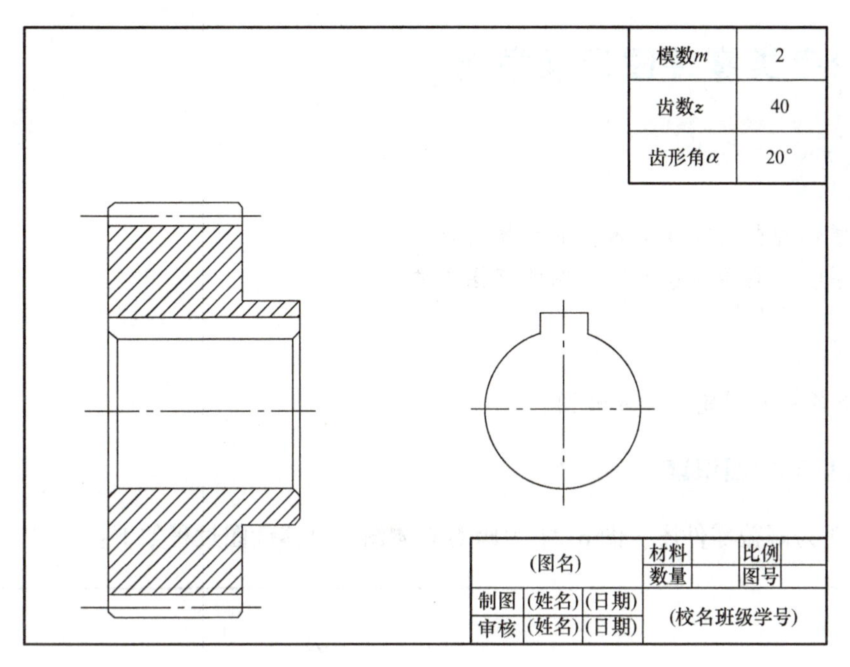

图 6-18　完成主视图绘制

5）检查无误后，将粗实线加粗描深如图 6-19 所示。

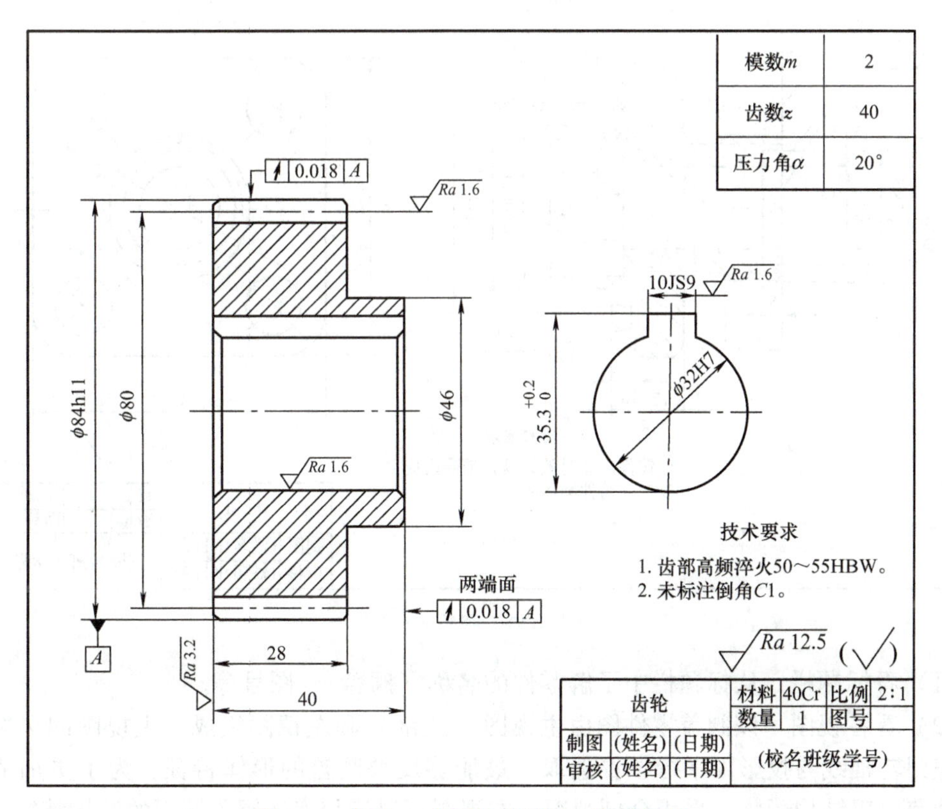

图 6-19　标注，书写技术要求，完成图样

6.3 轮盘类零件图识读举例

知识目标：

1. 掌握各种典型轮盘类零件的结构特点。
2. 掌握各种典型轮盘类零件图的读图方法。

技能目标：

学会读各种典型轮盘类零件图。

6.3.1 阀盖零件图识读

图6-20为阀盖零件图，图6-21为阀盖立体图，具体读图过程如下：

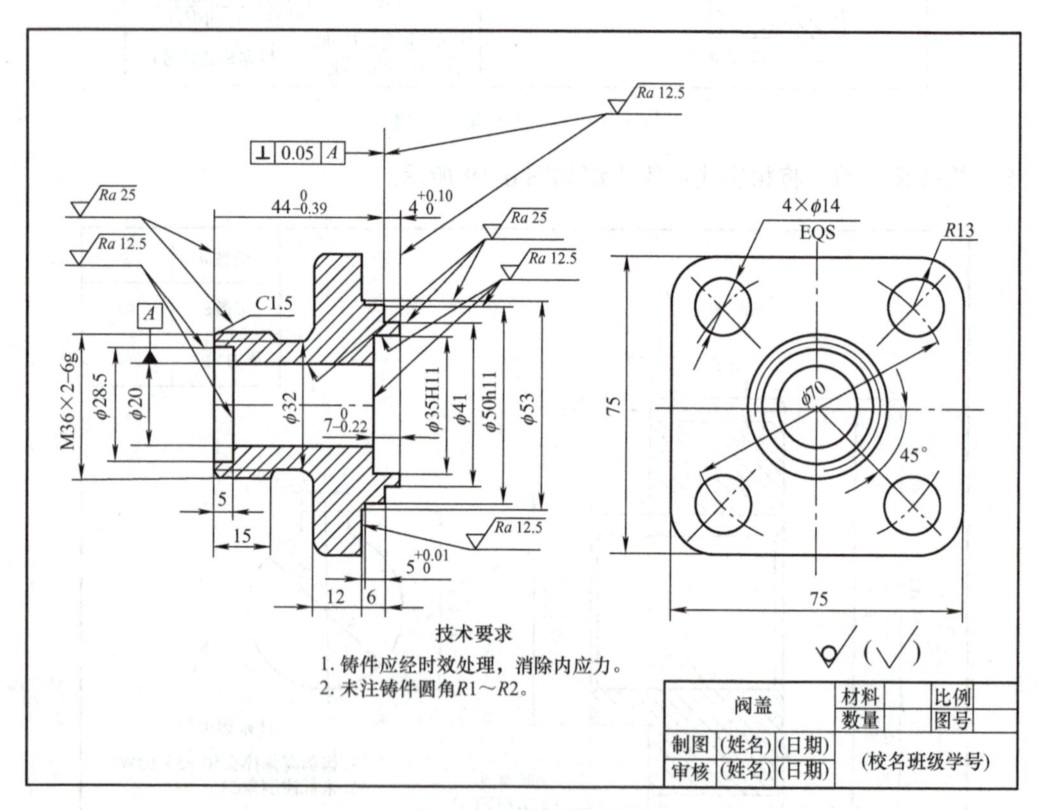

图6-20 阀盖零件图

(1) 看标题栏　从标题栏中了解零件的名称（阀盖）、图号等。

(2) 看各视图　该阀盖零件图由主视图（全剖）和左视图组成。主视图的选取是按照阀盖回转轴线与投影面平行位置选取，最能够反映阀盖的形体特征，为了更加清楚地表示阀盖内部结构形状，采用全剖视图；左视图可以清楚表达阀盖端面的结构特征。

(3) 看尺寸标注　首先找出零件长度方向和径向尺寸基准，然后从基准出发，找出主要尺寸，再用形体分析法分析其定形尺寸、定位尺寸。该零件标注尺寸的基准：长度方向以右端面第一个凸台为主要基准，注出的定形尺寸有 $4^{+0.10}_{0}$、$44^{0}_{-0.39}$、$5^{+0.01}_{0}$、$7^{0}_{-0.22}$、6、12。以左端面为次要尺寸基准，注出的定形尺寸有5、15；阀盖径向以回转中心线为尺寸基准，注出的定形尺寸有 ϕ53、ϕ50h11、ϕ41、ϕ35H11、ϕ32、ϕ20 和 ϕ28.5，螺纹尺寸是 M36×2－6g；左侧倒角45°，宽度1.5；左视图显示阀盖定形尺寸有75；圆孔定形尺寸4×ϕ14，定位尺寸 ϕ70；倒圆角半径 R13。

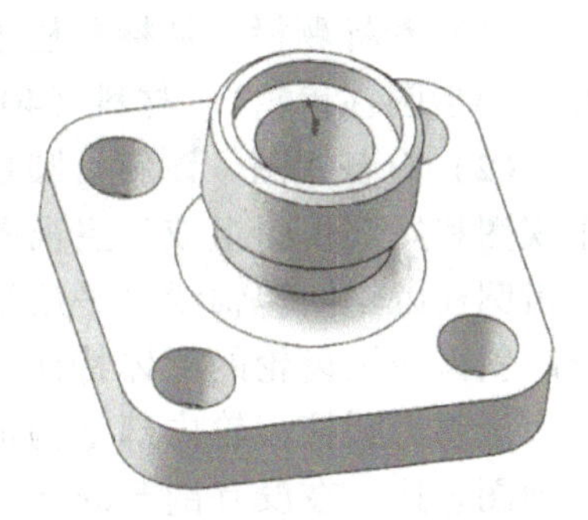

图 6-21　阀盖立体图

（4）看技术要求　表面粗糙度标出的部分为 Ra12.5 和 Ra25。基准 A 为阀盖内孔轴线，右端阶梯面相对于基准 A 的垂直度公差为0.05。根据设计要求，铸件应经时效处理，目的是消除内应力；未标注铸造圆角半径 R1～R2。

（5）综合考虑　把零件的结构形状、尺寸标注、工艺和技术要求等内容综合起来，就能了解零件的全貌，也就看懂了零件图。

6.3.2　斜齿圆柱齿轮零件图识读

图6-22为斜齿圆柱齿轮零件图，图6-23为斜齿圆柱齿轮实体图，具体读图过程如下：

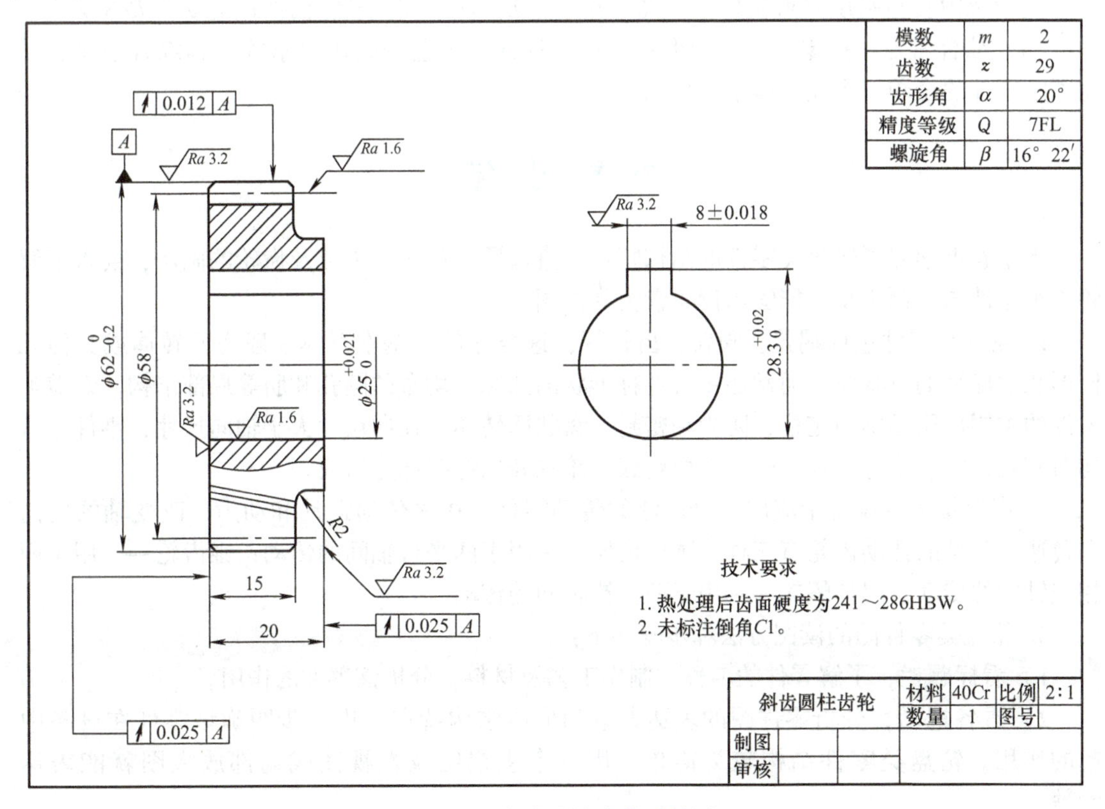

图 6-22　斜齿圆柱齿轮零件图

（1）看标题栏　从标题栏中了解零件的名称（斜齿圆柱齿轮）、材料（40Cr）等。

（2）看各视图　该斜齿圆柱齿轮零件图由主视图和局部视图组成。主视图的选取是按照斜齿圆柱齿轮回转轴线水平放置选取，最能够反映斜齿圆柱齿轮的形体特征。为了更加清楚地表示斜齿圆柱齿轮内部结构形状，采用局部剖视图表达。在没有剖开的部分画三条平行的斜线，以表示斜齿齿轮，局部视图可以清楚表达斜齿圆柱的键槽宽度及深度尺寸。

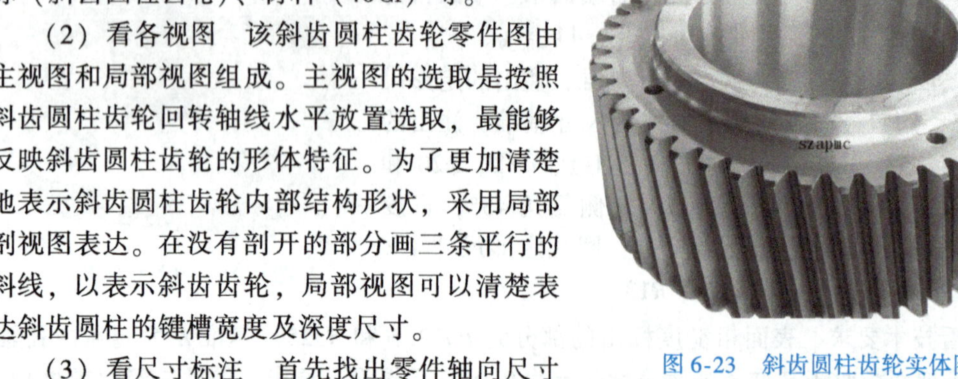

图 6-23　斜齿圆柱齿轮实体图

（3）看尺寸标注　首先找出零件轴向尺寸基准和径向尺寸基准，然后从基准出发，找出主要尺寸，再用形体分析法分析其定形尺寸、定位尺寸。该零件标注尺寸的基准：斜齿圆柱齿轮径向以回转中心线为基准，注出的定形尺寸有 $\phi62_{-0.2}^{\ 0}$、$\phi25_{\ 0}^{+0.021}$、$\phi58$；轴向以左端面为基准，齿轮宽度 15，轮辐宽度 20；轮辐圆角半径尺寸 $R2$。

右上角参数表表示：斜齿圆柱齿轮模数 2、齿数 29、齿形角 20°、螺旋角 16°22′，精度等级 7FL。

（4）看技术要求　根据设计要求，热处理后齿面硬度 241～286HBW，未标注倒角为 $C1$。齿面及内孔粗糙度要求较高，为 $Ra1.6$，齿顶及两个端面和键槽处粗糙度为 $Ra3.2$。

（5）综合考虑　把零件的结构形状、尺寸标注、工艺和技术要求等内容综合起来，就能了解零件的全貌，也就看懂了零件图。

本 章 小 结

本章着重学习了轮盘类零件的结构特点、直齿圆柱齿轮的参数及齿轮的画法，要求了解轮盘类零件图绘制步骤，能够识读轮盘类零件图。

1. 轮盘类零件包括端盖、阀盖、齿轮等，这类零件的基本形体一般为回转体或其他几何形状的扁平的盘状体，通常还带有各种形状的凸缘、均布的圆孔和肋等局部结构。盘盖类零件的主要作用是轴向定位、防尘和密封。盘状回转体，径向尺寸大于轴向尺寸，零件上常均布有孔、肋、槽等结构。轮一般由轮毂、轮辐和轮缘三部分组成。

2. 齿轮是机器设备中应用十分广泛的传动零件，用来传递运动和动力，改变轴的旋向和转速。常见的传动齿轮有三种：圆柱齿轮——用于两平行轴间的传动；锥齿轮——用于两相交轴间的传动；蜗杆蜗轮——用于两交错轴间的传动。

3. 轮盘类零件图的读图方法和步骤如下：

1）看标题栏，了解零件的名称，制作工艺及材料，分析该零件的作用。

2）看各视图，分析零件图的表达方案和形体结构特点，进一步明确该零件在设备中起的作用。轮盘类零件结构较为简单，用一个主视图及左视图或局部放大图就能表达清楚。

3）看尺寸标注，多数轮盘类零件的主体部分是回转体，径向（宽度和高度方向）通常以轴孔的轴线作为尺寸基准，轴向（长度方向）通常以重要端面作为尺寸基准。

4）看技术要求，分析其精度要求、结构加工工艺要求。轮盘类零件配合面较少，所以在技术要求上较简单。

5）综合考虑，通过看图分析，对轮盘类零件的作用、结构形状、尺寸分析及加工中的主要技术指标要求，得出轮盘类零件的总体印象。

4. 掌握轮盘类零件中端盖和直齿圆柱齿轮零件图的绘图要求、步骤及注意事项。

5. 列举了阀盖、斜齿圆柱齿轮等轮盘类零件图识读方法和步骤，以进一步熟练掌握此类零件图识读方法。

第7章　叉架类零件图绘制与识读

本章学习目标

掌握叉架类零件的结构特点，了解叉架类零件图的绘制步骤，会读叉架类零件图。具有认真细致的工作作风，一定的沟通协调能力和团队合作精神。

7.1　叉架类零件图识读

知识目标：

1. 掌握叉架类零件的结构特点。
2. 掌握叉架类零件图的读图方法。

技能目标：

学会读叉架类零件图。

7.1.1　叉架类零件的特点及分类

1. 叉架类零件介绍

叉架类零件一般形状比较复杂且不规则，多数是先由铸造或模锻制作成毛坯，然后再经过机械加工而成，因而具有铸造圆角、凸台、凹坑、叉形结构、孔、槽和肋板等常见结构。叉架类零件在机械或设备中主要起连接、操作和支承作用。

2. 叉架类零件的分类及作用

叉架类零件包括支架、拨叉、支座、摇杆等，如图7-1所示。在各类叉架零件中应用较多的为拨叉和支架等。拨叉主要用在机床、内燃机等各种机器的操作机构上，起操纵、调速作用；支架主要起支承和连接作用。叉架类零件的形状结构按功能不同常分为三部分：工作部分、安装固定部分和连接部分。

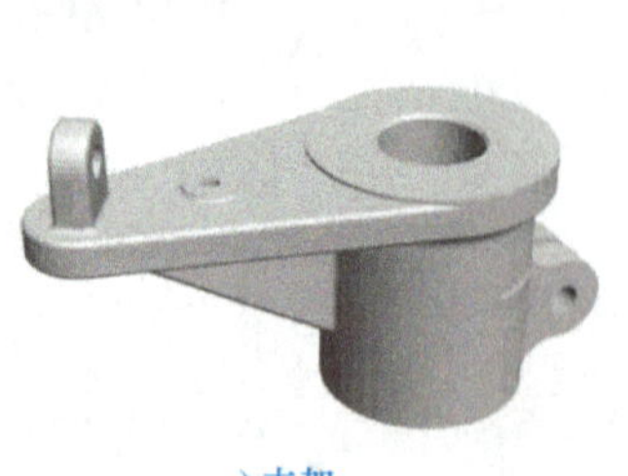

a) 支架

b) 拨叉

c) 支座

图7-1　叉架类零件实体图

7.1.2　叉架类零件图的识读

1. 叉架类零件图的特点

由于叉架类零件结构形状比较复杂，加工位置和加工方法也不止一种，有些零件工作位置也不固定，所以这类零件的主视图一般按工作位置原则和形状特征原则确定。叉架类零件图一般需要两个或两个以上基本视图，并且还需配有适当的局部视图、断面图、斜视图等表达方法来表达零件的凹坑、凸台、肋板、倾斜结构等。

2. 读叉架类零件图实例（如图 7-2 所示）

识读叉架类零件图的基本方法仍然要遵从由整体到局部的原则，用形体分析法和线面分析法研究零件的结构和尺寸，识读零件图是在组合体识图的基础上增加零件的精度分析、结构工艺性分析等。

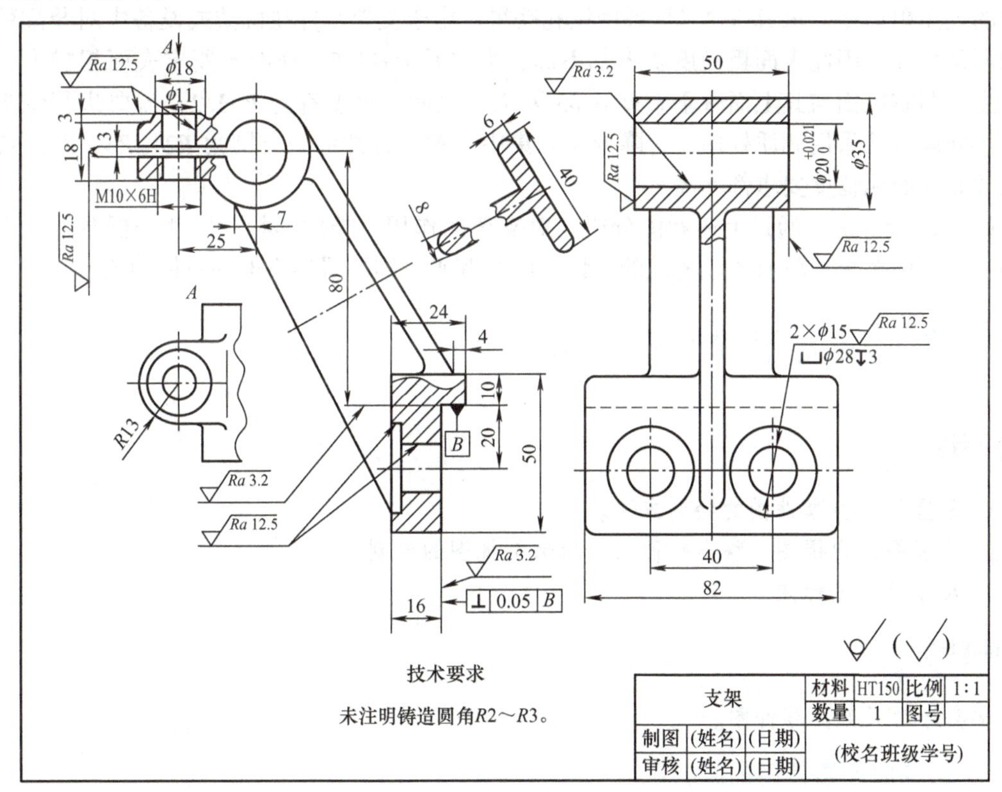

图 7-2　支架

图 7-2 所示支架零件图的具体读图方法和步骤如下：

（1）看标题栏　从标题栏可知，该零件叫支架，属于叉架类零件，材料为 HT150 钢，铸造而成，比例为 1:1。根据零件的名称分析它的功用，该零件在机械或设备中主要起连接和支承作用。由尺寸可知，此支架属于较小的零件。

（2）看各视图　分析表达方案和形体结构。表达方案由主视图、左视图、局部视图、局部剖视图和移出断面图组成。选择工作位置作为主视方向，从主视图中可清晰看出它的工作、支承和连接三部分的形状特征和相对位置。支架的左上方圆筒部分是工作部分，用于支承 ϕ20 的轴；圆筒左边开槽，并具有带凸缘的通孔和螺孔，以便装入螺钉后可以将轴夹紧在支架的圆筒孔内。凸缘形状采用 A 向局部视图来表达。支架的右下部分是支承部分，板的右下方相互垂直的加工面为其安装面，板上的两个 $\phi15$ 孔为安装孔，孔周边加工成 $\phi28$ 深3的凹坑，用来安装支承螺钉头部或螺母之用。由于工作部分的圆筒处在安装部分的左上方，因此支承部分、工作部分之间用向左上方倾斜的T形肋板连接，截面T形形状可以从移出断面图看出。

（3）看尺寸标注　按形体分析法找出各组成部分的定形尺寸、定位尺寸。支架在长度方向的尺寸基准为右端面，标注的定形尺寸有16，定位尺寸有25、4等。支架在高度方向的尺寸基准为 B 面，定位尺寸有80、20、3等。夹紧螺孔 $\phi11$，由于它与安装面之间没有什么要求，考虑到加工和测量方便，可选 $\phi20$ 孔的中心作为辅助基准标注定位尺寸25。由于左视图是对称的，支架在宽度方向的尺寸基准为对称中心线，标注的定形尺寸有50、82等，定位尺寸有40。支架上圆筒的尺寸基准为轴线，定形尺寸为 $\phi20$、$\phi35$，支架上一内螺纹安装孔M10×6H，已直接注出。

（4）看技术要求　支架上圆筒结构上的孔 $\phi20$ 有配合要求，尺寸精度较高，相应的内表面的表面粗糙度要求 $Ra3.2$，可采用铰孔获得。由于支架零件在机械或设备中对装配精度要求不是很高，因此表面粗糙度要求都不高，大多是 $Ra12.5$，还有不要求表面粗糙度的地方。主视图右端面与其上面有垂直度0.05要求，表面粗糙度都为 $Ra3.2$，需要进行铣削加工。热处理方法采用调质处理，为降低应力集中，对未标注的地方圆角 $R2\sim R3$，对过渡圆角尺寸和表面粗糙度要求都不高。

（5）综合考虑　通过上述看图分析，对支架的作用、结构形状、尺寸分析及加工中的主要技术指标要求，就有了较清楚的认识。综合起来，即可得出支架的总体印象。

7.2 底座及支架零件图绘制

知识目标：

1. 掌握叉架类零件图的绘制方法。
2. 三视图、向视图、移出断面图和局部剖视图的绘制。
3. 尺寸及公差标注。

技能目标：

学会绘制叉架类零件图。

7.2.1 轴承底座零件图的绘制

1. 结构特点及视图表达

轴承底座零件由底板、支撑板、肋板及轴承座组成，其结构简单。采用基本三视图来表达其结构特征，其中选取结构特征多的视图为主视图。绘图时采用由上至下或由下至上，逐一绘制各组成结构视图。轴承底座零件图如图7-3所示。

2. 轴承底座零件图绘制步骤

（1）尺寸分析

1）定位尺寸：72、84、42。

2）定形尺寸：$\phi58$、$\phi36$、$\phi20$、$R18$、52、120、60。

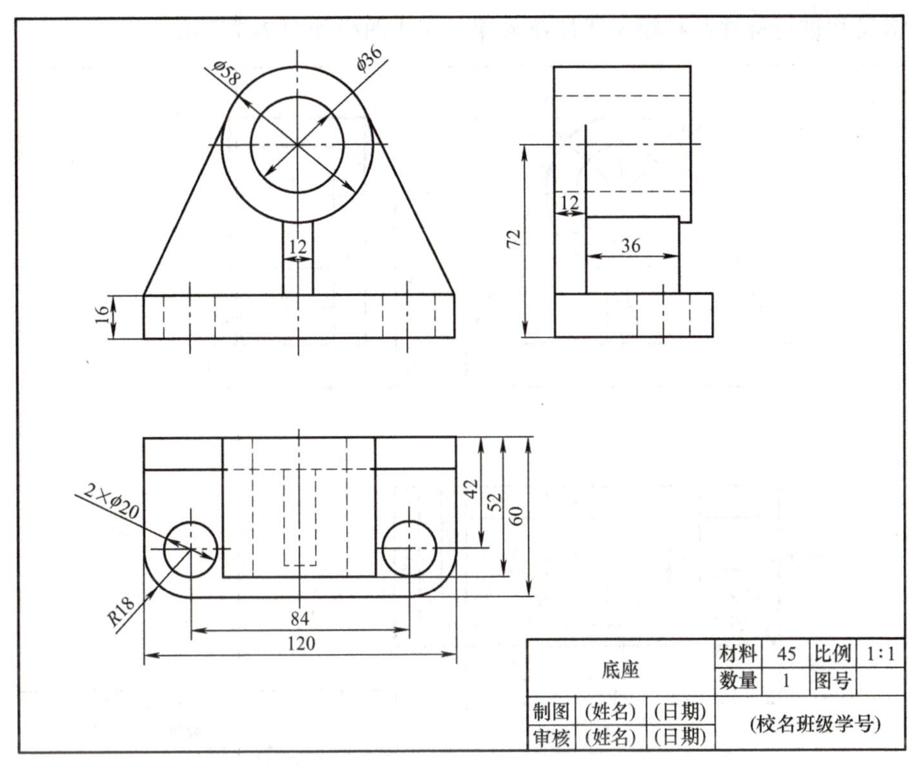

图 7-3　轴承底座零件图

（2）选择图幅，画底稿　根据轴承底座的尺寸知，其高为 101，长为 120，宽为 60，因此选择 A4 图纸，横向布置（A4 图纸一般立式使用，为方便演示，横向布置。标题栏采用学生制图用标题栏），按照 1:1 比例进行绘制。

1）绘制三视图中心线，布局如图 7-4 所示。

2）由上至下依次完成各组成部件的三视图，绘制时每部件都要结合三视图绘制，如图 7-5 所示。

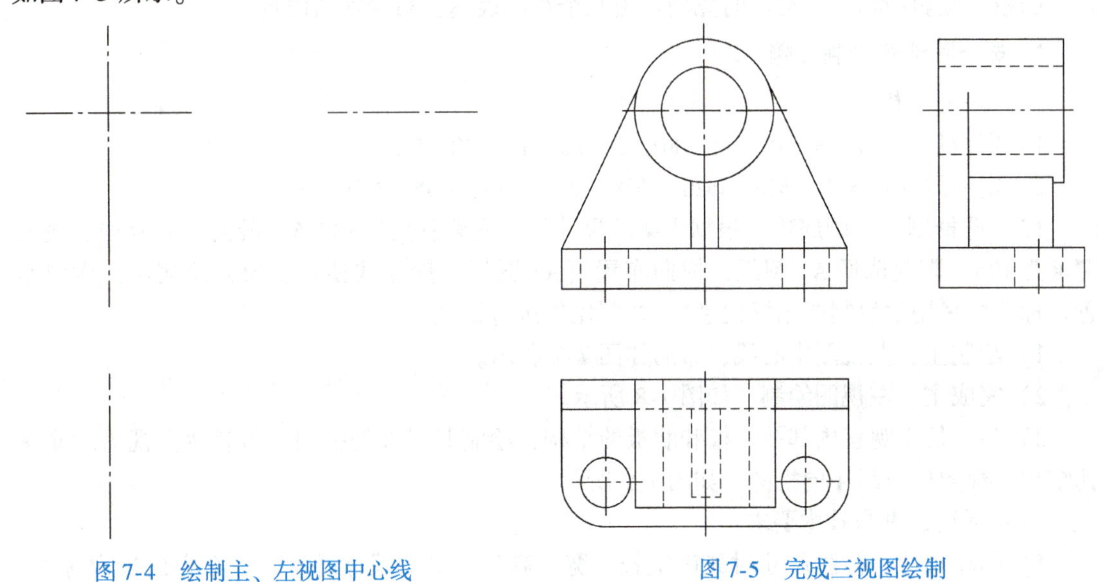

图 7-4　绘制主、左视图中心线

图 7-5　完成三视图绘制

3）将尺寸进行标注并将粗实线加粗描深，完成图样如图7-6所示。

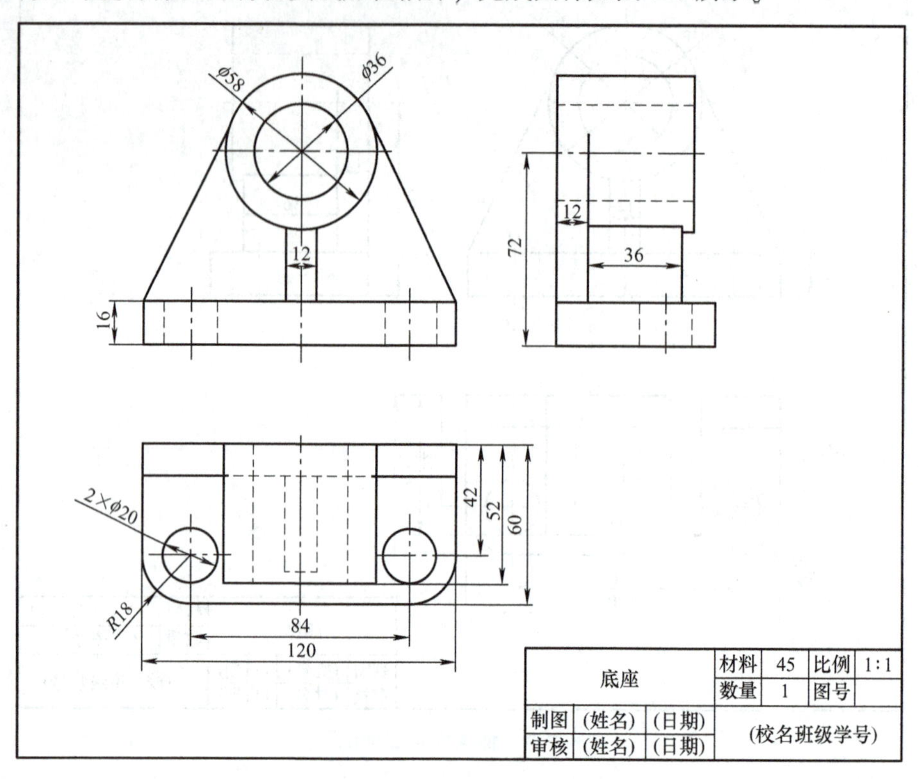

图7-6 标注、加粗描深完成图样

7.2.2 支架零件图绘制

1. 支架零件的视图表达

取两个基本视图，并配用局部视图、断面图、斜视图等表达方法来表达零件的凹坑、凸台、肋板、倾斜结构等。绘制时先确定由几个视图表达，布置视图位置。

2. 支架零件图绘制步骤

（1）尺寸分析

1）定位尺寸：7、3、18、25、80、5、20、10、40、8。

2）定形尺寸：ϕ11、ϕ18、ϕ20、ϕ28、ϕ15、50、ϕ35、M10、R13。

（2）选择图幅，画底稿　根据支架的尺寸知，支架总高为137.5，最大长度为82，最大宽度为106，因此选择A4图纸，横向布置（A4图纸一般立式使用，为方便演示，横向布置。标题栏采用学生制图用标题栏），按照比例进行绘制。

1）绘制主、左视图中心线，布局如图7-7所示。

2）完成主、左视图绘制，如图7-8所示。

3）为了便于观察内部孔、槽和肋板的结构，绘制其局部剖视图，为表达主视图左侧螺孔结构，特增加局部A向视图，如图7-9所示。

（3）标注，书写技术要求

1）标注尺寸。标注尺寸时先确定长、宽、高三个方向尺寸基准，三个方向依次标注，

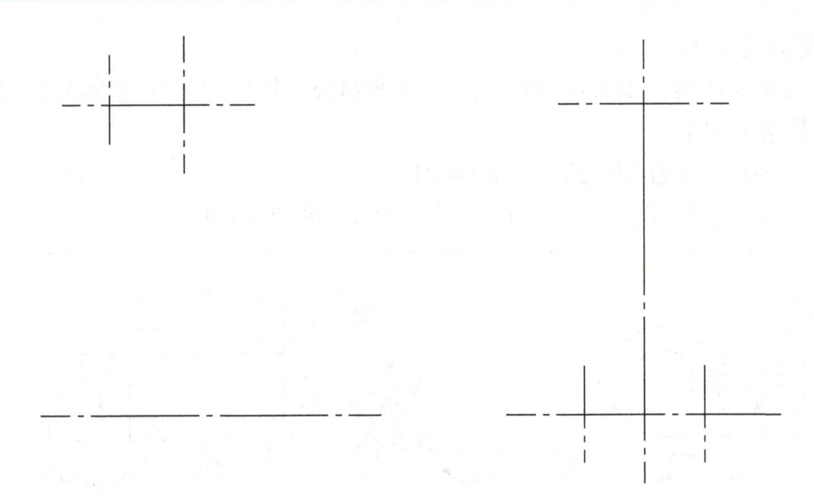
图 7-7　绘制主、左视图中心线

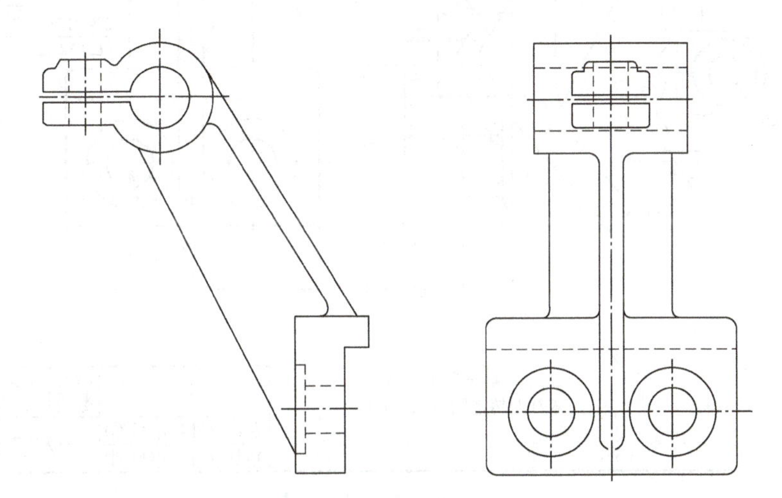
图 7-8　完成主视图左视图绘制

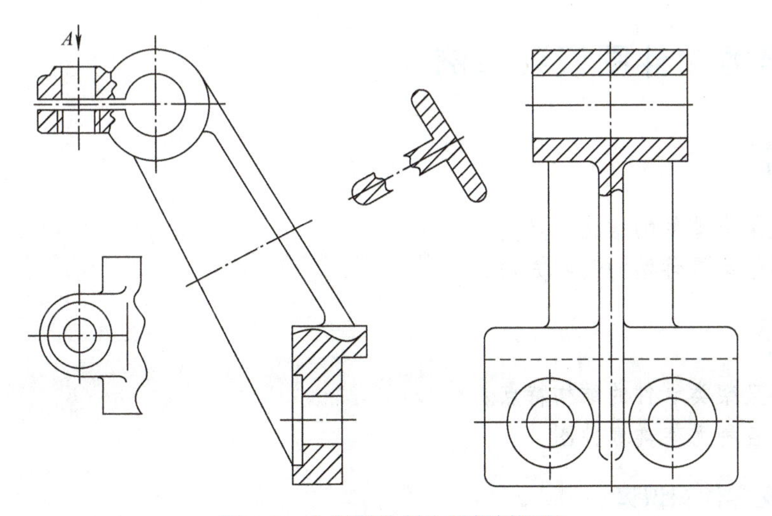

图 7-9　主视图绘制为局部剖视图

以免漏掉必要的尺寸。

2）标注表面粗糙度。支架底座作为加工基准部分，铣床加工处选 *Ra*3.2，钻床加工处选 *Ra*12.5，其余不加工。

3）写技术要求。未注明铸造圆角 *R*2 ~ *R*3。

4）检查无误后，将粗实线加粗描深，完成全图如图 7-10 所示。

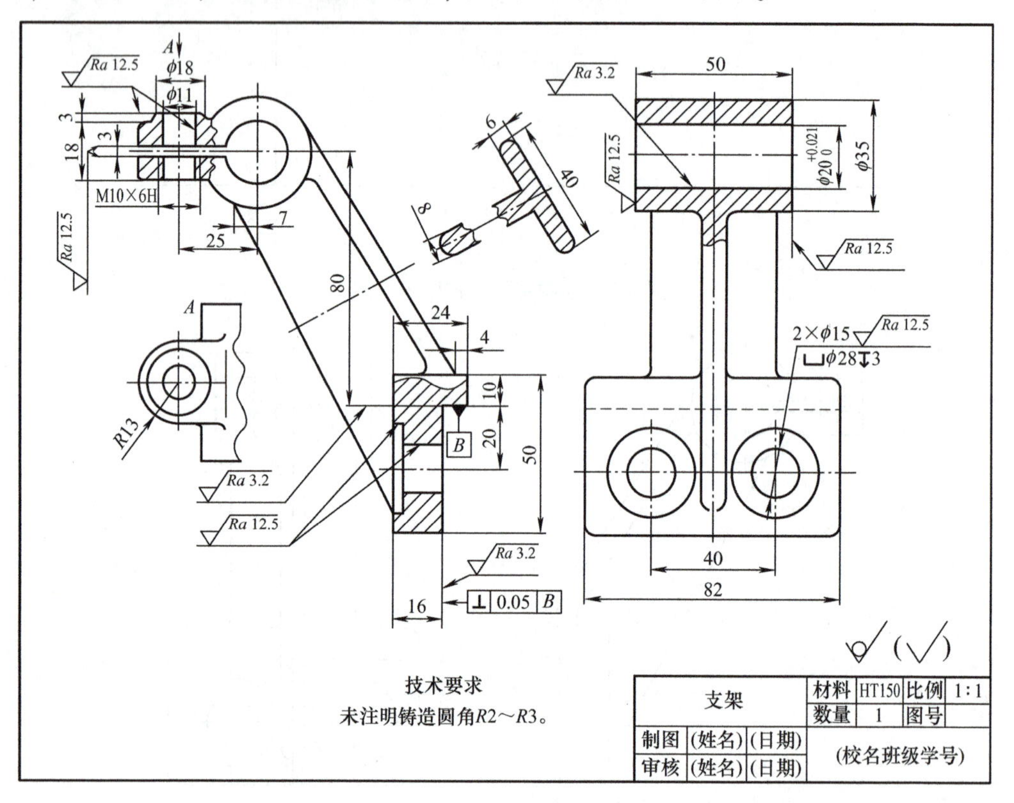

图 7-10 支架零件图

7.3 叉架类零件图识读

知识目标：

1. 掌握叉架类零件的结构特点。
2. 掌握叉架类零件图的读图方法。

技能目标：

1. 能说出叉架类零件的结构特点。
2. 学会读各种叉架类零件图。

7.3.1 轴承座零件图识读

图 7-11 所示为轴承座零件图，图 7-12 所示为轴承座立体图，具体读图过程如下：

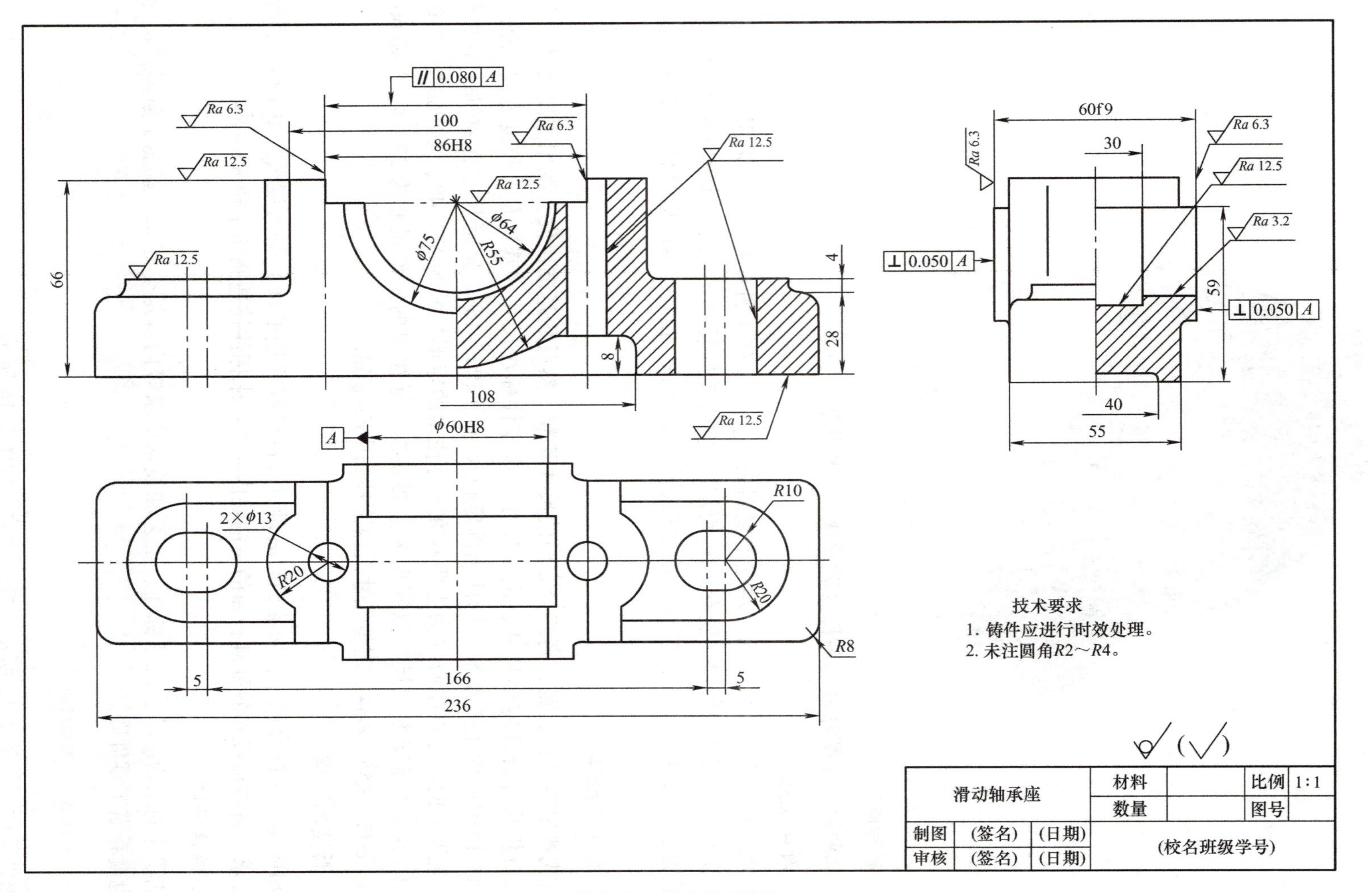

技术要求
1. 铸件应进行时效处理。
2. 未注圆角R2～R4。
滑动轴承座
材料
数量
比例 1:1
图号
制图 (签名) (日期)
审核 (签名) (日期)
(校名班级学号)

图 7-11　轴承座零件图

图 7-12 轴承座实体图

1. 看标题栏

从标题栏中了解零件的名称（轴承座）、比例等。

2. 看各视图

该轴承座零件图由主、俯、左三个视图表达。主、左视图左右对称，采用半剖视图表达，这样既能看到外部形状又能看出内部结构，主视图的投射方向按照轴承座的摆放位置选取，最能够反映轴承座形体特征。再配以俯视图，能更加清楚地反应零件的位置与形体关系。

3. 看尺寸标注

首先找出零件长、宽、高三个方向的尺寸基准，然后从基准出发，找出主要尺寸，再用形体分析法分析其定形尺寸、定位尺寸。该零件标注尺寸的基准是：长度方向以轴承座内圆柱面中心为主要基准，标注出的定位尺寸有 100、166，定形尺寸有 86H8、108 和 236，；宽度方向尺寸以中心线为主要基准，标注出的定形尺寸为 55、40、30、60f9、$R10$、$R20$、$2\times\phi13$；高度方向尺寸以底面为主要基准，标注出的定形尺寸为 28、4、8 和 66、$\phi60$H8、$\phi75$、$R55$、$\phi64$。定位尺寸是内圆柱面中心高 58。

4. 看技术要求

86H8 是一个配合尺寸，两侧面与基准 A（内圆柱面中心线）平行度公差 0.080。根据设计要求，铸件应经时效处理，目的是消除内应力；未标注铸造圆角半径 $R2\sim R4$。

5. 综合考虑

把零件的结构形状、尺寸标注、工艺和技术要求等内容综合起来，就能了解零件的全貌，也就看懂了零件图。

7.3.2 摇杆零件图识读

摇杆零件图如图 7-13 所示，摇杆立体图如图 7-14 所示。

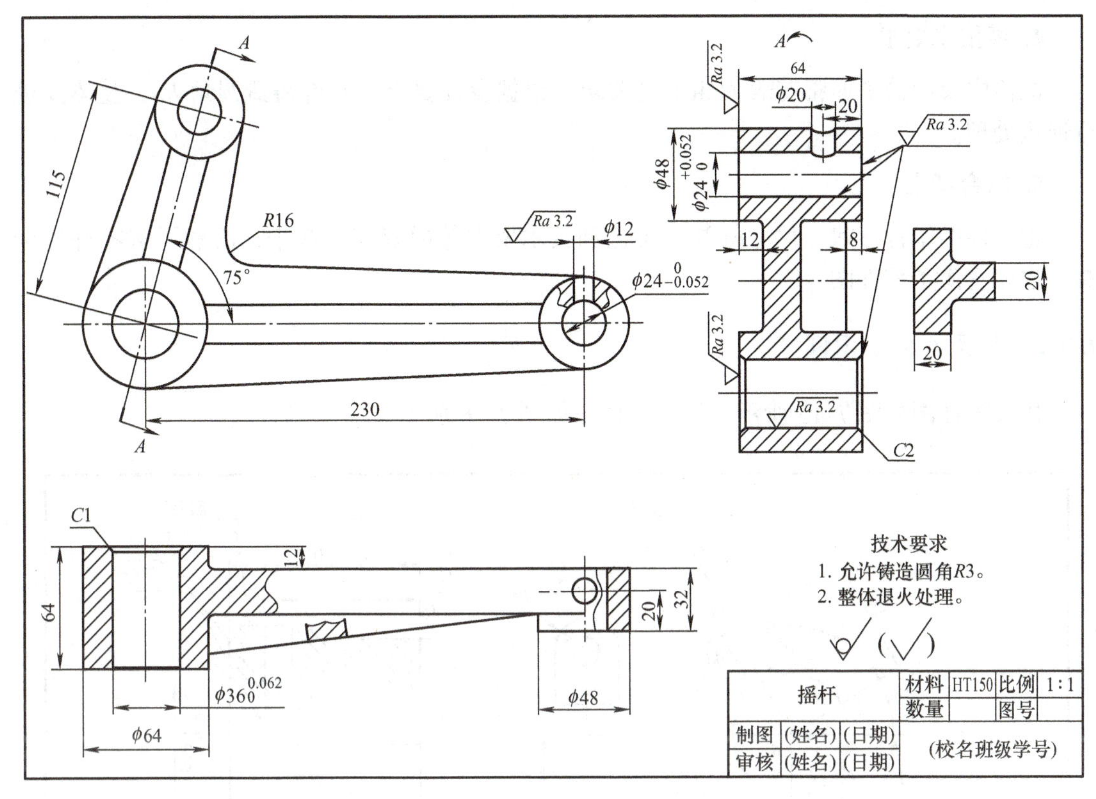

图 7-13 摇杆零件图

具体读图过程如下：

1. 看标题栏

从标题栏中了解零件的名称（摇杆）、比例（1∶1）、数量、材料（HT150）等，从材料来看是一个铸件。

图 7-14 摇杆立体图

2. 看各视图

该摇杆零件图由主视图、俯视图、左视图和断面图组成。主视图的选取是按照摇杆的工作位置选取，最能够反映摇杆形体特征；左视图采用全剖视图，以看清内部结构。俯视图采用局部剖视，图样最右侧是移出断面图，清楚表达零件断面的厚度及宽度尺寸。

3. 看尺寸标注

首先找出零件长、宽、高三个方向的尺寸基准，然后从基准出发，找出主要尺寸，再用形体分析法分析其定形尺寸、定位尺寸。该零件标注尺寸的基准是：长度方向以最左端圆筒的圆心为基准，从它注出的定位尺寸有230；定形尺寸有ϕ12、ϕ64、ϕ48、R16等。宽度方向以圆筒前端面为主要基准，从它注出的定形尺寸有8、64，定位尺寸有20。高度方向的基准是左边圆筒的中心线为基准，定形尺寸有ϕ48、ϕ24；定位尺寸有115、75°。

4. 看技术要求

圆筒内及圆筒断面都有表面粗糙度要求，根据设计要求，允许铸造圆角 $R3$，整体要进行退火处理。

5. 综合考虑

把零件的结构形状、尺寸标注、工艺和技术要求等内容综合起来，就能了解零件的全貌，也就看懂了零件图。

7.3.3 拨叉零件图识读

拨叉零件图如图 7-15 所示。拨叉立体图如图 7-16 所示。

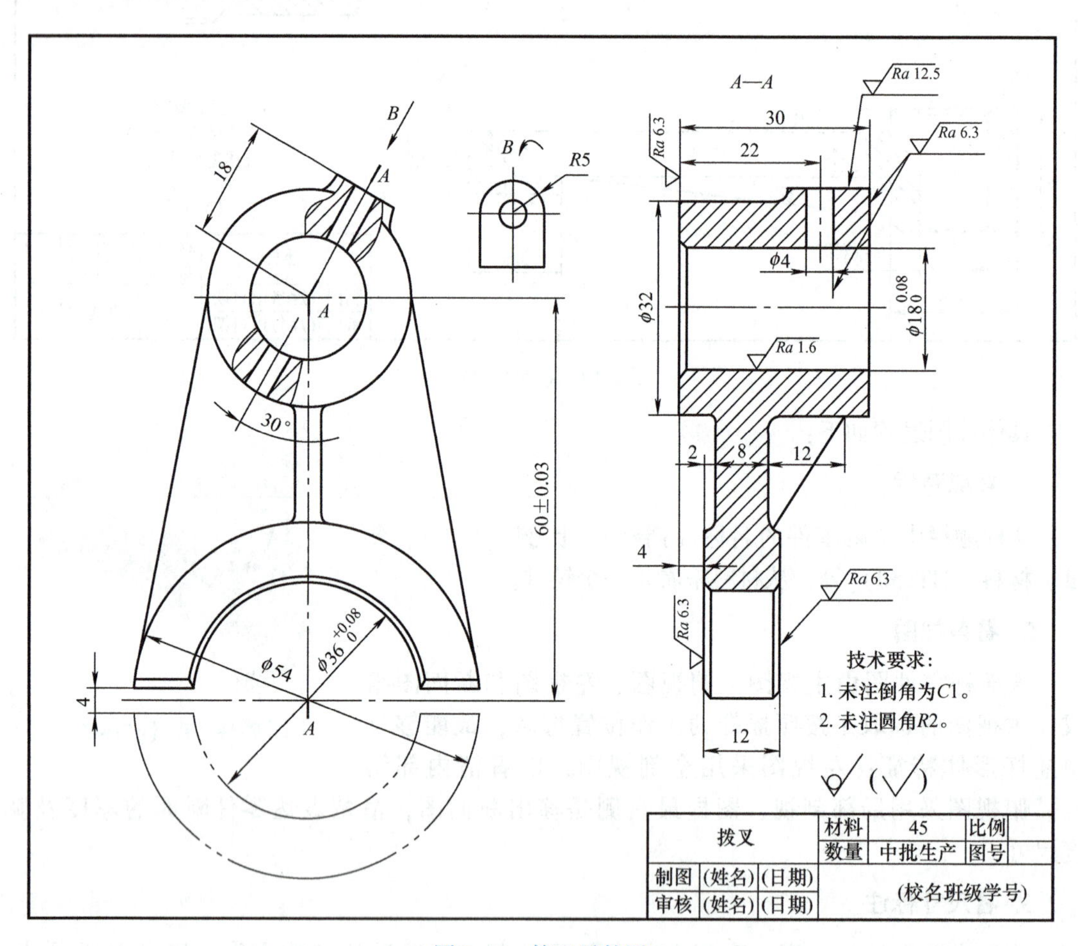

图 7-15 拨叉零件图

具体读图过程如下：

1. 看标题栏

从标题栏中了解零件的名称（拨叉）、材料（45 钢）等。

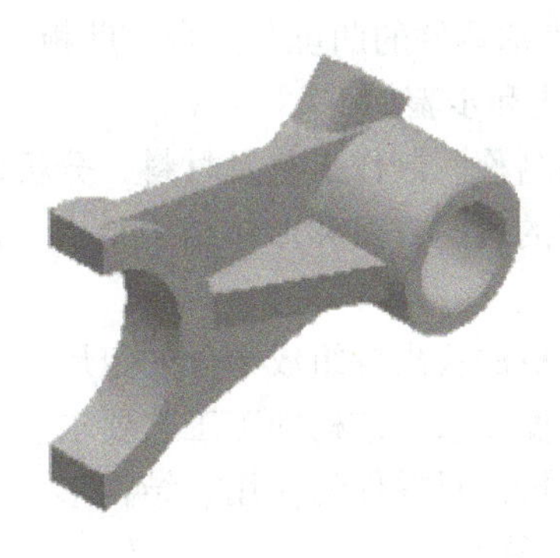

图7-16　拨叉立体图

2. 看各视图

该拨叉零件图由主视图、左视图及一个向视图组成。主视图是按照拨叉的工作位置选取，最能够反映拨叉形体特征，为了表达孔的结构，采用了局部剖视；左视图采用了旋转剖视图，可以更加清楚地反应零件内部的结构；在上部增加一个*B*向视图，反映顶部凸台结构。

3. 看尺寸标注

首先找出零件长、宽、高三个方向的尺寸基准，然后从基准出发，找出主要尺寸，再用形体分析法分析其定形尺寸、定位尺寸。该零件标注尺寸的基准是：高度方向以上圆筒中心为基准，从它注出的定位尺寸有60±0.03、18，定形尺寸有ϕ32、ϕ16；宽度方向以后端面为基准，从它注出的定位尺寸有22、4等，定形尺寸有30、8等；长度方向的基准是上下两圆中心线为基准，从它注出的定位尺寸有ϕ54、ϕ36。

4. 看技术要求

根据设计要求，未注倒角*C*1，未注圆角*R*2。上圆筒内圆表面粗糙度要求最高，为*Ra*1.6，端面表面粗糙度为*Ra*6.3。

5. 综合考虑

把零件的结构形状、尺寸标注、工艺和技术要求等内容综合起来，就能了解零件的全貌，也就看懂了零件图。

本 章 小 结

本章着重学习了典型零件中叉架类零件的绘制与识读，掌握常见叉架类零件的结构特点、功能分类，熟练掌握叉架类零件的识图与绘制方法和注意事项。

1. 叉架类零件一般比较复杂且具有不规则的结构形状，加工位置和加工方法也不止一种，这类零件常含有锻造圆角、凸台、凹坑、叉形结构、孔、槽和肋板等常见结构。

2. 叉架类零件在机械或设备中的主要作用有：连接、操作和支承。

3. 叉架类零件图一般需要两个或两个以上基本视图，并且还需配用适当的局部视图、断面图、斜视图等表达方法来表达零件的凹坑、凸台、肋板、倾斜结构等。

4. 叉架类零件图的读图方法和步骤如下：

1）看标题栏，了解零件的名称，制作工艺及材料，分析该零件的作用。

2）看各视图，分析零件图的表达方案和形体结构特点，进一步明确该零件在设备中的作用。

3）看尺寸标注，按形体分析法找出各组成部分的定形尺寸、定位尺寸。

4）看技术要求，分析其精度要求、结构加工工艺要求。

5）综合考虑，通过看图分析，对零件的作用、结构形状、尺寸分析及加工中的主要技术指标要求，得出零件的总体印象。

5. 掌握叉架类零件中底座零件绘图要求、步骤及注意事项。

6. 列举了轴承座、摇杆、拨叉等叉架类零件图的识读方法和步骤，以进一步熟练掌握对此类零件图识读方法。

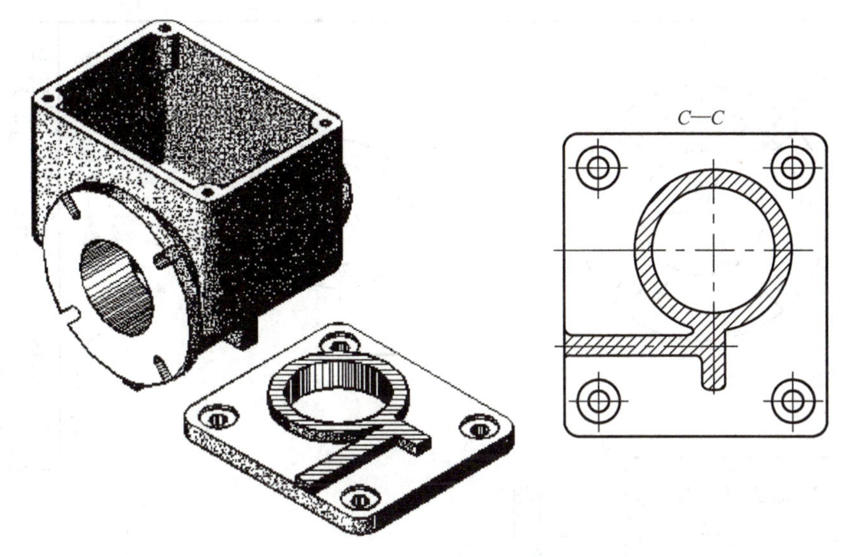

图8-4　俯视图的表达方法

8.1.2　泵体零件图的识读

下面以齿轮泵体为例说明识读箱体类零件图方法和步骤，如图8-6所示。

1. 读标题栏

首先，通过标题栏了解零件名称、材料、绘图比例等，并对全图作一大体观览，这样，可以对零件的大致形状、在机器中的大致作用等有个大概认识。图8-6所示的零件名称为泵体，材料为灰铸铁（HT200），属于箱体类零件，零件采用铸件，所以具有铸造工艺要求的结构，如铸造圆角、起模斜度等。

2. 看各视图

分析零件图选用了哪些视图、剖视图和其他表达方法，想象出零件的空间形状。

泵体采用了3个基本视图、1个向视图。主视图采用了局部剖视图表达泵体的进出油孔的结构和6个螺孔和两个销孔的分布情况。左视图采用了全剖视图表达泵体内部结构和螺孔的深度。俯视图采用了视图表达泵体的外部结构和底板螺孔的分布情况。*B*向视图表达了泵体的端面结构。

看图时，首先对零件进行形体分析，对组成零件的每一个形体进行整体构思，对细部进行线面分析。由组成零件的基本体入手，由大到小，从整体到局部，逐步想象出物体的结构形状。从泵体零件图的4个视图可以看出零件的基本结构形状。上部主体是一个长圆形空腔，前端面有六个螺孔和2个销孔，长圆形空腔的左右壁上有两个螺孔，后端面突出部分为阶梯管状，外表面为外螺纹。底板上有2个螺孔。

找出主视图，分析各视图之间的投影关系及所采用的表达方法。

看图时：

先看主要部分，后看次要部分；先看整体，后看细节；先看容易看懂部分，后看难懂部分。

按投影对应关系分析形体时，要兼顾零件的尺寸及功用，以便帮助想象零件的形状。

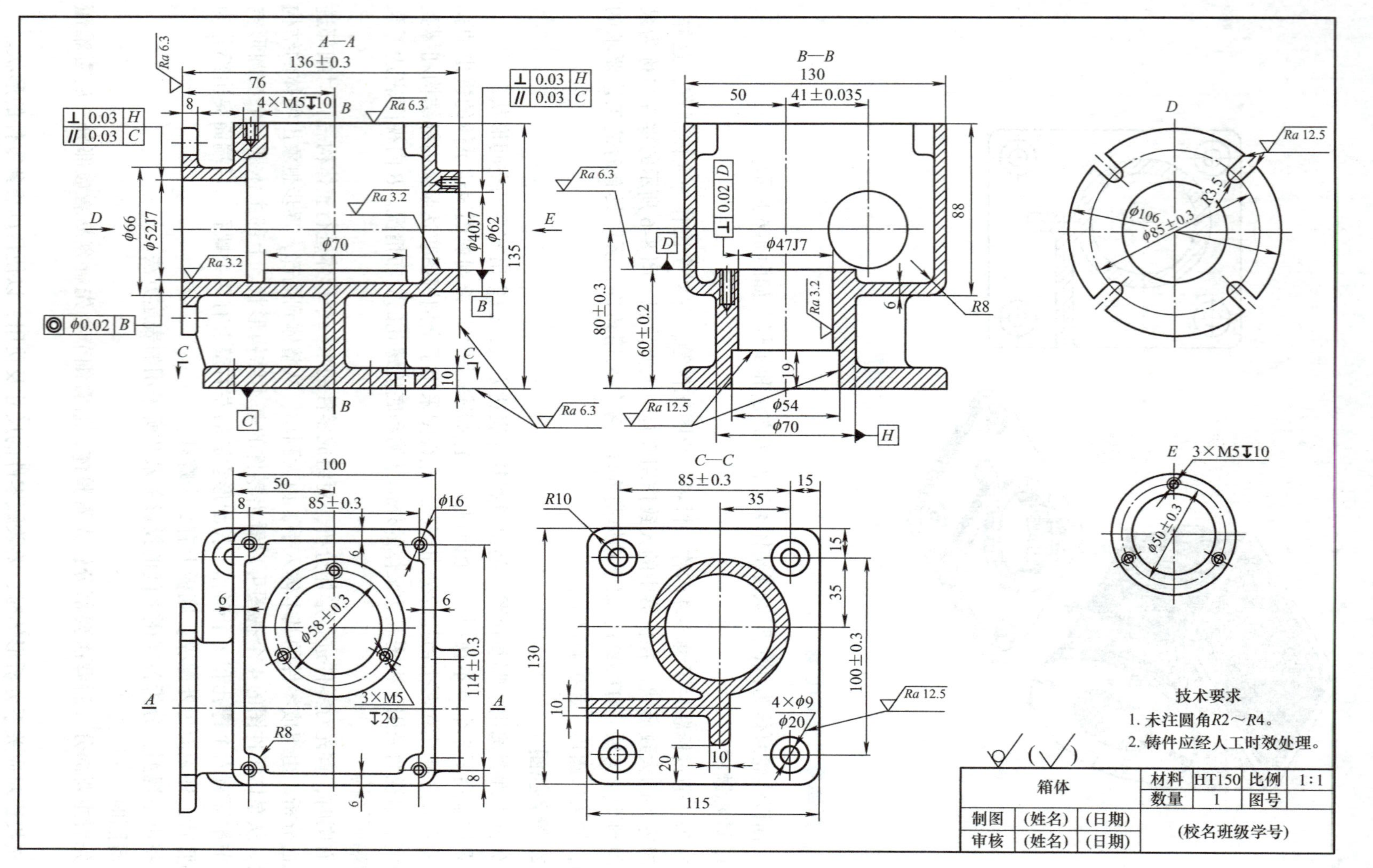

A—A
136±0.3
76
8
4×M5↧10
B
Ra 6.3
⊥ 0.03 H
// 0.03 C
Ra 3.2
D
ϕ66
ϕ52J7
ϕ70
ϕ40J7
ϕ62
135
E
◎ ϕ0.02 B
C
10
B—B
130
50
41±0.035
⊥ 0.02 D
ϕ47J7
88
6
R8
80±0.3
60±0.2
19
ϕ54
ϕ70
H
Ra 12.5
D
ϕ106
ϕ85±0.3
R3.5
E 3×M5↧10
ϕ50±0.3
100
50
85±0.3
ϕ16
ϕ58±0.3
3×M5
↧20
114±0.3
R8
A
C—C
85±0.3
15
35
R10
130
100±0.3
4×ϕ9
ϕ20
10
20
115
技术要求
1. 未注圆角R2～R4。
2. 铸件应经人工时效处理。
箱体
材料 HT150
比例 1:1
数量 1
图号
制图 (姓名) (日期)
审核 (姓名) (日期)
(校名班级学号)

图8-5 箱体零件图

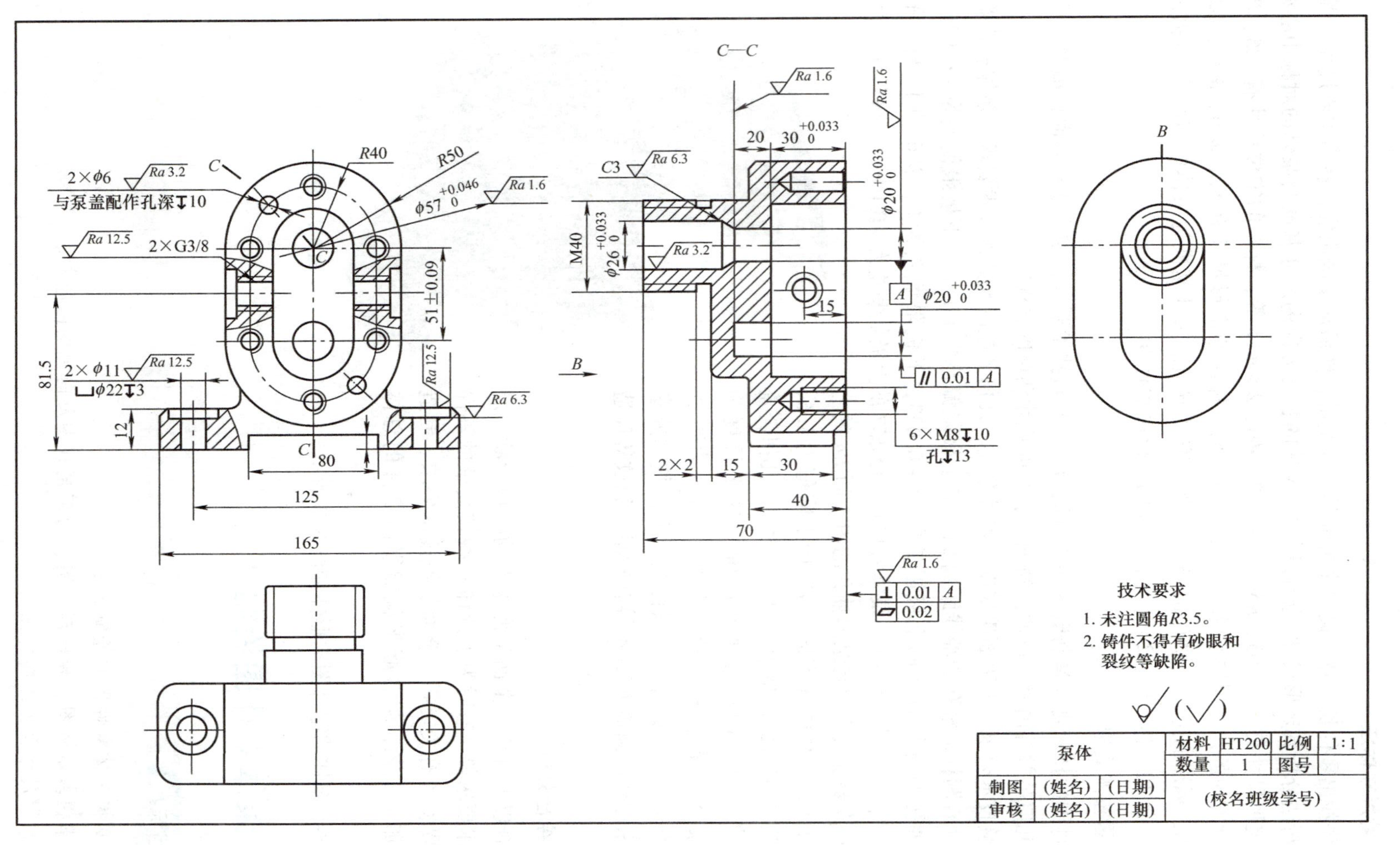
C—C
B
技术要求
1. 未注圆角R3.5。
2. 铸件不得有砂眼和裂纹等缺陷。
泵体
材料 HT200
比例 1:1
数量 1
图号
制图 (姓名) (日期)
审核 (姓名) (日期)
(校名班级学号)
2×φ6
与泵盖配作孔深↧10
2×G3/8
2×φ11
⌴φ22↧3
6×M8↧10
孔↧13
M40
C3
R40
R50
51±0.09
81.5
125
165
80
70
40
30
15
2×2

图 8-6　泵体零件图

3. 看尺寸标注

首先找出零件长、宽、高三个方向的尺寸基准，然后从基准出发，找出主要尺寸，再用形体分析法分析其定形尺寸、定位尺寸。泵体的长度方向的尺寸基准为泵体的对称中心线，标注的定形尺寸有 80、165、*R*50、ϕ57、2 × ϕ6、2 × ϕ11 等，标注的定位尺寸有 125、*R*40 等。高度方向的尺寸基准为泵体的底板的底面，标注的定形尺寸有 12、ϕ26、*M*40、ϕ20、2 × G3/8，标注的定位尺寸有 81.5、51 等。宽度方向的尺寸基准为泵体的前端面，标注的定形尺寸有 30、40、15、2 ×2 等；标注的定位尺寸有 70、15 等。

4. 看技术要求

零件图的技术要求是制造零件的质量指标。分析技术要求，结合零件表面粗糙度、尺寸公差与几何公差等内容，以便弄清加工表面的尺寸和精度要求。

读懂技术要求，如表面粗糙度、尺寸公差、几何公差以及其他技术要求。泵体有公差要求的尺寸有圆柱形轴孔的轴线距离 51，其上极限偏差为 +0.09，下极限偏差为 -0.09；两圆柱形轴孔的直径 ϕ20 的上极限偏差为 +0.033，下极限偏差为 0，ϕ26 的上极限偏差为 +0.033，下极限偏差为 0，泵体内腔的直径 ϕ57 的上极限偏差为 +0.046，下极限偏差为 0。表面粗糙度要求较高的有泵体轴孔的内表面 *Ra* 的上限值为 1.6，泵体的前表面的 *Ra* 的上限值为 1.6，泵体内腔的内表面 *Ra* 的上限值为 1.6 等。几何公差要求较高的有两圆柱形轴孔的轴线的平行度为 0.01，泵体的前表面与轴孔的轴线的垂直度为 0.01。由于泵体为铸件，所以标题栏上面技术要求还有：未注铸造圆角 *R*5，不得有砂眼、裂纹等铸造缺陷。

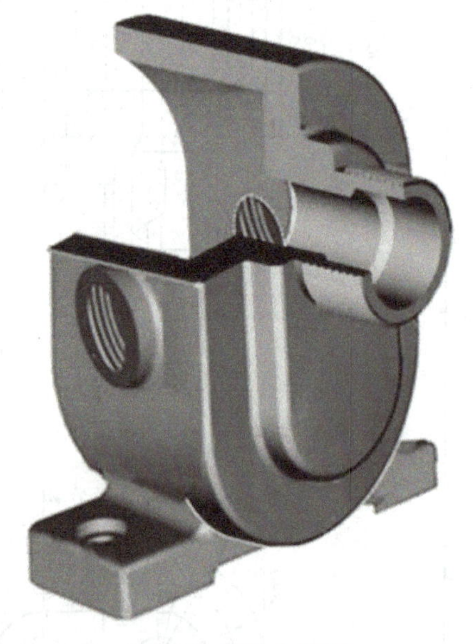

图 8-7　泵体立体图

5. 综合分析

综合以上分析，全面掌握零件的结构形状、尺寸、技术要求等。有时为了读懂一些较复杂的零件图，还要参考有关资料，全面掌握技术要求、制造方法和加工工艺，综合起来就能得出零件的总体概念。

图 8-6 泵体的零件图的形体如图 8-7 所示。

8.2　泵体零件图绘制

知识目标：

1. 掌握箱体零件图的绘制方法。
2. 掌握基本视图、旋转剖视图、局部剖视图及向视图的绘制。
3. 掌握尺寸及公差的标注。

技能目标：

1. 学会箱体类零件的表达方式。
2. 学会绘制箱体的零件图。

8.2.1　箱体类零件的结构特点及视图表达

1. 结构特点

箱体类零件的结构一般有复杂的内腔和外形结构，多采用铸造，工作表面采用铣削或刨削，这类零件常带有轴承孔、凸台、肋板，此外还有安装孔、螺孔等结构，箱体上的孔系多采用钻、扩、铰、镗。

2. 箱体类零件的视图表达

为了表达箱体类零件的内外结构，一般要用三个或三个以上的基本视图，并根据结构特点在基本视图上取剖视图，还可采用局部视图、斜视图及规定画法等表达外形。由于箱体类零件加工工序较多，加工位置多变，所以在选择主视图时，主要根据工作位置原则和形状特征原则来考虑，并采用剖视图，以重点反映其内部结构。

8.2.2　泵体零件图绘制步骤

1. 尺寸分析

1）定位尺寸：32、$R22$、27、70、65、50、45°、10。

2）定形尺寸：M6、M16、$R28$、$\phi32$、$\phi5$、$\phi7$、$\phi16$、85、28。

2. 选择图幅，画底稿

根据箱体零件的尺寸知，箱体最大高度为93，总厚度为28，长度为85，因此选择A4图纸，立向布置（标题栏采用学生制图用标题栏），按照1∶1比例进行绘制。

1）绘制主、左视图基准线，布局如图8-8所示。

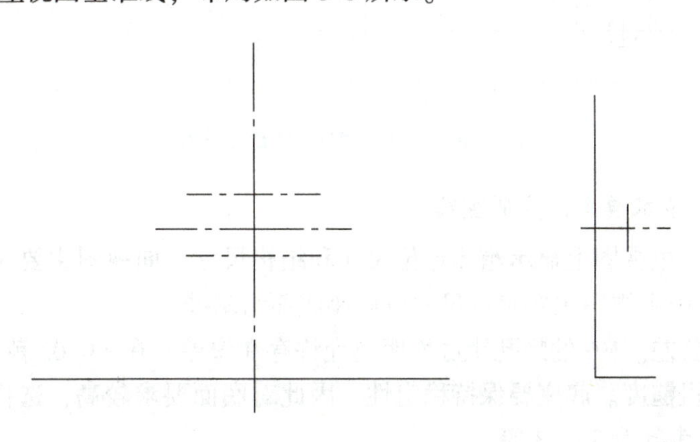

图8-8　绘制主、左视图基准线

2）完成主、左视图绘制，如图8-9所示。

3）为了便于观察内部孔和槽的结构，将左视图绘制为A—A旋转剖视图，为更好地观察底座结构，增加局部B向视图。主视图采用局部剖视图显示其结构特征，如图8-10所示。

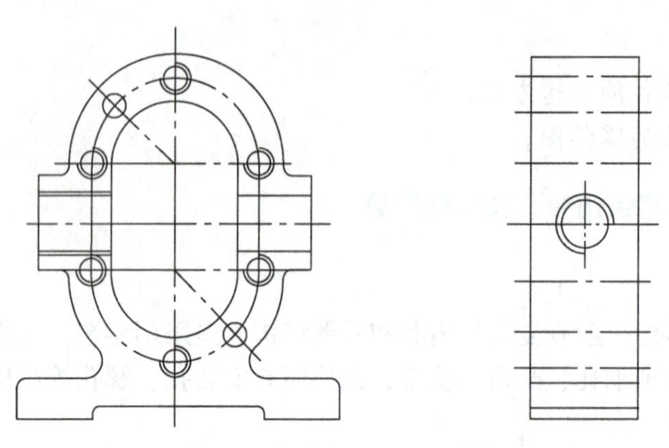

图 8-9　完成主、左视图绘制

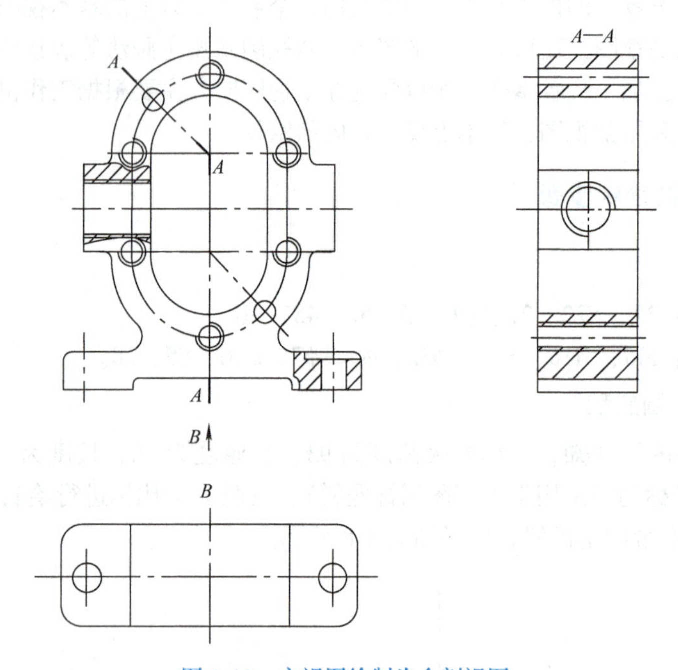

图 8-10　主视图绘制为全剖视图

3. 标注，书写技术要求，完成图样

1）标注尺寸。主视图上显示箱体定位尺寸和结构尺寸。向视图主要表达底座结构尺寸及底座孔位置，其中主视图主要定位尺寸以底座底面为基准。

2）标注尺寸公差。M6 的螺孔距底面距离允许存在误差，在 ±0. 02 范围内合格。

3）标注表面粗糙度。底座要保持稳定性，因此对底面要求较高，选择铣床加工，表面粗糙度为 *Ra*1. 6，其余为 *Ra*6. 3 等。

4）写技术要求。未标注圆角半径 *R*3，去除毛刺锐边。

5）检查无误后，将粗实线加粗描深如图 8-11 所示。

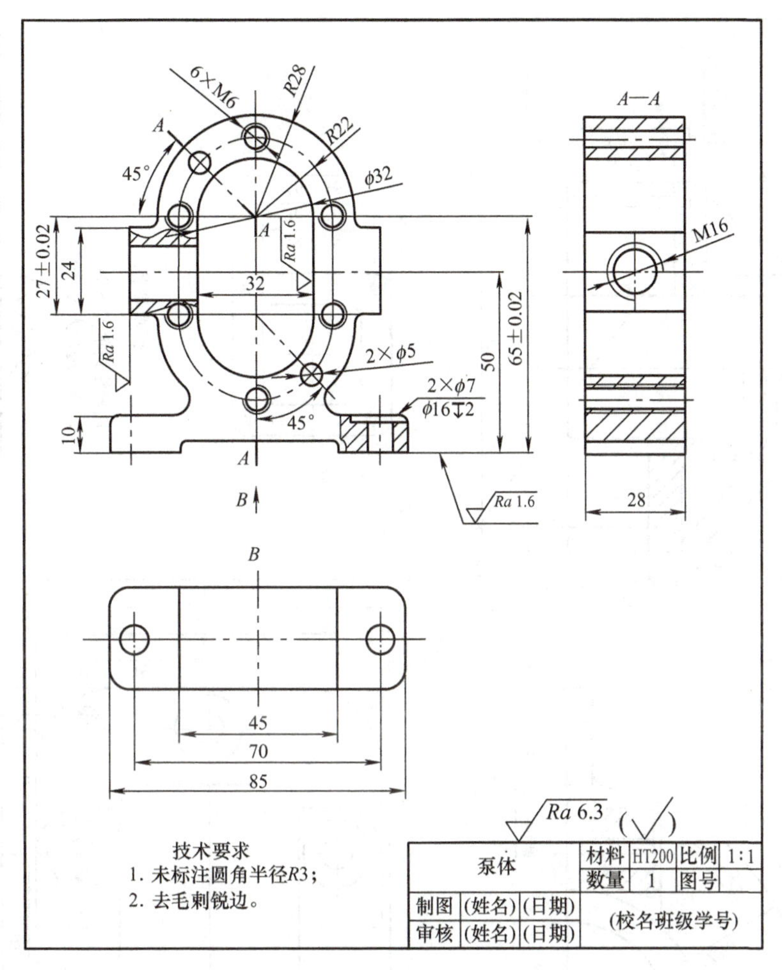

图 8-11　标注，书写技术要求，完成图样

8.3　箱体类零件图识读举例

知识目标：

1. 掌握读箱体类零件图的基本要领。
2. 掌握读箱体类零件图的基本方法。

技能目标：

1. 熟练运用形体分析法读箱体零件图。
2. 能综合运用形体分析法、线面分析法读箱体零件视图。

8.3.1　减速器箱盖零件图识读

减速器箱盖零件图如图 8-12 所示。减速器箱体立体图如图 8-13 所示。

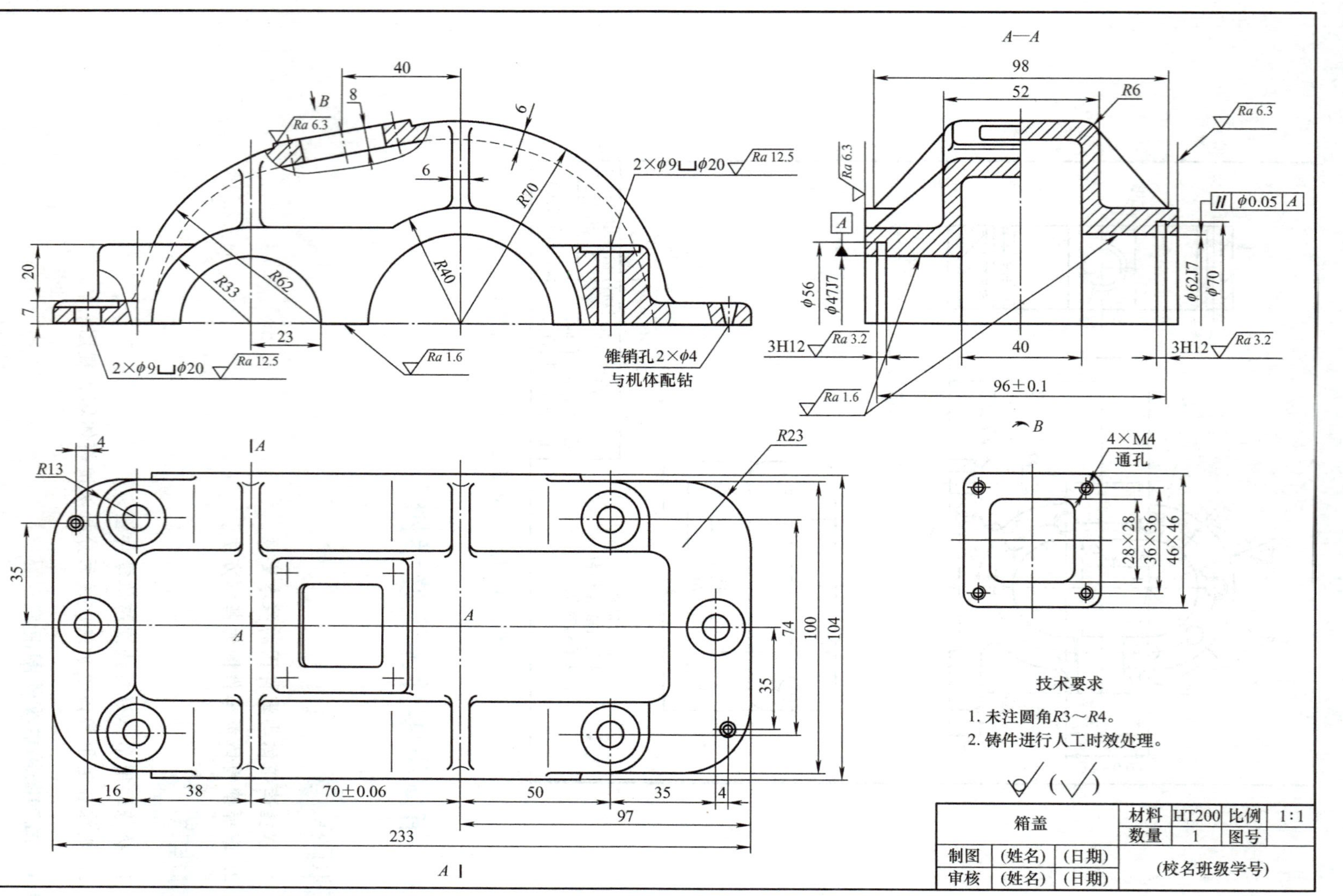

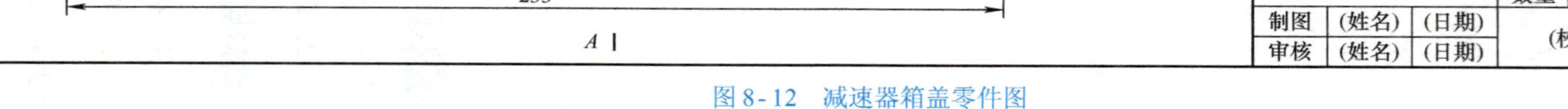
图 8-12 减速器箱盖零件图

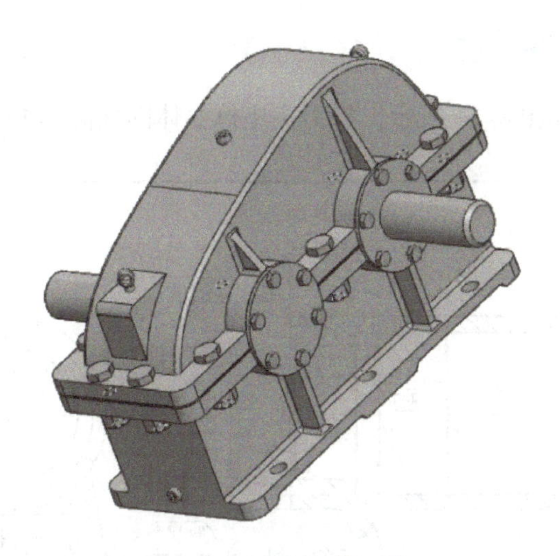

图 8-13　减速器箱体立体图

具体读图过程如下：

1. 看标题栏

零件名称（箱盖），材料（HT200），毛坯铸造而成。

2. 看各视图

共有主视图、俯视图、左视图及 1 个向视图，主视图为了表达孔的内部结构，采用局部剖视图。左视图采用阶梯剖视图，反映两轴承半孔及箱盖内部结构。俯视图反映外形及孔分布。*B* 向视图反映箱盖顶部观察孔形状和尺寸以及四个螺孔的布置。

3. 看尺寸标注

首先找出零件长、宽、高三个方向的尺寸基准，然后从基准出发，找出主要尺寸，再用形体分析法分析其定形尺寸、定位尺寸。该零件长度方向主要基准是右边半圆中心，除定形尺寸 233、97、*R*40、*R*33 外，主要的定位尺寸为两轴承孔中心距 70 ±0.06 和 50、35、4、38、16 等；宽度方向的定位基准为箱盖中心线，定位尺寸有 96 ±0.1、35、74、98，定形尺寸有 40、52、100、104；高度方向的主要基准是箱盖底面，主要尺寸有 *R*70、*R*62、7、20。

4. 看技术要求

1）表面粗糙度要求：*Ra*1.6，大多为铸造，通过整形喷丸处理，表面基本平整。

2）尺寸公差为轴承孔 ϕ47J 和 ϕ62J 和中心距 70 ±0.06。

3）几何公差 1 个，以 ϕ47 轴线为基准，ϕ62 孔中心线与基准的平行度公差为 ϕ0.05。

4）铸件毛坯铸造后进行人工时效处理，消除铸造内应力，降低硬度便于加工。

5. 综合考虑

把零件的结构形状、尺寸标注、工艺和技术要求等内容综合起来，就能了解零件的全貌，也就看懂了零件图。

8.3.2 铣刀头座体零件图识读

铣刀头座体零件图如图 8-14 所示，铣刀头座体立体图如图 8-15 所示。

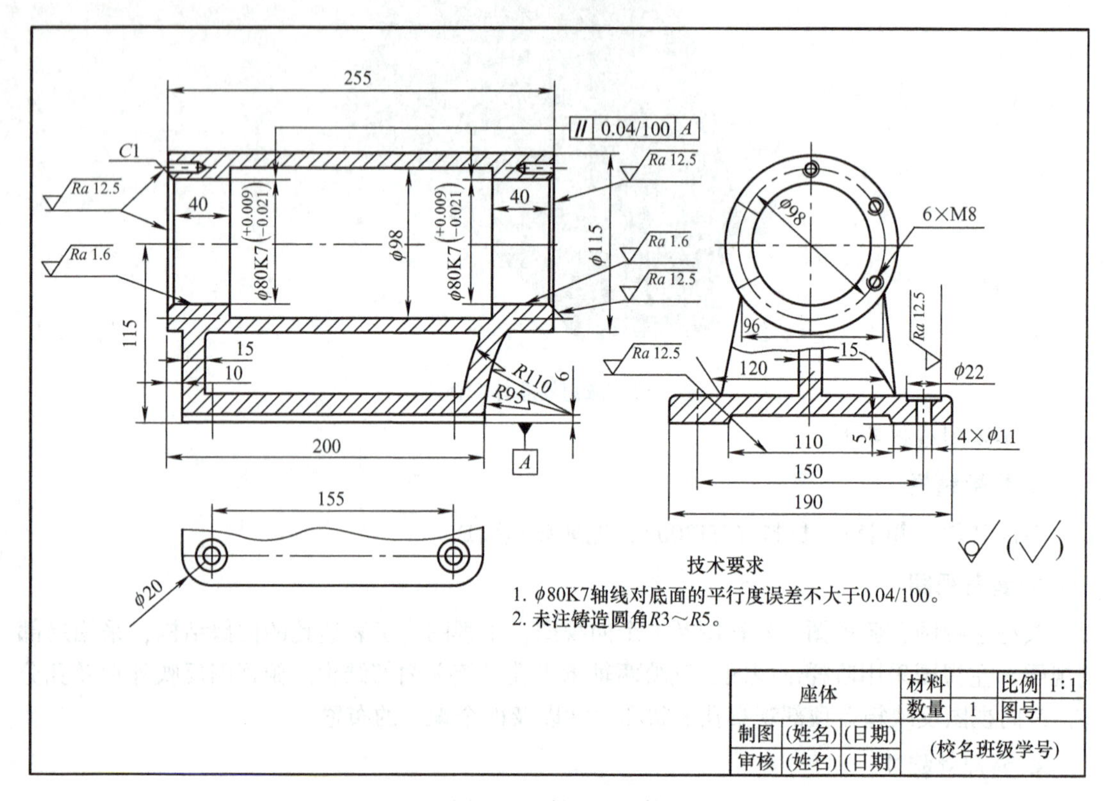

座体			材料		比例	1:1
			数量	1	图号	
制图	(姓名)	(日期)	(校名班级学号)			
审核	(姓名)	(日期)				

图 8-14 铣刀头座体

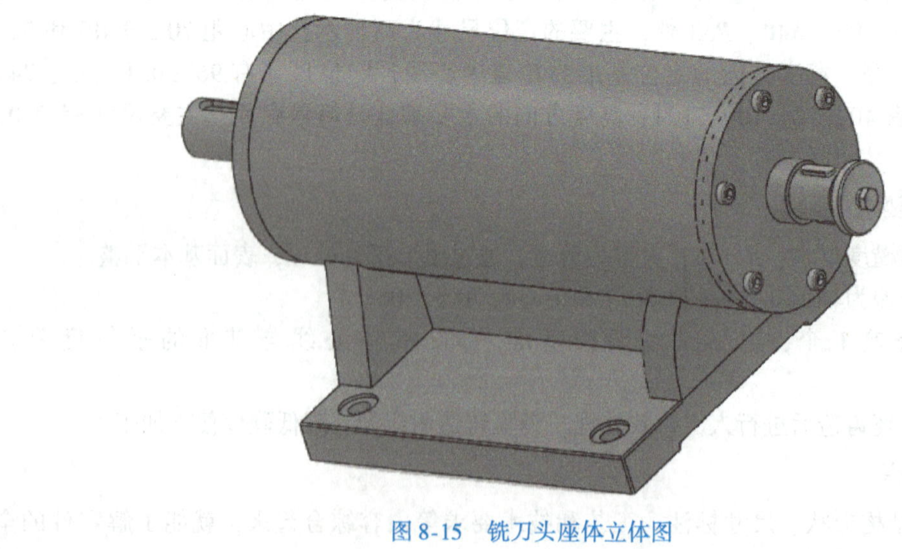

图 8-15 铣刀头座体立体图

具体读图过程如下：

1. 看标题栏

从标题栏中了解零件的名称（座体）、材料（HT150）等。

2. 看各视图

该铣刀头座体零件图由主视图、左视图和局部视图组成。主视图为全剖视图，按照工作位置设置，最能够反映铣刀头座体形体特征。左视图为局部剖视图，反映出端面形状及底座和固定螺孔的结构。局部视图表达底部螺孔的分布及尺寸。

3. 看尺寸标注

首先找出零件长、宽、高三个方向的尺寸基准，然后从基准出发，找出主要尺寸，再用形体分析法分析其定形尺寸、定位尺寸。该零件标注尺寸的基准是：长度方向以左端面为基准，从它注出的定位尺寸有 40，定形尺寸有 200 和 255；高度方向的基准是以底面为基准，从它注出的定位尺寸有 115，定形尺寸有 ϕ98、ϕ115 等。宽度方向以中心线为基准，从它注出的定位尺寸有 150、96、120，定形尺寸有 110、190 等。

4. 看技术要求

ϕ80K7 轴线对底面的平行度误差不大于 0.04/100。未注铸造圆角 $R3 \sim R5$。

5. 综合考虑

把零件的结构形状、尺寸标注、工艺和技术要求等内容综合起来，就能了解零件的全貌，也就看懂了零件图。

本 章 小 结

本章着重学习箱体类零件的结构特征、箱体类零件看图及绘制方法。学习本章后，要求大家能够识读常见的箱体类零件图，为后续课程的学习做准备。箱体类零件主要有阀体、泵体、减速器箱体、液压缸体以及其他各种用途的箱体、机壳等零件。箱体是机器或部件的外壳或座体，它是机器或部件的骨架零件，起着支承、包容、保护运动零件或其他零件的作用。

1. 箱体类零件的表达方法

1）结构分析。箱体类零件的结构一般有复杂的内腔和外形结构，多采用铸造，工作表面采用铣削或刨削，这类零件带有轴承孔、凸台、肋板，此外还有安装孔、螺孔等结构，箱体上的孔多采用钻、扩、铰、镗等方式加工。

2）主视图选择。由于箱体类零件加工工序较多，加工位置多变，所以在选择主视图时，主要根据工作位置原则和形状特征原则来考虑，并采用剖视图，以重点反映其内部结构。

3）其他视图的选择。为了表达箱体类零件的内外结构，一般要用三个或三个以上的基本视图。

2. 箱体类零件图识读的方法和步骤

1）看标题栏，概括了解零件。

2）看各视图，想象零件形状。

3）看尺寸标注，分析零件大小及定形、定位、总体等尺寸。

4）看技术要求，了解加工制造等要求。

5）综合分析，对零件有整体认识。

3. 箱体类零件图绘制步骤

1）对零件图尺寸和线段进行分析。

2）选择合适的比例和图幅。

3）固定图纸，画出基准线（中心线、对称线等）。

4）按已知线段、中间线段、连接线段的顺序依次画出各线段。

5）检查无误，加深图线。

6）标注尺寸，填写标题栏，完成图样。

4. 列举了减速器箱盖、铣刀头座体零件图识读方法和步骤，以进一步熟练掌握对此类零件图识读方法。

第9章 标准件与常用件

本章学习目标

了解螺纹及螺纹的分类，掌握螺纹的基本要素；掌握键和销联接的作用和种类；掌握滚动轴承的种类、代号和规定画法及弹簧的种类、用途；学会查阅机械设计手册；学会按规格选购标准件。

解读“离娄之明，公输子之巧，不以规矩，不能成方圆”，理解规矩意识的作用和意义。

9.1 认识螺纹及螺纹紧固件

知识目标：

1. 了解螺纹及螺纹的分类。
2. 掌握螺纹的基本要素。
3. 掌握螺纹及常用螺纹紧固件的规定画法及标注。

技能目标：

1. 认识螺纹及螺纹零件的结构特点。
2. 能够读懂和按照规定绘制螺纹紧固件联接图。
3. 学会查阅机械设计手册按规格选购螺纹类零件。

9.1.1 螺纹及螺纹基本要素

在生产设备和日常生活电器上，常常会使用螺栓、螺母、螺钉等零件，这些零件起着联接固定的作用，这类零件的共同特点——都有螺纹。螺纹零件应用广泛、用量大，因此国家对螺纹零件制定了专门的标准。

1. 螺纹

螺纹是在圆柱或圆锥表面上，具有相同牙型、沿螺旋线连续凸起的牙体。螺纹分外螺纹和内螺纹两种，成对使用。在圆柱或圆锥外表面上所形成的螺纹称为外螺纹，如图9-1a所示；在圆柱或圆锥内表面上所形成的螺纹称为内螺纹，如图9-1b所示。

2. 螺纹的形成

各种螺纹都是根据螺旋线原理加工而成，螺纹加工大部分采用机械化批量生产。小批量、单件产品，外螺纹可采用车床加工，如图9-2a所示。内螺纹可以在车床上加工，也可以先在工件上钻孔，再用丝锥攻制而成，如图9-2b所示。

3. 螺纹的基本要素

螺纹的基本要素包括牙型、直径（大径、小径、中径）、螺距和导程、线数、旋向等。

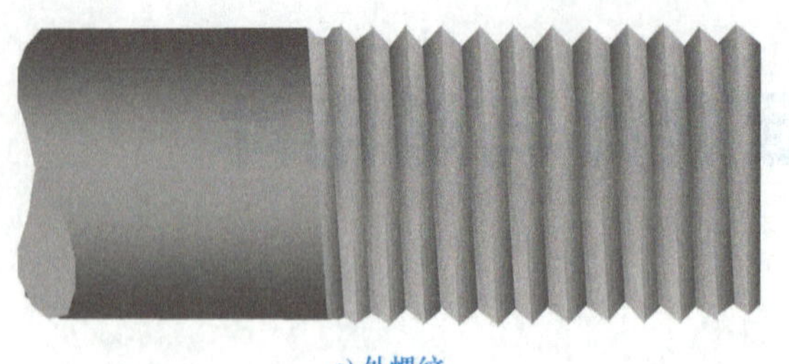

a) 外螺纹

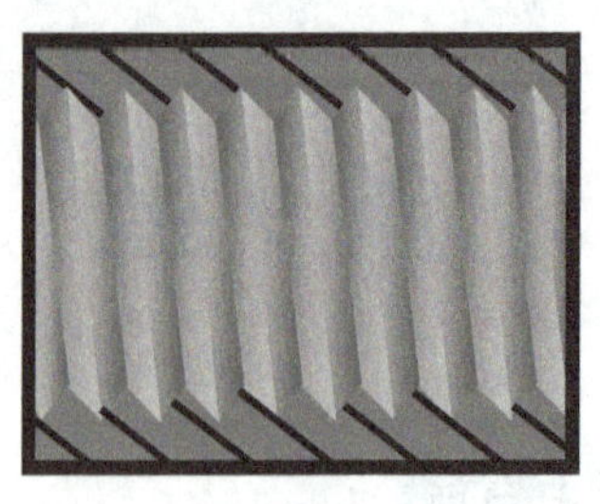

b) 内螺纹

图 9-1　螺纹

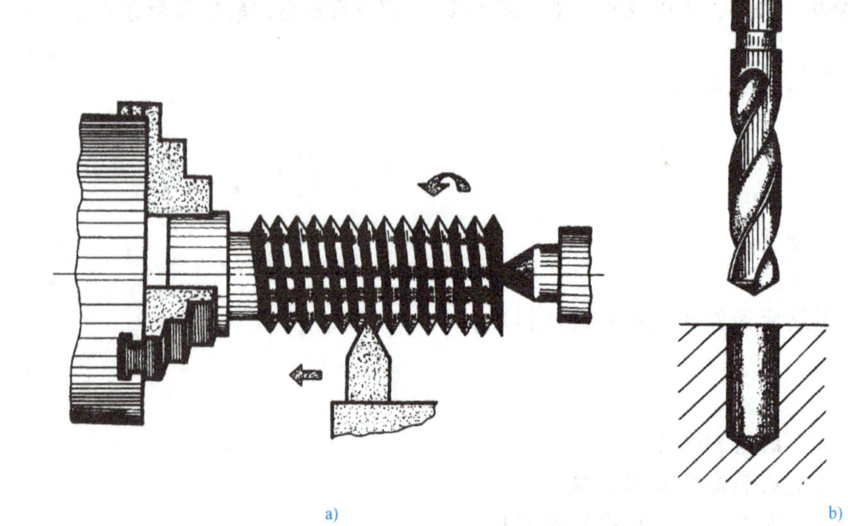

a)　　b)

图 9-2　螺纹的形成

（1）牙型　在通过螺纹轴线的剖面上，螺纹的轮廓形状称为螺纹牙型。常见的螺纹牙型有三角形（60°、55°）、梯形、锯齿形、矩形等。常见标准螺纹的牙型见表 9-1。

表 9-1　常用标准螺纹牙型

种类		特征代号	牙型放大图	说明
普通螺纹	粗牙、细牙	M	60°	常用联接螺纹：一般联接多用粗牙，薄壁件或紧密联接件用细牙
管螺纹	55°密封管螺纹	R_1 R_2 Rc Rp	55°	包括圆锥内螺纹与圆锥外螺纹、圆柱内螺纹，适用于管接头、旋塞、阀门等
	55°非密封管螺纹	G	55°	在密封面间添加密封物可起密封作用，适用于管接头、旋塞、阀门等

（续）

种　　类		特征代号	牙型放大图	说　　明
传动螺纹	梯形螺纹	Tr	30°	用于传递运动和动力，如机床丝杠等
	锯齿形螺纹	B	3° 30°	用于传递单向压力，如千斤顶等

（2）螺纹的直径（如图 9-3 所示）

1）大径 d、D：是指与外螺纹的牙顶或内螺纹的牙底相切的假想圆柱或圆锥的直径。内螺纹的大径用大写字母 D 表示，外螺纹的大径用小写字母 d 表示。

2）小径 d_1、D_1：是指与外螺纹的牙底或内螺纹的牙顶相切的假想圆柱或圆锥的直径。

3）中径 d_2、D_2：是指一个假想的圆柱或圆锥直径，该圆柱或圆锥的母线通过牙型上沟槽和凸起宽度相等的地方。

4）公称直径：代表螺纹尺寸的直径，指螺纹大径的基本尺寸。

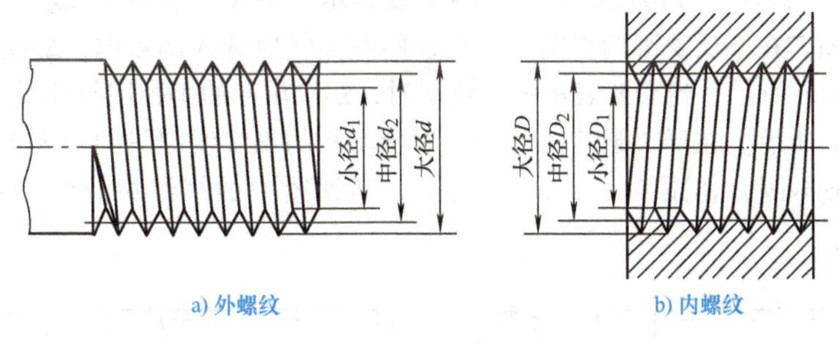

a) 外螺纹　　b) 内螺纹

图 9-3　螺纹的直径

（3）线数　形成螺纹的螺旋线条数称为线数，线数用字母 n 表示。沿一条螺旋线形成的螺纹称为单线螺纹，沿两条及以上螺旋线形成的螺纹称为多线螺纹，如图 9-4 所示。

（4）螺距和导程　相邻两牙在中径线上对应两点间的轴向距离称为螺距，螺距用字母 P 表示；同一螺旋线上的相邻两牙在中径线上对应两点间的轴向距离称为导程，导程用字母 P_h 表示，如图 9-4 所示。线数 n、螺距 P 和导程 P_h 间的关系为

$$P_h = Pn$$

（5）旋向　螺纹分为左旋螺纹和右旋螺纹两种。顺时针旋转时旋入的螺纹是右旋螺纹；逆时针旋转时旋入的螺纹是左旋螺纹，如图 9-5 所示。工程上常用右旋螺纹。

国家标准对螺纹的牙型、大径和螺距做了统一规定。这三项要素均符合国家标准的螺纹称为标准螺纹；凡牙型不符合国家标准的螺纹称为非标准螺纹；只有牙型符合国家标准的螺纹称为特殊螺纹。

外螺纹和内螺纹只有这五个要素都相同的时候才能旋合在一起，配合使用。

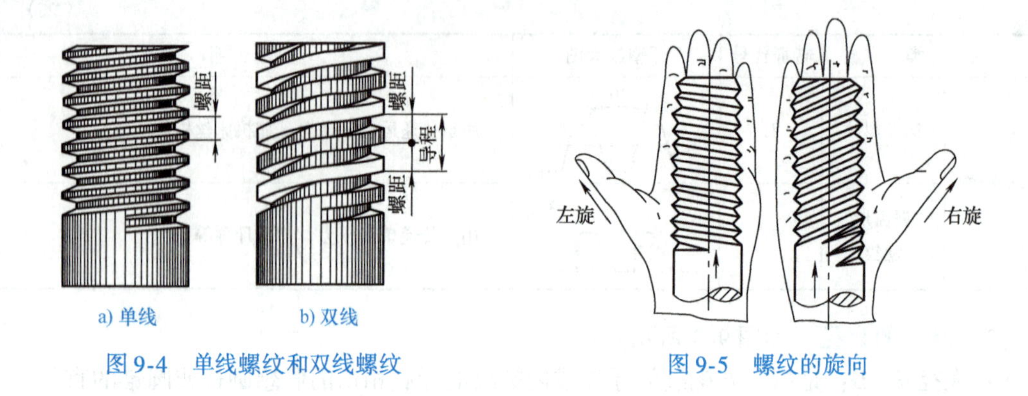

图 9-4 单线螺纹和双线螺纹

图 9-5 螺纹的旋向

9.1.2 螺纹的规定画法及标注

1. 螺纹的规定画法

在实际制图中，螺纹一般不按其真实投影作图，而是采用机械制图国家标准规定的画法，便于简化作图过程。

（1）外螺纹的画法 外螺纹的大径用粗实线表示，小径用细实线表示。螺纹小径按大径的0.85倍作图。在不反映圆的视图中，小径的细实线应画入倒角内，螺纹终止线用粗实线表示，如图9-6a所示。当需要表示螺纹收尾时，螺纹尾部的小径用与轴线成30°的细实线绘制，如图9-6b所示。在反映圆的视图中，表示小径的细实线圆只画约3/4圈，螺杆端面上的倒角圆省略不画，如图9-6a、b、c所示。剖视图中的螺纹终止线和剖面线画法如图9-6c所示。

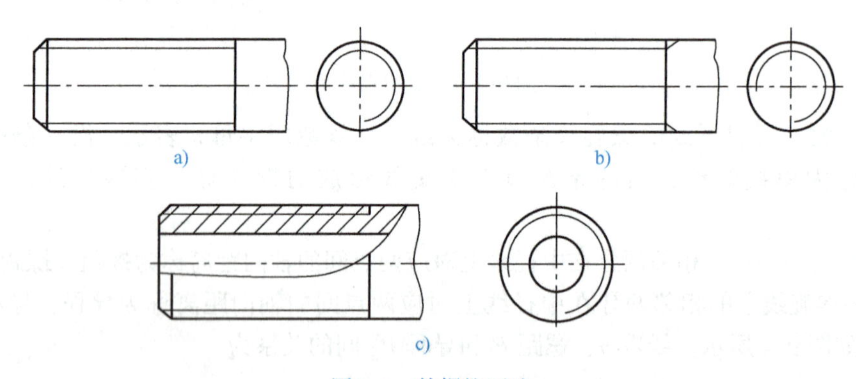

图 9-6 外螺纹画法

（2）内螺纹的画法 内螺纹通常采用剖视图表达，在不反映圆的视图中，大径用细实线表示，小径和螺纹终止线用粗实线表示，且小径取大径的0.85倍，注意剖面线应画到粗实线；若是不通孔，终止线到孔的末端的距离可按0.5倍大径绘制；在反映圆的视图中，大径用约3/4圈的细实线圆弧绘制，孔口倒角圆不画，如图9-7a、b所示。当螺孔相交时，其相贯线的画法如图9-7c所示。当螺纹的投影不可见时，所有图线均画成细虚线，如图9-7d所示。

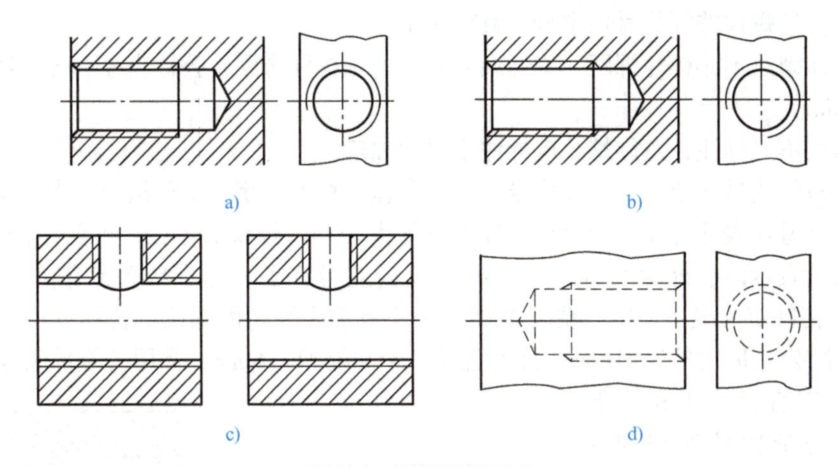

图 9-7　内螺纹的画法

(3) 内、外螺纹旋合的画法　只有当内、外螺纹的五项基本要素相同时，内、外螺纹才能进行联接。用剖视图表示螺纹联接时，旋合部分按外螺纹的画法绘制，未旋合部分按各自原有的画法绘制，如图 9-8 和图 9-9 所示。画图时必须注意：表示内、外螺纹大径的细实线和粗实线，以及表示内、外螺纹小径的粗实线和细实线应分别对齐；在剖切平面通过螺纹轴线的剖视图中，实心螺杆按不剖绘制。

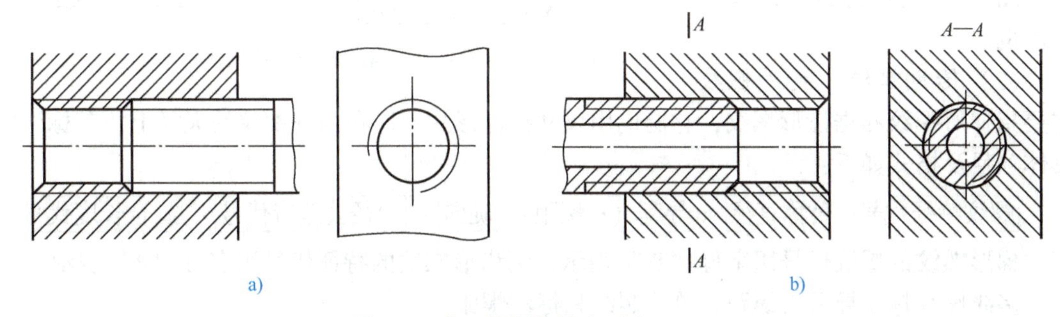

图 9-8　内、外螺纹旋合画法（一）

2. 螺纹的标注方法

由于螺纹的规定画法不能表达出螺纹的种类和螺纹的要素，因此在图中对标准螺纹需要进行正确标注。下面分别介绍各种螺纹的标注方法。

(1) 普通螺纹　普通螺纹用尺寸标注形式标注在内、外螺纹的大径上，其标注的具体项目和格式如下：

[螺纹特征代号] [公称直径] × [螺距] − [中径公差带代号] [顶径公差带代号] − [旋合长度代号] − [旋向代号]

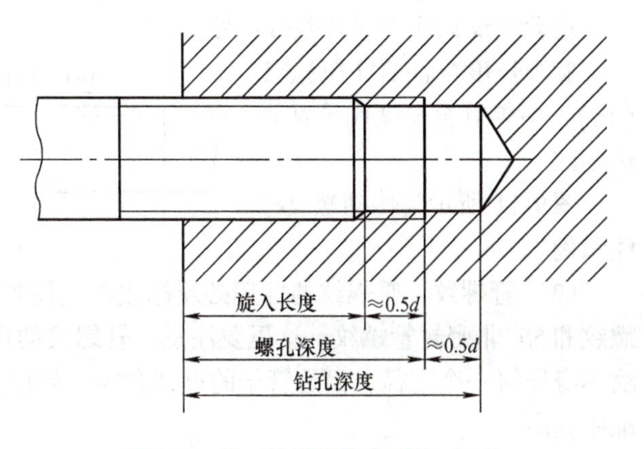

图 9-9　内、外螺纹旋合画法（二）

普通螺纹的螺纹特征代号用字母“M”表示。

普通粗牙螺纹不必标注螺距，普通细牙螺纹必须标注螺距。公称直径、导程和螺距数值的单位为mm。

右旋螺纹不必标注，左旋螺纹应标注字母“LH”。

中径公差带代号和顶径公差带代号由表示公差等级的数字和字母组成。大写字母代表内螺纹，小写字母代表外螺纹。顶径是指外螺纹的大径和内螺纹的小径，若两组公差带相同，则只写一组。表示内、外螺纹旋合时，内螺纹公差带在前，外螺纹公差带在后，中间用“/”分开。在特定情况下，中等精度螺纹不注公差带代号（内螺纹：公称直径小于和等于1.4mm，常用公差带代号为5H时；公称直径大于和等于1.6mm，常用公差带代号为6H时。外螺纹：公称直径小于和等于1.4mm，公差带代号为6h时；公称直径大于和等于1.6mm，公差带代号为6g时。）

普通螺纹的旋合长度分为短、中、长三组，其代号分别是S、N、L。中等旋合长度的旋合代号N可省略。

图9-10所示为普通螺纹标注示例。

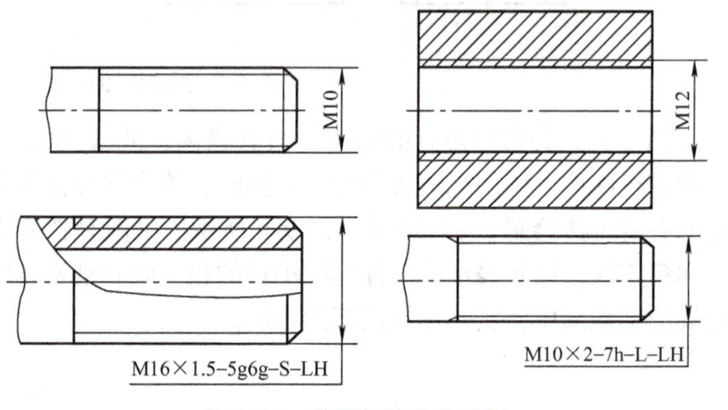

图9-10 普通螺纹标注示例

（2）传动螺纹 传动螺纹主要指梯形螺纹和锯齿形螺纹，它们也用尺寸标注形式，注在内外螺纹的大径上，其标注的具体项目及格式如下：

[螺纹特征代号] [公称直径] × [导程（P螺距）] [旋向] - [中径公差带代号] - [旋合长度代号]

梯形螺纹的螺纹代号用字母“Tr”表示，锯齿形螺纹的特征代号用字母“B”表示。

多线螺纹标注导程与螺距，单线螺纹只标注螺距。

右旋螺纹不标注代号，左旋螺纹标注字母“LH”。

传动螺纹只注中径公差带代号。

旋合长度只注S（短）、L（长），中等旋合长度代号N省略标注。

图9-11所示为传动螺纹标注示例。

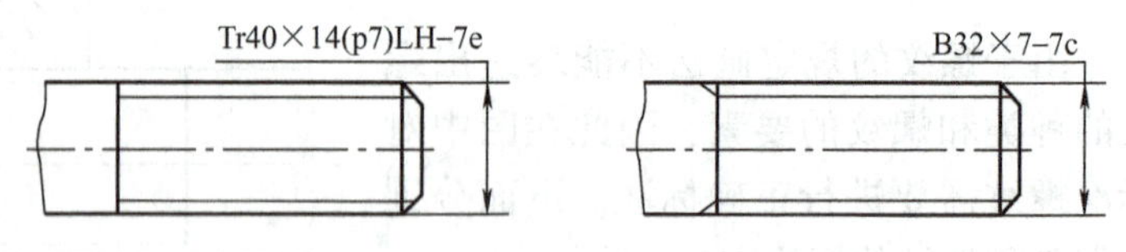

图9-11 传动螺纹标注示例

（3）管螺纹 管螺纹的标记必须标注在大径的引出线上。常用的管螺纹分为55°密封管螺纹和55°非密封管螺纹。这里要注意，管螺纹的尺寸代号并不是指螺纹大径，也不是管螺纹本身任何一个直径，而是管子的近似孔径，单位为英寸，其大径和小径等参数可从有关标准中查出。

管螺纹标注的具体项目及格式如下：

55°密封管螺纹标注格式：[螺纹特征代号] [尺寸代号] [旋向代号]

55°非密封管螺纹标注格式：[螺纹特征代号][尺寸代号][公差等级代号] − [旋向代号]

55°密封管螺纹的螺纹特征代号为：与圆柱内螺纹相配合的圆锥外螺纹，其螺纹特征代号是 R1；与圆锥内螺纹相配合的圆锥外螺纹，其螺纹特征代号为 R2；圆锥内螺纹的螺纹特征代号是 Rc；圆柱内螺纹的螺纹特征代号是 Rp。旋向代号只注左旋“LH”。

55°非密封管螺纹的螺纹特征代号是 G。它的公差等级代号分 A、B 两个精度等级。外螺纹需注明，内螺纹不标注此项代号。右旋螺纹不注旋向代号，左旋螺纹标“LH”。

图 9-12 所示为管螺纹标注示例。

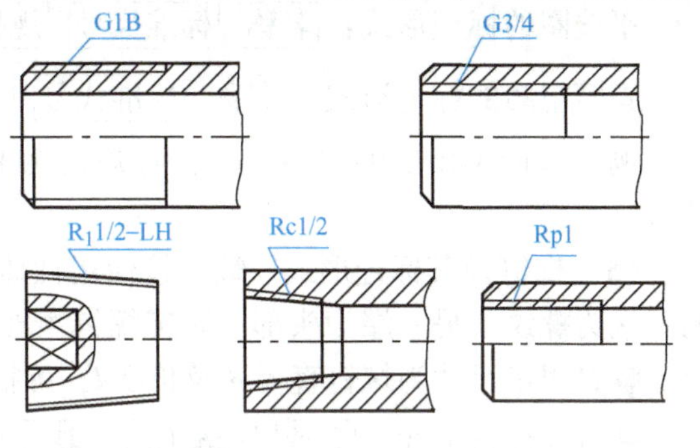

图 9-12　管螺纹的标注

9.1.3　认识螺纹紧固件

螺纹紧固件在工程上应用广泛。螺纹紧固件一般属于标准件，它的结构形式很多，可根据需要在有关的标准中查出其尺寸，一般无需画出它们的零件图，只需按照规定进行标记。

常用螺纹紧固件有螺栓、双头螺柱、螺钉、螺母和垫圈。它们的结构、尺寸都已分别标准化，称为标准件，使用或绘图时，可以从相应标准中查到所需的结构尺寸。

1. 常见螺纹紧固件

（1）螺栓及其标记形式　螺栓由头部及杆部两部分组成，头部形状以六角形的应用最广。决定螺栓的规格尺寸为螺纹公称直径 d 及螺栓长度 l，选定一种螺栓后，其他各部分尺寸可根据有关标准查得。螺栓的标记形式：[名称][标准代号][特征代号][公称直径] × [公称长度]

例：螺栓 GB/T 5782 M12 × 80，是指螺纹规格为 M12，公称长度 l = 80mm（不包括头部）的螺栓。

（2）双头螺柱及其标记形式　双头螺柱的两头制有螺纹，一端旋入被联接件的预制螺孔中，称为旋入端；另一端与螺母旋合，紧固另一个被联接件，称为紧固端。双头螺柱的规格尺寸为螺柱直径 d 及紧固端长度 l，其他各部分尺寸可根据有关标准查得。

双头螺柱的标记形式：[名称][标准代号][特征代号][公称直径] × [公称长度]

例：螺柱 GB/T 898 M10 × 50，是指公称直径 d = 10mm，公称长度 l = 50mm（不包括旋入端）的双头螺柱。

（3）螺母及其标记形式　螺母通常与螺栓或螺柱配合着使用，起联接作用，以六角螺母应用最广。螺母的规格尺寸为螺纹公称直径 D，选定一种螺母后，其各部分尺寸可根据有关标准查得。

螺母的标记形式：[名称][标准代号][特征代号][公称直径]

例：螺母 GB/T 6170 M12，指螺纹规格为 M12 的螺母。

（4）垫圈及其标记形式　垫圈通常垫在螺母和被联接件之间，目的是增加螺母与被联接零件之间的接触面，保护被联接件的表面不致因拧螺母而被刮伤。垫圈分为平垫圈和弹簧垫圈，弹簧垫圈还可以防止因振动而引起的螺母松动。选择垫圈的规格尺寸为螺栓直径 d，垫圈选定后，其各部分尺寸可根据有关标准查得。

平垫圈的标记形式：名称 标准代号 规格尺寸 – 性能等级

弹簧垫圈的标记形式：名称 标准代号 规格尺寸

例：垫圈 GB/T 97.1 8，指公称规格为 8mm，由钢制造的硬度等级为 200HV 的平垫圈。

（5）螺钉及其标记形式　螺钉按使用性质可分为联接螺钉和紧定螺钉两种，联接螺钉的一端为螺纹，另一端为头部。紧定螺钉主要用于防止两相配零件之间发生相对运动的场合。螺钉规格尺寸为螺钉直径 d 及长度 l，可根据需要从标准中选用。

螺钉的标记形式：名称 标准代号 特征代号 公称直径 × 公称长度

例：螺钉 GB/T 65 M10×40，是指螺纹规格为 M10，公称长度 $l=40$mm（不包括头部）的螺钉。

2. 常用螺纹紧固件及联接图画法

（1）螺栓联接　螺栓用来联接两个不太厚并能钻成通孔的零件，并与垫圈、螺母配合进行联接。如图 9-13 所示。

1）螺栓联接中的紧固件画法。螺栓联接的紧固件有螺栓、螺母和垫圈。紧固件一般用比例画法绘制。所谓比例画法，就是以螺栓上螺纹的公称直径为主要参数，其余各部分结构尺寸均按与公称直径成一定比例关系绘制。

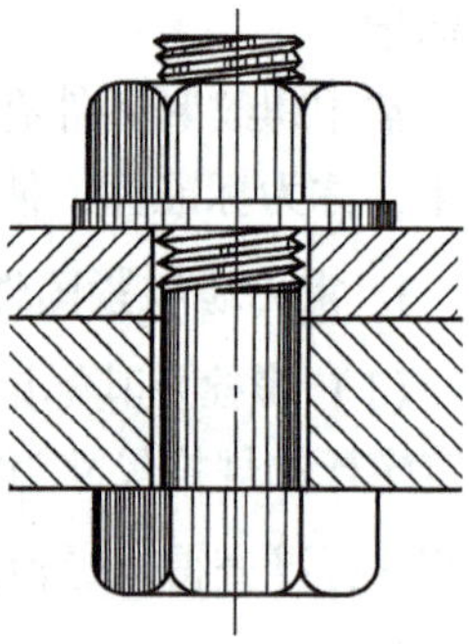

尺寸比例关系如下（图 9-14）：螺栓：d、l（根据要求确定）

$d_1 \approx 0.85d$　$b \approx 2d$　$e=2d$　$R_1=d$　$R=1.5d$　$k=0.7d$

螺母：D（根据要求确定）$m=0.8d$

其他尺寸与螺栓头部相同。

图 9-13　螺栓联接

垫圈：$d_2=2.2d$　$d_1=1.1d$　$d_3=1.5d$　$h=0.15d$　$s=0.2d$　$n=0.12d$

2）螺栓联接的画法。用比例画法画螺栓联接的装配图时，应注意以下几点：

① 两零件的接触表面只画一条线，并不得加粗。凡不接触的表面，不论间隙大小，都应画出间隙（如螺栓和孔之间应画出间隙）。

② 剖切平面通过螺栓轴线时，螺栓、螺母、垫圈可按不剖绘制，仍画外形。必要时，可采用局部剖视。

③ 两零件相邻接时，不同零件的剖面线方向应相反，或者方向一致而间隔不等。

④ 螺栓长度 $l \geqslant t_1+t_2+$垫圈厚度$+$螺母厚度$+(0.2\sim0.3)d$，根据上式的估计值，选取与估算值相近的标准长度值作为 l 值。

⑤ 被联接件上加工的螺栓孔直径稍大于螺栓直径，取 $1.1d$。

螺栓联接的比例画法如图 9-15 所示。

（2）螺柱联接　当两个被联接件中有一个很厚，或者不适合用螺栓联接时，常用双头螺柱联接。双头螺柱两端均加工有螺纹，一端与被联接件旋合，另一端与螺母旋合，如图 9-16a所示。用比例画法绘制双头螺柱的装配图时应注意以下几点：

1）旋入端的螺纹终止线应与结合面平齐，表示旋入端已经拧紧。

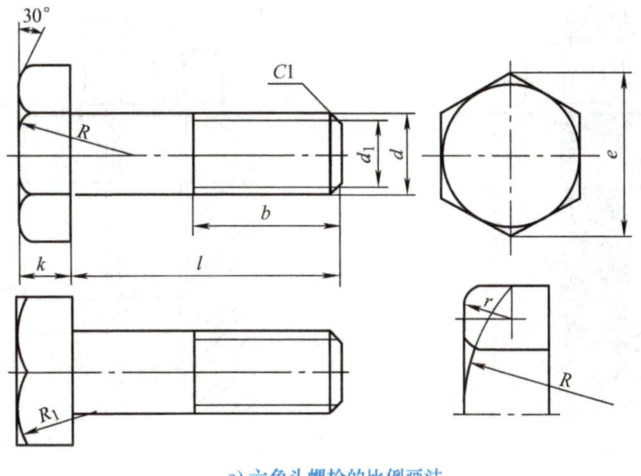

a) 六角头螺栓的比例画法

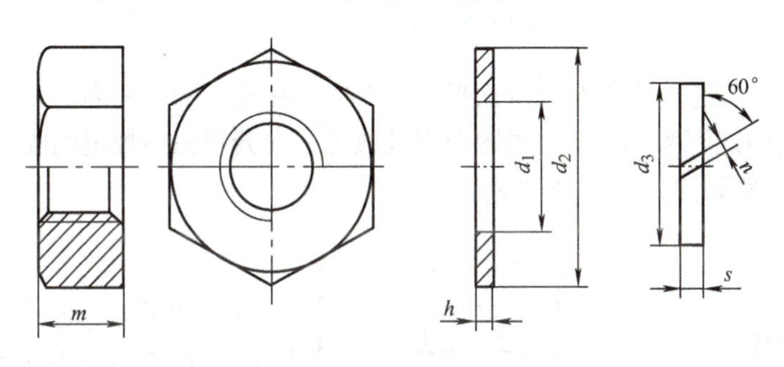

b) 六角螺母的比例画法　　c) 垫圈的比例画法

图9-14　螺栓、螺母、垫圈的比例画法

2）旋入端的长度 b_m 要根据被旋入件的材料而定：被旋入端的材料为钢时，$b_m=1d$；被旋入端的材料为铸铁或铜时，$b_m=(1.25\sim1.5)d$；被联接件为铝合金等轻金属时，取 $b_m=2d$。

3）旋入端的螺孔深度取 $b_m+0.5d$，钻孔深度取 b_m+d，如图9-16所示。

4）螺柱的公称长度 $l\geqslant t+$垫圈厚度$+$螺母厚度$+(0.2\sim0.3)d$，然后选取与估算值相近的标准长度值作为 l 值。

双头螺柱联接的比例画法如图9-16b所示。

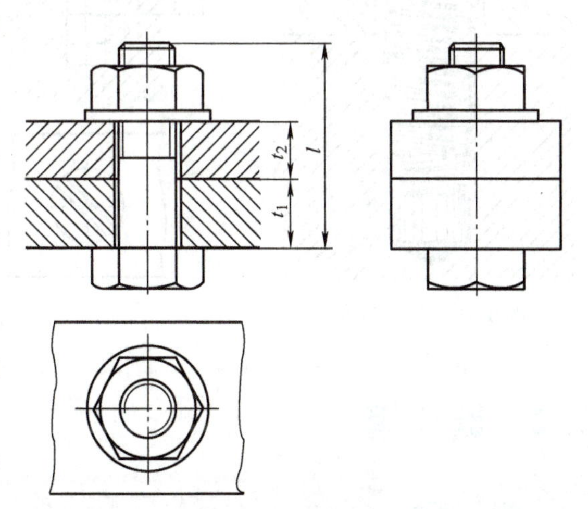

图9-15　螺栓联接图

(3) 螺钉联接　螺钉联接一般用于受力不大又不需要经常拆卸的场合，如图9-17所示。

用比例画法绘制螺钉联接，其旋入端与螺柱相同，被联接板的孔部画法与螺栓相同，被联接板的孔径取1.1d。螺钉的有效长度 $l=t+b_m$，并根据标准校正。画图时注意以下两点：

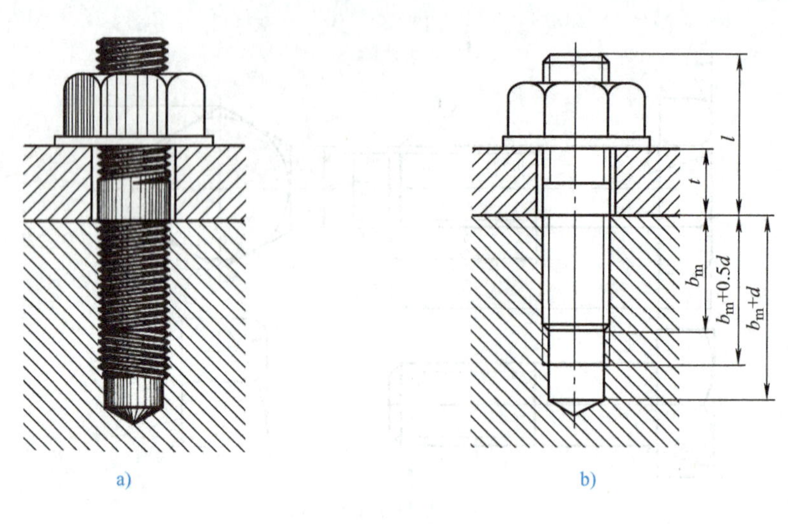

图 9-16 双头螺柱联接图

1）螺钉的螺纹终止线不能与结合面平齐，而应画在盖板的范围内。

2）具有沟槽的螺钉头部，在主视图中应被放正，在俯视图中规定画成 45°倾斜。

螺钉联接的比例画法如图 9-18 所示。

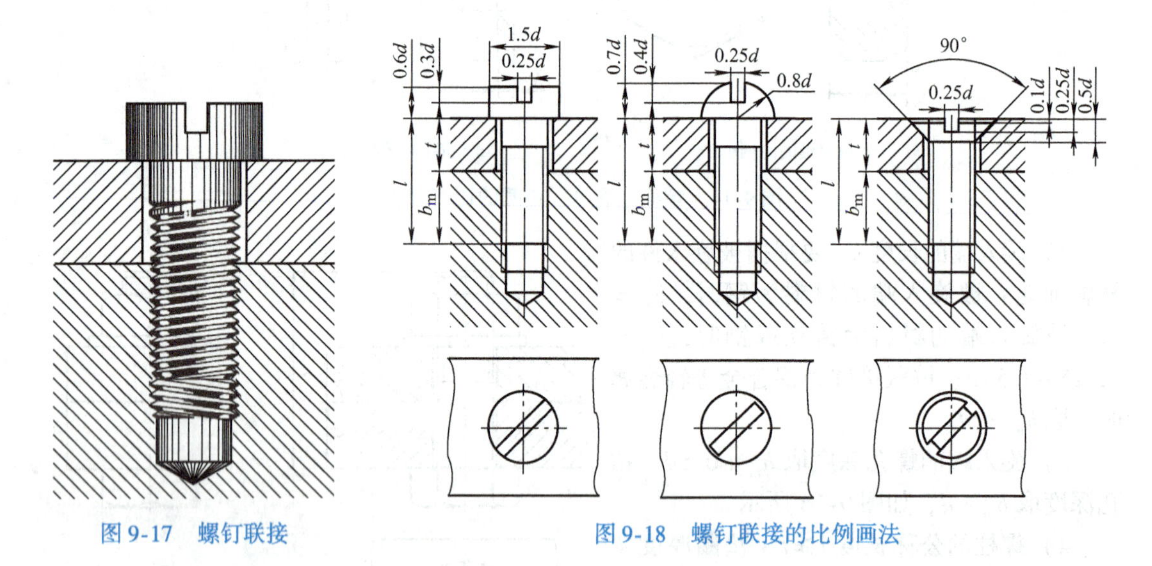

图 9-17 螺钉联接

图 9-18 螺钉联接的比例画法

9.2 键和销

知识目标：

1. 掌握键联接和销联接的作用和种类。
2. 掌握普通平键的种类和标记。

技能目标：

1. 学会普通平键的联接画法。
2. 学会查阅机械设计手册按规格选购键和销。

9.2.1　键联接

1. 键联接的作用和种类

键主要用于轴和轴上的零件（如带轮、齿轮等）之间的联接，起着传递转矩的作用。如图9-19所示，将键嵌入轴上的键槽中，再将带有键槽的齿轮装在轴上，当轴转动时，因为键的存在，齿轮就与轴同步转动，达到传递动力的目的。键的种类很多，常用的有普通平键、半圆键和钩头楔键三种，如图9-20所示。普通平键应用最为广泛；半圆键适用于便于安装且载荷不大的传动轴上，尤其适于锥形轴与轮毂的联接；钩头楔键适用于定心精度要求不高、载荷平稳和低速的场合。键是标准件，其结构型式和尺寸在国家标准中都有相应的规定，使用前可以查阅标准。

图9-19　键联接

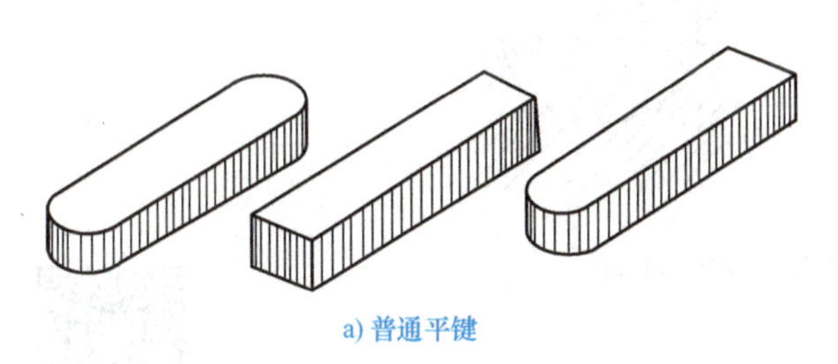

a) 普通平键

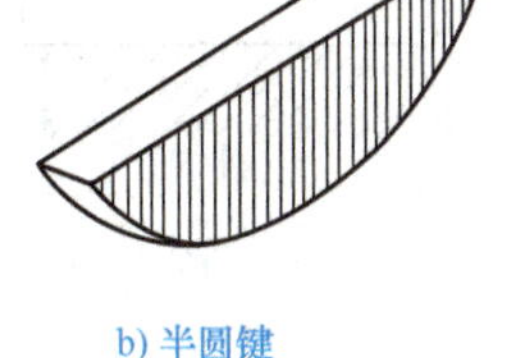

b) 半圆键

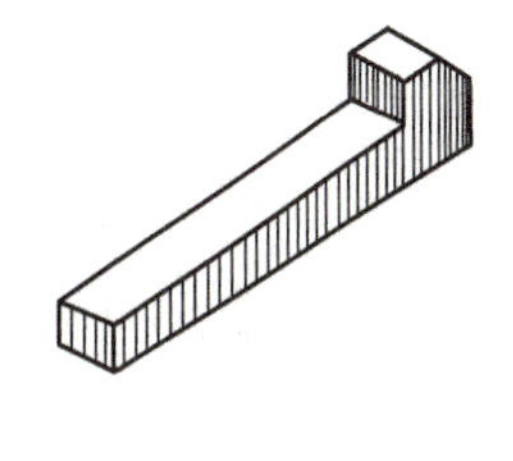

c) 钩头楔键

图9-20　键的种类

2. 普通平键的种类和标记

普通平键根据其头部结构的不同可以分为圆头普通平键（A型）、平头普通平键（B型）、和单圆头普通平键（C型）三种型式，如图9-21所示。

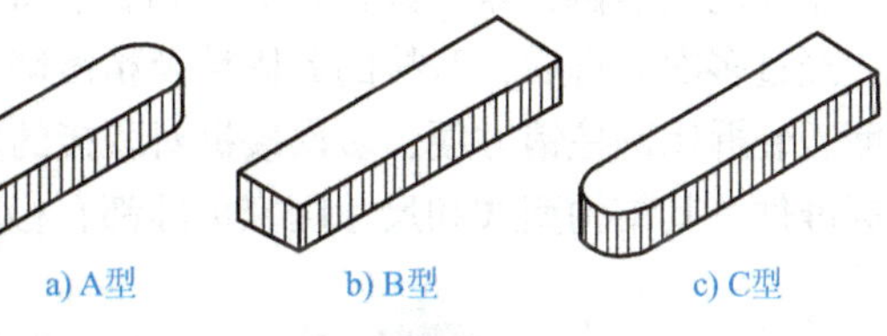

a) A型　b) B型　c) C型

图9-21　普通平键的型式

普通平键的标记格式和内容为：标准代号 键型式代号 宽度×高度×长度。其中A型可省略型式代号。例如：宽度 $b=18$mm，高度 $h=11$mm，长度 $L=100$mm 的圆头普通平键（A型），其标记是：GB/T 1096 键 18×11×100。宽度 $b=18$mm，高度 $h=11$mm，长度 $L=100$mm 的平头普通平键（B型），其标记是：GB/T 1096 键 B18×11×100。宽度 $b=18$mm，高度 $h=11$mm，长度 $L=100$mm 的单圆头普通平键（C型），其标记是：GB/T 1096 键 C 18×11×100。

3. 普通平键的联接画法

采用普通平键联接时，键的长度 L 和宽度 b 要根据轴的直径 d 和传递的转矩大小从标准中选取适当值。轴和轮毂上的键槽的表达方法及尺寸如图 9-22 所示。在轴键槽的剖面图中应标注键宽 b 和键槽深度 $d-t$（槽深 t，标注为 $d-t$）；轮毂键槽应标注键宽 b 和槽深 $d+t_1$（槽深 t_1，标注为 $d+t_1$）。在装配图上，普通平键联接画法和尺寸标注如图 9-23 所示。

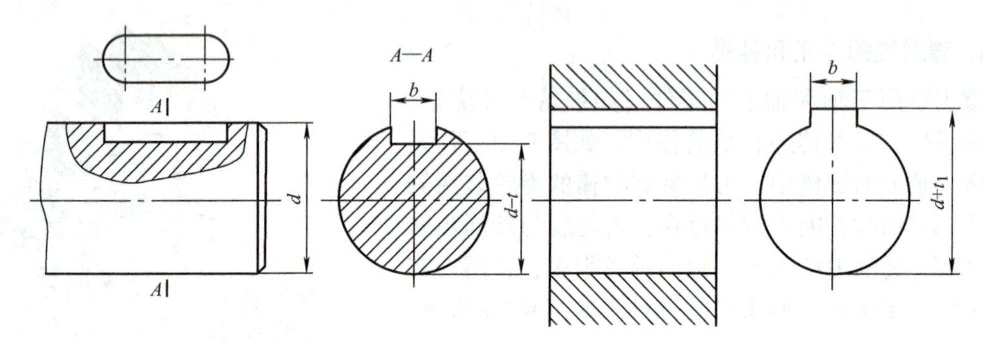

图 9-22 轴和轮毂上的键槽

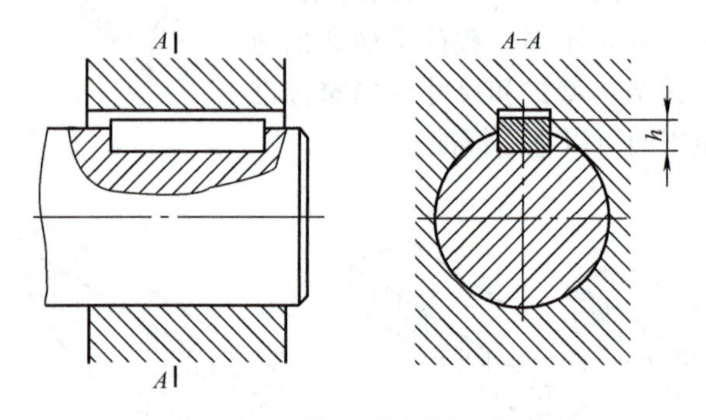

图 9-23 普通平键联接画法

9.2.2 销联接

销主要用来固定零件之间的相对位置，起定位作用，也可用于轴与轮毂的联接，传递不大的载荷，还可作为安全装置中的过载剪断元件。销的常用材料为 35、45 钢。

常见的销有圆柱销、圆锥销和开口销，如图 9-24 所示。圆柱销利用微量过盈固定在销孔中，经过多次装拆后，联接的紧固性及精度降低，故只宜用于不常拆卸处。圆锥销有 1∶50 的锥度，装拆比圆柱销方便，多次装拆对联接的紧固性及定位精度影响较小，因此应用广泛。销是标准件，其结构型式和尺寸国家标准都有相应的规定，可以查阅标准。

a) 圆柱销　b) 圆锥销　c) 开口销

图 9-24 销的种类

销联接的画法如图9-25所示，纵向剖切时，销按不剖绘制。标记形式为：

圆柱销：销 GB/T119.1 *d* 公差×*L*，如：销 GB/T119.1 10m6×80

圆锥销：销 GB/T117 *d*×*L*，如：销 GB/T117 10×100

开口销：销 GB/T91 *d*×*L*，如：销 GB/T91 4×20

其中：*d* 为销的公称直径，*L* 为销的长度；圆锥销的公称直径指小端直径。

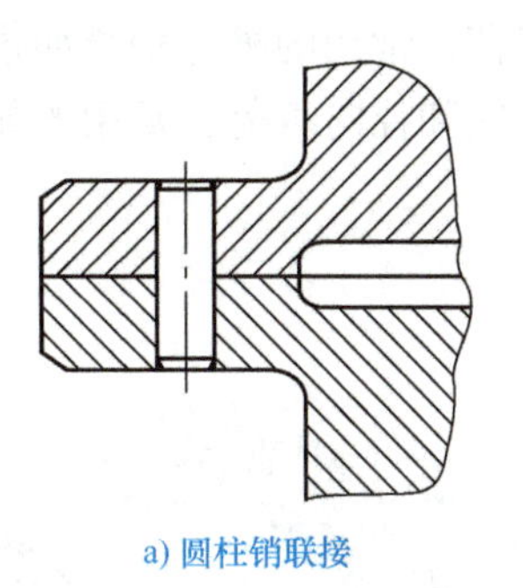

a) 圆柱销联接

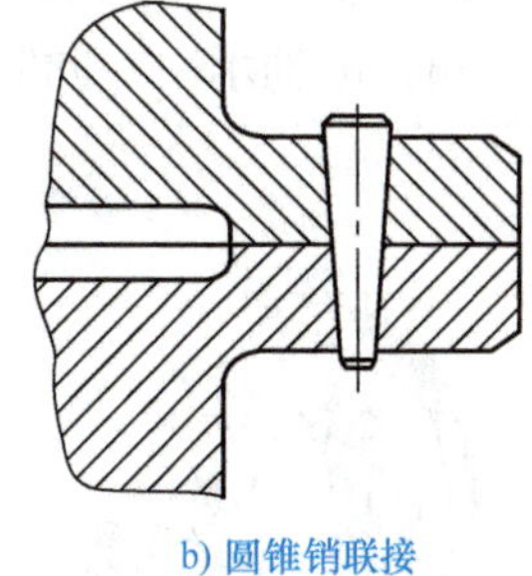

b) 圆锥销联接

图9-25　销联接的画法

9.3　滚动轴承和弹簧

知识目标：

1. 熟悉滚动轴承的种类、代号和规定画法。
2. 熟悉弹簧的种类、用途和规定画法。

技能目标：

1. 学会查阅机械设计手册按规格选购轴承和弹簧。
2. 能绘制滚动轴承图、弹簧图。

9.3.1　滚动轴承

滚动轴承是用来支承旋转轴的部件，结构紧凑，摩擦阻力小，能在较大的载荷、较高的转速下工作，转动精度较高，在工业中应用十分广泛。滚动轴承的结构及尺寸已经标准化，由专业厂家生产，选用时可查阅有关标准。

1. 滚动轴承的结构类型及代号

(1) 结构类型　滚动轴承的结构一般由四部分组成，如图9-26所示。

外圈——装在机体或轴承座内，一般固定不动。

内圈——装在轴上，与轴紧密配合且随轴转动。

滚动体——装在内外圈之间的滚道中，有滚珠、滚柱、滚锥等类型。

保持架——用来均匀分隔滚动体，防止滚动体之间相互摩擦与碰撞。

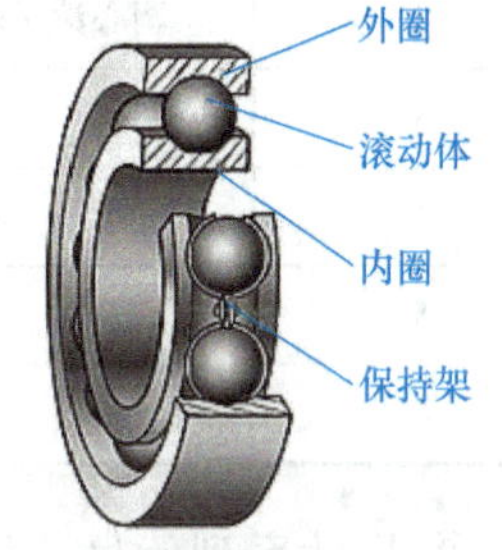

图9-26　滚动轴承的结构

滚动轴承按承受载荷的方向可分为以下三种类型（如图9-27所示）：

向心轴承——主要承受径向载荷，常用的向心轴承如深沟球轴承。

推力轴承——只承受轴向载荷，常用的推力轴承如推力球轴承。

角接触轴承——同时承受轴向和径向载荷，常用的如圆锥滚子轴承。

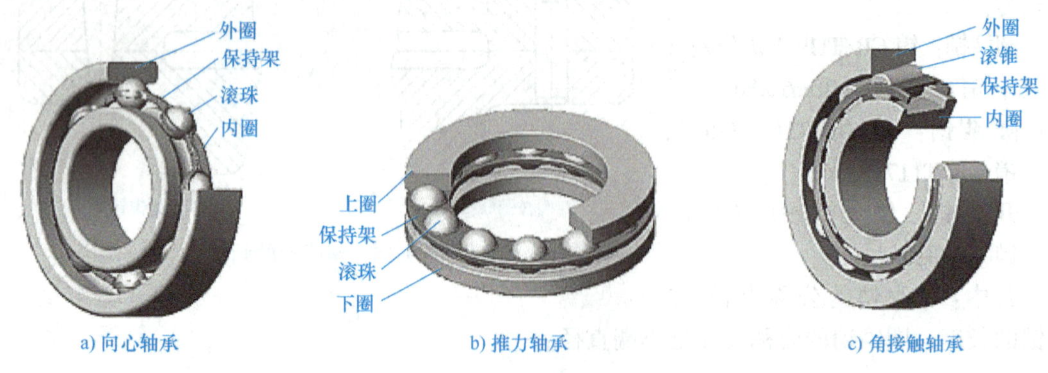

图 9-27 滚动轴承的结构

（2）滚动轴承的代号 滚动轴承的代号一般打印在轴承的端面上，由基本代号、前置代号和后置代号三部分组成，排列顺序如下：

前置代号 基本代号 后置代号

1）基本代号。基本代号表示滚动轴承的基本类型、结构及尺寸，是滚动轴承代号的基础。基本代号由轴承类型代号、尺寸系列代号和内径代号构成（滚针轴承除外），其排列顺序如下：

类型代号 尺寸系列代号 内径代号

XX XXX XX

① 类型代号。轴承类型代号用阿拉伯数字或大写拉丁字母表示，其含义见表 9-2。

表 9-2 轴承类型代号

代 号	轴承类型	代 号	轴承类型
0	双列角接触球轴承	7	角接触球轴承
1	调心球轴承	8	推力圆柱滚子轴承
2	调心滚子轴承和推力调心滚子轴承	N	圆柱滚子轴承
3	圆锥滚子轴承	NN	双列或多列圆柱滚子轴承
4	双列深沟球轴承	U	外球面球轴承
5	推力球轴承	QJ	四点接触球轴承
6	深沟球轴承	C	长弧面滚子轴承（圆环轴承）

② 尺寸系列代号。尺寸系列代号由轴承的宽（高）度系列代号和直径系列代号组合而成，用两位数字表示。它主要用来区别内径相同而宽（高）度和外径不同的轴承。详细数据可查阅机械设计手册。

③ 内径代号。内径代号表示轴承的公称内径，见表 9-3。

表9-3　轴承内径代号

轴承公称内径/mm		内径代号	示　例
0.6~10（非整数）		用公称内径毫米数直接表示，在其与尺寸系列代号之间用“/”分开	深沟球轴承618/2.5 $d=2.5$mm
1~9（整数）		用公称内径毫米数直接表示，对深沟及角接触球轴承直径系列7、8、9，内径与尺寸系列代号之间用“/”分开	深沟球轴承625 深沟球轴承618/5 $d=5$mm
10~17	10	00	深沟球轴承6200 $d=10$mm
	12	01	
	15	02	
	17	03	
20~480（22、28、32除外）		公称内径除以5的商数，商数为个位数，需在商数左边加“0”，如08	调心滚子轴承22308 $d=40$mm
大于和等于500 以及22、28、32		用公称内径毫米数直接表示，但在与尺寸系列之间用“/”分开	调心滚子轴承230/500 $d=500$mm 深沟球轴承62/22 $d=22$mm

2）前置代号和后置代号。前置代号和后置代号是轴承在结构形状、尺寸、公差、技术要求等有改变时，在其基本代号左、右添加的补充代号。具体情况可查阅有关的国家标准。

轴承代号标记实例如图9-28所示。

2. 滚动轴承的简化画法

国家标准GB/T 4459.7—2017对滚动轴承的画法做了统一规定，有简化画法和规定画法，简化画法又分为通用画法和特征画法两种。

（1）简化画法　用简化画法绘制滚动轴承时，应采用通用画法和特征画法。但在同一图样中，一般只采用其中的一种画法。

1）通用画法。在剖视图中，当不需要确切地表示滚动轴承的外形轮廓、载荷特性、

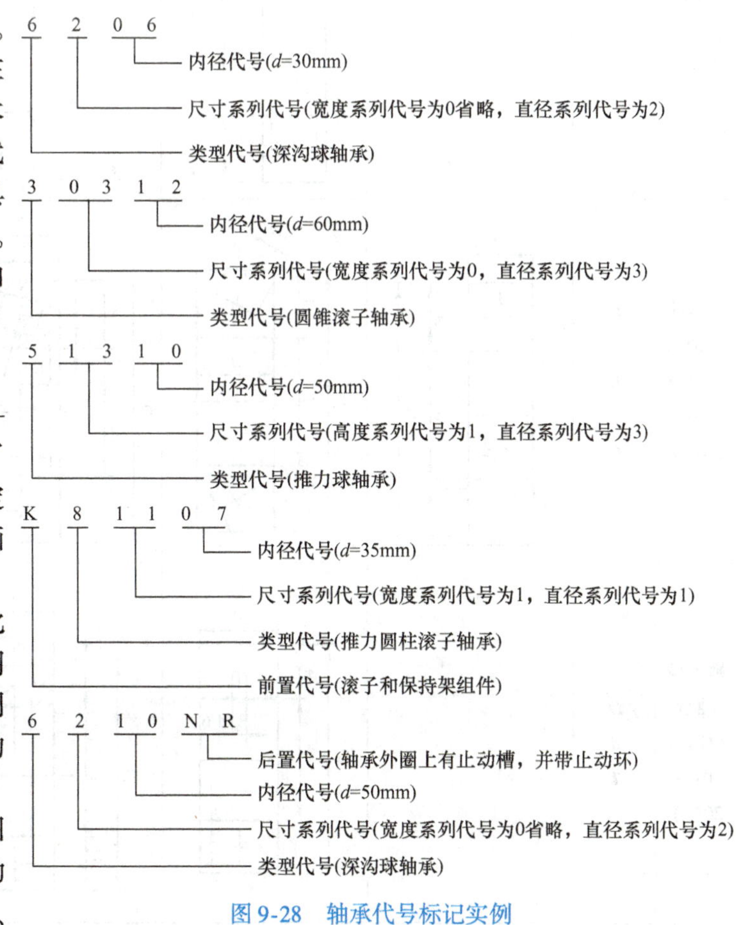

图9-28　轴承代号标记实例

结构特征时，可用矩形线框以及位于线框中央正立的十字形符号来表示。矩形线框和十字形符号均用粗实线绘制，十字形符号不应与矩形线框接触，通用画法的尺寸比例见表9-4。

2）特征画法　在剖视图中，如果需要比较形象地表示滚动轴承的结构特征时，可采用在矩形线框内画出其结构要素符号的方法表示。特征画法的矩形线框、结构要素符号均用粗实线绘制。常用滚动轴承的特征画法的尺寸比例示例见表9-4。

（2）规定画法　必要时，滚动轴承可采用规定画法绘制。采用规定画法绘制滚动轴承的剖视图时，轴承的滚动体不画剖面线，其各套圈等可画成方向和间隔相同的剖面线，滚动轴承的保持架及倒角等可省略不画。规定画法一般绘制在轴的一侧，另一侧按通用画法绘制。规定画法中各种符号、矩形线框和轮廓线均用粗实线绘制，其尺寸比例见表9-4。

表9-4　各种轴承的规定画法

名称和标准号	查表主要数据	画法			装配示意图
		简化画法		规定画法	
		通用画法	特征画法		
深沟球轴承（GB/T 276—2013）	D d B		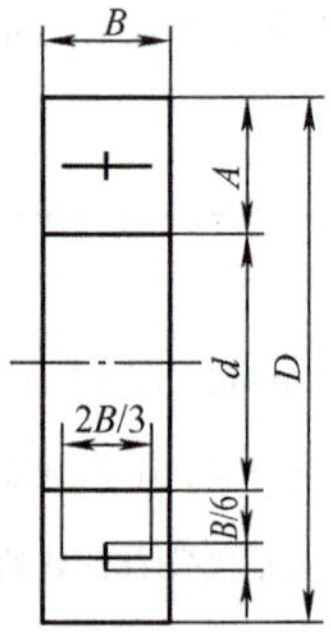	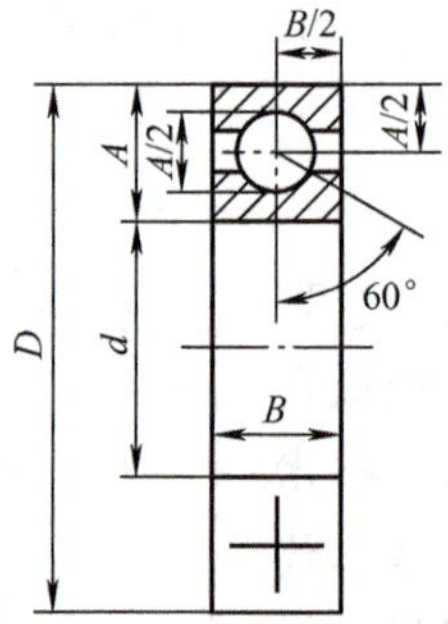	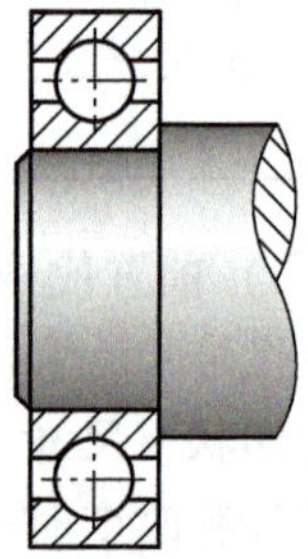
圆锥滚子轴承（GB/T 297—2015）	D d B T C	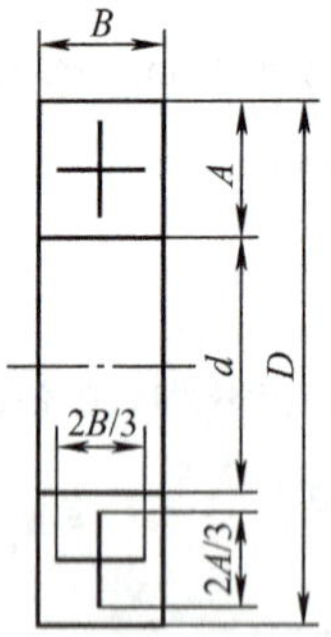	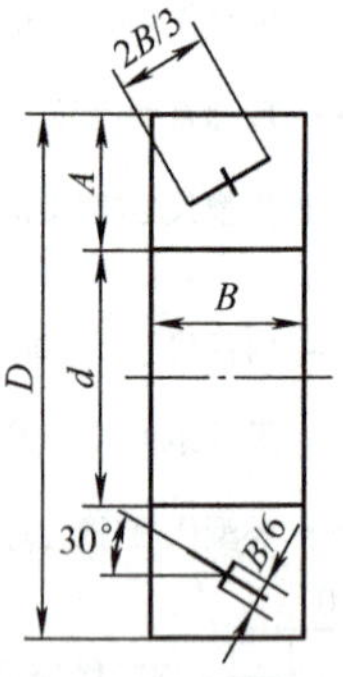	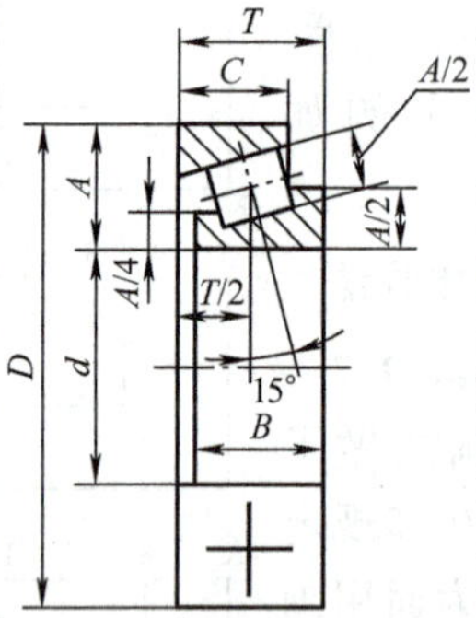	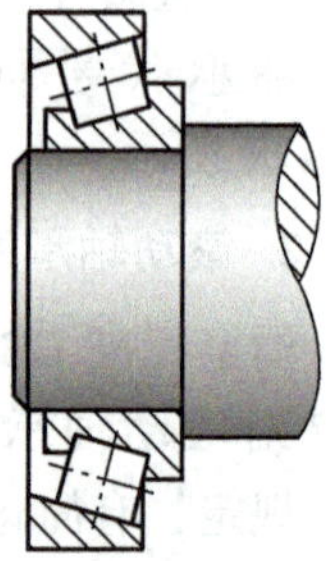
推力球轴承（GB/T 301—2015）	D d T		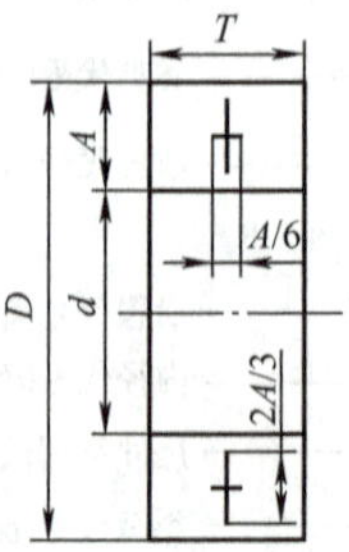	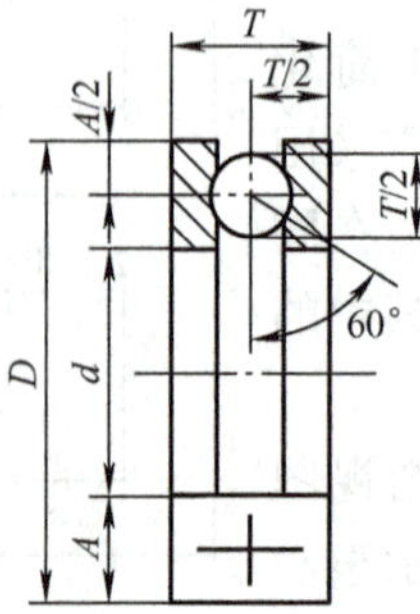	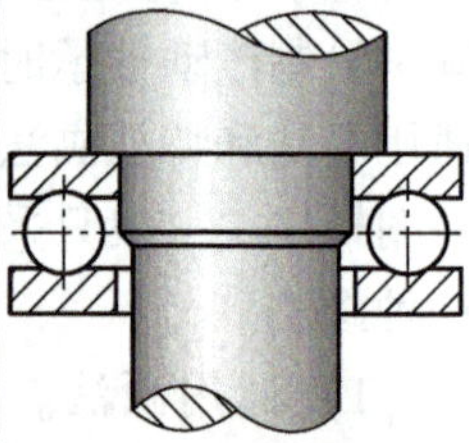

9.3.2　弹簧

弹簧是利用材料的弹性和结构特点，通过变形和储存量工作的一种机械零（部）件。它是机械、电气设备中一种常用的零件，主要用于减振、夹紧、储存能量和测力等。弹簧的种类很多，有螺旋、涡卷、板式、蝶形等，如图9-29～图9-31所示。使用较多的是圆柱螺旋弹簧。

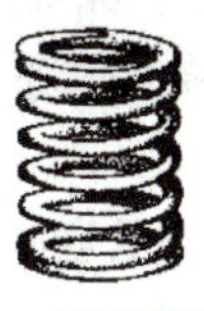

a) 压缩弹簧　b) 拉伸弹簧　c) 扭转弹簧

图9-29　圆柱螺旋弹簧

图9-30　涡卷弹簧

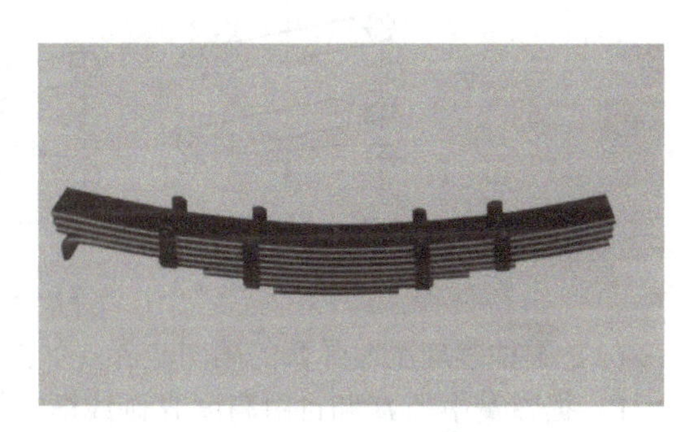

图9-31　板式弹簧

1. 圆柱螺旋压缩弹簧各部分的名称及代号

1）线径 d——用于缠绕弹簧的钢丝直径（mm）。

2）弹簧外径 D_2——弹簧外圈直径。

3）弹簧内径 D_1——弹簧内圈直径，即弹簧的最小直径。$D_1 = D_2 - 2d$。

4）弹簧中径 D——弹簧内径和外径的平均值，$D = (D_1 + D_2)/2 = D_1 + d = D_2 - d$。

5）有效圈数 n——用于计算弹簧总变形量的簧圈数量。

6）支承圈数 n_2——为了使弹簧工作平衡，端面受力均匀，制造时将弹簧两端的$\frac{3}{4}$至$1\frac{1}{4}$圈压紧靠实，并磨出支承平面。这些圈主要起支承作用，所以称为支承圈。支承圈数 n_2 表示两端支承圈数的总和。一般有1.5、2、2.5圈三种。

7）总圈数 n_1——沿螺旋线两端间的螺旋圈数，它是有效圈数和支承圈数的总和，即 $n_1 = n + n_2$。

8）节距 t——螺旋弹簧两相邻有效圈截面中心线的轴向距离。

9）自由高度 H_0——弹簧无负荷作用时的高度（或长度），$H_0 = nt + (n_2 - 0.5)d$。

10）旋向——与螺旋线的旋向意义相同，分为左旋和右旋两种。

2. 圆柱螺旋压缩弹簧的规定画法

（1）弹簧的画法　GB/T 4459.4—2003 对弹簧的画法做了如下规定：

1）在平行于螺旋弹簧轴线的投影面的视图中，其各圈的轮廓应画成直线。

2）有效圈数在四圈以上时，可每端只画出1~2圈（支承圈除外），其余省略不画。

3）螺旋弹簧均可画成右旋；对必须保证的旋向要求应在“技术要求”中说明。

4）螺旋压缩弹簧如要求两端并紧且磨平时，不论支承圈多少均按支承圈2.5圈绘制，必要时也可按支承圈的实际结构绘制。

弹簧的表示方法有剖视图、视图和示意画法，如图9-32a、b、c所示。

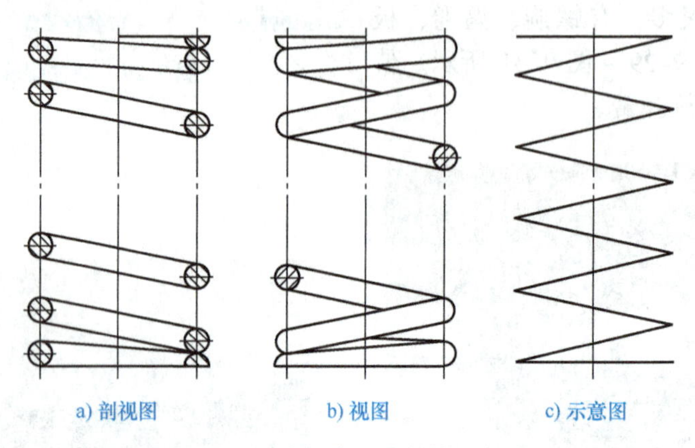

图9-32 圆柱螺旋压缩弹簧的表示法

（2）圆柱螺旋压缩弹簧的画图步骤（如图9-33所示）

1）据弹簧中径 D 和自由高度 H 画线框，如图9-33a所示。

2）据线径 d 画圆截面图如图9-33b所示。

3）据弹簧节距画其他圆截面图，如图9-33c所示。

4）画弹簧丝圆截面剖视图，如图9-33d所示。

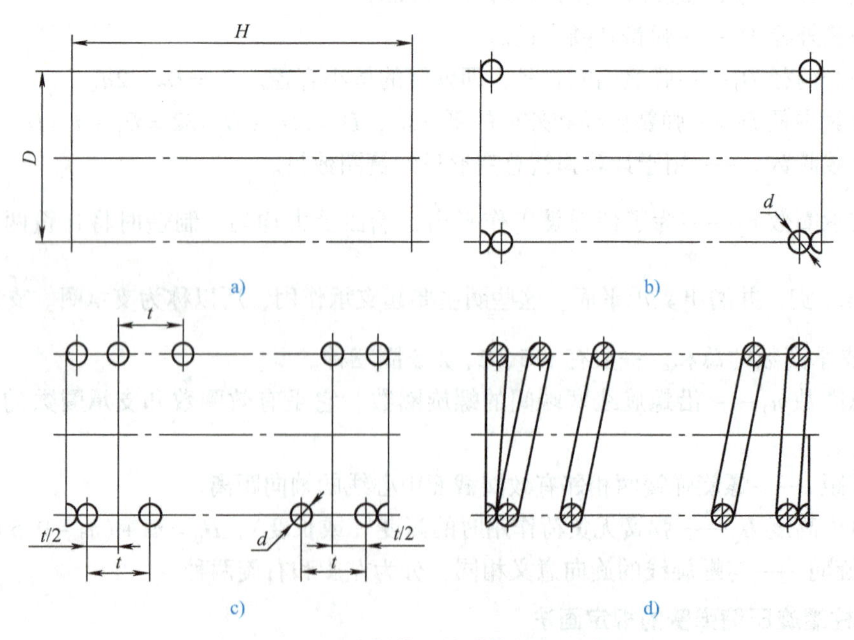

图9-33 圆柱螺旋压缩弹簧的画图步骤

（3）装配图中弹簧的简化画法　在装配图中，弹簧被看作实心物体，因此，被弹簧挡住的结构一般不画出。可见部分应画至弹簧的外轮廓或弹簧的中径处，如图9-34a、b所示。当线径在图形上小于或等于2mm并被剖切时，其剖面可以涂黑表示，如图9-34b所示。也可采用示意画法，如图9-34c所示。

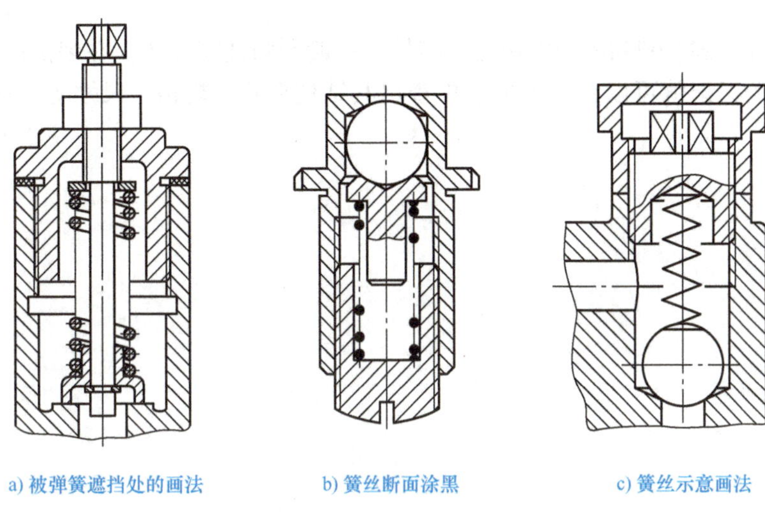

a) 被弹簧遮挡处的画法　b) 簧丝断面涂黑　c) 簧丝示意画法

图9-34　装配图中弹簧的画法

本章小结

本章学习了螺纹紧固件、键、销、滚动轴承、弹簧等标准件和常用件的画法。这些零件一般不按真实投影画图，国家标准中规定了某些简化画法和规定标注。

1. 画法

（1）螺纹的画法　外螺纹的大径用粗实线表示，小径用细实线表示，螺纹终止线用粗实线表示；内螺纹通常采用剖视图表达，在不反映圆的视图中，大径用细实线表示，小径和螺纹终止线用粗实线表示。

当用剖视图表达内外螺纹联接时，其旋合部分按外螺纹的画法绘制，其余部分仍按各自的画法表示。

（2）螺旋弹簧的画法　用直线代替螺旋线；有效圈数在四圈以上的螺旋弹簧，中间部分可省略不画。

（3）滚动轴承的画法　滚动轴承的画法有简化画法和规定画法两种。简化画法又可分为通用画法和特征画法。

2. 标注

（1）标准螺纹的标注　在螺纹的大径上注明特征代号、公称直径、螺距、公差带代号、旋合长度代号和旋向代号。

（2）普通平键的标注　标准代号　键型式代号　宽度×高度×长度，其中A型可省略型式代号。

（3）轴承的标注　由基本代号、前置代号和后置代号三部分组成。

（4）弹簧的标注　图上要标注弹簧线径 d、弹簧中径 D、节距 t 和自由高度 H_0 等尺寸。

螺纹的基本要素包括牙型、直径（大径、小径、中径）、螺距和导程、线数、旋向等。国家标准对螺纹的牙型、大径和螺距做了统一规定。这三项要素均符合国家标准的螺纹称为标准螺纹；凡牙型不符合国家标准的螺纹称为非标准螺纹；只有牙型符合国家标准的螺纹称为特殊螺纹。

螺纹紧固件、键、销和滚动轴承是标准件，一般不画其零件图。在装配图的明细栏里，只要标出它们的标记就可以在有关标准中查出其结构型式、规格、尺寸等。按规格选购标准件。

第10章　装　配　图

本章学习目标

掌握装配图的作用和内容、装配图的视图表达方法，了解常用的装配工艺结构，掌握读装配图的方法和步骤。

认真测绘每一个零件，养成认真负责的工作态度和一丝不苟的工作作风，培养大国工匠精神。

10.1　装配图的基本知识

知识目标：

1. 掌握装配图的作用和内容。
2. 掌握装配图的视图表达方法。
3. 了解装配工艺结构。

技能目标：

1. 学会装配图的视图表达方法。
2. 学会装配图的尺寸标注，能判别常见工艺结构的合理性。

在生产、维修和使用、管理机械设备和技术交流等工作过程中，常需要阅读装配图；在设计过程中，也经常要参阅一些装配图，以及由装配图拆画零件图。因此，作为工程界的从业人员，必须掌握读装配图以及由装配图拆画零件图的方法。

10.1.1　装配图的作用和内容

装配图是表达机器或部件的图样，通常用来表达机器或部件的工作原理及零件、部件间的装配关系，是机械设计和生产中的重要技术文件之一。在产品设计中一般先根据产品的工作原理图画出装配草图，由装配草图整理成装配图，再根据装配图进行零件设计，并画出零件图。在产品制造中装配图是制订装配工艺规程、进行装配和检验的技术依据。在机器使用和维修时，也需要通过装配图来了解机器的工作原理和构造。

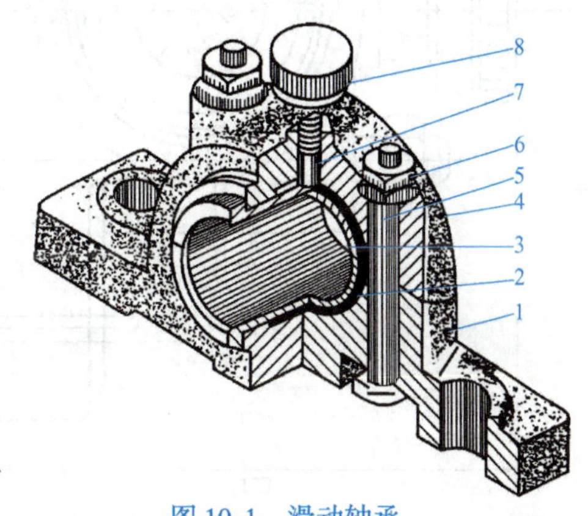

图10-1　滑动轴承
1—轴承座　2—下轴瓦　3—上轴瓦　4—轴承盖　5—螺栓　6—螺母　7—套　8—油杯

一张完整的装配图必须具备下列内容：

一组视图：画装配图时，要用一组视图、剖视图等表达出机器（或部件）的工作原理、各零件的相对位置及装配关系、连接方式和重要零件的形状结构。对于图10-1所示的滑动轴承，其装配图如图10-2所

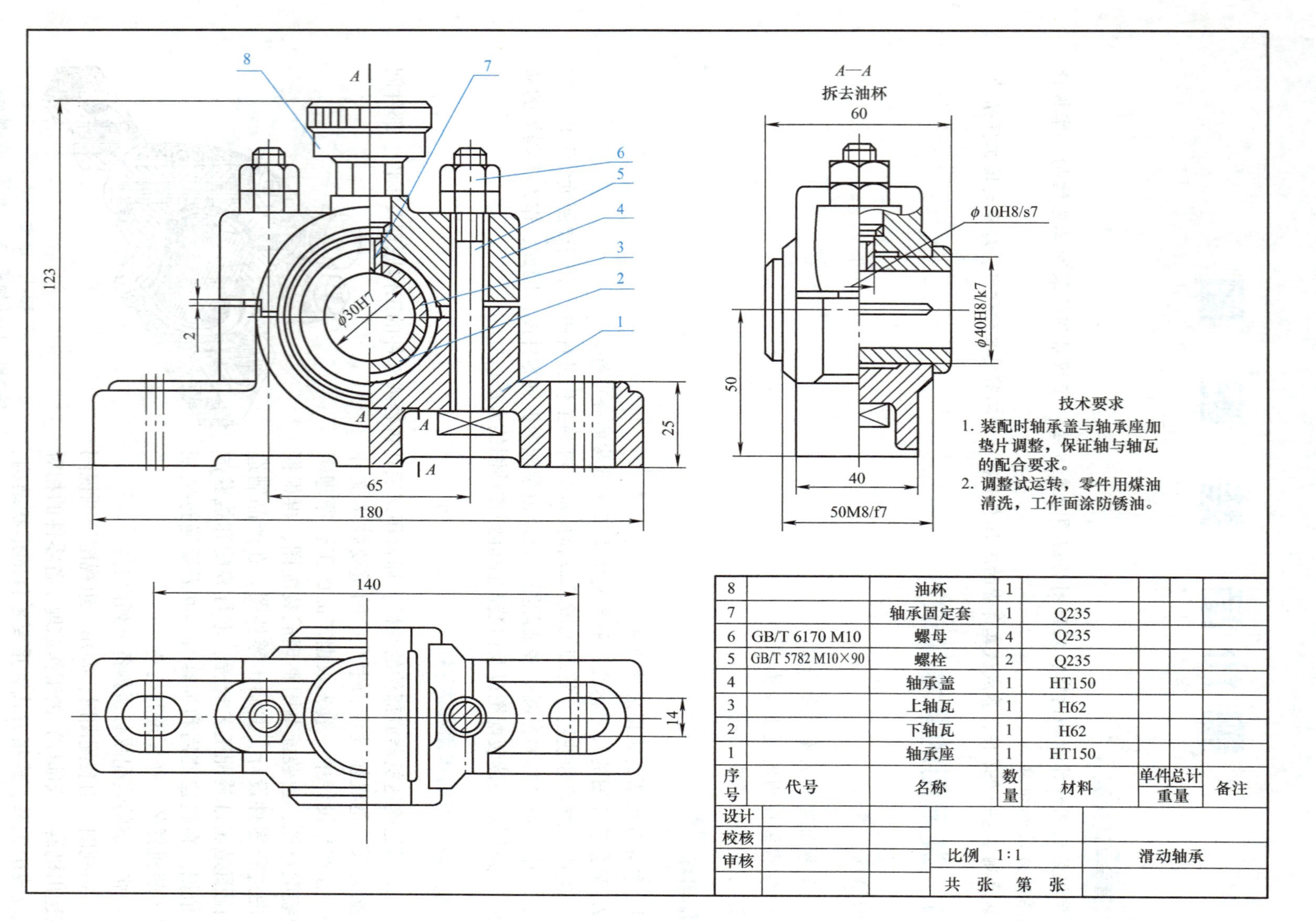

序号	代号	名称	数量	材料	单件重量	总计重量	备注
8		油杯	1				
7		轴承固定套	1	Q235			
6	GB/T 6170 M10	螺母	4	Q235			
5	GB/T 5782 M10×90	螺栓	2	Q235			
4		轴承盖	1	HT150			
3		上轴瓦	1	H62			
2		下轴瓦	1	H62			
1		轴承座	1	HT150			

图 10-2 滑动轴承装配图

示。主视图和左视图采用了半剖视图，用来表达轴承座、轴承盖、上下轴瓦等的装配关系和部件的外形；俯视图主要表达轴承盖和轴承座的形状。

必要的尺寸：在装配图上不需要像零件图那样标注出零件的所有尺寸，制造零件时是根据零件图制造的，装配图上只需要标注机器或部件的规格尺寸、装配尺寸、安装尺寸、外形尺寸及其他重要尺寸等。

技术要求：在装配图上，只有配合尺寸要标注配合代号，其他尺寸一般不标注尺寸公差，装配图上一般也不需要标注表面粗糙度代号和几何公差代号。在明细栏的上方或图形下方的空白处用文字形式说明技术要求的内容，技术要求的内容主要为机器或部件的性能和装配、调整、试验等所必须满足的技术条件。

零件的序号、明细栏和标题栏：装配图中的零件序号和明细栏用于说明每个零件的名称、数量和材料等。标题栏包括部件名称、比例、绘图和设计人员的签名等。零件编号时应在被编号零、部件可见轮廓线内画一小圆点，用细实线画出指引线引出图外，在指引线的端部用细实线画一水平线或圆圈，在水平线上或圆圈内写零件的序号。

为使图形清晰，指引线不宜穿过太多的图形，指引线通过剖面线区域时，不应和剖面线平行，指引线也不要相交，必要时指引线可画成折线，但只能折一次。序号在图上应按水平或垂直方向均匀排列整齐，并按照顺时针或逆时针方向顺序排列。

10.1.2　装配图的表达方法

1. 装配图的规定画法

两相邻零件的接触表面和配合表面只画一条线，非接触表面（即使间隙很小）画成两条线，如图 10-3 所示。

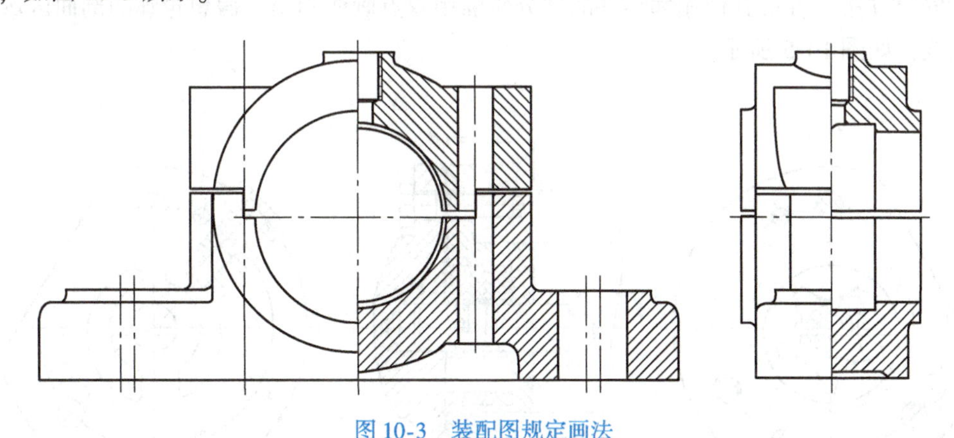

图 10-3　装配图规定画法

同一个零件所有视图上的剖面线方向相同间隔相等，相邻两个或多个零件的剖面线方向相反或方向相同而间隔不相等，其目的是有利于找出同一零件的各个视图，想象其形状和装配关系。

对于紧固件以及实心的球、轴、键等零件，若剖切平面通过其对称平面或基本轴线时，则这些零件均按不剖绘制。如需要表达这些零件上的孔槽等构造时，可用局部剖视图表示，如图 10-4 所示。

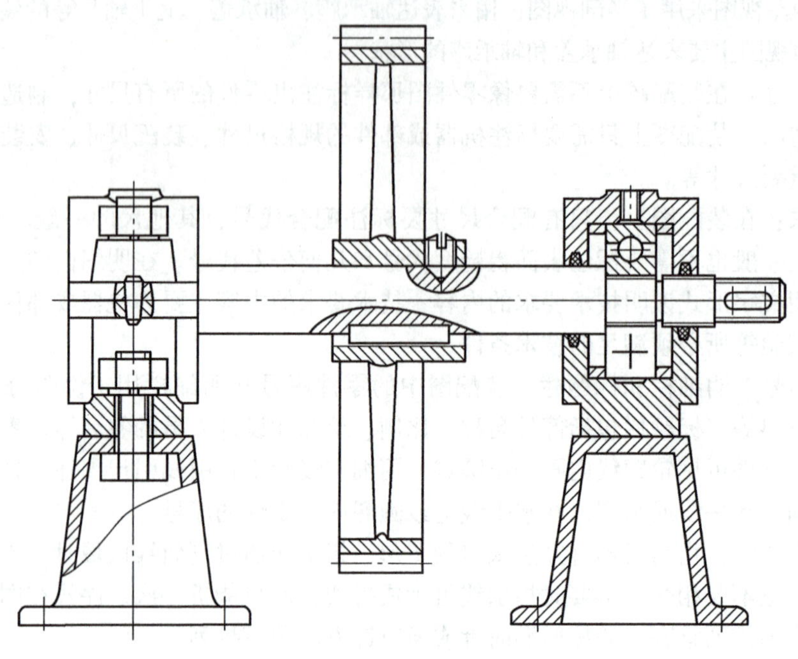

图 10-4　装配图的表达方法

2. 装配图的特殊表达方法

假想画法：如选择的视图已将大部分零件的形状、结构表达清楚，但仍有少数零件的某些方面还未表达清楚时，可单独画出这些零件的视图或剖视图。为表示部件（或机器）的作用和安装方法，可将其他相邻零件的部分轮廓用双点画线画出。假想轮廓的剖面区域内不画剖面线，如图 10-5 所示。

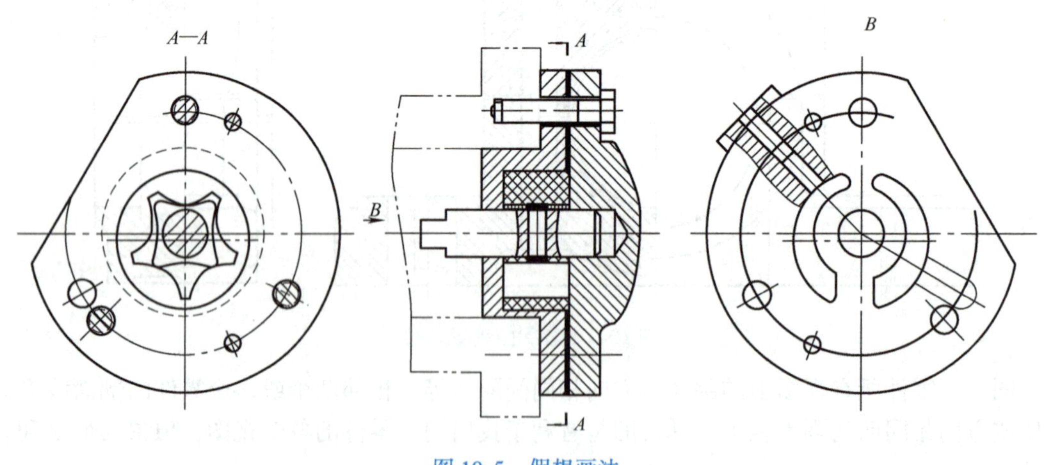

图 10-5　假想画法

拆卸画法：当某些零件的图形遮住了其后面需要表达的零件，或在某一视图上不需要画出某些零件时，可拆去某些零件后绘制，也可选择沿零件结合面进行剖切的画法。如图10-2中的左视图，就是拆去了油杯等零件后绘制的。

简化画法：对于装配图中若干相同的零件和部件组，如螺栓联接等，可详细地画出一组，其余只需用点画线表示其位置即可；对薄的垫片等不易画出的零件，可将其涂黑；零件的工艺结构，如小圆角、倒角、退刀槽、起模斜度等，可不画出，如图 10-6 所示。

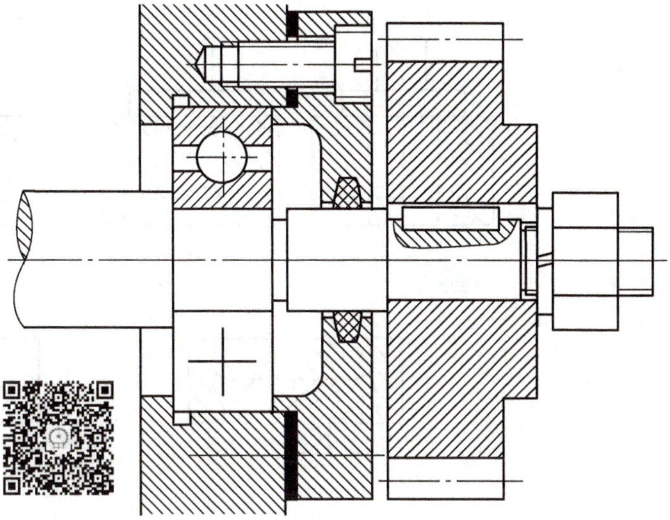

图 10-6　简化画法

10.1.3　常见的装配工艺结构

在设计和绘制装配图时，应考虑装配结构的合理性，以保证机器或部件的使用及零件的加工、装拆方便。

1. 接触面与配合面的结构

1）两个零件接触时，在同一方向只能有一对接触面，这种设计既可满足装配要求，同时制造也很方便，如图 10-7 所示。

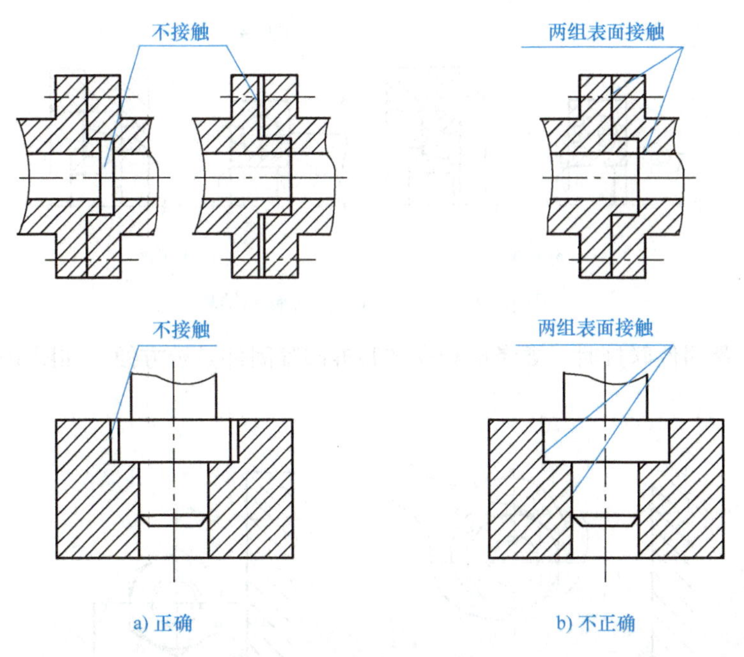

图 10-7　两零件间的接触面

2）轴颈和孔配合时，应在孔的接触端面制作倒角或在轴肩根部切槽，以保证零件间接触良好，如图 10-8 所示。

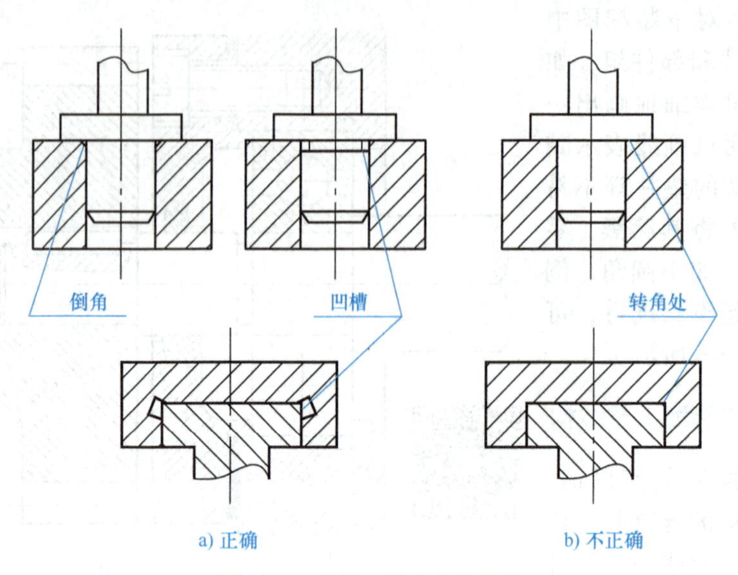

图 10-8　接触面转角处的结构

2. 便于装拆的合理结构

1）滚动轴承的内、外圈在进行轴向定位设计时，必须要考虑到拆卸的方便，如图 10-9 所示。

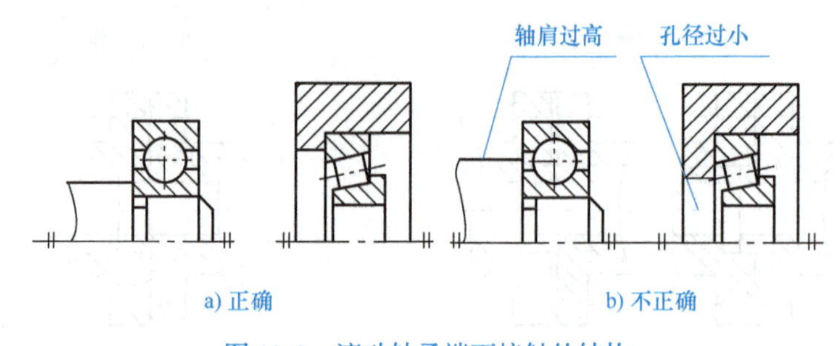

图 10-9　滚动轴承端面接触的结构

2）用螺纹紧固件联接时，要考虑到安装和拆卸紧固件是否方便，如图 10-10 所示。

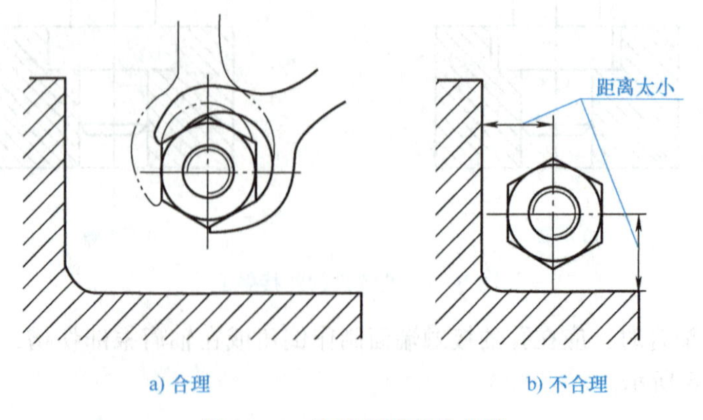

图 10-10　留出扳手活动空间

10.1.4 装配图中的尺寸标注

装配图的作用是表达零、部件的装配关系，因此，其尺寸标注的要求不同于零件图。不需要注出每个零件的全部尺寸，一般只需标注规格尺寸、装配尺寸、安装尺寸、外形尺寸和其他重要尺寸五大类尺寸。

规格尺寸：说明部件规格或性能的尺寸，它是设计和选用产品的主要依据。如图10-2中的ϕ30H7就是规格尺寸。

装配尺寸：装配尺寸是保证部件正确装配，并说明配合性质及装配要求的尺寸。如图10-2中ϕ40H8/k7及联接螺栓中心距65等，都属于装配尺寸。

安装尺寸：将部件安装到其他零、部件或基础上所需要的尺寸。如图10-2中地脚螺栓孔的中心距尺寸140，属于安装尺寸。

外形尺寸：机器或部件的总长、总宽和总高尺寸，它反映了机器或部件的体积大小，以提供该机器或部件在包装、运输和安装过程中所占空间的大小。如图10-2中的180、123和60即是外形尺寸。

其他重要尺寸：除以上四类尺寸外，在装配或使用中必须说明的尺寸，如运动零件的位移尺寸等。

需要说明的是，装配图上的某些尺寸有时兼有几种意义，而且每一张图上也不一定都具有上述五类尺寸。在标注尺寸时，必须明确每个尺寸的作用，对装配图没有意义的结构尺寸不需注出。

10.1.5 装配图中的零、部件编号

在生产中，为便于图样管理、生产准备、机器装配和看懂装配图，对装配图上各零、部件都要编注序号和代号。序号是为了看图方便编制的，代号是该零件或部件的图号或国标代号。零、部件图的序号和代号要和明细栏中的序号和代号相一致，不能产生差错。

一般规定：装配图中所有的零、部件都必须编注序号，规格相同的零件只编一个序号，标准化组件如滚动轴承、电动机等，可看作一个整体编注一个序号。

同一张装配图中，相同的零、部件编注同样的序号。装配图中零、部件序号应与明细表中的序号一致。

序号的组成：装配图中的序号一般由指引线（细实线）、圆点（或箭头）、横线（或圆圈）和序号数字组成。指引线不要与轮廓线或剖面线等图线平行，指引线之间不允许相交，但指引线允许弯折一次。指引线末端不便画出圆点时，可在指引线末端画出箭头，箭头指向该零件的轮廓线。序号数字比装配图中的尺寸数字大一号或大两号。

10.1.6 标题栏和明细栏

装配图中标题栏与零件图中标题栏一样，格式由GB/T 10609.1—2008确定，明细栏则按GB/T 10609.2—2009规定绘制，如图10-11所示。

10.1.7 机器上的常见装置

1. 密封装置

密封装置是为了防止机器中油的外溢或阀门、管路中气体、液体的泄漏，通常采用的密

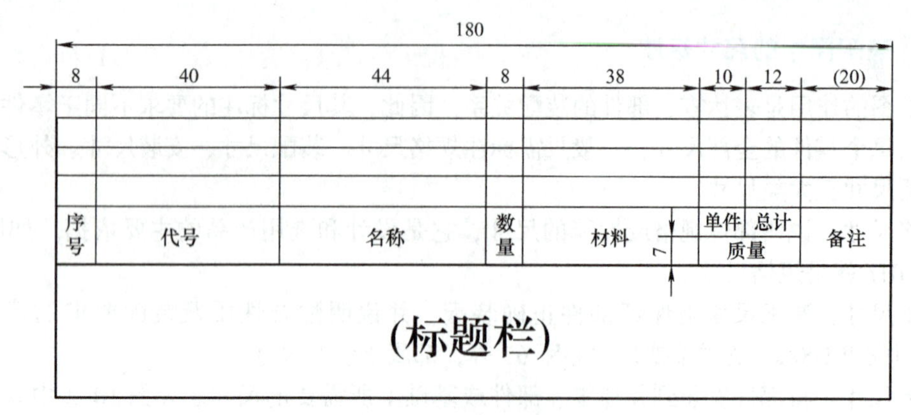

图 10-11　装配图明细栏

封装置如图 10-12 所示。在油泵、阀门等部件中常采用填料函（填料箱）密封装置，图 10-12a 所示为常见的一种用填料函密封的装置。图 10-12b 是管道中的管子接口处用垫片密封的密封装置。图 10-12c 和图 10-12d 是滚动轴承常用的密封装置。

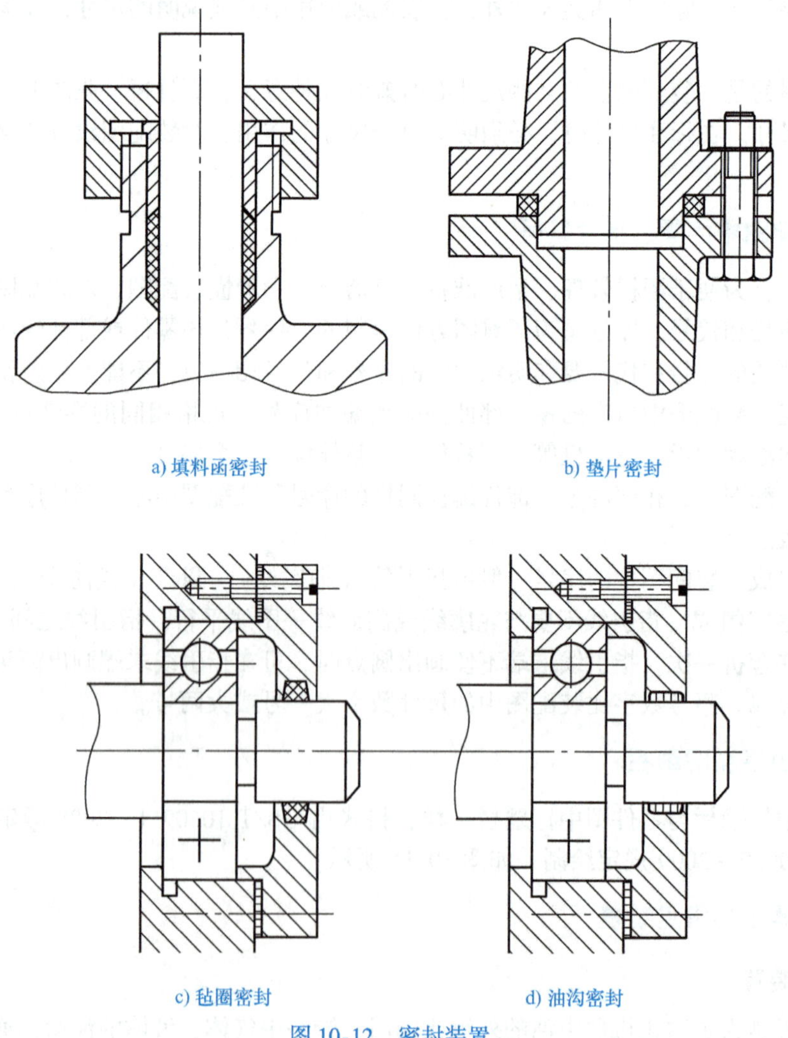

a) 填料函密封　　b) 垫片密封

c) 毡圈密封　　d) 油沟密封

图 10-12　密封装置

2. 螺纹防松装置

为防止机器因工作振动致使螺纹紧固件松开，常采用双螺母、弹簧垫圈、止动垫圈、开口销等防松装置。如图10-13所示。

螺纹联接的防松按防松原理不同，可分为摩擦防松与机械防松。如采用双螺母、弹簧垫圈的防松装置属于摩擦防松装置；采用开口销、止动垫圈的防松装置属于机械防松装置。

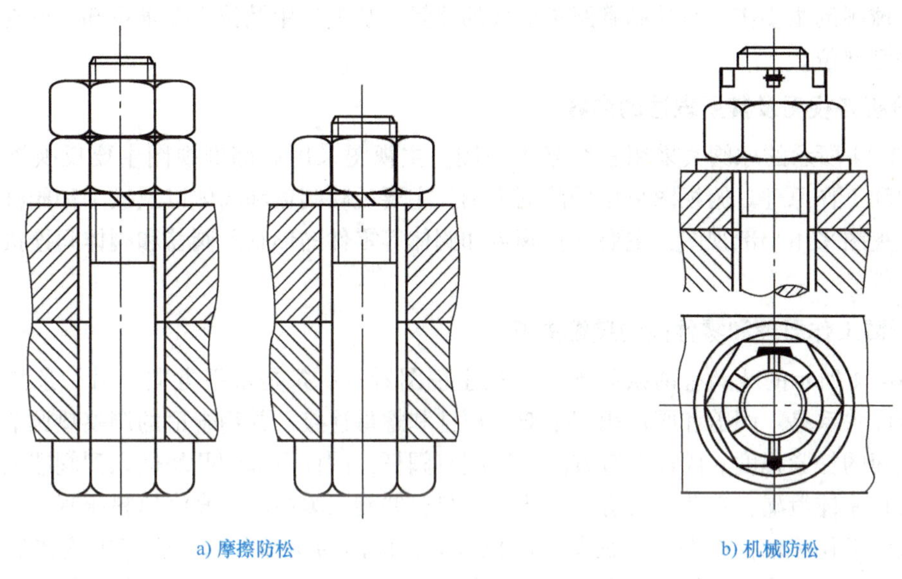

a) 摩擦防松　　b) 机械防松

图10-13　螺纹防松装置

10.2　装配图识读

知识目标：

1. 掌握读装配图的方法和步骤。
2. 掌握由装配图拆画零件图的方法。
3. 了解由零件图拼画装配图的方法。

技能目标：

1. 学会读中等复杂程度的装配图。
2. 能由装配图拆画零件图。
3. 会进行零件测绘。

10.2.1　读装配图的方法和步骤

不同的工作岗位看图的目的是不同的：有的仅了解机器或部件的用途和工作原理；有的要了解零件的连接方法和拆卸顺序；有的要拆画零件图等。一般来说，应按以下方法和步骤读装配图。

1. 概括了解

由标题栏、明细栏了解部件的名称、用途以及各组成零件的名称、数量、材料等，对于有些复杂的部件或机器还需查看说明书和有关技术资料，以便对部件或机器的工作原理和零件间的装配关系做深入的分析了解。

由图 10-14 的标题栏、明细栏可知，该图所表达的是管路附件——球阀，该阀共有 13 个零件。球阀的主要作用是控制管路中流体的流量。从其作用及技术要求可知，密封结构是该阀的关键部位。

2. 分析各视图及其所表达的内容

图 10-14 所示的球阀共采用三个基本视图。主视图采用局部剖视图主要反映该阀的组成、结构和工作原理。俯视图采用局部剖视图，主要反映阀盖和阀体以及扳手和阀杆的连接关系。左视图采用半剖视图，主要反映阀盖和阀体等零件的形状及阀盖和阀体间连接孔的位置和尺寸等。

3. 弄懂工作原理和零件间的装配关系

图 10-14 所示的球阀有两条装配线。从主视图看，一条是水平方向，另一条是垂直方向。其装配关系是：阀盖和阀体用四个双头螺柱和螺母连接，并用合适的调整垫调节阀芯与密封圈之间的松紧程度。阀体垂直方向上装配有阀杆，阀杆下部的凸块嵌入到阀芯上的凹槽内。为防止流体泄漏，在此处装有填料垫、填料，并旋入填料压紧套将填料压紧。

球阀的工作原理：扳手在主视图中的位置时，阀门为全部开启，管路中流体的流量最大。当扳手顺时针旋转到俯视图中双点画线所示的位置时，阀门为全部关闭，管路中流体的流量为零。当扳手处在这两个极限位置之间时，管路中流体的流量随扳手的位置而改变。

4. 分析零件的结构形状

在弄懂部件工作原理和零件间的装配关系后，分析零件的结构形状，可有助于进一步了解部件结构特点。

分析某一零件的结构形状时，首先要在装配图中找出反映该零件形状特征的投影轮廓。接着可按视图间的投影关系、同一零件在各剖视图中的剖面线方向、间隔必须一致的画法规定，将该零件的相应投影从装配图中分离出来。然后根据分离出的投影，按形体分析和结构分析的方法，弄清零件的结构形状。

10.2.2 由装配图拆画零件图

在设计过程中，需要由装配图拆画零件图，简称拆图。拆图应在全面读懂装配图的基础上进行。

1. 拆画零件图时要注意的三个问题

1）由于装配图与零件图的表达要求不同，在装配图上往往不能把每个零件的结构形状完全表达清楚，有的零件在装配图中的表达方案也不符合该零件的结构特点。因此，在拆画零件图时，对那些未能表达完全的结构形状，应根据零件的作用、装配关系和工艺要求予以确定并表达清楚。此外对所画零件的视图表达方案一般不应简单地按装配图照抄。

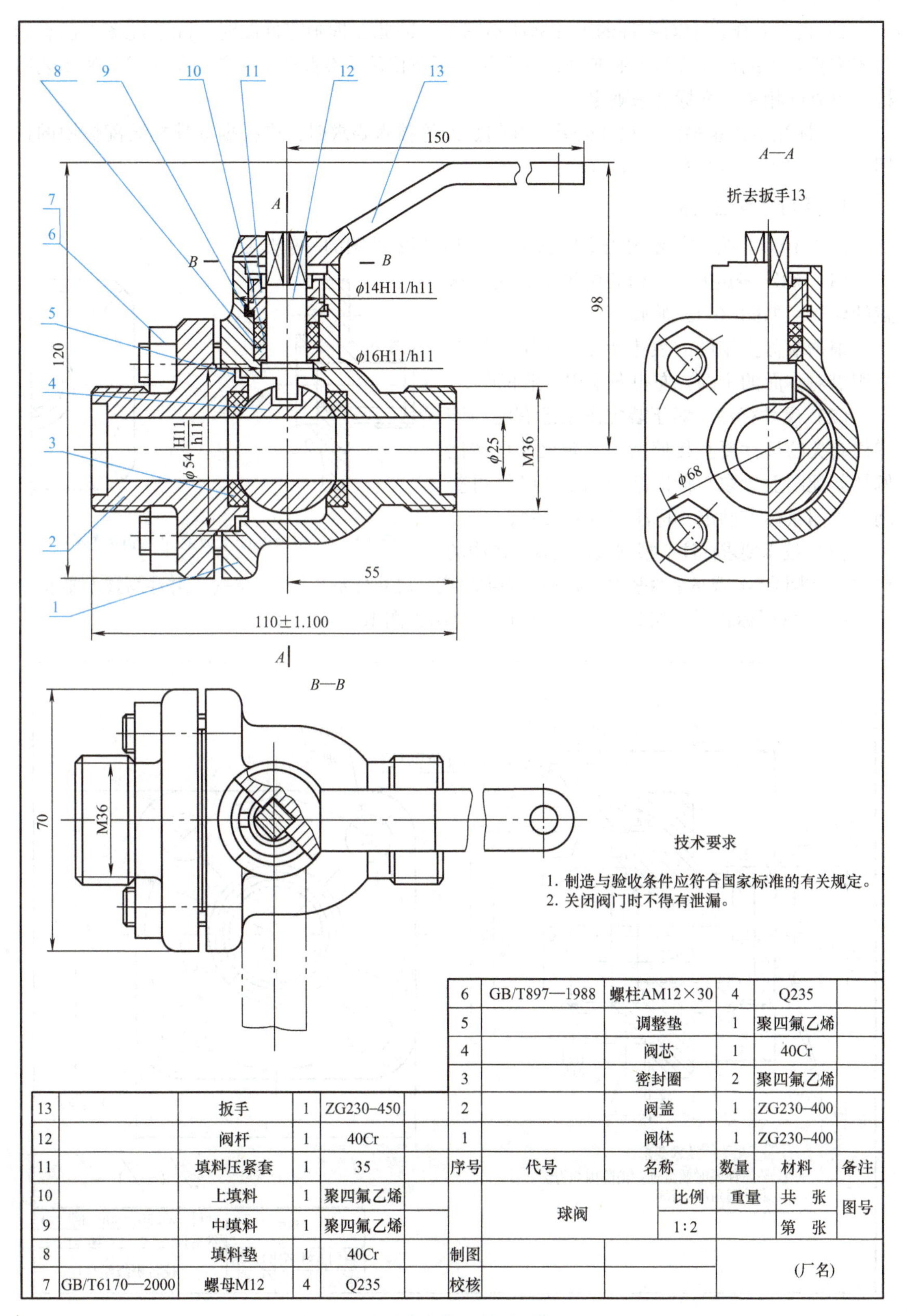

序号	代号	名称	数量	材料	备注
13		扳手	1	ZG230-450	
12		阀杆	1	40Cr	
11		填料压紧套	1	35	
10		上填料	1	聚四氟乙烯	
9		中填料	1	聚四氟乙烯	
8		填料垫	1	40Cr	
7	GB/T6170—2000	螺母M12	4	Q235	
6	GB/T897—1988	螺柱AM12×30	4	Q235	
5		调整垫	1	聚四氟乙烯	
4		阀芯	1	40Cr	
3		密封圈	2	聚四氟乙烯	
2		阀盖	1	ZG230-400	
1		阀体	1	ZG230-400	

球阀	比例	重量	共 张	图号
	1:2		第 张	
制图			(厂名)	
校核				

图10-14 球阀装配图

2）由于装配图上对零件的尺寸标注不完全，因此在拆画零件图时，除装配图上已有的与该零件有关的尺寸要直接照搬外，其余尺寸可按比例从装配图上量取。标准结构和工艺结构，可查阅相关国家标准来确定。

3）标注表面粗糙度、尺寸公差、几何公差等技术要求时，应根据零件在装配体中的作用，参考同类产品及有关资料确定。

2. 拆画零件图实例

以图 10-14 所示球阀中的阀盖为例，介绍拆画零件图的一般步骤。

（1）确定表达方案　由装配图上分离出阀盖的轮廓，如图 10-15 所示。

根据端盖类零件的表达特点，决定主视图采用沿对称面的全剖，左视图采用一般视图。

（2）尺寸标注　对于装配图上已有的与该零件有关的尺寸要直接照搬，其余尺寸可按比例从装配图上量取。标准结构和工艺结构可查阅相关国家标准确定，标注阀盖的尺寸。

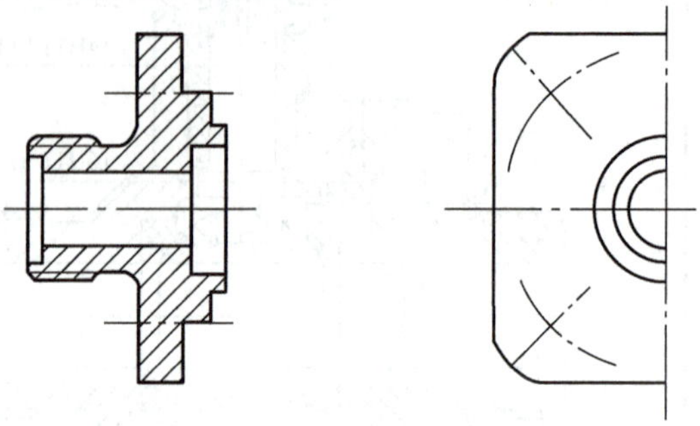

图 10-15　由装配图上分离出阀盖的轮廓

（3）技术要求标注　根据阀盖在装配体中的作用，参考同类产品的有关资料，标注表面粗糙度、尺寸公差、几何公差等，并注写技术要求。

（4）填写标题栏，核对检查　完成后的全图如图 10-16 所示。

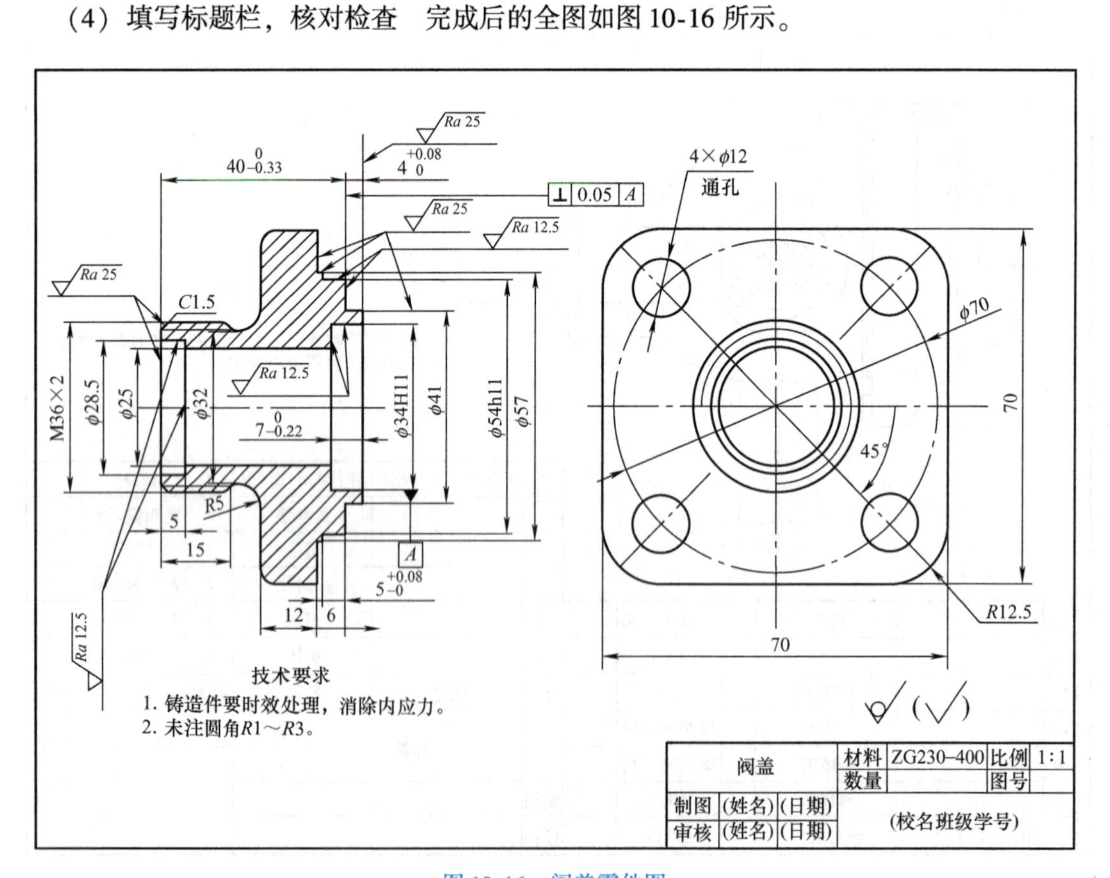

图 10-16　阀盖零件图

10.2.3　由零件图拼画装配图

工作原理：由图 10-17 四通阀工作原理图可知：四通阀是用在管路系统中控制液体流动方向的控制部件，当阀杆 2 处于图示位置时，管道 A 和管道 B 接通，管道 C 和管道 D 接通；当阀杆 2 转过 90°时，管道 A 和管道 D 接通，管道 C 和管道 B 接通。当阀杆 2 转过 45°时，所有管道均关闭。四通阀零件图如图 10-18 所示。

由零件图拼画装配图时，首先要理解部件的工作原理，读懂零件图，掌握部件的装配关系，然后选择适当的表达方案、图幅和比例，根据零件图提供的尺寸绘制装配图，具体步骤可见 10.2.4 节。

若由 AutoCAD 绘制的零件图拼画装配图，可先对零件图进行整理，然后根据装配关系确定一个基础零件，将其他零件移动到基础零件中，移动时注意基准点的选择。

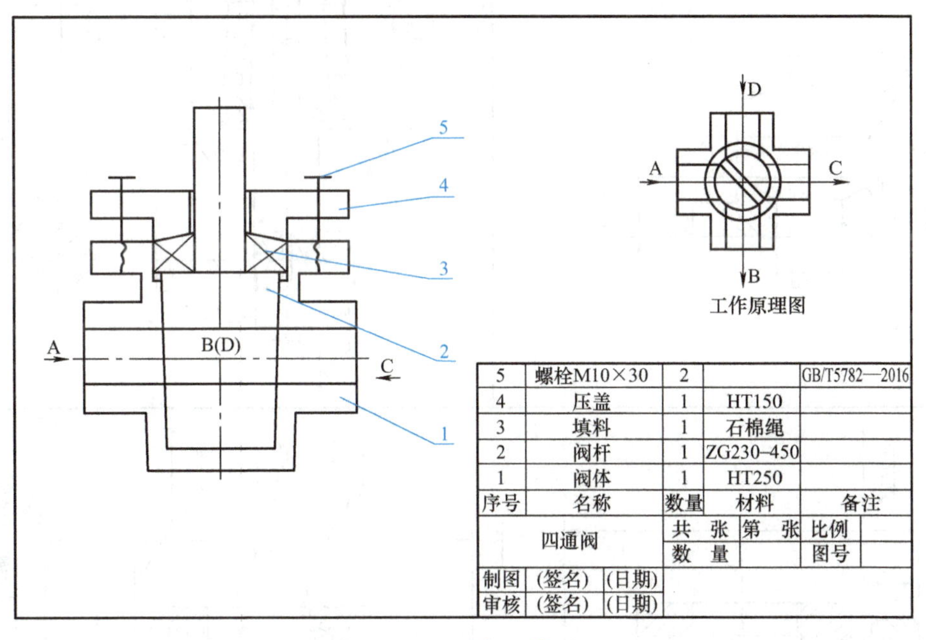

5	螺栓M10×30	2		GB/T5782—2016
4	压盖	1	HT150	
3	填料	1	石棉绳	
2	阀杆	1	ZG230-450	
1	阀体	1	HT250	
序号	名称	数量	材料	备注

四通阀		共　张	第　张	比例	
		数　量		图号	
制图	(签名)	(日期)			
审核	(签名)	(日期)			

图 10-17　四通阀工作原理

10.2.4　部件测绘的方法和步骤

根据现有部件（或机器）画出其装配图和零件图的过程称为部件测绘。在新产品设计、引进先进设备以及对原有设备进行技术改造和维修时，有时需要对现有的机器或零、部件进行测绘，画出装配图和零件图。因此，掌握测绘技术对工程技术人员具有重要意义。

1. 部件测绘的一般方法和步骤

1）了解和分析部件结构。部件测绘时，首先要对部件进行研究分析，了解其工作原理、结构特点和装配关系。

2）画出装配示意图。装配示意图用来表示部件中各零件的相互位置和装配关系，是部件拆卸后重新装配和画装配图的依据。装配示意图有以下特点：

① 只用简单的符号和线条表达部件中各零件的大致形状和装配关系。

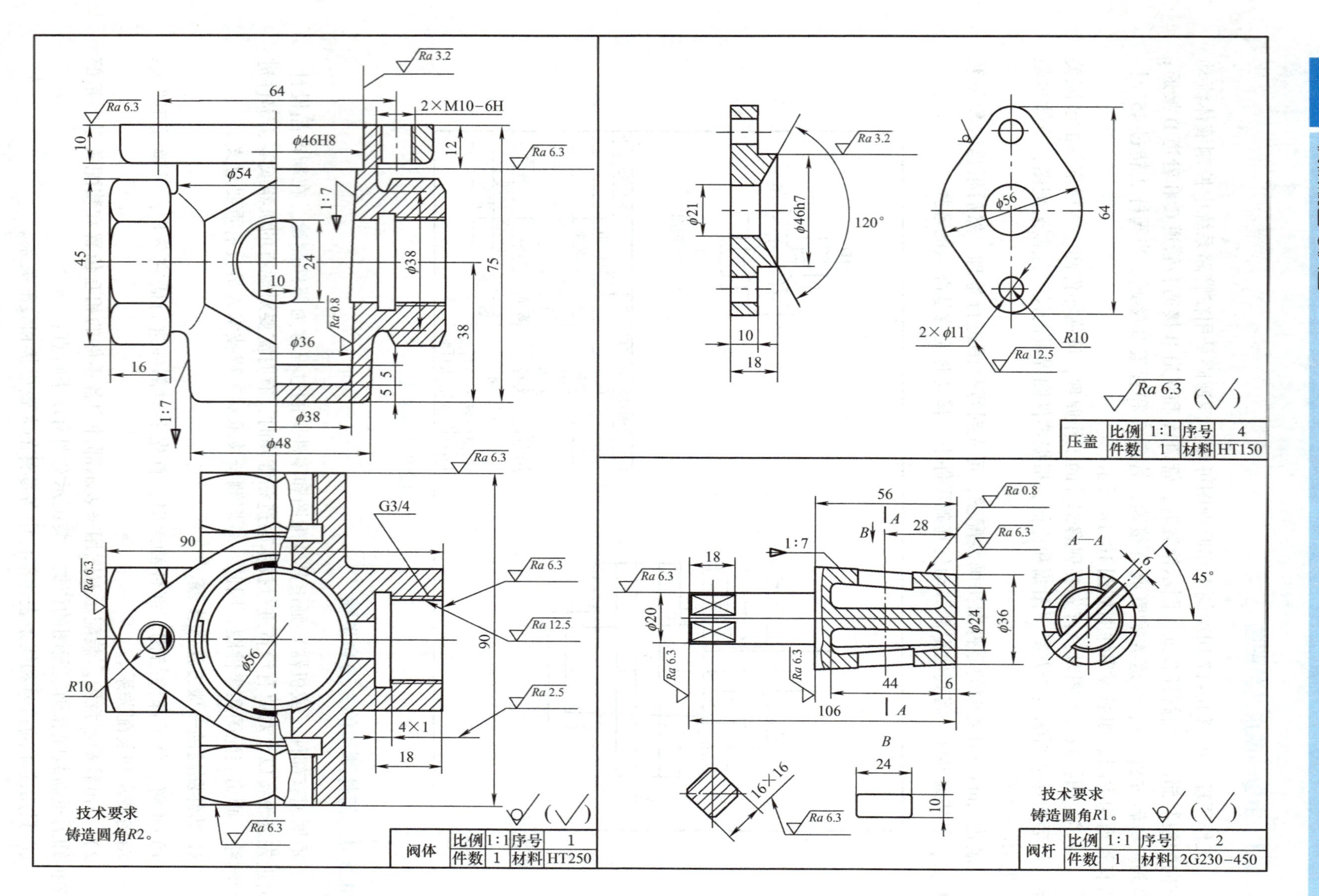

图 10-18 四通阀零件图

② 一般零件可用简单图形画出其大致轮廓，形状简单的零件如螺钉、轴等可用线段表示，其中常用的标准件如轴承、键等可用国标规定的示意符号表示。

3）相邻两零件的接触面或配合面之间应留有间隙。

4）全部零件应进行编号，并填写明细栏。

5）拆画零件。拆画零件前要研究拆卸方法和拆卸顺序，机械设备的拆卸顺序一般是由附件到主机、由外部到内部、由上到下进行拆卸。拆卸时要遵循“恢复原机”的原则，即在开始拆卸时就要考虑再装配时要与原机相同，即保证原机的完整性、准确性和密封性。外购部件或不可拆的部分，如过盈配合的衬套、销、机壳上的螺柱，以及一些经过调整、拆开后不易调整复位的零件，应尽量不拆，不能采用破坏性拆卸方法。拆卸前要测量一些重要尺寸，如运动部件的极限位置和装配间隙等。拆卸后要对零件进行编号、清洗，并妥善保管，以免丢失。

6）画零件草图。零件草图一般是在测绘现场徒手绘制的，草图的比例是凭眼睛判断的，所以绘制草图时只要求与被测零件大体上符合，并不要求与被测零件保持某种严格的比例。绘制草图时应注意以下几点：

① 零件视图表达要完整、线形分明、尺寸标注正确、尺寸公差与几何公差的设计选择合理。

② 对所有非标准件均要绘制零件草图，零件草图应包括零件图的所有内容，标题栏内要记录零件的名称、材料、数量、图号等；草图要忠实于实物，不得随意更改，更不能凭主观猜测。零件上一些细小的结构，如孔口、轴端倒角、小圆角、沟槽、退刀槽、凸台和凹坑等，其设计不合理之处，将来在零件图上更改。

③ 优先测绘基础零件，基础零件一般都比较复杂，与其他零件相关联的尺寸较多，部件装配时常以基础零件为核心，将相关的零件装配其上，所以，应特别重视基础零件的尺寸测量，精度等要准确无误。

④ 草图上允许标注封闭尺寸和重复尺寸，这是为了便于检查测量尺寸的准确性。

⑤ 草图上较长的线条，可分段绘制，大的圆弧也可分段绘制。

7）根据装配示意图和零件草图画出装配图

2. 举例：测绘滑动轴承

1）绘制基础零件轴承座的零件草图。

结构分析：轴承座轴测图如图10-19所示，其结构具有对称性，主要加工表面为轴孔、定位止口和端面，中间半圆孔的底部是部分外圆柱面。毛坯采用铸件，材料为铸铁。

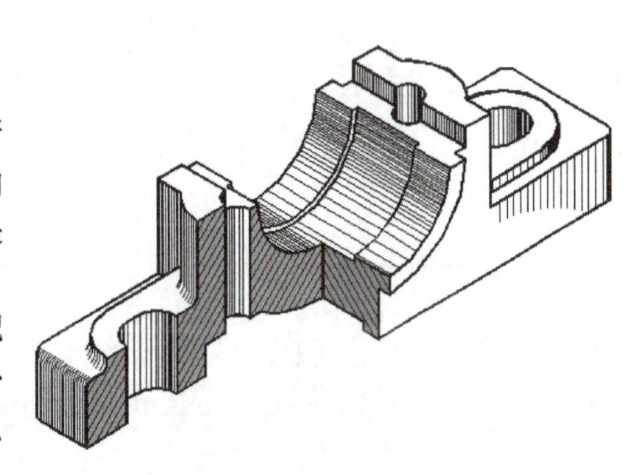

图10-19　轴承座轴测图

和其他零件的关系：止口的侧面和盖配合，端面和上下轴瓦配合，轴孔和轴瓦的外圆配合，这些配合尺寸的精度要求较高。盖、座、上下轴瓦通过两个方头螺栓联接在一起，方头螺栓的头部卧在座底部的槽中。

表达方案：采用工作位置为主视图的投射方向，主视图采用半剖视图，俯视图不剖，左视图半剖。绘制出的零件草图如图10-20所示。

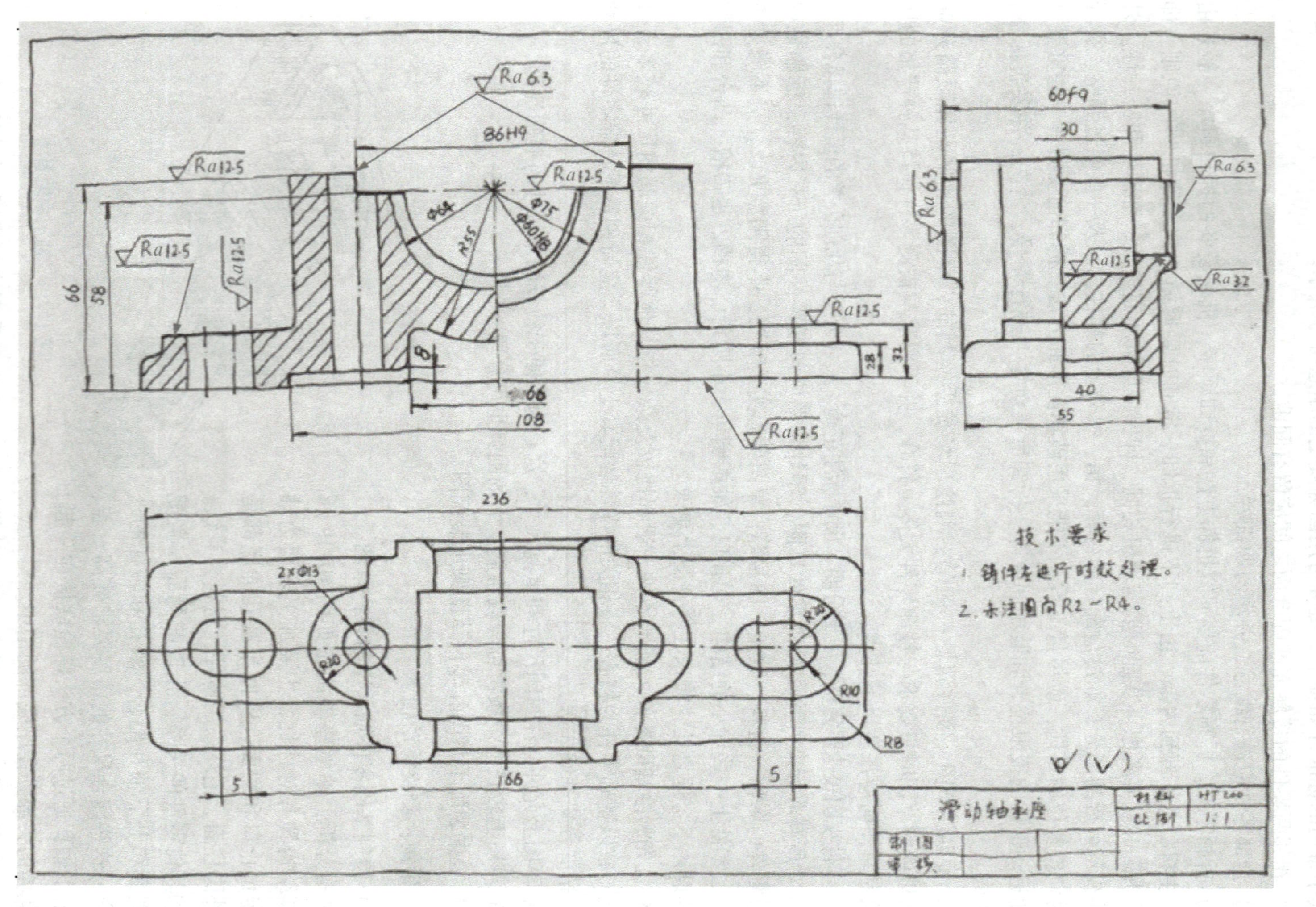

图 10-20 轴承座草图

2）绘制轴承盖的零件草图。零件分析与研究：滑动轴承盖轴测图如图10-21所示，其结构具有对称性，主要加工表面为轴孔、定位止口和端面，毛坯采用铸件，材料为铸铁。

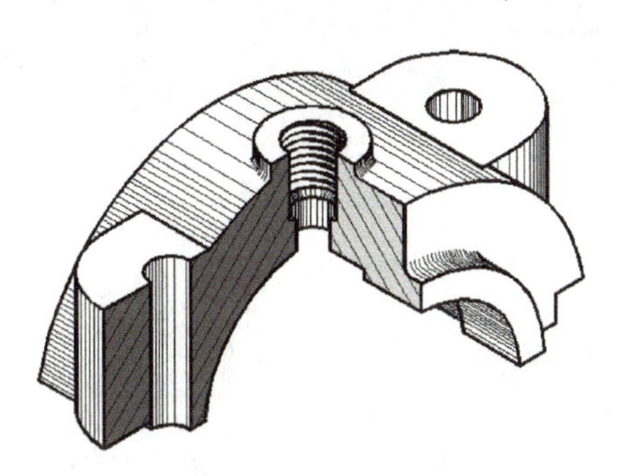

图10-21 轴承盖轴测图

和其他零件的关系：轴承盖和轴承座通过止口的侧面定位，所以，止口的侧面是一个配合尺寸，轴承座的槽相当于孔，轴承盖的凸台相当于轴。其内孔和座的内孔一起加工，所以座和盖的轴孔虽是半圆孔，却要按整孔处理。另外，轴孔的端面卡在上下轴瓦的两轴肩之间，是一个配合尺寸，轴瓦轴肩之间的轴向尺寸相当于孔，轴承盖的两端面之间的尺寸相当于轴。

表达方案：主视图投射方向采用工作位置，主、左视图绘制成半剖视图，俯视图不剖。绘制的零件草图如图10-22所示。

3）整理草图。对测绘的零件草图进行加工整理，并在此基础上绘制装配草图，再整理成装配图。绘制出装配图后，根据零件草图和装配图绘制零件工作图。

4）绘制装配图步骤。装配图的作用是表达机器或部件的工作原理、装配关系以及主要零件的结构形状。绘制装配草图时，要以最少的视图，完整、清晰地表达出机器或部件的工作原理和装配关系，所以，绘制装配图时要注意以下几点：

① 进行部件分析。对要绘制的机器或部件的工作原理、装配关系及主要零件的形状、零件与零件之间的相对位置、定位方式等进行深入细致的分析。

② 确定主视图。主视图的选择应能较好地表达部件工作原理和主要装配关系，并尽可能按工作位置放置，使主要装配轴线处于水平或垂直位置。

③ 确定其他视图。针对主视图还没有表达清楚的装配关系和零件间的相对位置，选用其他视图给予补充，可采用剖视图、断面图、拆去某些零件等表达方法，其目的是将装配关系表达清楚。

确定表达方案时可多设计几套方案，通过分析各种表达方案的优缺点选择比较理想的表达方案。滑动轴承的作用是支承旋转轴，主要零件有轴承座、轴承盖和上下轴瓦，轴承座和轴承盖水平方向由止口定位，竖直方向由轴瓦的外圆定位，装配关系主要表达这四个零件的相对位置和结构形状。

由于结构对称，所以主视图可采用半剖视图，这样既清楚地表达了轴承座和轴承盖由螺栓联接、止口定位的装配关系，也表示了盖和座的外形结构。由于上、下轴瓦与轴承座、轴承盖的轴向装配关系不够清楚，所以配置了左视图和俯视图。由于俯视图和左视图的结构对称，所以也采用了半剖视图，俯视图采用了沿盖和座的结合面剖切的表达方法，其作用除表示下轴瓦与轴承座的关系外，主要表示滑动轴承的外形结构。整理后的零件图如图10-23、图10-24所示。滑动轴承装配图参见图10-2。

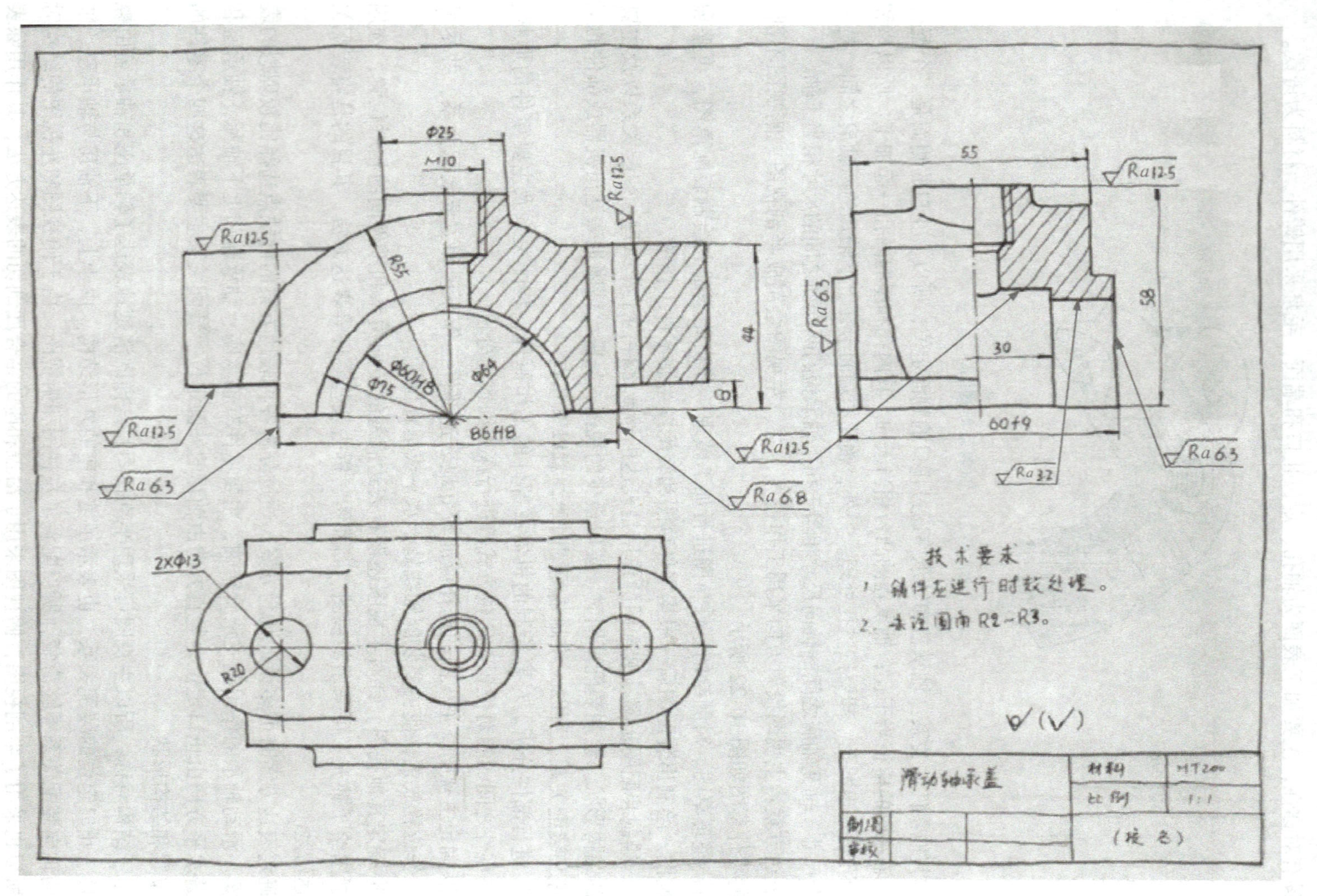

Φ25
M10
Ra12.5
R55
Φ60H8
Φ75
Φ64
86H8
44
8
Ra6.3
Ra6.8
55
58
30
60f9
Ra3.2
2XΦ13
R20
技术要求
1. 铸件应进行时效处理。
2. 未注圆角R2~R3。
滑动轴承盖
材料 HT200
比例 1:1
制图
审核
(校名)

图 10-22 轴承盖草图

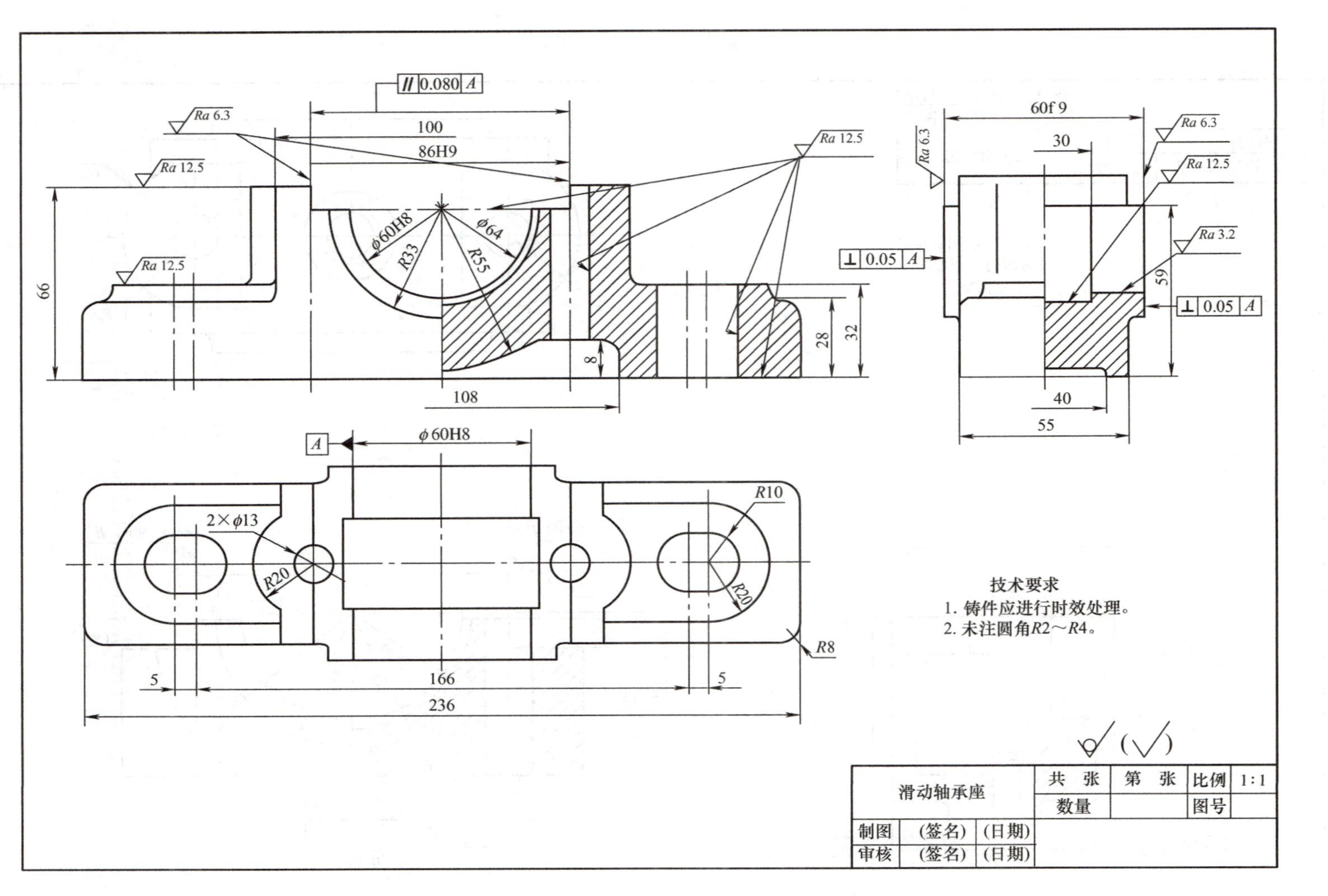

图10-23 轴承座零件图

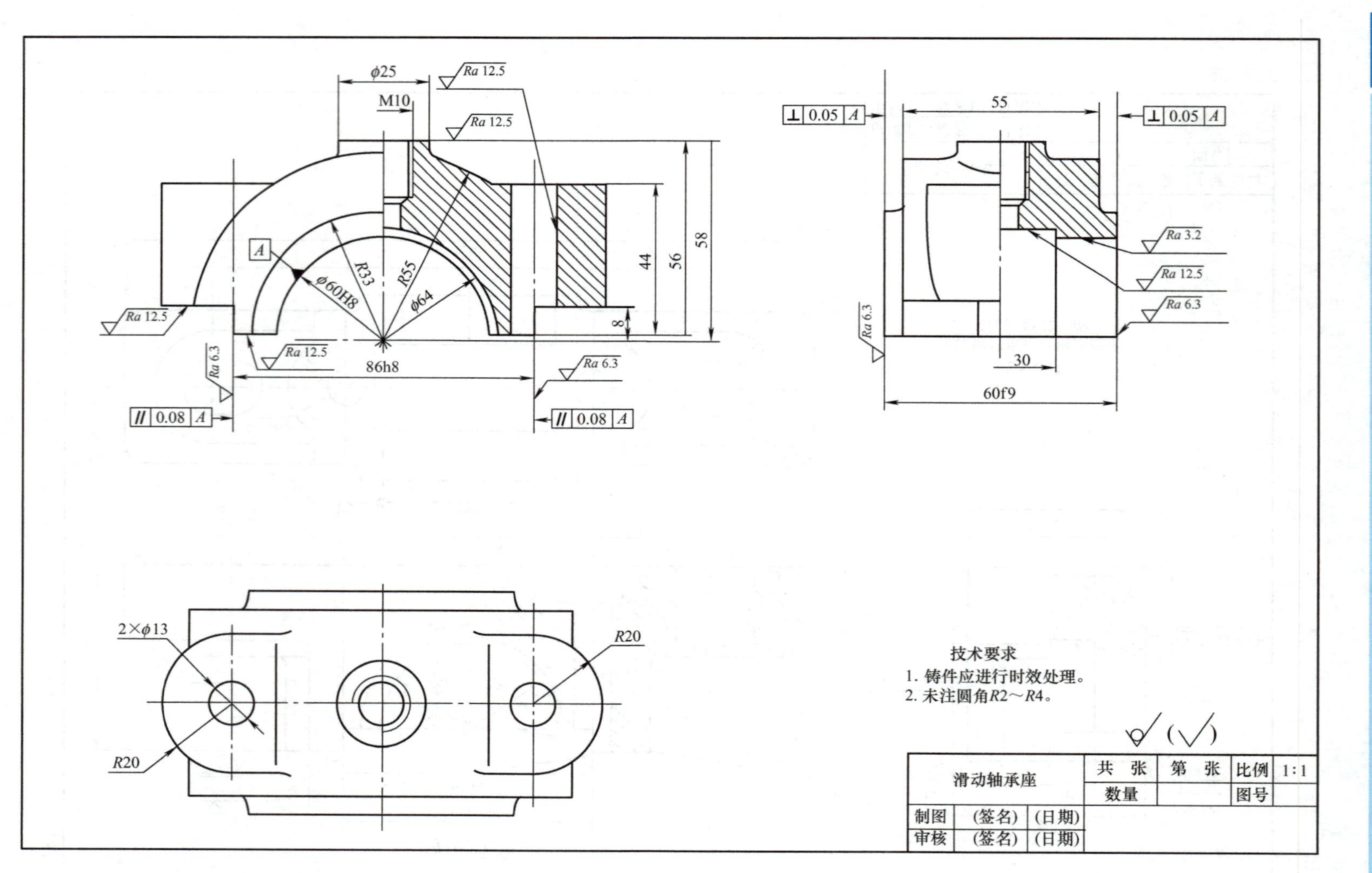

图 10-24 轴承盖零件图

本章小结

本章学习了装配图的作用和内容、装配图的视图表达方法，了解常用的装配工艺结构，掌握读装配图的方法和步骤。

1. 装配图是表达机器或部件的图样，通常用来表达机器或部件的工作原理及零件、部件间的装配关系，是机械设计和生产中的重要技术文件之一。一张完整的装配图必须具有一组视图、必要的尺寸、技术要求、零件的序号、明细栏和标题栏。

2. 装配图的表达方法有规定画法和特殊表达方法。视图、剖视图等零件图的各种表达方法对于装配图基本上都是适用的。但装配图表达方案的选择与零件图有所不同，装配图主要依据部件的工作原理和零件间的装配关系来确定主视图的投射方向，而零件图则是根据工作位置、加工位置以及形状特征来确定主视图的投射方向。

3. 根据尺寸的作用，弄清装配图应标注哪几类尺寸。装配图一般只需标注规格尺寸、装配尺寸、安装尺寸、外形尺寸和重要尺寸五大类尺寸。

4. 在设计和绘制装配图时，应考虑装配结构的合理性，以保证机器或部件的使用及零件的加工、装拆方便。

5. 读装配图的方法和步骤，重点掌握：

1）分析部件的工作原理和零件间的装配关系。

2）确定主要零件的结构形状。这是看图中的难点，在读图练习中逐步掌握。

3）通过拆画零件图，提高看图和画图的能力。

6. 画装配图首先选好主视图，确定较好的视图表达方案，把部件的工作原理、装配关系、零件之间的连接固定方式和重要零件的主要结构表达清楚。

7. 掌握正确的画图方法和步骤。画图时必须首先了解每个零件在轴向、径向的固定方式，使它在装配体中有一个固定的位置。一般径向靠配合、键、销联接固定；轴向靠轴肩或端面固定。

附　　录

附录 A　螺　　纹

表 A-1　普通螺纹直径、螺距与公差带（摘自 GB/T 192、193、196、197—2003）　　（单位：mm）

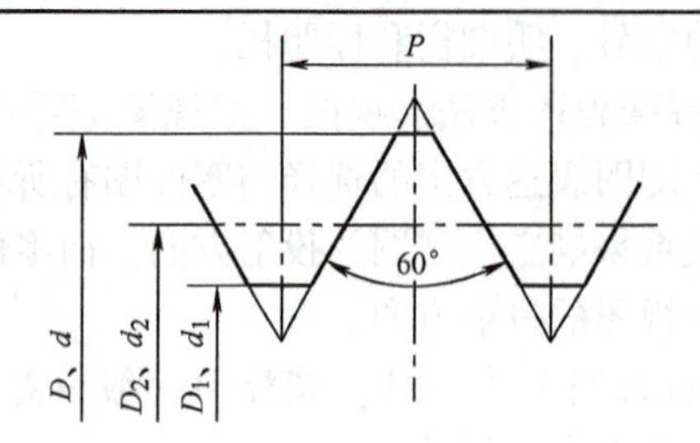

D ——内螺纹大径（公称直径）

d ——外螺纹大径（公称直径）

D_2 ——内螺纹中径

d_2 ——外螺纹中径

D_1 ——内螺纹小径

d_1 ——外螺纹小径

P ——螺距

标记示例：

M16–6e（粗牙普通外螺纹、公称直径为16mm、螺距 *P*=2mm、中径及大径公差带均为 6e、中等旋合长度、右旋）

M20×2–6G–LH（细牙普通内螺纹、公称直径为20mm、螺距 *P*=2mm、中径及小径公差带均为 6G、中等旋合长度、左旋）

公称直径（*D*、*d*）			螺　　距（*P*）	
第一系列	第二系列	第三系列	粗　牙	细　牙
4	—	—	0.7	0.5
5	—	—	0.8	
6	—	—	1	0.75
—	7	—		
8	—	—	1.25	1、0.75
10	—	—	1.5	1.25、1、0.75
12	—	—	1.75	1.25、1
—	14	—	2	1.5、1.25、1
—	—	15	—	1.5、1
16	—	—	2	
—	18	—	2.5	2、1.5、1
20	—	—		
—	22	—		
24	—	—	3	
—	—	25	—	
—	27	—	3	
30	—	—	3.5	(3)、2、1.5、1
—	33	—		(3)、2、1.5
—	—	35	—	1.5
36	—	—	4	3、2、1.5
—	39	—		

螺纹种类	精度	外螺纹的推荐公差带			内螺纹的推荐公差带		
		S	N	L	S	N	L
普通螺纹	中等	(5g6g) (5h6h)	*6e *6f *6g（方框） 6h	(7e6e) (7g6g) (7h6h)	*5H (5G)	*6H（方框） *6G	*7H (7G)
	粗糙	—	(8e) 8g	(9e8e) (9g8g)	—	7H (7G)	8H (8G)

注：1. 优先选用第一系列，其次是第二系列，第三系列尽可能不用；括号内尺寸尽可能不用。

2. 大量生产的紧固件螺纹，推荐采用带方框的公差带；带*的公差带优先选用，括号内的公差带尽可能不用。

3. 两种精度的选用原则：中等 —— 一般用途；粗糙 —— 对精度要求不高时采用。

表 A-2　梯形螺纹（摘自 GB/T 5796.3—2005）　　（单位：mm）

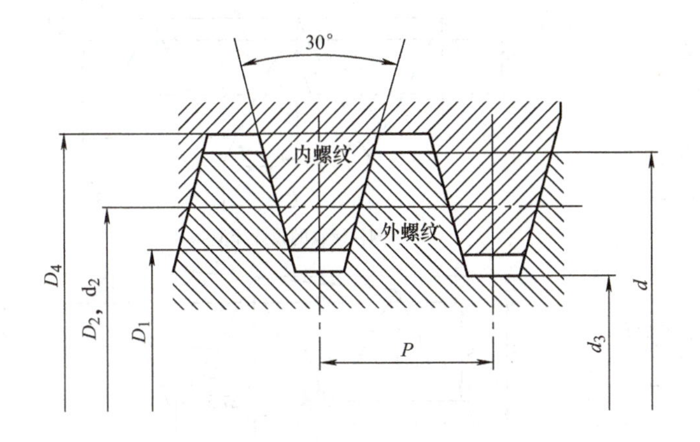

d——外螺纹大径（公称直径）

d_3——外螺纹小径

D_4——内螺纹大径

D_1——内螺纹小径

d_2——外螺纹中径

D_2——内螺纹中径

P——螺距

公称直径 d		螺距	中径	大径	小径	
第一系列	第二系列	P	$d_2=D_2$	D_4	d_3	D_1
8	—	1.5	7.25	8.30	6.20	6.50
—	9	1.5	8.25	9.30	7.20	7.50
		2	8.00	9.50	6.50	7.00
10	—	1.5	9.25	10.30	8.20	8.50
		2	9.00	10.50	7.50	8.00
—	11	2	10.00	11.50	8.50	9.00
		3	9.50	11.50	7.50	8.00
12	—	2	11.00	12.50	9.50	10.00
		3	10.50	12.50	8.50	9.00
—	14	2	13.00	14.50	11.50	12.00
		3	12.50	14.50	10.50	11.00
16	—	2	15.00	16.50	13.50	14.00
		4	14.00	16.50	11.50	12.00
—	18	2	17.00	18.50	15.50	16.00
		4	16.00	18.50	13.50	14.00
20	—	2	19.00	20.50	17.50	18.00
		4	18.00	20.50	15.50	16.00
—	22	3	20.50	22.50	18.50	19.00
		5	19.50	22.50	16.50	17.00
		8	18.00	23.00	13.00	14.00
24	—	3	22.50	24.50	20.50	21.00
		5	21.50	24.50	18.50	19.00
		8	20.00	25.00	15.00	16.00

公称系列 d		螺距	中径	大径	小径	
第一系列	第二系列	P	$d_2=D_2$	D_4	d_3	D_1
—	26	3	24.50	26.50	22.50	23.00
		5	23.50	26.50	20.50	21.00
		8	22.00	27.00	17.00	18.00
28	—	3	26.50	28.50	24.50	25.00
		5	25.50	28.50	22.50	23.00
		8	24.00	29.00	19.00	20.00
—	30	3	28.50	30.50	26.50	27.00
		6	27.00	31.00	23.00	24.00
		10	25.00	31.00	19.00	20.00
32	—	3	30.50	32.50	28.50	29.00
		6	29.00	33.00	25.00	26.00
		10	27.00	33.00	21.00	22.00
—	34	3	32.50	34.50	30.50	31.00
		6	31.00	35.00	27.00	28.00
		10	29.00	35.00	23.00	24.00
36	—	3	34.50	36.50	32.50	33.00
		6	33.00	37.00	29.00	30.00
		10	31.00	37.00	25.00	26.00
—	38	3	36.50	38.50	34.50	35.00
		7	34.50	39.00	30.00	31.00
		10	33.00	39.00	27.00	28.00
40	—	3	38.50	40.50	36.50	37.00
		7	36.50	41.00	32.00	33.00
		10	35.00	41.00	29.00	30.00

注：1. 优先选用第一系列的直径。

2. 表中所列的螺距和直径，是优先选择的螺距及与之对应的直径。

表 A-3 管螺纹

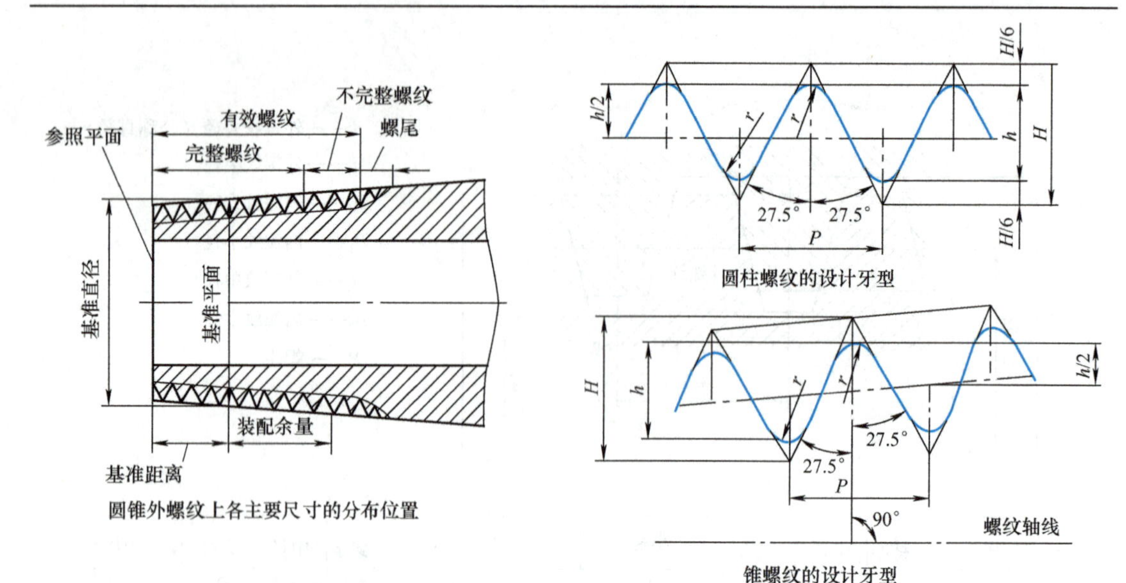

圆锥外螺纹上各主要尺寸的分布位置

圆柱螺纹的设计牙型

锥螺纹的设计牙型

第一部分 55°密封管螺纹 圆柱内螺纹与圆锥外螺纹（摘自 GB/T 7306.1—2000）

第二部分 55°密封管螺纹 圆锥内螺纹与圆锥外螺纹（摘自 GB/T 7306.2—2000）

第三部分 55°非密封管螺纹（摘自 GB/T 7307—2001）

标注示例

1. GB/T 7306.1—2000

Rp3/4（尺寸代号 3/4，右旋，圆柱内螺纹）；$R_1$3（尺寸代号 3，右旋，圆锥外螺纹）；

Rp3/4LH（尺寸代号 3/4，左旋，圆柱内螺纹）；Rp/$R_1$3（右旋圆锥外螺纹、圆柱内螺纹螺纹副）。

2. GB/T 7306.2—2000

Rc3/4（尺寸代号 3/4，右旋，圆锥内螺纹）；$R_2$3（尺寸代号 3，右旋，圆锥外螺纹）；

Rc3/4LH（尺寸代号 3/4，左旋，圆锥内螺纹）；Rc/$R_2$3（右旋圆锥内螺纹、圆锥外螺纹螺纹副）。

3. GB/T 7307—2001

G2（尺寸代号 2，右旋，圆柱内螺纹）；G3A（尺寸代号 3，右旋，A 级圆柱外螺纹）；

G2LH（尺寸代号 2，左旋，圆柱内螺纹）；G4BLH（尺寸代号 4，左旋，B 级圆柱外螺纹）。

尺寸代号	每 25.4mm 内所含牙数 n	螺距 P/mm	牙高 H/mm	大径 $d=D$/mm	中径 $d_2=D_2$/mm	小径 $d_1=D_1$/mm	基准距离（基本）/mm
1/16	28	0.907	0.581	7.723	7.142	6.561	4
1/8	28	0.907	0.581	9.728	9.147	8.566	4
1/4	19	1.337	0.856	13.157	12.301	11.445	6
3/8	19	1.337	0.856	16.662	15.806	14.950	6.4
1/2	14	1.814	1.162	20.955	19.793	18.631	8.2
3/4	14	1.814	1.162	26.441	25.279	24.117	9.5
1	11	2.309	1.479	33.249	31.770	30.291	10.4
1 1/4	11	2.309	1.479	41.910	40.431	38.952	12.7
1 1/2	11	2.309	1.479	47.803	46.324	44.845	12.7
2	11	2.309	1.479	59.614	58.135	56.656	15.9
2 1/2	11	2.309	1.479	75.184	73.705	72.226	17.5
3	11	2.309	1.479	87.884	86.405	84.926	20.6
4	11	2.309	1.479	113.030	111.551	110.072	25.4
5	11	2.309	1.479	138.430	136.951	135.472	28.6
6	11	2.309	1.479	163.830	162.351	160.872	28.6

注：1. 55°密封圆锥管螺纹的大、中、小径是指基准平面上的尺寸。圆锥内螺纹的端面向里 0.5P 处即为基面，而圆锥外螺纹的基准平面与小端相距一个基准距离。

2. 55°密封圆锥管螺纹的锥度为 1:16。

附录 B　常用标准件

表 B-1　六角头螺栓　（单位：mm）

六角头螺栓　C 级（摘自 GB/T 5780—2016）　　六角头螺栓　全螺纹　C 级（摘自 GB/T 5781—2016）

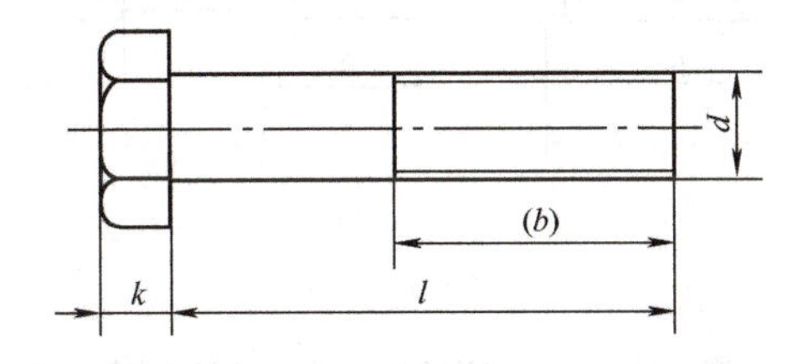

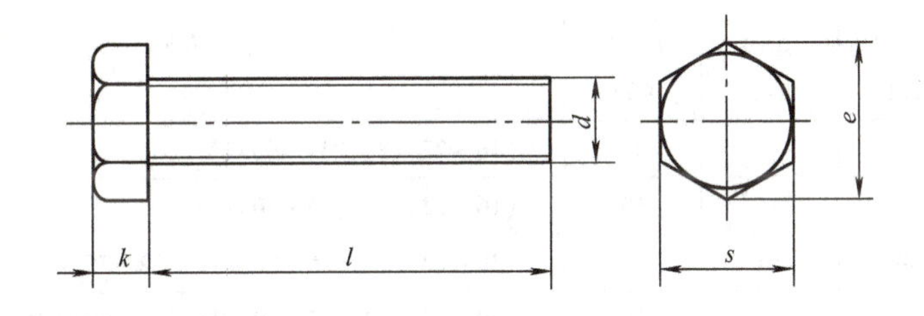

标记示例：

螺栓　GB/T 5780　M20×100（螺纹规格为 M20、公称长度 l=100mm、性能等级为 4.8 级、表面不经处理、产品等级为 C 级的六角头螺栓）

螺纹规格 d		M5	M6	M8	M10	M12	M16	M20	M24	M30	M36	M42
$b_{参考}$	$l_{公称}$≤125	16	18	22	26	30	38	46	54	66	—	—
	125<$l_{公称}$≤200	22	24	28	32	36	44	52	60	72	84	96
	$l_{公称}$>200	35	37	41	45	49	57	65	73	85	97	109
$k_{公称}$		3.5	4.0	5.3	6.4	7.5	10	12.5	15	18.7	22.5	26
s_{max}		8	10	13	16	18	24	30	36	46	55	65
e_{min}		8.63	10.89	14.2	17.59	19.85	26.17	32.95	39.55	50.85	60.79	71.3
$l_{范围}$	GB/T 5780	25～50	30～60	40～80	45～100	55～120	65～160	80～200	100～240	120～300	140～360	180～420
	GB/T 5781	10～50	12～60	16～80	20～100	25～120	30～160	40～200	50～240	60～300	70～360	80～420
$l_{公称}$		10、12、16、20～65（5 进位）、70～160（10 进位）、180、200、220～420（20 进位）										

表 B-2 双头螺柱（摘自 GB/T 897～900—1988） （单位：mm）

$b_m=d$（GB/T 897—1988）；$b_m=1.25d$（GB/T 898—1988）；

$b_m=1.5d$（GB/T 899—1988）；$b_m=2d$（GB/T 900—1988）

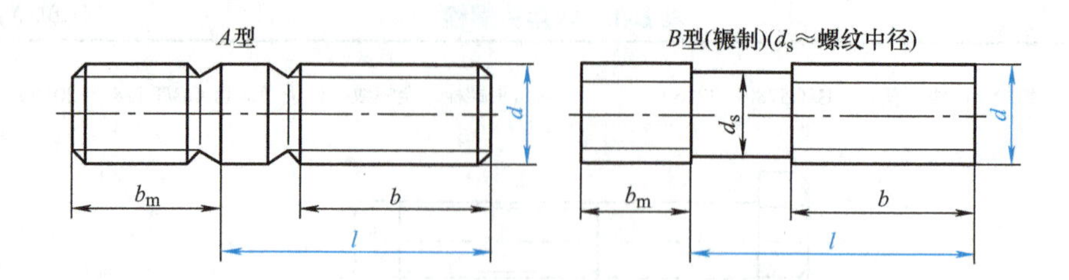

标记示例

螺柱 GB/T 900 M10×50

（两端均为粗牙普通螺纹、$d=10$mm、公称长度 $l=50$mm、性能等级为 4.8 级、不经过表面处理、B 型、$b_m=2d$ 的双头螺柱）

螺纹规格 d	b_m（旋入机体端长度）				l/b
	GB/T 897	GB/T 898	GB/T 899	GB/T 900	
M4	—	—	6	8	(16～22)/8、(25～40)/14
M5	5	6	8	10	(16～22)/10、(25～50)/16
M6	6	8	10	12	(20～22)/10、(25～30)/14、(32～75)/18
M8	8	10	12	16	(20～22)/12、(25～30)/16、(32～90)/22
M10	10	12	15	20	(25～28)/14、(30～38)/16、(40～120)/26、130/32
M12	12	15	18	24	(25～30)/14、(32～40)/16、(45～120)/26、(130～180)/32
M16	16	20	24	32	(30～38)/16、(40～55)/20、(60～120)/30、(130～200)/36
M20	20	25	30	40	(35～40)/20、(45～65)/30、(70～120)/38、(130～200)/44
(M24)	24	30	36	48	(45～50)/25、(55～75)/35、(80～120)/46、(130～200)/52
(M30)	30	38	45	60	(60～65)/40、(70～90)/50、(95～120)/66、(130～200)/72、(210～250)/85
M36	36	45	54	72	(65～75)/45、(80～110)/60、120/78、(130～200)/84、(210～300)/97
M42	42	52	63	84	(70～80)/50、(85～110)/70、120/90、(130～200)/96、(210～300)/109
M48	48	60	72	96	(80～90)/60、(95～110)/80、120/102、(130～200)/108、(210～300)/121
$l_{公称}$	12、(14)、16、(18)、20、(22)、25、(28)、30、(32)、35、(38)、40、45、50、55、60、(65)、70、75、80、(85)、90、(95)、100～260（10 进位）、280、300				

注：1. 括号内的规格尽可能不用。末端按 GB/T 2—2016 规定。

2. $b_m=d$ 一般用于钢对钢；$b_m=(1.25～1.5)d$ 一般用于钢对铸铁；$b_m=2d$ 一般用于钢对铝合金。

表 B-3 螺钉 （单位：mm）

开槽圆柱头螺钉(GB/T 65—2016)

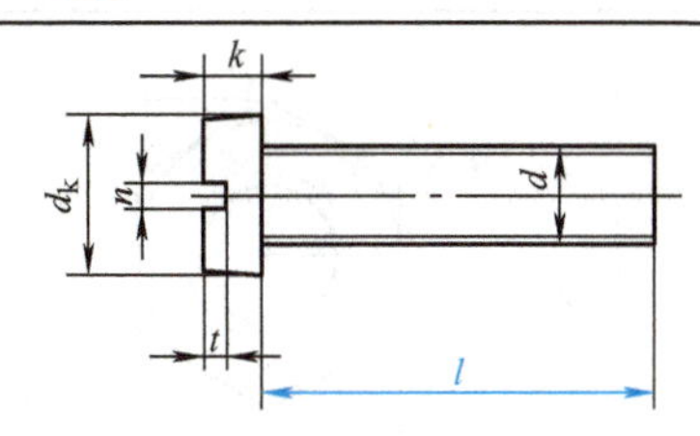

开槽盘头螺钉(GB/T 67—2016)

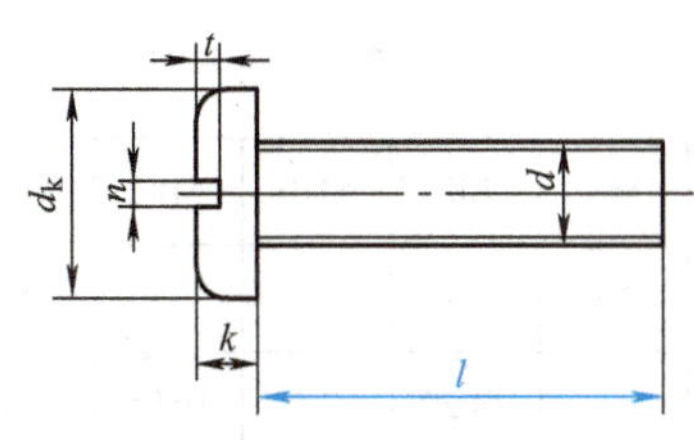

开槽沉头螺钉(GB/T 68—2016)

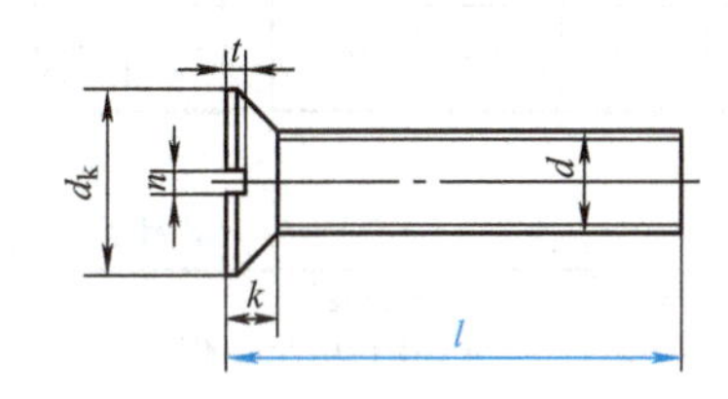

标记示例：

螺钉 GB/T 65 M5×20（螺纹规格为M5、l=20mm、性能等级为4.8级、表面不经处理的A级开槽圆柱头螺钉）

螺纹规格 d		M1.6	M2	M2.5	M3	（M3.5）	M4	M5	M6	M8	M10
$n_{公称}$		0.4	0.5	0.6	0.8	1	1.2	1.2	1.6	2	2.5
GB/T 65	d_k max	3	3.8	4.5	5.5	6	7	8.5	10	13	16
	k max	1.1	1.4	1.8	2	2.4	2.6	3.3	3.9	5	6
	t min	0.45	0.6	0.7	0.85	1	1.1	1.3	1.6	2	2.4
	l（范围）	2～16	3～20	3～25	4～30	5～35	5～40	6～50	8～60	10～80	12～80
GB/T 67	d_k max	3.2	4	5	5.6	7	8	9.5	12	16	20
	k max	1	1.3	1.5	1.8	2.1	2.4	3	3.6	4.8	6
	t min	0.35	0.5	0.6	0.7	0.8	1	1.2	1.4	1.9	2.4
	l（范围）	2～16	2.5～20	3～25	4～30	5～35	5～40	6～50	8～60	10～80	12～80
GB/T 68	d_k max	3	3.8	4.7	5.5	7.3	8.4	9.3	11.3	15.8	18.3
	k max	1	1.2	1.5	1.65	2.35	2.7	2.7	3.3	4.65	5
	t min	0.32	0.4	0.5	0.6	0.9	1	1.1	1.2	1.8	2
	l（范围）	2.5～16	3～20	4～25	5～30	6～35	6～40	8～50	8～60	10～80	12～80
$l_{公称}$		2、2.5、3、4、5、6、8、10、12、（14）、16、20、25、30、35、40、45、50、（55）、60、（65）、70、（75）、80									

注：1. 尽可能不采用括号内的规格。

2. 商品规格M1.6～M10。

表 B-4　1 型六角螺母　C 级（摘自 GB/T 41—2016）　　（单位：mm）

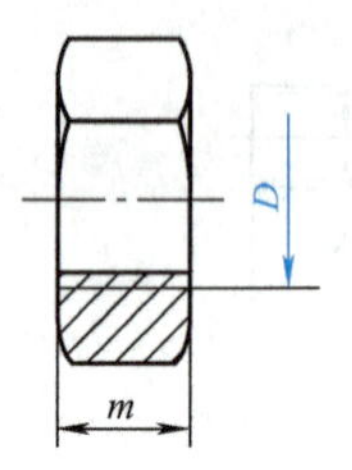

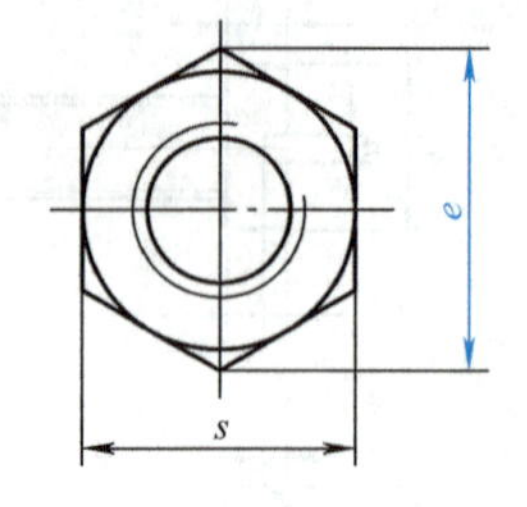

标记示例：

螺母　GB/T 41　M10

（螺纹规格为 M10、性能等级为 5 级、表面不经处理、产品等级为 C 级的 1 型六角螺母）

螺纹规格 D	M5	M6	M8	M10	M12	M16	M20	M24	M30	M36	M42	M48	M56
s_{max}	8	10	13	16	18	24	30	36	46	55	65	75	85
e_{min}	8.63	10.89	14.20	17.59	19.85	26.17	32.95	39.55	50.85	60.79	71.3	82.6	93.56
m_{max}	5.6	6.4	7.9	9.5	12.2	15.9	19	22.3	26.4	31.9	34.9	38.9	45.9

表 B-5　垫圈　　（单位：mm）

平垫圈　A 级（摘自 GB/T 97.1—2002）　　平垫圈　C 级（摘自 GB/T 95—2002）

平垫圈　倒角型　A 级（摘自 GB/T 97.2—2002）　　标准型弹簧垫圈（摘自 GB/T 93—1987）

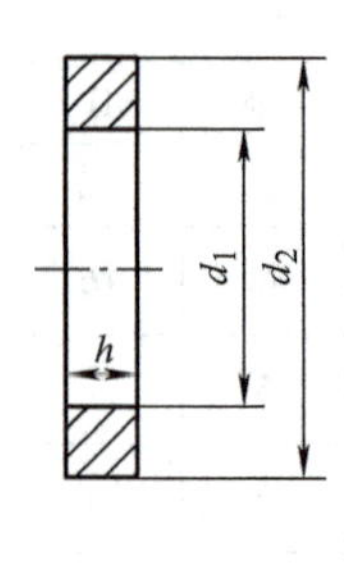

平垫圈

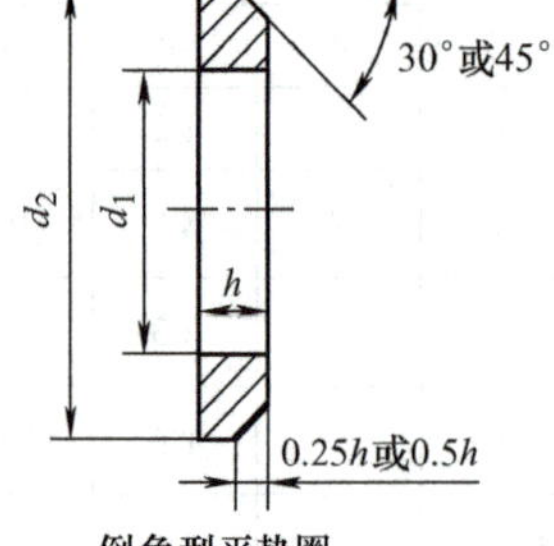

倒角型平垫圈

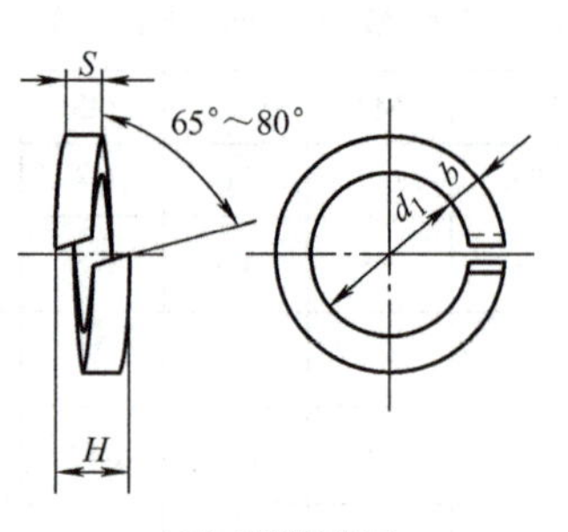

标准型弹簧垫圈

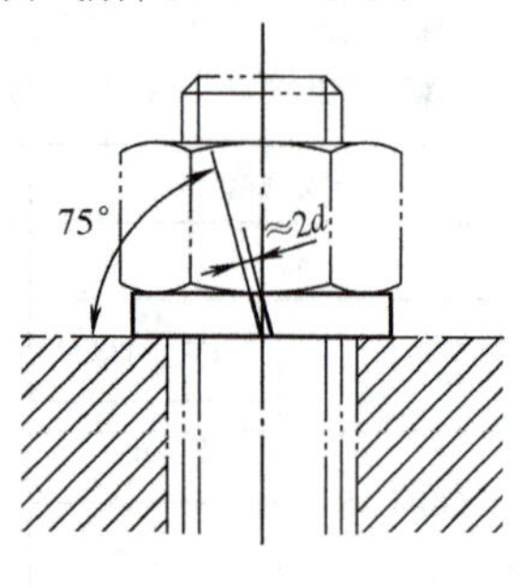

弹簧垫圈开口画法

标记示例：

垫圈　GB/T 95　8（标准系列、公称规格 8mm、硬度等级为 100HV 级、不经表面处理、产品等级为 C 级的平垫圈）

垫圈　GB/T 93　10（规格 10mm、材料为 65Mn、表面氧化的标准型弹簧垫圈）

公称尺寸 d(螺纹规格)		4	5	6	8	10	12	16	20	24	30	36	42	48
GB/T 97.1—2002 (A 级)	d_1	4.3	5.3	6.4	8.4	10.5	13	17	21	25	31	37	45	52
	d_2	9	10	12	16	20	24	30	37	44	56	66	78	92
	h	0.8	1	1.6	1.6	2	2.5	3	3	4	4	5	8	8
GB/T 97.2—2002 (A 级)	d_1	—	5.3	6.4	8.4	10.5	13	17	21	25	31	37	45	52
	d_2	—	10	12	16	20	24	30	37	44	56	66	78	92
	h	—	1	1.6	1.6	2	2.5	3	3	4	4	5	8	8
GB/T 95—2002 (C 级)	d_1	4.5	5.5	6.6	9	11	13.5	17.5	22	26	33	39	45	52
	d_2	9	10	12	16	20	24	30	37	44	56	66	78	92
	h	0.8	1	1.6	1.6	2	2.5	3	3	4	4	5	8	8
GB/T 93—1987	d_1	4.1	5.1	6.1	8.1	10.2	12.2	16.2	20.2	24.5	30.5	36.5	42.5	48.5
	$S=b$	1.1	1.3	1.6	2.1	2.6	3.1	4.1	5	6	7.5	9	10.5	12
	H	2.75	3.25	4	5.25	6.5	7.75	10.25	12.5	15	18.75	22.5	26.25	30

注：1．A 级适用于精装配系列，C 级适用于中等装配系列。

2．C 级垫圈没有 Ra3.2μm 和去毛刺的要求。

表 B-6　普通平键和键槽的尺寸及公差

（摘自 GB/T 1095—2003 和 GB/T 1096—2003）　　（单位：mm）

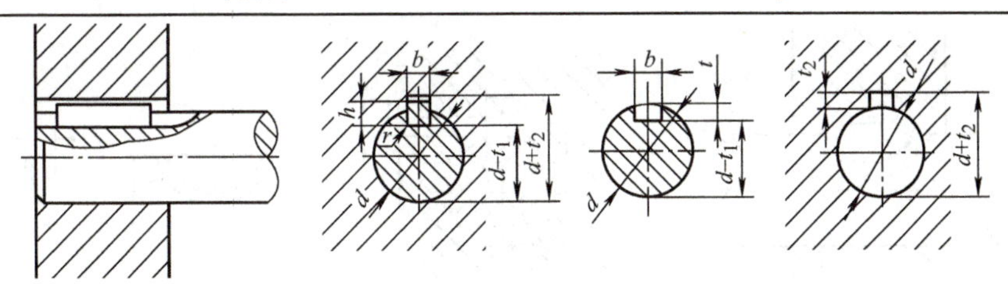

注：在工作图中，轴槽深用 t_1 或（$d-t_1$）标注，轮毂槽深用（$d+t_2$）标注。

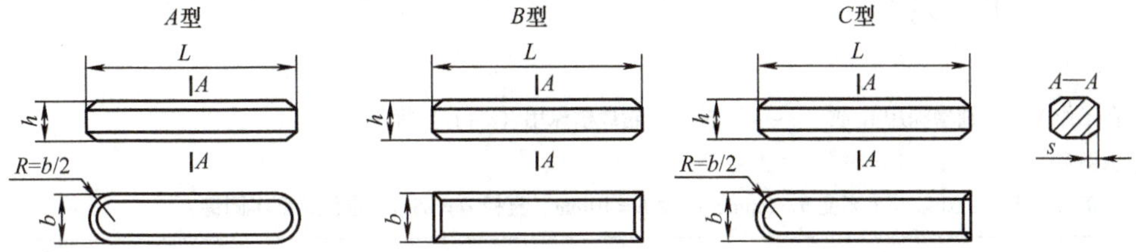

标记示例

GB/T 1096　键 18×11×100　（宽度 $b=18$mm、高度 $h=11$mm、长度 $L=100$mm 的普通 A 型平键）

GB/T 1096　键 B 18×11×100　（宽度 $b=18$mm、高度 $h=11$mm、长度 $L=100$mm 的普通 B 型平键）

GB/T 1096　键 C 18×11×100　（宽度 $b=18$mm、高度 $h=11$mm、长度 $L=100$mm 的普通 C 型平键）

轴的直径 d	键的尺寸 $b\times h$	长度 L	键槽											
			宽度 b						深度				半径 r	
			基本尺寸	极限偏差					轴 t_1		毂 t_2			
				正常联接		紧密联接	松联接		基本尺寸	极限偏差	基本尺寸	极限偏差		
				轴 H9	毂 JS9	轴和毂 P9	轴 H9	毂 D10					min	max
自 6～8	2×2	6～20	2	-0.004 -0.029	±0.0125	-0.006 -0.031	+0.025 0	+0.060 +0.020	1.2	+0.1 0	1	+0.1 0	0.08	0.16
>8～10	3×3	6～36	3						1.8		1.4			
>10～12	4×4	8～45	4	0 -0.030	±0.015	-0.012 -0.042	+0.030 0	+0.078 +0.030	2.5		1.8			
>12～17	5×5	10～56	5						3.0		2.3		0.16	0.25
>17～22	6×6	14～70	6						3.5		2.8			
>22～30	8×7	18～90	8	0 -0.036	±0.018	-0.015 -0.051	+0.036 0	+0.098 +0.040	4.0	+0.2 0	3.3	+0.2 0		
>30～38	10×8	22～110	10						5.0		3.3		0.25	0.40
>38～44	12×8	28～140	12	0 -0.043	±0.0215	+0.018 -0.061	+0.043 0	+0.120 +0.050	5.0		3.3			
>44～50	14×9	36～160	14						5.5		3.8			
>50～58	16×10	45～180	16						6.0		4.3			
>58～65	18×11	50～200	18						7.0		4.4		0.25	0.40
>65～75	20×12	56～220	20	0 -0.052	±0.026	+0.022 -0.074	+0.052 0	+0.149 +0.065	7.5		4.9		0.40	0.60
>75～85	22×14	65～250	22						9.0		5.4			
>85～95	25×14	70～280	25						9.0		5.4			
>95～110	28×16	80～320	28						10.0		6.4			
>110～130	32×18	90～360	32	0 -0.062	±0.031	-0.026 -0.088	+0.062 0	+0.180 +0.080	11.0		7.4		0.40	0.60

注：1.（$d-t_1$）和（$d+t_2$）两组组合尺寸的极限偏差按相应的 t_1 和 t_2 的极限偏差选取，但（$d-t_1$）极限偏差应取负号（-）。

2. 倒角或倒圆 s：基本尺寸 2～4mm，0.16～0.25mm；5～8mm，0.25～0.40mm；10～18mm，0.40～0.60mm；20～32mm，0.60～0.80mm。

3. 键槽两侧面表面粗糙度 $Ra=1.6\sim3.2\mu m$，键槽底面表面粗糙度 $Ra=6.3\mu m$，长度公差用 H14。

4. L 系列：6、8、10、12、14、16、18、20、22、25、28、32、36、40、45、50、56、63、70、80、90、100、110、125、140、160、180、200、220、250、280、320、360、400、450、500。

表 B-7 半圆键（摘自 GB/T 1098—2003、GB/T 1099.1—2003） （单位：mm）

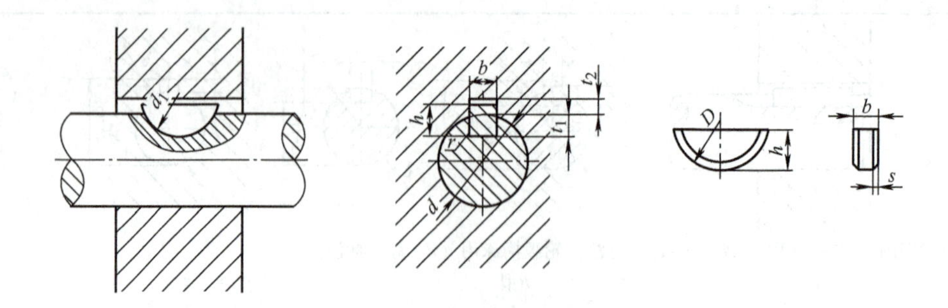

注：在工作图中，轴槽深用 t_1 或（$d-t_1$）标注，轮毂槽深用（$d+t_2$）标注。

标记示例

GB/T 1099.1 键 6×10×25（宽度 b=6mm、高度 h=10mm、直径 D=25mm 的普通型半圆键）

键的尺寸 $b\times h\times D$	倒角或倒圆尺寸 s	键槽											
		宽度 b						深度				半径 r	
		基本尺寸	极限偏差					轴 t_1		毂 t_2			
			正常联接		紧密联接	松联接		基本尺寸	极限偏差	基本尺寸	极限偏差		
			轴 N9	毂 JS9	轴和毂 P9	轴 H9	毂 D10					min	max
1.0×1.4×4	0.16～0.25	1.0	−0.004 −0.029	±0.0125	−0.006 −0.031	+0.025 0	+0.060 +0.020	1.0	+0.1 0	0.6	+0.1 0	0.08	0.16
1.5×2.6×7		1.5						2.0		0.8			
2.0×2.6×7		2.0						1.8		1.0			
2.0×3.7×10		2.0						2.9		1.0			
2.5×3.7×10		2.5						2.7		1.2			
3.0×5.0×13		3.0						3.8	+0.2 0	1.4			
3.0×6.5×16	0.25～0.40	3.0						5.3		1.4			
4.0×6.5×16		4.0	0 −0.030	±0.015	−0.012 −0.042	+0.030 0	+0.078 +0.030	5.0		1.8		0.16	0.25
4.0×7.5×19		4.0						6.0		1.8			
5.0×6.5×16		5.0						4.5		2.3			
5.0×7.5×19		5.0						5.5		2.3			
5.0×9.0×22		5.0						7.0	+0.3 0	2.3			
6.0×9.0×22		6.0						6.5		2.8			
6.0×10.0×25		6.0						7.5		2.8	+0.2 0	0.25	0.40
8.0×11.0×28	0.40～0.60	8.0						8.0		3.3			
10×13×32		10.0	0 −0.036	±0.018	−0.015 −0.051	+0.036 0	+0.098 +0.040	10.0		3.3			

注：1. 在图样中，轴槽深用 t_1 或（$d-t_1$）标注，轮毂槽深用（$d+t_2$）标注。（$d-t_1$）和（$d+t_2$）两组组合尺寸的极限偏差按相应的 t_1 和 t_2 的极限偏差选取，但（$d-t_1$）极限偏差应取负号（−）。

2. 键宽 b 的下极限偏差统一为“−0.025”。

3. 键槽两侧面表面粗糙度 Ra=1.6～3.2μm，键槽底面表面粗糙度 Ra=6.3μm，长度公差用 H14。

表 B-8 圆柱销（摘自 GB/T 119.1—2000） （单位：mm）

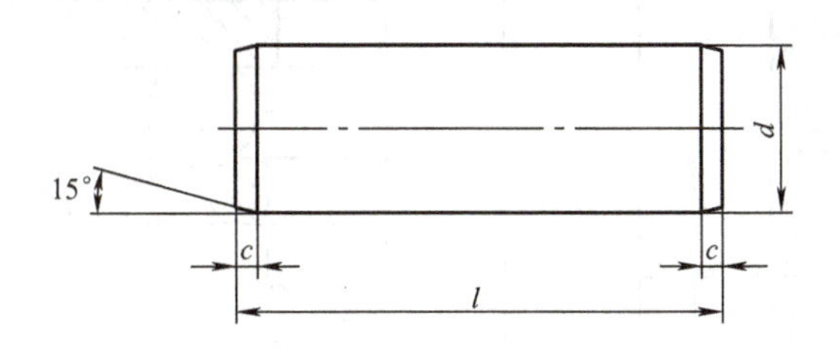

标记示例

销 GB/T 119.1 6 m6 ×30

（公称直径 $d=6$mm、公差为 m6、公称长度 $l=30$mm、材料为钢、不经淬火、不经表面处理的圆柱销）

d 公称	2	2.5	3	4	5	6	8	10	12	16	20	25	30	40	50
$c\approx$	0.35	0.4	0.5	0.63	0.8	1.2	1.6	2	2.5	3	3.5	4	5	6.3	8
l（范围）	6 ~ 20	6 ~ 20	8 ~ 30	8 ~ 40	10 ~ 50	12 ~ 60	14 ~ 80	18 ~ 95	22 ~ 140	26 ~ 180	35 ~ 200 以上	50 ~ 200 以上	60 ~ 200 以上	80 ~ 200 以上	95 ~ 200 以上
l 公称	3、4、5、6 ~ 32（2 进位）、35 ~ 100（5 进位）、120 ~ ≥200（20 进位）														

注：公称直径 d 的公差规定为 m6 和 h8，其他公差由供需双方协议。

表 B-9 圆锥销（摘自 GB/T 117—2000） （单位：mm）

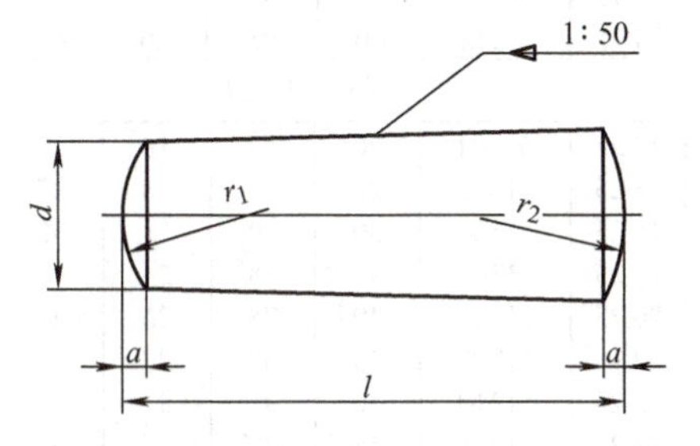

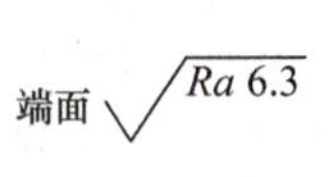

$r_1\approx d$；$r_2\approx \frac{a}{2}+d+\frac{(0.02l)^2}{8a}$。

标记示例

销 GB/T 117 10 ×60

（公称直径 $d=10$mm、公称长度 $l=60$mm、材料为 35 钢、热处理硬度 28 ~ 38HRC、表面氧化处理的 A 型圆锥销）

d 公称	2	2.5	3	4	5	6	8	10	12	16	20	25	30	40	50
$a\approx$	0.25	0.3	0.4	0.5	0.63	0.8	1.0	1.2	1.6	2.0	2.5	3.0	5	6.3	8
l（范围）	10 ~ 35	10 ~ 35	12 ~ 45	14 ~ 55	18 ~ 60	22 ~ 90	22 ~ 120	26 ~ 160	32 ~ 180	40 ~ 200 以上	45 ~ 200 以上	50 ~ 200 以上	55 ~ 200 以上	60 ~ 200 以上	65 ~ 200 以上
l 公称	2 、3、4、5、6 ~ 32（2 进位）、35 ~ 100（5 进位）、120 ~ ≥200（20 进位）														

注：1. 公称直径 d 的公差规定为 h10，其他公差如 a11、c11 和 f8 由供需双方协议。

2. 圆锥销有 A 型和 B 型，A 型为磨削，锥面表面粗糙度 $Ra=0.8\mu m$，B 型为切削或冷镦，锥面表面粗糙度 $Ra=3.2\mu m$。

表 B-10 滚动轴承

深沟球轴承(摘自 GB/T 276—2013)

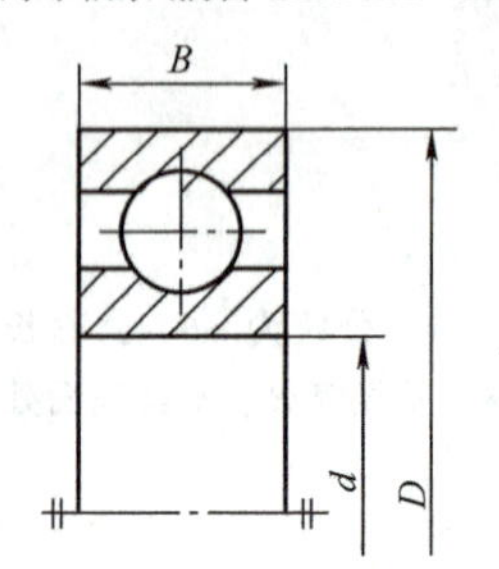

标记示例：

滚动轴承 6310 GB/T 276—2013

（深沟球轴承、内径 d=50mm、直径系列代号为 3）

圆锥滚子轴承(摘自 GB/T 297—2015)

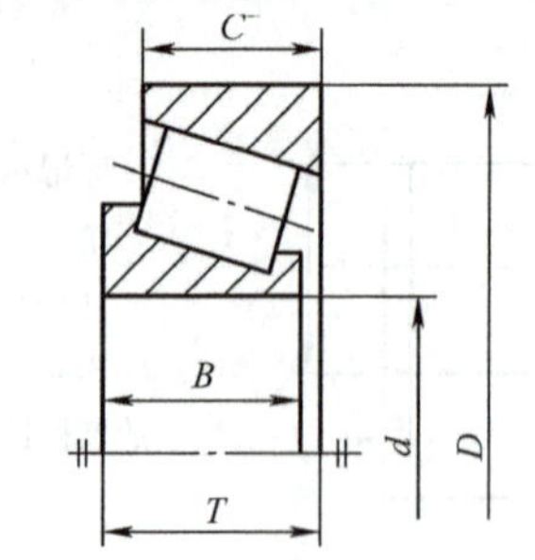

标记示例：

滚动轴承 30212 GB/T 297—2015

（圆锥滚子轴承、内径 d=60mm、宽度系列代号 0，直径系列代号为 2）

推力球轴承(摘自 GB/T 301—2015)

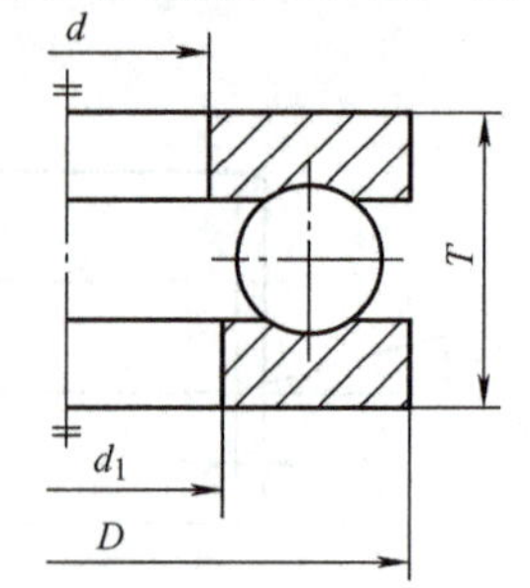

标记示例：

滚动轴承 51305 GB/T 301—2015

（推力球轴承、内径 d=25mm、高度系列代号为 1，直径系列代号为 3）

轴承型号	尺寸/mm		
	d	D	B
尺寸系列〔（0）2〕			
6202	15	35	11
6203	17	40	12
6204	20	47	14
6205	25	52	15
6206	30	62	16
6207	35	72	17
6208	40	80	18
6209	45	85	19
6210	50	90	20
6211	55	100	21
6212	60	110	22
尺寸系列〔（0）3〕			
6302	15	42	13
6303	17	47	14
6304	20	52	15
6305	25	62	17
6306	30	72	19
6307	35	80	21
6308	40	90	23
6309	45	100	25
6310	50	110	27
6311	55	120	29
6312	60	130	31
尺寸系列〔(0) 4〕			
6403	17	62	17
6404	20	72	19
6405	25	80	21
6406	30	90	23
6407	35	100	25
6408	40	110	27
6409	45	120	29
6410	50	130	31
6411	55	140	33
6412	60	150	35
6413	65	160	37

轴承型号	尺寸/mm				
	d	D	B	C	T
尺寸系列〔02〕					
30203	17	40	12	11	13.25
30204	20	47	14	12	15.25
30205	25	52	15	13	16.25
30206	30	62	16	14	17.25
30207	35	72	17	15	18.25
30208	40	80	18	16	19.75
30209	45	85	19	16	20.75
30210	50	90	20	17	21.75
30211	55	100	21	18	22.75
30212	60	110	22	19	23.75
30213	65	120	23	20	24.75
尺寸系列〔03〕					
30302	15	42	13	11	14.25
30303	17	47	14	12	15.25
30304	20	52	15	13	16.25
30305	25	62	17	15	18.25
30306	30	72	19	16	20.75
30307	35	80	21	18	22.75
30308	40	90	23	20	25.25
30309	45	100	25	22	27.25
30310	50	110	27	23	29.25
30311	55	120	29	25	31.50
30312	60	130	31	26	33.50
尺寸系列〔04〕					
31305	25	62	17	13	18.25
31306	30	72	19	14	20.75
31307	35	80	21	15	22.75
31308	40	90	23	17	25.25
31309	45	100	25	18	27.25
31310	50	110	27	19	29.25
31311	55	120	29	21	31.50
31312	60	130	31	22	33.50
31313	65	140	33	23	36.00
31314	70	150	35	25	38.00
31315	75	160	37	26	40.00

轴承型号	尺寸/mm			
	d	D	T	d_1
尺寸系列〔12〕				
51202	15	32	12	17
51203	17	35	12	19
51204	20	40	14	22
51205	25	47	15	27
51206	30	52	16	32
51207	35	62	18	37
51208	40	68	19	42
51209	45	73	20	47
51210	50	78	22	52
51211	55	90	25	57
51212	60	95	26	62
尺寸系列〔13〕				
51304	20	47	18	22
51305	25	52	18	27
51306	30	60	21	32
51307	35	68	24	37
51308	40	78	26	42
51309	45	85	28	47
51310	50	95	31	52
51311	55	105	35	57
51312	60	110	35	62
51313	65	115	36	67
51314	70	125	40	72
尺寸系列〔14〕				
51405	25	60	24	27
51406	30	70	28	32
51407	35	80	32	37
51408	40	90	36	42
51409	45	100	39	47
51410	50	110	43	52
51411	55	120	48	57
51412	60	130	51	62
51413	65	140	56	68
51414	70	150	60	73
51415	75	160	65	78

注：圆括号中的尺寸系列代号在轴承型号中省略。

附录 C 极限与配合

表 C-1 标准公差数值表（摘自 GB/T 1800.1—2009） （单位：μm）

公称尺寸/mm		标准公差等级																	
		IT1	IT2	IT3	IT4	IT5	IT6	IT7	IT8	IT9	IT10	IT11	IT12	IT13	IT14	IT15	IT16	IT17	IT18
大于	至	μm											mm						
—	3	0.8	1.2	2	3	4	6	10	14	25	40	60	0.1	0.14	0.25	0.4	0.6	1	1.4
3	6	1	1.5	2.5	4	5	8	12	18	30	48	75	0.12	0.18	0.3	0.48	0.75	1.2	1.8
6	10	1	1.5	2.5	4	6	9	15	22	36	58	90	0.15	0.22	0.36	0.58	0.9	1.5	2.2
10	18	1.2	2	3	5	8	11	18	27	43	70	110	0.18	0.27	0.43	0.7	1.1	1.8	2.7
18	30	1.5	2.5	4	6	9	13	21	33	52	84	130	0.21	0.33	0.52	0.84	1.3	2.1	3.3
30	50	1.5	2.5	4	7	11	16	25	39	62	100	160	0.25	0.39	0.62	1	1.6	2.5	3.9
50	80	2	3	5	8	13	19	30	46	74	120	190	0.3	0.46	0.74	1.2	1.9	3	4.6
80	120	2.5	4	6	10	15	22	35	54	87	140	220	0.35	0.54	0.87	1.4	2.2	3.5	5.4
120	180	3.5	5	8	12	18	25	40	63	100	160	250	0.4	0.63	1	1.6	2.5	4	6.3
180	250	4.5	7	10	14	20	29	46	72	115	185	290	0.46	0.72	1.15	1.85	2.9	4.6	7.2
250	315	6	8	12	16	23	32	52	81	130	210	320	0.52	0.81	1.3	2.1	3.2	5.2	8.1
315	400	7	9	13	18	25	36	57	89	140	230	360	0.57	0.89	1.4	2.3	3.6	5.7	8.9
400	500	8	10	15	20	27	40	63	97	155	250	400	0.63	0.97	1.55	2.5	4	6.3	9.7
500	630	9	11	16	22	32	44	70	110	175	280	440	0.7	1.1	1.75	2.8	4.4	7	11
680	800	10	13	18	25	36	50	80	125	200	320	500	0.8	1.25	2	3.2	5	8	12.5
800	1000	11	15	21	28	40	56	90	140	230	360	560	0.9	1.4	2.3	3.6	5.6	9	14
1000	1250	13	18	24	33	47	66	105	165	260	420	660	1.05	1.65	2.6	4.2	6.6	10.5	16.5
1250	1600	15	21	29	39	55	78	125	195	310	500	780	1.25	1.95	3.1	5	7.8	12.5	19.5
1600	2000	18	25	35	46	65	92	150	230	370	600	920	1.5	2.3	3.7	6	9.2	15	23
2000	2500	22	30	41	55	78	110	175	280	440	700	1100	1.75	2.8	4.4	7	11	17.5	28
2500	3150	26	36	50	68	96	135	210	330	540	860	1350	2.1	3.3	5.4	8.6	13.5	21	33

注：1. 公称尺寸大于 500mm 的 IT1 ~ IT5 的标准公差数值为试行的。

2. 公称尺寸小于或等于 1mm 时，无 IT14 ~ IT18 的标准公差数值。

表 C-2 轴的基本偏差

公称尺寸/mm		基本偏差														
		上极限偏差（es）														
		所有标准公差等级												IT5和IT6	IT7	IT8
大于	至	a	b	c	cd	d	e	ef	f	fg	g	h	js	j		
—	3	-270	-140	-60	-34	-20	-14	-10	-6	-4	-2	0	偏差=±（IT*n*）/2，式中IT*n*是IT值数	-2	-4	-6
3	6	-270	-140	-70	-46	-30	-20	-14	-10	-6	-4	0		-2	-4	—
6	10	-280	-150	-80	-56	-40	-25	-18	-13	-8	-5	0		-2	-5	—
10	14	-290	-150	-95	—	-50	-32	—	-16	—	-6	0		-3	-6	—
14	18															
18	24	-300	-160	-110	—	-65	-40	—	-20	—	-7	0		-4	-8	—
24	30															
30	40	-310	-170	-120	—	-80	-50	—	-25	—	-9	0		-5	-10	—
40	50	-320	-180	-130												
50	65	-340	-190	-140	—	-100	-60	—	-30	—	-10	0		-7	-12	—
65	80	-360	-200	-150												
80	100	-380	-220	-170	—	-120	-72	—	-36	—	-12	0		-9	-15	—
100	120	-410	-240	-180												
120	140	-460	-260	-200	—	-145	-85	—	-43	—	-14	0		-11	-18	—
140	160	-520	-280	-210												
160	180	-580	-310	-230												
180	200	-660	-340	-240	—	-170	-100	—	-50	—	-15	0		-13	-21	—
200	225	-740	-380	-260												
225	250	-820	-420	-280												
250	280	-920	-480	-300	—	-190	-110	—	-56	—	-17	0		-16	-26	—
280	315	-1050	-540	-330												
315	355	-1200	-600	-360	—	-210	-125	—	-62	—	-18	0		-18	-28	—
355	400	-1350	-680	-400												
400	450	-1500	-760	-440	—	-230	-135	—	-68	—	-20	0		-20	-32	—
450	500	-1650	-840	-480												

注：1. 公称尺寸小于或等于 1 时，基本偏差 a 和 b 均不采用。

2. 公差带 js7 至 js11，若 IT*n* 值是奇数，则取极限偏差=±（IT *n* -1)/2。

数值（摘自 GB/T 1800.1—2009） （单位：μm）

差数值															
下极限偏差（ei）															
IT4至IT7	≤IT3 >IT7	所有标准公差等级													
k		m	n	p	r	s	t	u	v	x	y	z	za	zb	zc
0	0	+2	+4	+6	+10	+14	—	+18	—	+20	—	+26	+32	+40	+60
+1	0	+4	+8	+12	+15	+19	—	+23	—	+28	—	+35	+42	+50	+80
+1	0	+6	+10	+15	+19	+23	—	+28	—	+34	—	+42	+52	+67	+97
+1	0	+7	+12	+18	+23	+28	—	+33	—	+40	—	+50	+64	+90	+130
									+39	+45	—	+60	+77	+108	+150
+2	0	+8	+15	+22	+28	+35	—	+41	+47	+54	+63	+73	+98	+136	+188
							+41	+48	+55	+64	+75	+88	+118	+160	+218
+2	0	+9	+17	+26	+34	+43	+48	+60	+68	+80	+94	+112	+148	+200	+274
							+54	+70	+81	+97	+114	+136	+180	+242	+325
+2	0	+11	+20	+32	+41	+53	+66	+87	+102	+122	+144	+172	+226	+300	+405
					+43	+59	+75	+102	+120	+146	+174	+210	+274	+360	+480
+3	0	+13	+23	+37	+51	+71	+91	+124	+146	+178	+214	+258	+335	+445	+585
					+54	+79	+104	+144	+172	+210	+254	+310	+400	+525	+690
+3	0	+15	+27	+43	+63	+92	+122	+170	+202	+248	+300	+365	+470	+620	+800
					+65	+100	+134	+190	+228	+280	+340	+415	+535	+700	+900
					+68	+108	+146	+210	+252	+310	+380	+465	+600	+780	+1000
+4	0	+17	+31	+50	+77	+122	+166	+236	+284	+350	+425	+520	+670	+880	+1150
					+80	+130	+180	+258	+310	+385	+470	+575	+740	+960	+1250
					+84	+140	+196	+284	+340	+425	+520	+640	+820	+1050	+1350
+4	0	+20	+34	+56	+94	+158	+218	+315	+385	+475	+580	+710	+920	+1200	+1550
					+98	+170	+240	+350	+425	+525	+650	+790	+1000	+1300	+1700
+4	0	+21	+37	+62	+108	+190	+268	+390	+475	+590	+730	+900	+1150	+1500	+1900
					+114	+208	+294	+435	+530	+660	+820	+1000	+1300	+1650	+2100
+5	0	+23	+40	+68	+126	+232	+330	+490	+595	+740	+920	+1100	+1450	+1850	+2400
					+132	+252	+360	+540	+660	+820	+1000	+1250	+1600	+2100	+2600

表 C-3 孔的基本偏差

公称尺寸/mm		基本偏差																		
		下极限偏差（EI）																		
		所有标准公差等级												IT6	IT7	IT8	≤IT8	>IT8	≤IT8	>IT8
大于	至	A	B	C	CD	D	E	EF	F	FG	G	H	JS	J			K		M	
—	3	+270	+140	+60	+34	+20	+14	+10	+6	+4	+2	0	偏差=±（IT*n*）/2，式中IT*n*是IT值数	+2	+4	+6	0	0	−2	−2
3	6	+270	+140	+70	+46	+30	+20	+14	+10	+6	+4	0		+5	+6	+10	−1+Δ	—	−4+Δ	−4
6	10	+280	+150	+80	+56	+40	+25	+18	+13	+8	+5	0		+5	+8	+12	−1+Δ	—	−6+Δ	−6
10	14	+290	+150	+95	—	+50	+32	—	+16	—	+6	0		+6	+10	+15	−1+Δ	—	−7+Δ	−7
14	18																			
18	24	+300	+160	+110	—	+65	+40	—	+20	—	+7	0		+8	+12	+20	−2+Δ	—	−8+Δ	−8
24	30																			
30	40	+310	+170	+120	—	+80	+50		+25	—	+9	0		+10	+14	+24	−2+Δ	—	−9+Δ	−9
40	50	+320	+180	+130																
50	65	+340	+190	+140	—	+100	+60	—	+30	—	+10	0		+13	+18	+28	−2+Δ	—	−11+Δ	−11
65	80	+360	+200	+150																
80	100	+380	+220	+170	—	+120	+72	—	+36	—	+12	0		+16	+22	+34	−3+Δ	—	−13+Δ	−13
100	120	+410	+240	+180																
120	140	+460	+260	+200	—	+145	+85	—	+43	—	+14	0		+18	+26	+41	−3+Δ	—	−15+Δ	−15
140	160	+520	+280	+210																
160	180	+580	+310	+230																
180	200	+660	+340	+240	—	+170	+100	—	+50	—	+15	0		+22	+30	+47	−4+Δ	—	−17+Δ	−17
200	225	+740	+380	+260																
225	250	+820	+420	+280																
250	280	+920	+480	+300	—	+190	+110	—	+56	—	+17	0		+25	+36	+55	−4+Δ	—	−20+Δ	−20
280	315	+1050	+540	+330																
315	355	+1200	+600	+360	—	+210	+125	—	+62	—	+18	0		+29	+39	+60	−4+Δ	—	−21+Δ	−21
355	400	+1350	+680	+400																
400	450	+1500	+760	+440	—	+230	+135	—	+68	—	+20	0		+33	+43	+66	−5+Δ	—	−23+Δ	−23
450	500	+1650	+840	+480																

注：1．公称尺寸小于或等于 1 时，基本偏差 A 和 B 及大于 IT8 的 N 均不采用。

2．公差带 JS7 至 JS11，若 IT*n* 值数是奇数，则取极限偏差=±（IT *n* −1)/2。

3．对小于或等于 IT8 的 K、M、N 和小于或等于 IT7 的 P 至 ZC，所需 Δ 值从表内右侧选取。例如：18～30 段的 K7：Δ=8μm，所以 ES=(−2+8)μm =+6μm；18～30 段的 S6：Δ=4μm，所以 ES=(−35+4)μm =−31μm。

4．特殊情况：250～315 段的 M6，ES=−9μm（代替−11μm）。

数值（摘自 GB/T 1800.1—2009） （单位：μm）

差数值															Δ值					
上极限偏差（ES）																				
≤IT8	>IT8	≤IT7	标准公差等级大于 IT7												标准公差等级					
N		P至ZC	P	R	S	T	U	V	X	Y	Z	ZA	ZB	ZC	IT3	IT4	IT5	IT6	IT7	IT8
-4	-4	在大于 IT7 的相应数值上增加一个Δ值	-6	-10	-14	—	-18	—	-20	—	-26	-32	-40	-60	0	0	0	0	0	0
-8+Δ	0		-12	-15	-19	—	-23	—	-28	—	-35	-42	-50	-80	1	1.5	1	3	4	6
-10+Δ	0		-15	-19	-23	—	-28	—	-34	—	-42	-52	-67	-97	1	1.5	2	3	6	7
-12+Δ	0		-18	-23	-28	—	-33	—	-40	—	-50	-64	-90	-130	1	2	3	3	7	9
								-39	-45	—	-60	-77	-108	-150						
-15+Δ	0		-22	-28	-35	—	-41	-47	-54	-63	-73	-98	-136	-188	1.5	2	3	4	8	12
						-41	-48	-55	-64	-75	-88	-118	-160	-218						
-17+Δ	0		-26	-34	-43	-48	-60	-68	-80	-94	-112	-148	-200	-274	1.5	3	4	5	9	14
						-54	-70	-81	-97	-114	-136	-180	-242	-325						
-20+Δ	0		-32	-41	-53	-66	-87	-102	-122	-144	-172	-226	-300	-405	2	3	5	6	11	16
				-43	-59	-75	-102	-120	-146	-174	-210	-274	-360	-480						
-23+Δ	0		-37	-51	-71	-91	-124	-146	-178	-214	-258	-335	-445	-585	2	4	5	7	13	19
				-54	-79	-104	-144	-172	-210	-254	-310	-400	-525	-690						
-27+Δ	0		-43	-63	-92	-122	-170	-202	-248	-300	-365	-470	-620	-800	3	4	6	7	15	23
				-65	-100	-134	-190	-228	-280	-340	-415	-535	-700	-900						
				-68	-108	-146	-210	-252	-310	-380	-465	-600	-780	-1000						
-31+Δ	0		-50	-77	-122	-166	-236	-284	-350	-425	-520	-670	-880	-1150	3	4	6	9	17	26
				-80	-130	-180	-258	-310	-385	-470	-575	-740	-960	-1250						
				-84	-140	-196	-284	-340	-425	-520	-640	-820	-1050	-1350						
-34+Δ	0		-56	-94	-158	-218	-315	-385	-475	-580	-710	-920	-1200	-1550	4	4	7	9	20	29
				-98	-170	-240	-350	-425	-525	-650	-790	-1000	-1300	-1700						
-37+Δ	0		-62	-108	-190	-268	-390	-475	-590	-730	-900	-1150	-1500	-1900	4	5	7	11	21	32
				-114	-208	-294	-435	-530	-660	-820	-1000	-1300	-1650	-2100						
-40+Δ	0		-68	-126	-232	-330	-490	-595	-740	-920	-1100	-1450	-1850	-2400	5	5	7	13	23	34
				-132	-252	-360	-540	-660	-820	-1000	-1250	-1600	-2100	-2600						

表 C-4 优先选用的轴的公差带（摘自 GB/T 1800.2—2009） （单位：μm）

代号		c	d	f	g	h				k	n	p	s	u
公称尺寸/mm		公差等级												
大于	至	11	9	7	6	6	7	9	11	6	6	6	6	6
—	3	-60 -120	-20 -45	-6 -16	-2 -8	0 -6	0 -10	0 -25	0 -60	+6 0	+10 +4	+12 +6	+20 +14	+24 +18
3	6	-70 -145	-30 -60	-10 -22	-4 -12	0 -8	0 -12	0 -30	0 -75	+9 +1	+16 +8	+20 +12	+27 +19	+31 +23
6	10	-80 -170	-40 -76	-13 -28	-5 -14	0 -9	0 -15	0 -36	0 -90	+10 +1	+19 +10	+24 +15	+32 +23	+37 +28
10	14	-95 -205	-50 -93	-16 -34	-6 -17	0 -11	0 -18	0 -43	0 -110	+12 +1	+23 +12	+29 +18	+39 +28	+44 +33
14	18													
18	24	-110 -240	-65 -117	-20 -41	-7 -20	0 -13	0 -21	0 -52	0 -130	+15 +2	+28 +15	+35 +22	+48 +35	+54 +41
24	30													+61 +48
30	40	-120 -280	-80 -142	-25 -50	-9 -25	0 -16	0 -25	0 -62	0 -160	+18 +2	+33 +17	+42 +26	+59 +43	+76 +60
40	50	-130 -290												+86 +70
50	65	-140 -330	-100 -174	-30 -60	-10 -29	0 -19	0 -30	0 -74	0 -190	+21 +2	+39 +20	+51 +32	+72 +53	+106 +87
65	80	-150 -340											+78 +59	+121 +102
80	100	-170 -390	-120 -207	-36 -71	-12 -34	0 -22	0 -35	0 -87	0 -220	+25 +3	+45 +23	+59 +37	+93 +71	+146 +124
100	120	-180 -400											+101 +79	+166 +144
120	140	-200 -450	-145 -245	-43 -83	-14 -39	0 -25	0 -40	0 -100	0 -250	+28 +3	+52 +27	+68 +43	+117 +92	+195 +170
140	160	-210 -460											+125 +100	+215 +190
160	180	-230 -480											+133 +108	+235 +210
180	200	-240 -530	-170 -285	-50 -96	-15 -44	0 -29	0 -46	0 -115	0 -290	+33 +4	+60 +31	+79 +50	+151 +122	+265 +236
200	225	-260 -550											+159 +130	+287 +258
225	250	-280 -570											+169 +140	+313 +284
250	280	-300 -620	-190 -320	-56 -108	-17 -49	0 -32	0 -52	0 -130	0 -320	+36 +4	+66 +34	+88 +56	+190 +158	+347 +315
280	315	-330 -650											+202 +170	+382 +350
315	355	-360 -720	-210 -350	-62 -119	-18 -54	0 -36	0 -57	0 -140	0 -360	+40 +4	+73 +37	+98 +62	+226 +190	+426 +390
355	400	-400 -760											+244 +208	+471 +435
400	450	-440 -840	-230 -385	-68 -131	-20 -60	0 -40	0 -63	0 -155	0 -400	+45 +5	+80 +40	+108 +68	+272 +232	+530 +490
450	500	-480 -880											+292 +252	+580 +540

表 C-5　优先选用的孔的公差带（摘自 GB/T 1800.2—2009）　　（单位：μm）

代　号		C	D	F	G	H				K	N	P	S	U
公称尺寸 /mm		公　差　等　级												
大于	至	11	9	8	7	7	8	9	11	7	7	7	7	7
—	3	+120 +60	+45 +20	+20 +6	+12 +2	+10 0	+14 0	+25 0	+60 0	0 −10	−4 −14	−6 −16	−14 −24	−18 −28
3	6	+145 +70	+60 +30	+28 +10	+16 +4	+12 0	+18 0	+30 0	+75 0	+3 −9	−4 −16	−8 −20	−15 −27	−19 −31
6	10	+170 +80	+76 +40	+35 +13	+20 +5	+15 0	+22 0	+36 0	+90 0	+5 −10	−4 −19	−9 −24	−17 −32	−22 −37
10	14	+205 +95	+93 +50	+43 +16	+24 +6	+18 0	+27 0	+43 0	+110 0	+6 −12	−5 −23	−11 −29	−21 −39	−26 −44
14	18													
18	24	+240 +110	+117 +65	+53 +20	+28 +7	+21 0	+33 0	+52 0	+130 0	+6 −15	−7 −28	−14 −35	−27 −48	−33 −54
24	30													−40 −61
30	40	+280 +120	+142 +80	+64 +25	+34 +9	+25 0	+39 0	+62 0	+160 0	+7 −18	−8 −33	−17 −42	−34 −59	−51 −76
40	50	+290 +130												−61 −86
50	65	+330 +140	+174 +100	+76 +30	+40 +10	+30 0	+46 0	+74 0	+190 0	+9 −21	−9 −39	−21 −51	−42 −72	−76 −106
65	80	+340 +150											−48 −78	−91 −121
80	100	+390 +170	+207 +120	+90 +36	+47 +12	+35 0	+54 0	+87 0	+220 0	+10 −25	−10 −45	−24 −59	−58 −93	−111 −146
100	120	+400 +180											−66 −101	−131 −166
120	140	+450 +200	+245 +145	+106 +43	+54 +14	+40 0	+63 0	+100 0	+250 0	+12 −28	−12 −52	−28 −68	−77 −117	−155 −195
140	160	+460 +210											−85 −125	−175 −215
160	180	+480 +230											−93 −133	−195 −235
180	200	+530 +240	+285 +170	+122 +50	+61 +15	+46 0	+72 0	+115 0	+290 0	+13 −33	−14 −60	−33 −79	−105 −151	−219 −265
200	225	+550 +260											−113 −159	−241 −287
225	250	+570 +280											−123 −169	−267 −313
250	280	+620 +300	+320 +190	+137 +56	+69 +17	+52 0	+81 0	+130 0	+320 0	+16 −36	−14 −66	−36 −88	−138 −190	−295 −347
280	315	+650 +330											−150 −202	−330 −382
315	355	+720 +360	+350 +210	+151 +62	+75 +18	+57 0	+89 0	+140 0	+360 0	+17 −40	−16 −73	−41 −98	−169 −226	−369 −426
355	400	+760 +400											−187 −244	−414 −471
400	450	+840 +440	+385 +230	+165 +68	+83 +20	+63 0	+97 0	+155 0	+400 0	+18 −45	−17 −80	−45 −108	−209 −272	−467 −530
450	500	+880 +480											−229 −292	−517 −580

参考文献

[1] 杨琼，刘东晓，董忠慧. 机械制图［M］. 北京：北京工业大学出版社，2017.

[2] 韩变枝. 机械制图与识图［M］. 北京：机械工业出版社，2009.

[3] 王志泉. 机械制图与公差［M］. 北京：清华大学出版社，2006.

[4] 胡建生. 机械制图：多学时［M］. 2 版. 北京：机械工业出版社，2013.